人工智能点云处理及深度学习算法

叶汇贤　李启亮　编著

北京航空航天大学出版社

内容简介

本书系统地介绍了三维点云处理的基础知识、传统算法与深度学习算法，包括点云数据表示、空间变换、预处理、配准、拼接、滤波和表面重建等传统算法，以及经典三维深度学习算法、室外、室内、单目、多模态三维目标检测、三维语义分割和深度补全等模型。

书中采用由浅入深的方式详细介绍各种算法的设计思路和实现过程，如循序渐进的学习路径、深入剖析算法原理、丰富的示例算法以及能力开拓和问题解决能力培养等。

本书读者对象为计算机科学、机器学习、人工智能等领域专业人士和学术研究者等。

图书在版编目(CIP)数据

人工智能点云处理及深度学习算法 / 叶汇贤，李启亮编著. -- 北京 ：北京航空航天大学出版社，2023.12

ISBN 978-7-5124-4277-1

Ⅰ. ①人… Ⅱ. ①叶… ②李… Ⅲ. ①云计算 Ⅳ. ①TP393.027

中国国家版本馆 CIP 数据核字(2024)第 008197 号

人工智能点云处理及深度学习算法

叶汇贤　李启亮　编著

策划编辑　杨晓方　　责任编辑　杨晓方

*

北京航空航天大学出版社出版发行

北京市海淀区学院路 37 号(邮编 100191)　http://www.buaapress.com.cn

发行部电话：(010)82317024　传真：(010)82328026

读者信箱：copyrights@buaacm.com.cn　邮购电话：(010)82316936

北京凌奇印刷有限责任公司印装　各地书店经销

*

开本：710×1 000　1/16　印张：23.75　字数：534 千字

2024 年 1 月第 1 版　2024 年 1 月第 1 次印刷

ISBN 978-7-5124-4277-1　定价：129.00 元

前　言

三维点云是现代计算机视觉领域的热门研究方向，由于其能够准确地表达三维环境的形态和结构，因此在环境感知、机器人导航、室内外建模、自动驾驶等领域具有广泛应用。

本书共分为 16 章，其中前 7 章主要介绍 Python 编程基础、点云数据的形态与可视化、空间变换、预处理以及点云的配准、拼接、滤波和表面重建等常见机器学习算法等知识。后 9 章则介绍深度学习的基础知识和环境搭建，以及三维点云深度学习算法模型，包括经典三维深度学习算法、室外、室内、单目、多模态三维目标检测、三维语义分割和深度补全等模型内容。目标是通过实际 Python 程序示例来帮助读者深入分析三维点云处理和深度学习算法，如在每个章节都展示一个或多个示例程序，以有助于大家更好地理解算法的工作原理。

本书主要特点如下：

- 由浅入深，循序渐进，从点云基本概念与传统处理算法逐步过渡到深度学习算法进行讲解。
- 知其然，知其所以然，让读者不仅理解算法实现结果，而且掌握设计思路与过程。
- 读书百遍，其义自见，展示大量示例算法，使读者应用和创新更加得心应手。
- 融会贯通，举一反三，力求让读者掌握各种算法的特性与联系，打开新思路，解决新问题。

本书在编写过程中，参考了大量开源算法的设计思路和程序，对于这些开源程序的提供者，在此表示诚挚的谢意。另外，特别感谢我的导师李启亮先生（北京大学工学院教授）在编写过程中持续给予的建议和鼓励，感谢北京航空航天大学出版社的支持，使本书能够顺利出版。

本书的程序代码和示例数据均已开源，后面将持续更新对最新深度学习算法的解析。读者可从相应网站下载并运行程序，加深理解和实践。囿于编者的知识、经验有限，对于书中不妥和疏漏，敬请读者将宝贵意见发至 ye_huixian@foxmail.com，以便再版时完善，感谢！

编　者

目　　录

第1章 Python简介与环境搭建

1.1 Python简介

Python是一种广泛使用的通用高级编程语言。它于1991年由Guido van Rossum创建,并在Python软件基金会支持下得到进一步发展。在机器学习等算法开发语言中,Python使用者数量早已超过Matlab等传统科学计算软件。本书以Python作为编程语言基础,逐步深入介绍三维点云相关算法,包括从传统机器学习方法到神经网络深度学习算法。

Python设计强调代码的可读性,其语法允许用户用更少的代码行来表达他们的设计思想,快速且高效地完成系统开发。Python有两个版本:Python2和Python3,两者有着明显区别。目前主流版本为Python3,书中后续章节所涉及的程序均基于Python3来进行介绍。

Python编程语言特点如下:

1. 易读性

这是Python的主要优点。Python是一种高级编程语言,其语法与英语相似,便于直接读懂代码。相比C/C++等传统编程语言来说,代码更容易阅读和理解。

2. 易用性

Python学习起来非常简单,这是推荐给新手使用的原因。与C/C++和Java等其他常用语言相比,Python实现相同目的所需的代码行更少,并且无须指定数据类型,也不需要应用复杂的数据指针。如果用户已有C/C++、Java等其他编程语言基础,那么只需花几天时间便可以很好地掌握Python。其易用性使开发人员能够更加专注于解决问题本身,而不需要花费大量时间学习编程语言的语法或行为。

3. 解释性

Python是一种解释性语言,这意味着代码由Python逐行执行。发生错误时,它会停止程序的执行并报告错误。即使程序有多个错误,Python也只显示一个。

4. 编译性语言与解释性语言

通常,一个用编译性语言如C或C++编写的程序需要经过编译器编译后才能运行,运行效率高,但可移植性差,不够灵活。Python程序可以直接从源代码通过解释器运行程序,可以执行部分转换,运行效率相比编译性语言低。事实上,不再担心如何编译程序,如何确保连接正确的库等,这使得使用 Python 变得更为简单。编译性语言与解释性语言的流程对比如图 1-1 所示。

对于 Python 解释性特点,是指其在使用场合可快速进行方案验证,或对速度要求不敏感。如果需要高效运行代码,用户可选择在 Python 进行方案验证之后,再转写成对应的 C++代码。

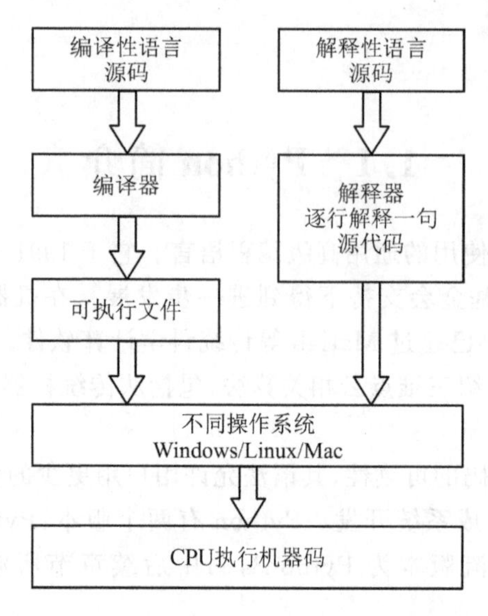

图 1-1　编译性语言与解释性语言流程对比

5. 动态类型

在运行程序之前,Python 不知道我们正在处理什么类型的变量。但在执行期间,它会自动分配数据类型。用户不需要声明变量或数据类型。这一点与 C/C++显著不同。

6. 免费和开源

Python 是根据 OSI 授权的开源许可发布的。因此,它可以免费使用和分发。用户可以获取源代码并更改它,甚至共享自己的 Python 版本。这对于希望改变特定行为并产生自己版本的用户很有帮助。

7. 丰富的库资源

Python 的标准库很庞大,它几乎包含工作所需要的所有基础函数。因此,用户不需要依赖第三方库也可完成基本的程序开发。

Python 第三方包资源非常丰富,能够完成绝大部分任务,例如图像处理包 Opencv、点云处理包 Open3d,以及深度学习开发包 PyTorch 和 TensorFlow 等。Python 包管理器(pip)能够简洁快速地从 Python 包索引(PyPi)页面下载导入。据统计,Python 第三方包的数量总共大约有 20 万个。

8. 可移植性

程序在不同系统上运行时通常必须用各种语言(如 C/C++)更新代码。对于 Python 而言,在避免使用依赖于系统特性的情况下,所有 Python 程序通常无须修改即可在下述平台运行,如 Linux、Windows、FreeBSD、Macintosh、Solaris、OS/2、Amiga、AROS、QNX、VMS、Windows CE,甚至还包括 PocketPC、Symbian 以及 Google 基于 Linux 开发的 Android 平台。

9. 物联网机会

Python 在智能相机、树莓派(Raspberry Pi)等终端设备或平台可直接运行,它为物联网带来光明的未来,进而使得打造端—边—云系统变得更加容易。

10. 面向对象的

与 C/C++、Java 类似,Python 支持面向过程和面向对象编程范例。在面向过程的语言中,程序是由过程或仅仅由可重用代码的函数构建起来的。在面向对象的语言中,程序是由数据和功能组合而成的对象构建起来的。

1.2 Python 常用数据类型

Python 常用数据类型包括数值、字符串、列表、字典、元组、集合、数组等,下面将分别进行简要介绍。诸如 C/C++等其他语言需要用关键字来对变量进行声明,而 Python 直接对变量进行赋值即可。这个特点便是上一节提到的动态类型。

1.2.1 数值类型

Python 数值类型主要包含整型和浮点型。整型数值关键字为 int,浮点型关键字为 float。C/C++等其他语言中,变量赋值时需要用 int 和 float 进行声明,而 Python 可直接对变量进行赋值。但如果进行变量类型的强制转换,Python 也需用到相应关键字。示例程序如下所示。

```
if __name__ == '__main__':
    # 定义整型变量 a
    a = 1
    # 打印结果,输出:<class 'int'>
    print(type(a))
    # 将 a 强制转换成浮点型
    b = float(a)
    # 输出:1.0 <class 'float'>,可以看到 b 中有小数点存在
    print(b, type(b))
    # 将 b 转换回整型
    c = int(b)
```

```
        #输出:1 <class 'int'>,c 中不再有小数点,即 c 为整型
        print(c, type(c))
```

1.2.2 字符串类型

Python 字符串类型关键字为 str,可直接对变量进行赋值,不需要进行声明。当数据类型和字符串类型之间进行强制转换时,可以采用上一小节的方法完成。字符串用英文单引号或双引号来进行赋值。字符串拼接可直接使用加号完成。

C/C++等编程语言使用右斜杠来表示转义字符,例如\t 表示 TAB,\n 表示换行。同样地,Python 也用该方法来表示转义字符。如果使用 r'xxx' 或 r"xxx"来表示字符串,那么相应部分则不当作转义字符来处理,仍然认为是字符本身。这一点在使用变量表示文件路径或文件夹目录时会经常用到。

示例程序如下所示。

```
if __name__ == '__main__':
        #输出:Python 三维点云,\t 为转义字符。
        d = 'Python\t 三维点云 '
        print(d)
        #输出:Python\t 三维点云,\t 不当作转义字符处理
        e = r"Python\t 三维点云"
        print(e)
        f = d+e
#字符串拼接,输出:Python 三维点云 Python\t 三维点云
        print(f)
```

1.2.3 列表类型

Python 列表类型关键字为 list,与数组较为相似,是一系列取值的集合,并放在英文中括号之中,例如 a=[1, 'a', [2, 3]]。从该示例可以看出,列表中数据类型不需要完全一样,如可以是各种类型数据的混合;另一方面,由于列表数据类型没有限制,其可以进行嵌套使用。

Python 列表切片通过索引直接得到,索引值从 0 开始,最大值为列表长度减 1。索引值也可以从−1 开始,−1 表示列表最后一个元素索引,这样很容易进行反向逐一读取。假设有列表 l,那么 l[a:b:c]表示获取 *a* 开始到 *b* 之间的数据,间隔为 *c*。根据索引,列表元素的删除方法为 del l[i]或 l.remove(l[i]),表示删除列表的第 i 个元素。

示例程序如下所示。

```
if __name__ == '__main__':
        g = [1, 'a', [2, 3]]
        #list 列表切片,输出:1 [2, 3] ['a', [2, 3]]
        print(g[0], g[-1], g[1:3])
```

```
    #计算数组长度,输出
    print(len(g))
    #删除列表元素
    g.remove(1)
    #输出:['a', [2, 3]]
    print(g)
    #删除列表元素
    del g[-1]
    #输出:['a']
    print(g)
```

1.2.4 字典类型

Python 字典类型的关键字为 dict,用于存储键值对数据,并写入大括号之中。字典类型与 json 格式较为相似,可通过 Key 键快速查询到相应取值 Value。这里假设字典变量为{'*a*': 1, 0:'*abc*', '*b*':[1, 2, 3]}。可以看到,字典的每一个键值对都用 Key: Value 的方式表示,并且字典中的数据类型也是多种多样的,不需要完全一致。同样地,字典类型的变量也可多层嵌套。

字典类型变量某一 Key 键对应的取值用 *f*[key]来获取,*f* 为字典变量名称。例如,使用 *f*[0]得到 '*abc*',*f*['*b*']得到[1, 2, 3]。*f*. keys()获取到所有键值,并通过 list(*f*. keys())转换为列表。同样地,f. values()获取字典类型变量所有取值。删除字典变量中某一个键值对的方法为 del *f*[key]。

字典类型变量是一种结构化数据,层次分明,在数据传输、配置参数等场景会经常使用。

示例程序如下所示。

```
if __name__ == '__main__':
    #4、dict 字典类型
    f = {'a': 1, 0:'abc', 'b':[1, 2, 3]}
    #获取数据,输出:1 abc [1, 2, 3]
    print(f['a'], f[0], f['b'])
    #获取所有键,并转换为 list
    keys = list(f.keys())
    #输出:['a', 0, 'b']
    print(keys)
    #获取所有取值,并转换为 list
    values = list(f.values())
    #输出:[1, 'abc', [1, 2, 3]]
    print(values)
    #获取所有键值对,并转换为 list
    items = list(f.items())
    #输出:[('a', 1), (0, 'abc'), ('b', [1, 2, 3])]
```

```
    print(items)
    # 删除字典元素
    del f['b']
    # 输出:{'a': 1, 0: 'abc'}
    print(f)
```

1.2.5 其他类型

Python 其他基础类型还包含元组(tuple)和集合(set)等。其中,集合的概念与数学概念类似,不允许有重复的数据。集合有利于快速进行交集、并集、补集等运算,或者快速去除列表中的重复元素。除此之外,数组(array)类型是后续章节中比较常见的一种数据类型,用于数组矩阵计算。数组矩阵不是 Python 的基础类型,可导入 numpy 包进行使用。这里不详细介绍矩阵的使用,大家可查找资料理解数组矩阵的创建、切片、矩阵运算、排序等功能。

```
if __name__ == '__main__':
    # 元组类型
    g = (1, '2', [3])
    # 元组切片,与列表类似,输出:2
    print(g[1])

    # 集合类型
    h = set([1, 1, 2, '2'])
    # 输出:{1, 2, '2'}
    print(h)

    # 数组类型
    # 导入 numpy 包
    import numpy as np
    # 定义数组
    i = np.array([[1, 2], [3, 4]])
    # 输出:[[1 2][3 4]]
    print(i)
    # 计算矩阵维度,输出:(2, 2)
    print(i.shape)
```

1.3 常用语法

本节主要介绍 Python 包导入、主函数入口、缩进、函数、类、顺序结构、条件结构和循环结构等常见方法。

1.3.1 包导入

Python 包导入与 Java 很相似，可以导入很多第三方包，进而使用包的函数功能。例如，上一节导入的 numpy 包可用于矩阵计算。在本书当中，诸如 opencv、open3d、pytorch 等将在后续程序中经常使用。

Python 包导入的关键字为 import，通常与 as 搭配使用，例如 import AAA as A。显然，这体现了 Python 程序的可读性。按照英文理解，这句话的意思是把 AAA 导入成 A。那么 A 相当于 AAA 的一个别名，后续程序可用 A 表示 AAA。同样地，import numpy as np 表示 np 代表 numpy，这相当于对 numpy 进行简写，目的是提高代码编写效率。如果 AAA 包含函数 *B*，那么可通过 A. B 来调用，例如 np. array()实现矩阵转换。

1.3.2 主函数入口

Python 的主函数入口为“if __name__ ＝＝'__main__'：”。对于简单的 Python 文件，我们也可以不设置主函数入口，程序会按照代码逐行执行。

1.3.3 缩　进

C/C＋＋等编程语言中同一层级代码需要用大括号来限定范围，而 Python 则采用缩进的方式来表示同一层级。例如，下文介绍的条件结构和循环结构中代码的缩进是一致的。处于同一缩进级别的连续代码会逐行顺序执行。采用缩进的好处之一是使得代码编写更加规范和工整。

1.3.4 函　数

Python 函数定义的关键字为 def，通常不需要指定函数返回值类型和参数类型。如下程序所示，sum_test 定义一个加法函数，*a*、*b* 是函数的两个参数。函数返回值的关键字为 return，示例的 return c 将计算结果返回到调用之处。

在使用参数时，*b*＝1 表示 *b* 默认取值为 1，即不传递参数 *b* 时，其取值默认为 1。sum_test(1)的计算结果为 2。需要注意的是，函数定义时有默认值的参数需要放在无默认值参数之后，否则会报语法错误“SyntaxError：non-default argument follows default argument”。例如，如果函数定义为“def sum_test(*b*＝1，*a*)”，即有默认值的参数在前，那么程序运行时会报错。

```
#定义一个求和函数
def sum_test(a, b = 1):
    c = a + b
    return c

if __name__ == '__main__':
```

```
        #调用 sun_test 函数
        x = sum_test(1, 5)
        #输出:6
    print(x)
    x = sum_test(1)
    #输出:2
    print(x)
```

1.3.5 类

Python 支持面向对象的编程,而面向对象的编程最重要之处在于类的使用。Python 类的关键字为 class。如下程序所示,程序定义一个 Cls_test 类,并且用__init__(self, a)函数来对类对象进行初始化。在实例化类对象时,程序会自动调用__init__函数。例如 Clt = Cls_test(3),会将 3 传递给类变量 a。

类变量或类函数的调用方式为“类对象变量名.变量”和“类对象变量名.函数”,例如 Clt.a 和 Clt.sum_test。

以上为类的基础调用方式,Python 也支持类似 C++等对象编程语言的复杂应用方式,可查阅资料进行深入了解或学习。

```
class Cls_test():
    def __init__(self, a):
        self.a = a

    #定义一个求和函数
    def sum_test(self, a, b=1):
        d = a+b+self.a
        return d
if __name__ == '__main__':
    #实例化类
Clt = Cls_test(3)
#输出:3
print(Clt.a)
    #调用类中函数 sum_test
    x = Clt.sum_test(1, 5)
    #输出:9
    print(x)
```

1.3.6 流程控制结构

Python 流程控制结构包括顺序结构、条件结构和循环结构。顺序结构是指程序逐行执行,且各语句缩进相同。条件结构采用 if、elif、else 进行判断,满足条件后执行对应结构的语句。循环结构采用 for、while 等来循环执行结构体的语句,满足终止条件时跳出循环。条件结构和循环结构中的语句也属于顺序结构。

```
if __name__ == '__main__':
    a = 10
    #判断结构,输出:a>5
    if a>5:
        print('a>5')
    elif a>10:
        print('a>10')
    else:
        print('a<=5')

    #循环结构
    for x in [1, 3, 5, 7]:
        print(x)


    a = 10
    #循环结构
    while a>0:
        print(a)
        a = a-1
```

1.3.7 学习网站和资料

Python 入门学习网站可参考 https://www.w3school.com.cn/Python/index.asp 和 https://m.runoob.com/Python。这两个网站的优点是能够直接运行 Python 代码,可以一边学一边运行程序。这样学习效率比较高。对于初学者来说,花费几天时间把各个章节从头到尾运行一遍,可初步掌握 Python 的基本使用方式。

如果用户需要快速巩固 Python 编程知识,最好的方法莫过于给自己设置几个主题任务,比如编写计算器等。这样做的目的是方便将各个独立章节整合起来,进行融会贯通,从而高效掌握 Python 编程。

1.4 Python 环境安装

1.4.1 Conda 安装

Python 推荐使用 Conda 软件进行安装,优点在于能够同时管理不同 Python 环境,可兼容多个版本 Python,不同 Python 环境之间做了比较好的隔离措施,互相不产生影响。Conda 本身是一个软件环境管理系统,大家可选择 Anaconda 或 Miniconda 来进行安装。Anaconda 包含 Conda、Python 等 180 多个科学包及其依赖项，因此软件比较大，占用存储空间也较大，大概 500～700 MB。相比之下，Miniconda 是一款小巧的 Python 环境管理工具，安装包大约只有 50 MB，其安装程序包含 conda 软件包管理器和 Python。就管理 Python 环境而言，Miniconda 和 Anaconda 的使用方式几乎没有任何区别。

Anaconda 下载地址为 https://www.anaconda.com/products/distribution，页面底端有最新版本的 Anaconda 安装文件下载链接，对应着 Windows、Linux 和 MacOS 操作系统，如图 1-2 所示。

图 1-2　Anaconda 下载页面

Windows 系统下载的是 exe 安装文件，如 Anaconda3-2022.10-Windows-x86_64.exe。下载后直接双击 exe 进行安装，大部分页面按照默认配置即可，仅需重点关注下面介绍的两步。在选择使用者时，请选择"All Users"，不要选择"Just Me"，如图 1-3 所示。如果勾选"Just Me"，后续进行包管理的时候可能会遇到权限问题。

在"Advanced Options"步骤中，我们同时勾选加入环境变量和默认 Python 版本，如图 1-4 所示。

Linux 系统下载的是.sh 文件，如 Anaconda3-2022.10-Linux-x86_64.sh。在 Linux 系统下，Anaconda 的 sh 安装文件可以通过浏览器直接下载。在 Linux 命令行中，其可通过 wget 来下载，如"wget https://repo.anaconda.com/archive/Anaconda3-2022.10-Linux-x86_64.sh"。安装步骤为：

（1）bash Anaconda3-2022.10-Linux-x86_64.sh。

（2）source～/.bashrc。

Miniconda 安装文件的下载地址为 https://docs.conda.io/en/latest/miniconda.html"，也支持 Windows、Linux 和 MacOS 操作系统。Miniconda 与 Anaconda 在 Windows 和 Linux 系统下的安装方式完全一致。

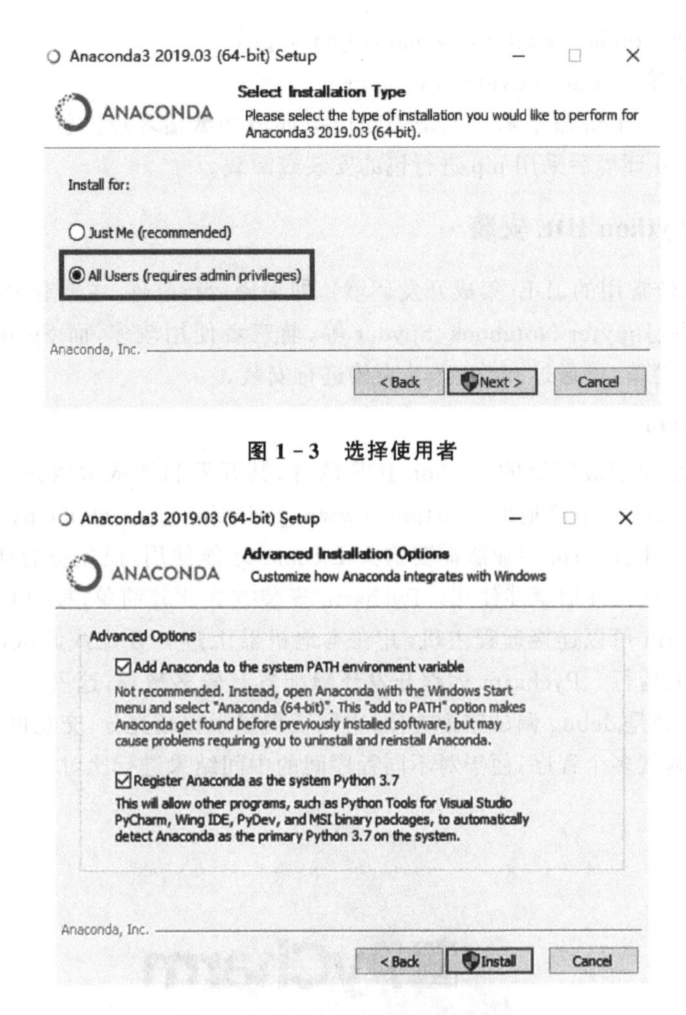

图 1-3 选择使用者

图 1-4 勾选环境变量与默认版本

Anaconda 或 Miniconda 安装完成之后，系统会默认装了一个名为 base 的 Python 环境，在 Windows 的 cmd 窗口或 Linux terminal 终端命令行，此时，输入“Python-V”会打印出默认的 Python 版本，如图 1-5 所示。

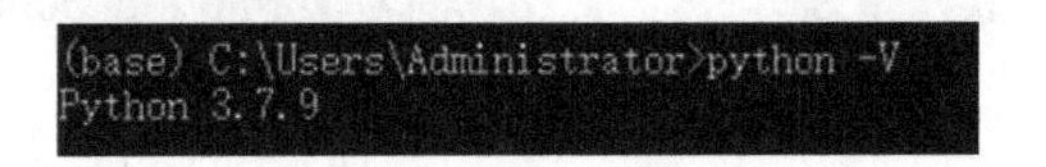

图 1-5 打印 Python 版本

Conda 常用命令如下：

(1) 查看安装包：conda list。

(2) 查看已安装的 Python 环境：conda env list。

(3) 创建新的 Python 环境：conda create-n env_name Python=3.7。

(4) 安装包:conda install-n env_name [package]。

(5) 激活环境:conda activate env_name。

最常用到的 Conda 命令基本上是创建虚拟环境和激活环境。包管理通常则是在激活特定 Python 环境后采用 pip 进行包的安装或卸载。

1.4.2 Python IDE 安装

Python 比较常用的 IDE(集成开发环境),即编译运行软件,主要有 Pycharm、Visual Studio Code、Jupyter Notebook、Spyder 等,前三者使用较多,而 Spyder 用的人较少,但安装较为简单,可通过 pip install 直接进行安装。

1. Pycharm

Pycharm 是应用最广泛的 Python IDE 软件,其开发和调试功能齐全,支持 Windows 和 Linux 系统。下载地址为 https://www.jetbrains.com/zh-cn/pycharm/,页面如图 1-6 所示。Pycharm 专业版需要购买 License 才能使用,但免费的社区版(Community Edition)只要注册就能使用。Pycharm 安装方式比较简单,按照默认的安装方式即可。Pycharm 可以连接远程主机,并在本地机器上进行开发或调试,实际程序则是在远程主机上运行。Pycharm 远程开发环境配置有较多教程,这里不再赘述。Pycharm 另一个好处是 debug 调试较为方便,中间变量显示比较充分,交互也做得比较好,并且支持同时调试多个程序,便于对不同程序间的中间结果进行比对。

图 1-6 Pycharm 下载页面

2. Visual Studio Code

Visual Studio Code(简称"VS Code")是 Microsoft 在 2015 年 4 月 30 日正式发布的一款程序集成开发环境软件,支持 Windows、macOS 和 Linux 系统。相比于 Pycharm 而言,Visual Studio Code 软件更加轻量、精简,并且可以根据需要灵活下载不同插件。Visual Studio Code 不需要 License 许可,可直接使用,这也是受到用户青睐的原因。

Visual Studio Code 官方下载地址为 https://code.visualstudio.com/，安装方式及步骤选择默认即可。其使用界面如图 1－7 所示。

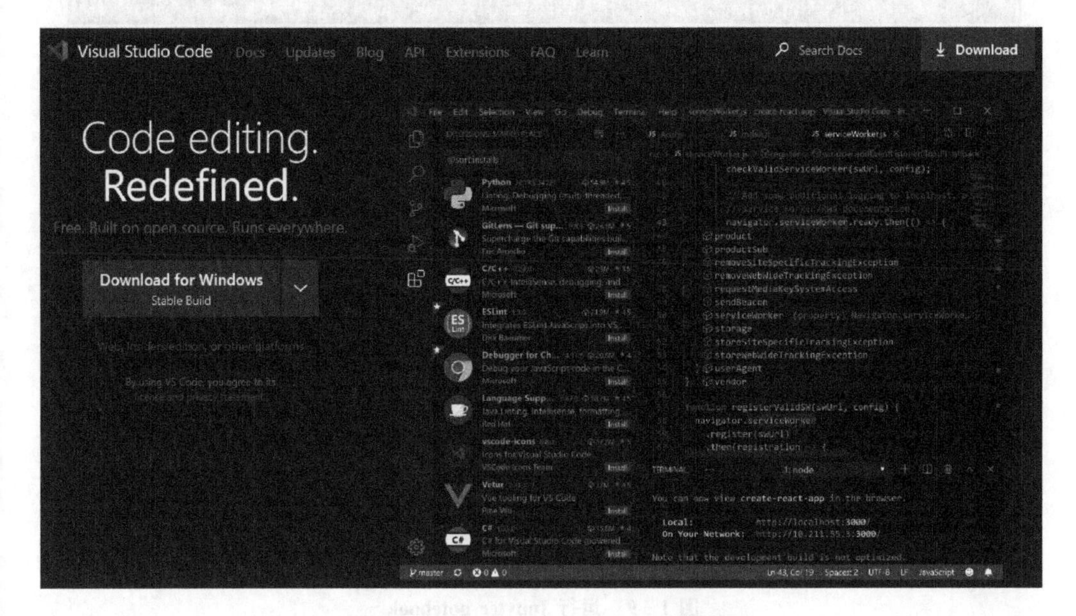

图 1－7 Visual Studio Code 下载页面

3. Jupyter Notebook

Jupyter Notebook 是基于 Web 的 Python 开发环境，通过网页浏览器来访问编译环境的。由于采用 web 访问的方式，Jupyter Notebook 比较适合在服务器端部署，不同用户可同时共享开发环境。很多金融量化投资网站的 Python 环境都是采用 Jupyter Notebook，用户能够直接在其网站上进行程序编写和运行，从而不需要在本地搭建 Python 开发环境。

Jupyter Notebook 可通过 conda 直接进行安装，安装命令为"conda install jupyter notebook"。安装完成后，Windows cmd 或 Linux terminal 终端窗口运行"jupyter notebook--generate-config"生成配置文件，运行成功后会提示"Writing default config to: C:\Users\Administrator\.jupyter\jupyter_notebook_config.py"，即生成配置文件。配置文件可修改下述内容以便环境能够被其他主机通过网络进行远程访问。

```
c.NotebookApp.allow_remote_access = True
c.NotebookApp.allow_root = True
c.NotebookApp.ip = '0.0.0.0'
```

运行"jupyter notebook password"为登录用户配置密码，如图 1－8 所示。

Jupyter Notebook 可通过运行"jupyter notebook"直接进行启动，启动后默认 web 服务的端口为 8888。启动后页面如图 1－9 所示。端口号可在产生的 jupyter_notebook_config.py 配置文件中进行设置。因此，网页浏览器通过"localhost:8888"

```
E:\>jupyter notebook password
Enter password:
Verify password:
[NotebookPasswordApp] Wrote hashed password to C:\Users\Administrator\.jupyter\jupyter_notebook_config.json
```

图 1-8　jupyter notebook 设置登录密码

“127.0.0.1:8888”或“IP:8888”等地址访问到 Jupyter Notebook。当关闭 Jupyter notebook 命令的窗口时，Jupyter Notebook 网络服务也会断开，相应 Python 环境也会关闭，无法再进行访问。Linux 系统中，为了避免关闭终端后 Jupyter Notebook 停止，可使用“nohup jupyter notebook &”命令使任务继续而不被停止。

```
E:\>jupyter notebook
[W 2022-10-30 18:56:09.522 LabApp] 'password' has moved from NotebookApp to ServerApp. This config will be passed to ServerApp. Be sure to update your config before our next release.
[W 2022-10-30 18:56:09.522 LabApp] 'password' has moved from NotebookApp to ServerApp. This config will be passed to ServerApp. Be sure to update your config before our next release.
[I 2022-10-30 18:56:09.529 LabApp] JupyterLab extension loaded from D:\ProgramData\Miniconda3\lib\site-packages\jupyterlab
[I 2022-10-30 18:56:09.529 LabApp] JupyterLab application directory is D:\ProgramData\Miniconda3\share\jupyter\lab
[I 18:56:09.534 NotebookApp] Serving notebooks from local directory: E:\
[I 18:56:09.534 NotebookApp] Jupyter Notebook 6.4.12 is running at:
[I 18:56:09.535 NotebookApp] http://localhost:8888/
[I 18:56:09.535 NotebookApp] Use Control-C to stop this server and shut down all kernels (twice to skip confirmation).
[I 18:56:10.744 NotebookApp] 302 GET /tree (::1) 0.000000ms
[I 18:56:12.961 NotebookApp] 302 POST /login?next=%2Ftree (::1) 43.000000ms
Unable to load extension: pydevd_plugins.extensions.types.pydevd_plugin_pandas_types
[I 18:56:23.391 NotebookApp] New terminal with automatic name: 1
```

图 1-9　运行 Jupyter notebook

Jupyter Notebook 进入的文件目录首页即为启动命令所在目录，如图 1-10 所示。Jupyter Notebook 另一个比较方便之处是可直接访问命令窗口，即可新建 terminal 终端窗口，这相当于提供了远程终端接口。

图 1-10　浏览器访问 jupyter notebook

1.4.3　程序调试

Python IDE 开发环境除了用于源码编写和程序编译、运行之外，最重要的功能是程序调试(Debug)。程序调试通过在源码特定位置设置断点，可使代码运行到对应位置并且暂停。这样有利于开发者查看当前变量状态，并检查程序运行结果是否正确，从而极大提高开发和调试效率。以 Pycharm 为例，开发者可通过单击“Debug”以调试模式运行程序，如图 1-11 所示。

这里简单介绍程序调试常用的关键概念或方法，包括断点、步入、步过、步出、运行到光标处等。下面以 Pycharm 为例分别进行简要说明。

断点(Breakpoint)是指程序暂时中断运行并停留在当前状态，通过在需要中断的

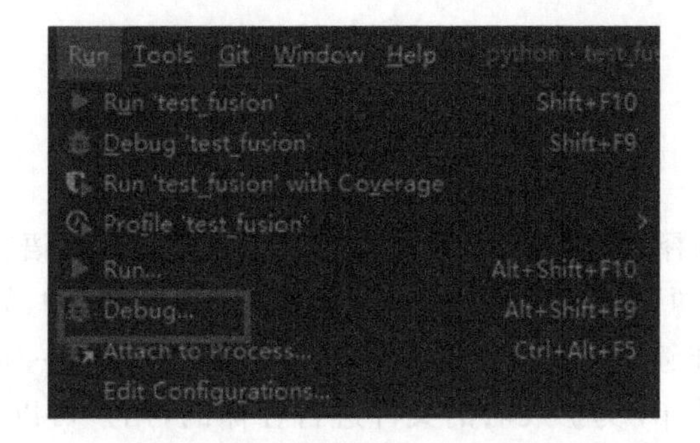

图 1-11 以 Debug 模式运行程序

代码行首位置单击，或 Toggle Breakpoint，或快捷键 Ctrl＋F8 进行断点添加和取消。

当程序运行到断点时，开发者需要用到步入、步过、步出、运行到光标处等操作。如果程序停留之处会调用函数进行处理，步入(Step Into)是指程序会进入到函数内并继续进行执行。步过(Step Over)是指程序会逐行执行程序，不会进入到函数内部。步出(Step Out)是指程序在某一函数内部时直接运行到函数结束，或运行到下一个断点时停止。运行到光标处(Run to Cursor)是指程序执行到光标所在位置，一般通过右键调出此命令。

步入、步过、步出、运行到光标处的快捷键分别为 F7、F8、Shift＋F8、Alt＋F9，不同 IDE 的快捷键会略有差异，但调试功能基本一致。另外，程序也可步入到自己的代码，即 Step Into My Code，快捷键为 Alt＋Shift＋F7。步过、步入、步入到自己代码、步出、运行到光标处对应的调试按钮如图 1-12 所示。

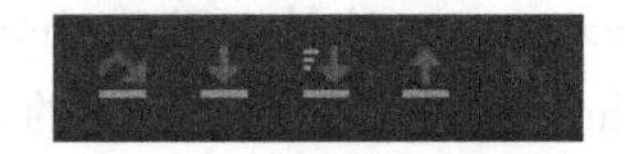

图 1-12 调试快捷按钮

在调试过程中，开发者除了可以在下方的调试窗口(Debugger)看到各个变量取值之外，还可以在控制台(Console)输入命令，如图 1-13 所示，并且命令可直接调用当前各个中间变量进行处理。

图 1-13 调试窗口和控制台

程序调试功能看似比较简单，但是对于理解和分析程序来说至关重要。工欲善其事，必先利其器。开发者熟练掌握调试工具将会极大提高开发效率。本书后续在深入介绍复杂的深度学习算法时，会通过调试工具对算法关键部分逐行进行解读，以便读者能够加深对算法的理解，将算法理论和应用程序进行关联，做到融会贯通。

1.5 Python 源码加密

Python 是一种解释性编程语言，相比于 C/C++等编译性语言，其加密难度更大，比较容易被反编译出源码。源码加密是指对源码进行加密保护，如当开发者交付程序时，但并不希望用户能够看到源码。这也是对自身知识产权的一种保护。

Python 源码是以.py 为扩展名的文件进行存储的，用户可以看到每一行源代码。当 Python 程序运行之后，其源码文件所在文件夹下会产生一个名为“__pycache__”的文件夹。该文件夹下存储了.py 源码文件编译后的文件，以.pyc 作为扩展名。编译后的 pyc 文件不再将源码暴露出来，直接以文本打开会呈现乱码状态，如图 1-14 所示。

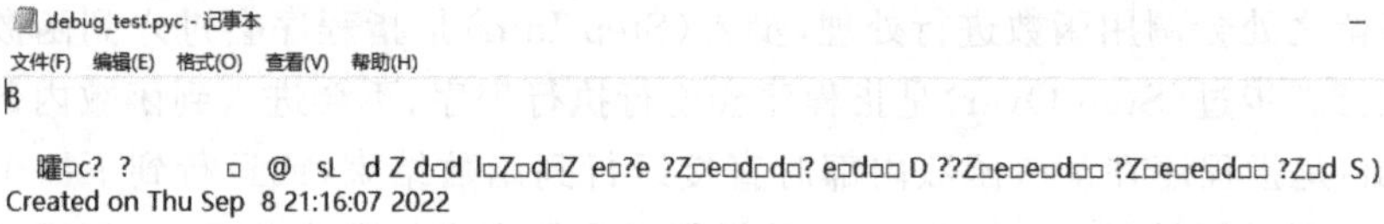

debug_test.pyc - 记事本

文件(F) 编辑(E) 格式(O) 查看(V) 帮助(H)

Created on Thu Sep 8 21:16:07 2022

图 1-14 pyc 文件打开乱码

编译后的 pyc 文件名称为 xxx.cPython-yy.pyc，需要重名，与 py 文件名保持一致，即 xxx.pyc。这是由于 Python 调用(import)包时会引用文件名。文件名称中间部分 cython-yy 表示编译所依赖的 Python 版本，因而 pyc 文件运行时必须要用相同版本的 Python 环境。如果运行环境不同，会报错误提示“RuntimeError: Bad magic number in .pyc file”。每个.py 文件都有一个.pyc 编译文件与之对应，并且能够直接用 Python 编译软件运行，运行方式与.py 文件完全一致。因此，pyc 文件是一种最典型的源码加密方式，但是这种文件容易被反编译成 py 文件，从而使源码失去加密特性。

为了使 Python 源码加密更加安全，不易于被反编译，pyd 加密是一个不错的选择。Python 文件转 pyd 格式相当于编译成 DLL 或 so 文件，即把文件编译成库，然后供其他函数调用。pyd 文件可以直接通过 import 进行调用，使用方法与.py 文件一样，例如 test.pyd 和 test.py 使用方法保持一致。但是，pyd 文件不能直接运行，必须通过 import 来运行，也就是必须要有一个主文件来调用，包括 py 文件调用 pyd 文件，以及 pyd 文件调用 pyd 文件。pyd 文件不易于被反编译成 py 源码文件，如果用文本编辑器打开，也会是乱码状态。

Pyd 文件加密依赖于 Cython 包，可通过“pip install Cython”进行安装。单个文件转换需要新建 setup.py 文件，其程序内容如下所示。其运行命令为“Python setup.py build_ext--inplace testapp a_dir/b_dir/c_file.py”。

```
import os
import sys
import shutil
```

```
from distutils.core import setup
from Cython.Build import cythonize
from distutils.command.build_ext import build_ext
def get_export_symbols_fixed(self, ext):
    pass  # return [] also does the job!
# replace wrong version with the fixed:
build_ext.get_export_symbols = get_export_symbols_fixed
if __name__ == '__main__':
    if os.path.exists('build'):
        shutil.rmtree('build')
    # print('argv: ', sys.argv, len(sys.argv))
    appname = sys.argv[3]
    pypath = sys.argv[4]
    sys.argv = sys.argv[:3]
    # print('argv: ', sys.argv, len(sys.argv))
    cpath = pypath.replace('.py', '.c')
    if os.path.exists(cpath):
        os.remove(cpath)
    setup(
        name = appname,
        ext_modules = cythonize(pypath)
    )
    if os.path.exists(cpath):
        os.remove(cpath)
```

setup. py 运行成功后会在文件夹下生成 build 文件,并且在当前目录下生成 xxx. cyxx-win_yyy. pyd 文件,这个 pyd 文件就是我们所需要的加密文件。xxx. cyxx-win_yyy. pyd 文件需要进行重命名,去除中间部分,即 xxx. pyd。中间部分 cyxx-win_yyy 一般表示编译环境,例如 cp37-win_amd64,包括了 Python 版本和操作系统类型。这与 pyc 文件基本一样,运行时依赖于特定的 Python 环境和操作系统。

在 pyd 文件编译时,由于系统编译环境的差异,可能会造成诸多编译错误。一些编译错误案例和解决方法可参考 CSDN 博文:https://blog. csdn. net/suiyingy/article/details/126682769。另外,博文 https://blog. csdn. net/suiyingy/article/details/126627353 提供了 pyd 批量转换方法,可将一个完整工程下所有 py 文件逐一编译成 pyd 文件。

1.6 pip 镜像设置

Python 包管理工具为 Pip,用户可根据需要下载安装或卸载包。Pip 安装分为离线和在线两种模式。Pip 离线安装是指将待安装的包文件(通常是以. whl 为后缀名)下载到本地，然后使用“pip install xxx. whl”命令进行安装。

Pip 在线安装是指直接使用“pip install xxx”来安装 xxx 包，该命令会自动将包安装文件下载到临时文件夹，并在安装完成之后删除。Pip 默认会在 https://pypi. org/ 网站搜索并下载包。这个属于国外网站，可能会由于网络的限制，下载速度很慢，或者连接超时，提示错误“WARNING：Retrying (Retry(total=4，connect=None，read=None，redirect=None，status=None)) after connection broken”，如图 1-15 所示。

```
WARNING: Retrying (Retry(total=4, connect=None, read=None, redirect=None, status=None)) after connection broken
new connection: [Errno 11001] getaddrinfo failed')': /simple/cv2/
WARNING: Retrying (Retry(total=3, connect=None, read=None, redirect=None, status=None)) after connection broken
new connection: [Errno 11001] getaddrinfo failed')': /simple/cv2/
WARNING: Retrying (Retry(total=2, connect=None, read=None, redirect=None, status=None)) after connection broken
new connection: [Errno 11001] getaddrinfo failed')': /simple/cv2/
WARNING: Retrying (Retry(total=1, connect=None, read=None, redirect=None, status=None)) after connection broken
new connection: [Errno 11001] getaddrinfo failed')': /simple/cv2/
WARNING: Retrying (Retry(total=0, connect=None, read=None, redirect=None, status=None)) after connection broken
new connection: [Errno 11001] getaddrinfo failed')': /simple/cv2/
```

图 1-15　pip 网络问题

为了解决网络问题，用户可设置 Pip 镜像源来改变 Pip 搜索下载的地址。镜像源的意义在于复制一份 https://pypi. org/”网站的资源，并提供搜索和下载。镜像源的网络服务器是在国内，下载速度更快。

Pip 常见镜像源包括清华镜像、阿里镜像和豆瓣镜像等，地址分别为 https://pypi. tuna. tsinghua. edu. cn/simple、http://mirrors. aliyun. com/pypi/simple、https://pypi. douban. com/simple。Pip 镜像安装使用方法为“pip install xxx-i 镜像源地址”，例如“pip install xxx-i http://mirrors. aliyun. com/pypi/simple/”。如果使用上述命令提示镜像源主机不安全的警告，即“WARNING：The repository located at mirrors. aliyun. com is not a trusted or secure host and is being ignored.”，那么需要添加信任主机相关命令，即“pip install xxx-i http://mirrors. aliyun. com/pypi/simple/--trusted-host mirrors. aliyun. com”。通常情况下，阿里镜像源需要通过--trust-host 来信任主机，而清华镜像和豆瓣镜像则不需要添加，直接使用“pip install xxx-i 镜像源地址”即可。

用户使用“pip-i”命令来指定镜像源属于临时设置，每次安装下载都需要进行配置。镜像源也可通过“pip config set global. index-url https://pypi. tuna. tsinghua. edu. cn/simple”来永久配置，配置之后直接通过“pip install xxx”方式即可在镜像源地址下载。永久配置 Pip 镜像源之后，系统会修改 pip 配置文件。在 Windows 系统中，运行永久镜像源配置命令成功后会提示“Writing to xxxx\AppData\Roaming\pip\pip. ini”，pip. ini 即为 Pip 配置文件。Linux 系统的 Pip 配置文件路径一般为“~/. pip/pip. conf”。配置文件内容如图 1-16 所示，也可通过修改配置文件来改变镜像源。

这里倾向推荐使用-i 临时配置镜像源的方法。由于镜像源的包可能存在与默认来源不一致的情况，从而导致有些包安装时搜索不到或者安装不成功。在确认安装包名称是正确的前提下，用户可通过切换镜像源或不使用镜像源的方式来进行包安装。

Pip 进行包安装时，通常会对包进行编译，需要依赖 C++编译环境，因此开发过程

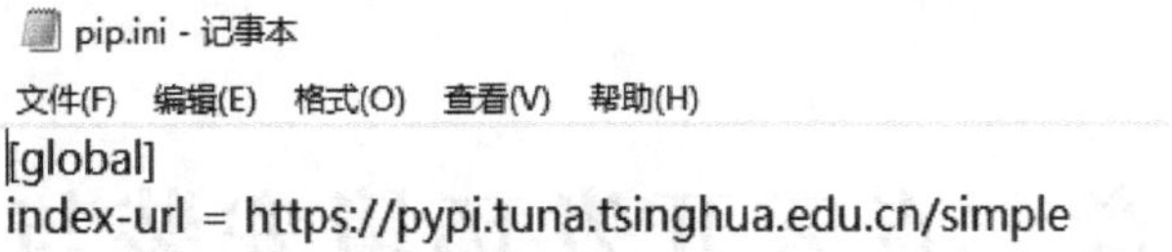

```
pip.ini - 记事本
文件(F) 编辑(E) 格式(O) 查看(V) 帮助(H)
[global]
index-url = https://pypi.tuna.tsinghua.edu.cn/simple
```

图 1－16 pip 配置文件

中需要下载并安装 C＋＋编译环境或 Visual Studio C＋＋开发软件。在 Pip 使用过程中，部分常见问题可参考 CSDN 博文 https://blog.csdn.net/suiyingy/article/details/119211593 和 https://blog.csdn.net/suiyingy/article/details/124046352。

1.7 程序资料

相关程序下载地址为 https://pan.baidu.com/s/1pd5AgYnKhY9gtnYk6UE5UA?pwd＝1234，对应 ch1 文件夹下内容。

(1) 01_datatype.py：1.2 节常用数据类型示例程序。

(2) 02_basics.py：1.3 节常用语法示例程序。

(3) 03_pyd：文件夹下是单个 Python 文件加密和批量加密程序。

第 2 章　点云开发环境安装与配置

2.1　Python Open3d 安装

Open3d 是由 Intel 发布的一个开源库，支持快速开发和处理 3D 数据，已经在许多已发表的研究项目中得到应用。Open3d 在 C＋＋和 Python 中公开了一组精心选择的数据结构和算法。它的后端是高度优化的，并且为并行化而设置，能够显著提高程序运行效率。Open3d 官方网址为 http://www.Open3d.org/，界面如图 2－1 所示。

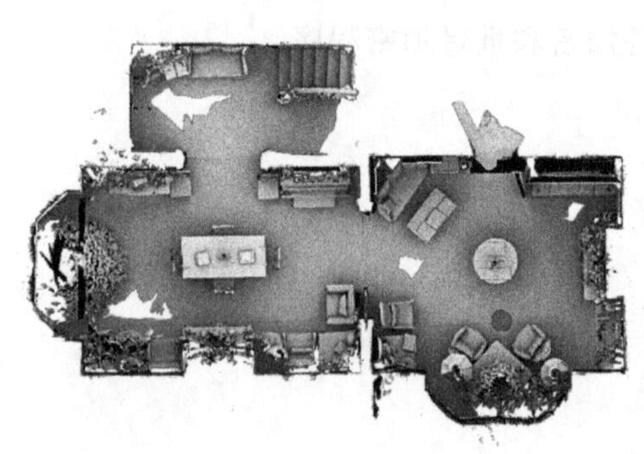

图 2－1　Open3d 官网界面

在处理二维图像时，最常用的一个图像处理库是 OpenCV，包括图像读取、可视化以及数字图像处理相关算法等。Open3d 与之类似，主要用于处理三维点云。我们会在后续章节逐一介绍 Open3d 的点云读写、点云文件格式转换、点云可视化、ICP 点云配准方法、点云平移、旋转、缩放、仿射变换、下采样、离群点剔除以及表面重建等内容。Open3d 官方使用说明的地址为 http://www.Open3d.org/docs/release/，含各个函数的使用方法与介绍。

Open3d 直接使用 pip 安装即可。如果下载较慢，请按照第 1 章的方法切换下载源。Open3d 安装方式为 pip install Open3d。

2.2 Python PCL 安装

Point Cloud Library(PCL)是一个大型、开放、可本地单机运行的 2D/3D 图像和点云处理工程库。相比于 Open3d,PCL 库的功能更加强大和完善。PCL 是根据 BSD 许可条款发布的,因此可免费用于商业和研究用途。PCL 官方网站为 https://pointclouds.org/。

PCL 是一个可跨平台部署 C++编程库,并且已成功编译并部署在 Linux、MacOS、Windows 和 Android / iOS 上。Python PCL 库基于原始 C++编程库,转换为相应的 Python 库。但是,这种转换可能是不完整的,因而其功能相比于原始的 PCL C++库要少得多。另一方面,Python PCL 库目前缺乏相应的使用说明文档。这对于初学者来说,学习起来比较困难。这也是本书在使用一些基本点云处理函数时采用 Open3d 的主要原因。由于 PCL 库具有强大的点云处理功能,这里也简单介绍一下其安装方式。如果读者需要深入学习 PCL 库,那么建议采用 C++进行相应开发。

Point Cloud Library,顾名思义,是点云库的意思,主要用于处理点云。PCL 点云处理功能包含波、特征计算、关键点、配准、分割、表面重建、可视化等,如图 2-2 所示。官方说明文档可参考 https://pcl.readthedocs.io/projects/tutorials/en/master/#。

Python PCL 安装步骤如下所示:

(1) 安装 C++编程开发环境,例如 Visual Studio 2017 (VS 2017);

(2) 安装 PCL 库;

(3) 安装 Python PCL 库。

Visual Studio 网络安装教程较多,这里不进行具体介绍。大家也可以安装其他版本 VS。这里假定安装的 Visual Studio 版本为 VS 2017,这与接下来安装 PCL 库直接相关。

PCL 库安装文件官方下载地址为 https://github.com/PointCloudLibrary/pcl/releases"。该页面包含已发布的各个版本,单击版本号标题可跳转到相应版本详细介绍界面,并可看到跳转界面底部提供的下载链接。这里以 1.8.1 版本为例,下载界面如图 2-3 所示,安装文件与 VS 版本相对应,即上一步安装的 VS 版本。由于我们在上一步安装的是 VS 2017,这里在界面底部分别下载 PCL-1.8.1-AllInOne-msvc2017-win64.exe 和 pcl-1.8.1-pdb-msvc2017-win64.zip。

下载完成后 ,打开 PCL-1.8.1-AllInOne-msvc2017-win64.exe,按照提示进行安装即可。PCL 安装时需要把其添加至系统环境变量 PATH,如图 2-4 所示。

中途会弹出安装 OpenNI 提示框,将安装路径选择为 PCL 路径下的 3rdParty 文件夹,如图 2-5 所示。

安装完成后程序可能会提示环境变量设置失败,这个可以后续手动进行设置。PCL 环境变量名称为 PCL_ROOT,如图 2-6 所示。最后将上面的插件 pcl-1.8.1-

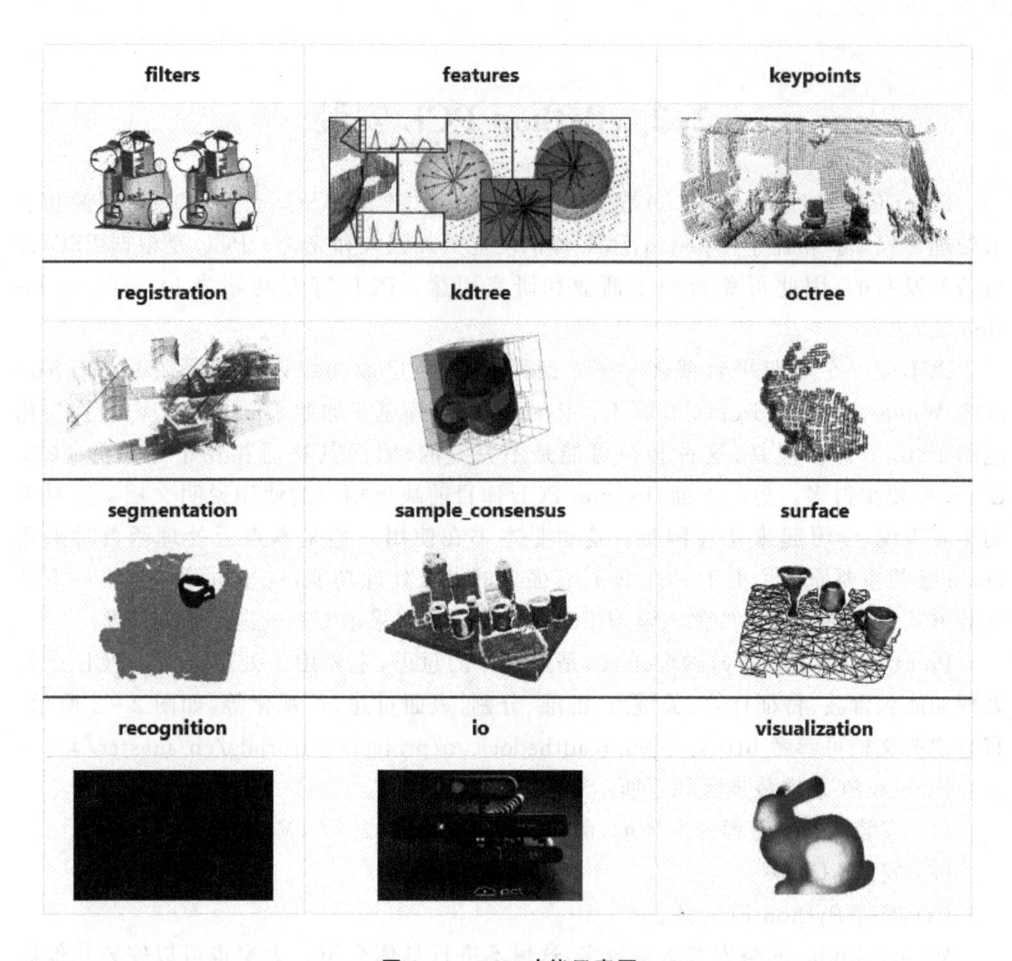

图 2-2　PCL 功能示意图

▾ Assets 11

PCL-1.8.1-AllInOne-msvc2015-win32.exe	419 MB	Aug 9, 2017
PCL-1.8.1-AllInOne-msvc2015-win64.exe	470 MB	Aug 9, 2017
PCL-1.8.1-AllInOne-msvc2017-win32.exe	416 MB	Aug 9, 2017
PCL-1.8.1-AllInOne-msvc2017-win64.exe	467 MB	Aug 9, 2017
pcl-1.8.1-darwin.tar.bz2	16.8 MB	Aug 16, 2017
pcl-1.8.1-pdb-msvc2015-win32.zip	160 MB	Aug 9, 2017
pcl-1.8.1-pdb-msvc2015-win64.zip	165 MB	Aug 9, 2017
pcl-1.8.1-pdb-msvc2017-win32.zip	142 MB	Aug 9, 2017
pcl-1.8.1-pdb-msvc2017-win64.zip	145 MB	Aug 9, 2017
Source code (zip)		Aug 8, 2017
Source code (tar.gz)		Aug 8, 2017

图 2-3　PCL 1.8.1 安装文件列表

pdb-msvc2017-win64.zip 解压出来并全部复制到所安装的 PCL 路径下(如 C:\Program Files\PCL 1.8.1\bin)。

PCL-1.8.1-AllInOne-msvc2017-win64 安装
pcl
Install Options
Choose options for installing PCL-1.8.1-AllInOne-msvc2017-win64
By default PCL 1.8.1 does not add its directory to the system PATH.
Do not add PCL to the system PATH
Add PCL to the system PATH for all users
Add PCL to the system PATH for current user
Create PCL Desktop Icon
Nullsoft Install System v2.51
< 上一步(P)
下一步(N) >
取消(C)

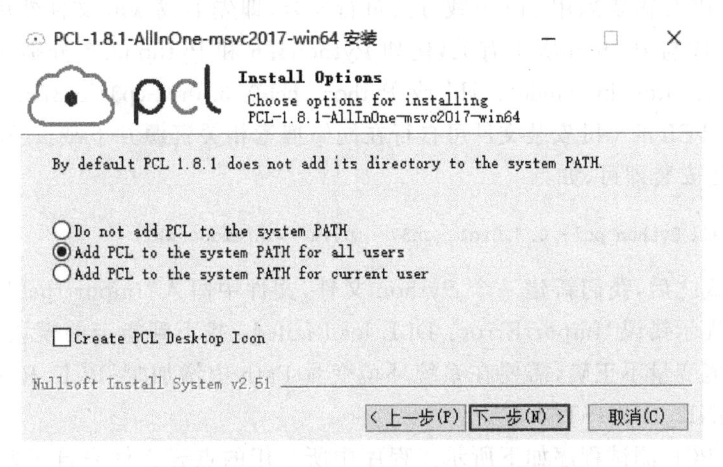

图 2－4　将 PCL 添加到 PATH 环境变量

OpenNI 2.2 SDK for Windows 64-bit Setup
Destination Folder
Choose the folder in which to install OpenNI
OpenNI
Install OpenNI 2.2 SDK for Windows 64-bit to:
C:\Program Files\PCL 1.8.1\3rdParty\
Change...
Install
Cancel

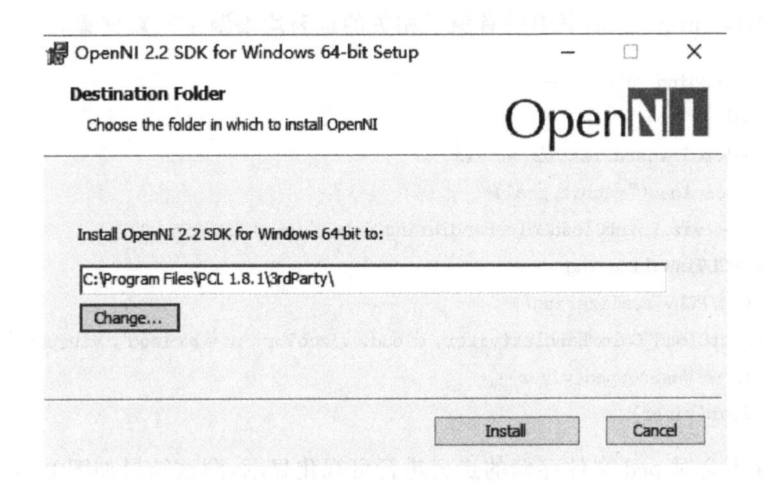

图 2－5　设置 OpenNI 安装路径

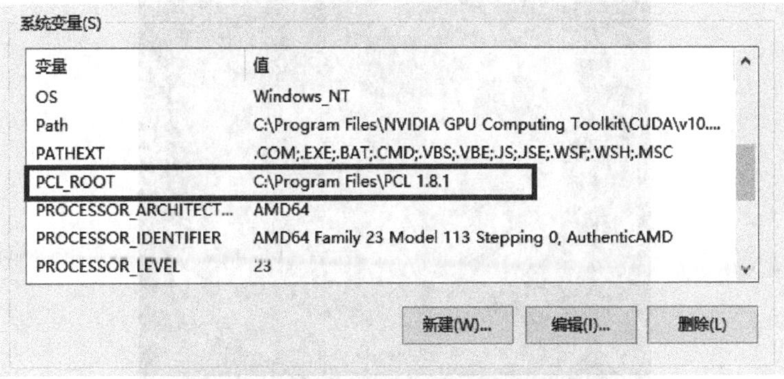

系统变量(S)
变量
值
OS
Windows_NT
Path
C:\Program Files\NVIDIA GPU Computing Toolkit\CUDA\v10....
PATHEXT
.COM;.EXE;.BAT;.CMD;.VBS;.VBE;.JS;.JSE;.WSF;.WSH;.MSC
PCL_ROOT
C:\Program Files\PCL 1.8.1
PROCESSOR_ARCHITECT...
AMD64
PROCESSOR_IDENTIFIER
AMD64 Family 23 Model 113 Stepping 0, AuthenticAMD
PROCESSOR_LEVEL
23
新建(W)...
编辑(I)...
删除(L)

图 2－6　PCL 环境变量

Python PCL 需要采用 pip 离线方式进行安装，即先下载 whl 文件然后进行安装。Python PCL 库与 Python 版本有关，例如 Python3.6 和 Python3.7 分别对应 Python_pcl-0.3-cp36-cp36m-win_amd64.whl 或 Python_pcl-0.3.0rc1-cp37-cp37m-win_amd64.whl。Python PCL 的 whl 安装文件可自行在网络搜索相关资源并下载。下载完成后使用 pip install 安装即可，如：

```
pip install Python_pcl-0.3.0rc1-cp37-cp37m-win_amd64.whl
```

安装完成之后，我们新建一个 Python 文件，文件中写入“import pcl”后运行该文件。如果有提示错误“ImportError：DLL load failed：找不到指定的模块”，那么说明很可能是环境变量不正确，需要在系统环境变量 Path 中增加“%PCL_ROOT%\bin”和“%OPENNI2_REDIST64%”。

Python PCL 测试程序如下所示。程序中所采用的点云文件来自于斯坦福 3D 扫描数据集(The Stanford 3D Scanning Repository)，地址为 http://graphics.stanford.edu/data/3Dscanrep/。本书中所有兔子相关的点云均来源于该数据集。

```
# -*- coding: utf-8 -*-
import pcl
import pcl.pcl_visualization as viz
cloud = pcl.load("rabbit.pcd")
vizcolor = viz.PointCloudColorHandleringCustom(cloud, 0, 255, 0)
vs = viz.PCLVisualizering
vizer = viz.PCLVisualizering()
vs.AddPointCloud_ColorHandler(vizer, cloud, vizcolor, id=b'cloud', viewport=0)
while not vs.WasStopped(vizer):
    vs.Spin(vizer)
```

测试程序会对 pcd 文件存储的点云进行可视化显示，测试结果如图 2-7 所示。

图 2-7 Python PCL 可视化样例

2.3 CUDA 套件安装

2.3.1 CUDA 架构简介

本书讲述点云数据处理将从传统机器学习算法逐步扩展到神经网络深度学习算法。神经网络深度学习算法涉及大量矩阵运算，其运算量与输入数据、网络深度、参数量等相关联。三维点云相比图像数据处理，计算量和存储量均大幅增加，具体原因会在后续章节详细介绍。

为了加快神经网络模型的训练和推理速度，并行计算是必不可少的实现途径。CUDA(Compute Unified Device Architecture)是英伟达 Nvidia 开发的通用并行计算架构，可大幅提高计算效率。CUDA 依赖于图形处理器(GPU)硬件，即显卡。因此，GPU 几乎是深度学习算法开发的必备配置。对于同一神经网络算法，GPU 相比于 CPU 很容易就能将运行速度提升 30 倍左右。这只是一个简单的测试，实际运算速度由 GPU 自身的配置决定。不同 GPU 的 CUDA 核心数量是不一样的，支持的 CUDA 版本也会有所差异。以 RTX 4090 为例，其 CUDA 核心数量达到 16 384，比 RTX 3090 的 10 496 的上升了 56%。训练常用的 NVIDIA Tesla V100 显卡拥有 640 个 Tensor 内核，是世界上第一个突破 100 万亿次 TFLOPS 运算的 GPU。

如何选择适合自己的显卡是一件需要稍加考虑的事情。我们首先需要明确显卡的主要功能是训练还是推理、是用于开发还是部署。在神经网络算法模型训练或开发阶段，大量数据样本会用于训练。这些训练数据一般是提前获取的，每个数据经过网络模型的计算方式也是完全一致的。因而这些数据可以进行并行处理，模型训练阶段会一次训练多个数据，可通过设置 batch size 的大小实现。另一方面，训练过程中模型需要保存中间特征图、反向传播特征图、梯度、学习率等参数，这也会大大增加对显卡容量的需求。模型推理过程通常是针对单个样本进行的，并且不需要存储反向传播数据和中间特征图，因而显卡显存容量需求大大降低。

显卡自身也会针对训练和推理场景分别做优化，例如 NVIDIA T4 显卡就是一款专注于推理的 GPU。在实际进行显卡选型时，我们通常考虑比较多的是显卡容量、算法模型需求和成本。在训练算法模型时，我们会选择显存容量较大的显卡，如 Nvidia V100(32GB)或 A100 等。在算法模型部署或推理场景下，针对实际算法所需要的显存容量，我们会结合成本选择需要的显卡。推理显存容量会远小于训练阶段的容量。表 2-1 列举了一些常见英伟达显卡型号及其显存容量。

CUDA 深度学习套件是在不断更新升级的，甚至与显卡硬件型号相关。NVIDIA GTX 系列的显卡基本兼容于现有的 CUDA 版本。一般来说，CUDA 的计算性能和功能随着版本更新而不断增强。但在实际应用过程中，Github 等算法工程依赖于创建者在当时所使用的 CUDA 版本，这使得我们在学习算法或实际部署时并不一定要安装高版本或最新版本的CUDA组件。如果显卡型号比较新,如Nvidia RTX等系列的显卡,那么当前最好安装CUDA 11.x及之后较新版本。这意味着CUDA套件同时可能出现向上不兼容或向下不兼容的情况。我们在运行算法模型推理程序时,如果程序卡住并且没有任何提示,也无法输出算法结果,那么可能原因是CUDA版本与显卡型号不匹配。解决办法是重新安装低版本或高版本CUDA套件。

表2-1 常见显卡型号与显存容量

显卡型号	显卡容量/GB
NVIDIA GeForce GTX 960 (GTX 960)	2
NVIDIA GeForce GTX 980 (GTX 980)	4
NVIDIA GeForce GTX 1650 (GTX 1650)	4
NVIDIA GeForce GTX 1650Ti (GTX 1650Ti)	4
NVIDIA GeForce GTX 1060 (GTX 1060)	6
NVIDIA GeForce GTX 1660 (GTX 1660)	6
NVIDIA GeForce GTX 1660Ti (GTX 1660Ti)	6
NVIDIA GeForce GTX 1080 (GTX 1080)	8
NVIDIA GeForce GTX 2080 (GTX 2080)	8
NVIDIA GeForce RTX 3070 (RTX 3070)	8
NVIDIA GeForce RTX 3080 (RTX 3080)	10
NVIDIA GeForce GTX 2080Ti (GTX 2080Ti)	11
NVIDIA GeForce RTX 3060 (RTX 3060)	12
NVIDIA Tesla T4 (T40)	16
NVIDIA GeForce RTX 3090 (RTX 3090)	24
NVIDIA GeForce RTX 4090 (RTX 4090)	24
NVIDIA Quadro RTX 6000 (RTX 6000)	24
NVIDIA Tesla V100 (V40)	16/32
NVIDIA PCIe A100 (A100)	40
NVIDIA Quadro RTX 8000 (RTX 8000)	48

2.3.2 Windows系统CUDA安装

在大部分情况下,CUDA 10.x和11.x版本即可满足开发和部署需求。这里将以CUDA 10.1为例介绍具体安装过程。CUDA套件官方下载地址为https://developer.nvidia.com/cuda-toolkit-archive,该页面含有已发布的全部版本。其中CUDA 10.1(CUDA Toolkit 10.1 update2)下载地址为https://developer.nvidia.com/cuda-10.1-download-archive-update2。下载界面选择Windows操作系统、x86_64架构、系统版本和安装类型,然后单击Download进行下载。下载配置如图2-8所示。

这里下载的安装文件名称为cuda_10.1.243_426.00_win10.exe。打开安装文件,

CUDA Toolkit 10.1 Update 2 Archive

Select Target Platform

Click on the green buttons that describe your target platform. Only supported platforms will be shown.

Operating System	Windows	Linux	Mac OSX			
Architecture	x86_64					
Version	10	8.1	7	Server 2019	Server 2016	Server 2012 R2
Installer Type	exe (network)	exe (local)				

Download Installer for Windows 10 x86_64

The base installer is available for download below.

> Base Installer Download (2.6 GB)

Installation Instructions:

1. Double click cuda_10.1.243_426.00_win10.exe
2. Follow on-screen prompts

图 2-8 CUDA 套件 Windows 安装文件下载选择

系统会提示先解压到一个临时目录然后再进行安装。安装过程建议选择自定义安装，安装全部套件，如图 2-9 所示。其他安装步骤保持默认即可。

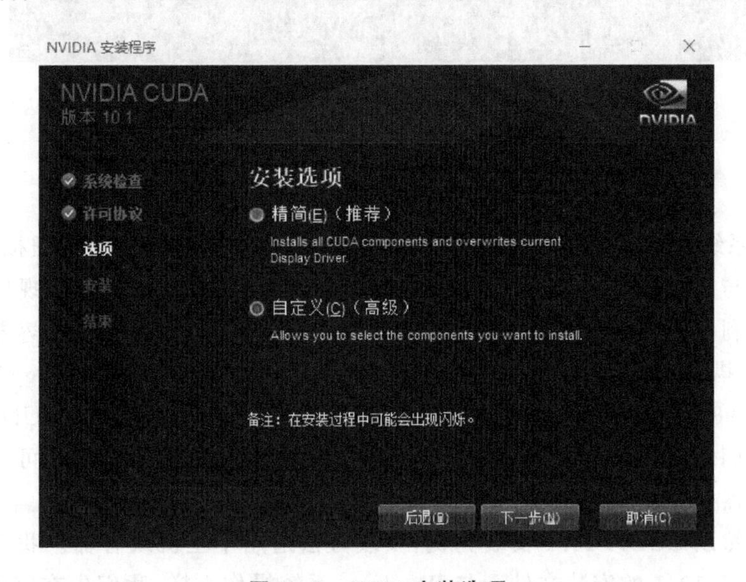

图 2-9 CUDA 安装选项

安装完成之后，我们打开 cmd 命令行，输入 nvcc-V 后会显示安装的 CUDA 套件版本。如果 nvcc 命令提示“'nvcc' 不是内部或外部命令，也不是可运行的程序”，那么说明安装过程环境变量没有更新成功，可在系统环境变量 Path 中添加路径“C:\Program Files\NVIDIA GPU Computing Toolkit\CUDA\v10.0\bin”和“C:\Program Files\NVIDIA GPU Computing Toolkit\CUDA\v10.0\libnvvp”。

“nvidia-smi”是另一个常用命令，主要用于显示当前显卡使用情况，包括显存容量占用等，如图 2-10 所示。

```
C:\Users\Administrator>nvidia-smi
Sat Nov 12 12:40:52 2022
+-----------------------------------------------------------------------------+
| NVIDIA-SMI 457.85       Driver Version: 457.85       CUDA Version: 11.1     |
|-------------------------------+----------------------+----------------------+
| GPU  Name            TCC/WDDM | Bus-Id        Disp.A | Volatile Uncorr. ECC |
| Fan  Temp  Perf  Pwr:Usage/Cap|         Memory-Usage | GPU-Util  Compute M. |
|                               |                      |               MIG M. |
|===============================+======================+======================|
|   0  GeForce GTX 166... WDDM  | 00000000:07:00.0  On |                  N/A |
| 23%   38C    P8     9W / 120W |   1506MiB /  6144MiB |      3%      Default |
|                               |                      |                  N/A |
+-------------------------------+----------------------+----------------------+

+-----------------------------------------------------------------------------+
| Processes:                                                                  |
|  GPU   GI   CI        PID   Type   Process name                  GPU Memory |
|        ID   ID                                                   Usage      |
|=============================================================================|
|    0   N/A  N/A      1304    C+G   Insufficient Permissions        N/A      |
|    0   N/A  N/A      1704    C+G   ...y\ShellExperienceHost.exe    N/A      |
|    0   N/A  N/A      3160    C+G   ...me\Application\chrome.exe    N/A      |
|    0   N/A  N/A      5684    C+G   ...Tencent\WeChat\WeChat.exe    N/A      |
|    0   N/A  N/A      7108    C+G   ...e6\promecefpluginhost.exe    N/A      |
|    0   N/A  N/A      8628    C+G   C:\Windows\explorer.exe         N/A      |
|    0   N/A  N/A      9992    C+G   ...nputApp\TextInputHost.exe    N/A      |
|    0   N/A  N/A     10808    C+G   ...Client\SunloginClient.exe    N/A      |
|    0   N/A  N/A     13600    C+G   ...e6\promecefpluginhost.exe    N/A      |
|    0   N/A  N/A     14416    C+G   ...1\jbr\bin\jcef_helper.exe    N/A      |
|    0   N/A  N/A     27244    C+G   ...sk\baidunetdiskrender.exe    N/A      |
|    0   N/A  N/A     29864    C+G   ...5n1h2txyewy\SearchApp.exe    N/A      |
|    0   N/A  N/A     45064    C+G   ...e6\promecefpluginhost.exe    N/A      |
|    0   N/A  N/A     49596    C+G   ...cent\WeChat\WeChatApp.exe    N/A      |
+-----------------------------------------------------------------------------+
```

图 2-10　nvidia-smi 指令查询结果

2.3.3　Linux 系统 CUDA 安装

Linux 系统利用容器(Docker)进行环境管理和隔离。容器类似于虚拟机，容器内的操作基本与主机完全一致，可在不同容器中安装不同环境，这样可实现环境互相隔离。容器有利于环境打包和复制，大大提升环境创建和部署效率。基于容器的完整深度学习环境搭建可以参考 CSDN 博客 https://blog.csdn.net/suiyingy/article/details/118418981。假设我们在主机上已经装了一个高版本 CUDA，如 CUDA 11.x，而在容器内我们仍然可以选择装其他版本 CUDA，如 CUDA 10.x。这样可以在同一个主机不同容器内安装多种版本 CUDA，以适配不同算法开发环境。

这里仍然以 CUDA 10.1 安装为例，安装方法适用于主机或容器。我们同样需要先下载 CUDA 10.1 的安装文件。与 Windows 系统操作一样，我们先在官网 https://developer.nvidia.com/cuda-toolkit-archive 选择对应 Linux 系统的安装文件，如图 2-11 所示。配置选择完成之后，页面上会自动显示 wget 下载地址和安装命令。wget 下载指令为“wget http://developer.download.nvidia.com/compute/cuda/10.1/

Prod/local_installers/cuda_10.1.243_418.87.00_linux.run”。

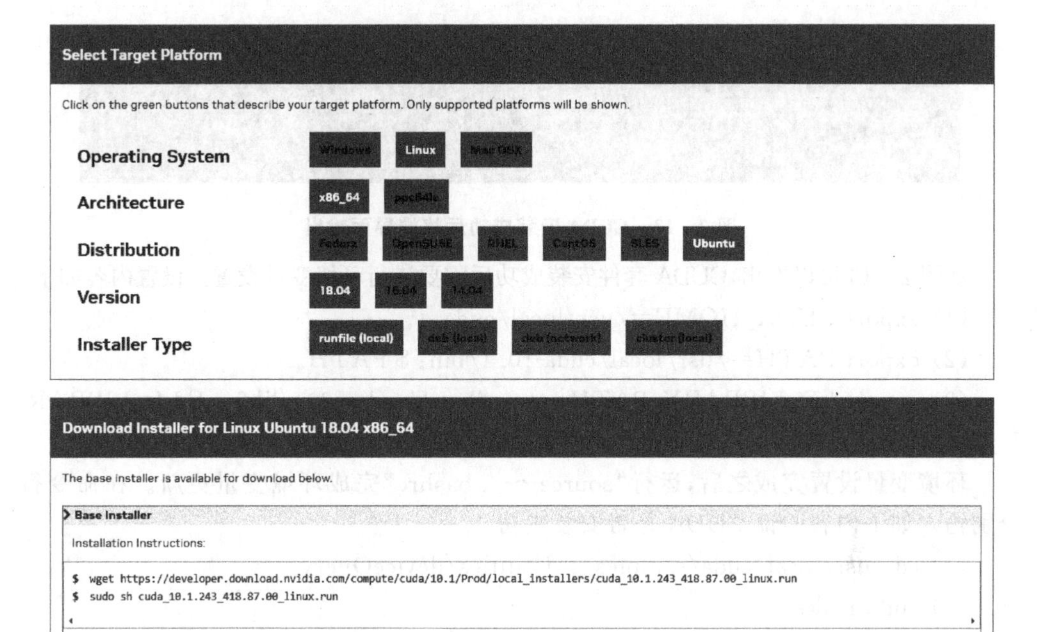

图 2-11 Linux CUDA 安装文件选择

下载完成之后，我们需要给 run 文件增加可执行权限才能进行安装，对应操作指令为“chmod +x cuda_10.1.243_418.87.00_linux.run”。运行“./cuda_10.1.243_418.87.00_linux.run”安装指令后，terminal 终端会提示选择安装选项。安装时也可以使用上图中的安装指令，即“sudo sh cuda_10.1.243_418.87.00_linux.run”。安装需要特别注意不要选择安装驱动(driver)，如图 2-12 所示，这个需要在 CUDA 安装之前单独安装。

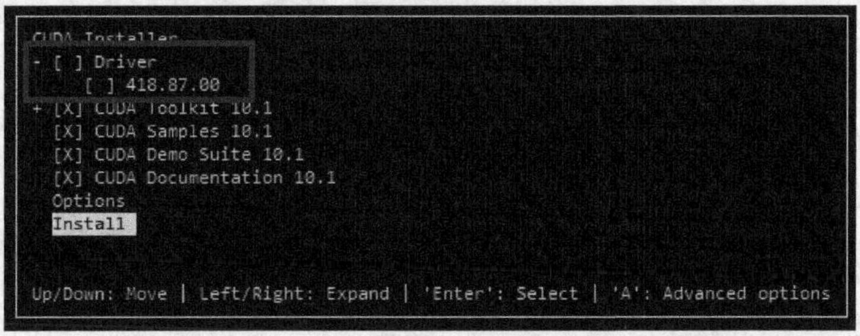

```
CUDA Installer
- [ ] Driver
     [ ] 418.87.00
+ [X] CUDA Toolkit 10.1
  [X] CUDA Samples 10.1
  [X] CUDA Demo Suite 10.1
  [X] CUDA Documentation 10.1
  Options
  Install

Up/Down: Move | Left/Right: Expand | 'Enter': Select | 'A': Advanced options
```

图 2-12 安装时不选择 Driver。

输入 CUDA 安装指令后，如果出现错误“./cuda-installer: error while loading shared libraries: libxml2.so.2: cannot open shared object file: No such file or directory”,那么我们需要先安装 libxml2 后再运行 CUDA 安装指令,libxml2 的安装方式为“apt install libxml2”。安装成功后,终端界面会提醒“Toolkit: Installed in /usr/local/cuda-10.1/”,如图 2-13 所示。

```
===========
= Summary =
===========

Driver:   Not Selected
Toolkit:  Installed in /usr/local/cuda-10.1/
Samples:  Installed in /root/, but missing recommended libraries

Please make sure that
 -   PATH includes /usr/local/cuda-10.1/bin
 -   LD_LIBRARY_PATH includes /usr/local/cuda-10.1/lib64, or, add /usr/local/cuda-10.1/lib64 to /etc/ld.so.conf and run ldconfig as root
```

图 2-13 CUDA 安装成功后终端界面输出

从图 2-13 可以看出,CUDA 套件安装成功后需要进行环境变量设置。设置内容如下:

(1) export CUDA_HOME=/usr/local/cuda。

(2) export PATH=/usr/local/cuda-10.1/bin:$PATH。

(3) export LD_LIBRARY_PATH=/usr/lcoal/cuda-10.1/lib64:$LD_LIBRARY_PATH。

环境变量设置完成之后,运行“source ~/.bashrc”完成环境变量更新。在命令行分别输入如下内容验证 CUDA 是否安装成功。

(1) cd /usr/local/cuda/samples/1_Utilities/deviceQuery。

(2) sudo make。

(3) ./deviceQuery。

运行上述命令后,终端界面会有如图 2-14 所示输出。如果终端界面最后输出

```
Device 1: "Quadro RTX 8000"
  CUDA Driver Version / Runtime Version          11.2 / 10.1
  CUDA Capability Major/Minor version number:    7.5
  Total amount of global memory:                 48601 MBytes (50962169856 bytes)
  (72) Multiprocessors, ( 64) CUDA Cores/MP:     4608 CUDA Cores
  GPU Max Clock rate:                            1770 MHz (1.77 GHz)
  Memory Clock rate:                             7001 Mhz
  Memory Bus Width:                              384-bit
  L2 Cache Size:                                 6291456 bytes
  Maximum Texture Dimension Size (x,y,z)         1D=(131072), 2D=(131072, 65536), 3D=(16384, 16384, 16384)
  Maximum Layered 1D Texture Size, (num) layers  1D=(32768), 2048 layers
  Maximum Layered 2D Texture Size, (num) layers  2D=(32768, 32768), 2048 layers
  Total amount of constant memory:               65536 bytes
  Total amount of shared memory per block:       49152 bytes
  Total number of registers available per block: 65536
  Warp size:                                     32
  Maximum number of threads per multiprocessor:  1024
  Maximum number of threads per block:           1024
  Max dimension size of a thread block (x,y,z): (1024, 1024, 64)
  Max dimension size of a grid size    (x,y,z): (2147483647, 65535, 65535)
  Maximum memory pitch:                          2147483647 bytes
  Texture alignment:                             512 bytes
  Concurrent copy and kernel execution:          Yes with 3 copy engine(s)
  Run time limit on kernels:                     No
  Integrated GPU sharing Host Memory:            No
  Support host page-locked memory mapping:       Yes
  Alignment requirement for Surfaces:            Yes
  Device has ECC support:                        Disabled
  Device supports Unified Addressing (UVA):      Yes
  Device supports Compute Preemption:            Yes
  Supports Cooperative Kernel Launch:            Yes
  Supports MultiDevice Co-op Kernel Launch:      Yes
  Device PCI Domain ID / Bus ID / location ID:   0 / 101 / 0
  Compute Mode:
     < Default (multiple host threads can use ::cudaSetDevice() with device simultaneously) >
> Peer access from Quadro RTX 8000 (GPU0) -> Quadro RTX 8000 (GPU1) : Yes
> Peer access from Quadro RTX 8000 (GPU1) -> Quadro RTX 8000 (GPU0) : Yes

deviceQuery, CUDA Driver = CUDART, CUDA Driver Version = 11.2, CUDA Runtime Version = 10.1, NumDevs = 2
Result = PASS
```

图 2-14 CUDA 安装成功后提示“PASS”

“PASS”,则表示 CUDA 套件已经成功安装。

2.4　cuDNN 安装

2.4.1　Windows 系统 cuDNN 安装

CUDA(ComputeUnified Device Architecture)是显卡厂商 NVIDIA 推出的一种并行计算架构平台,而 DNN(Deep Neural Network library)是一个用于深度神经网络的库。cuDNN(NVIDIA CUDA © Deep Neural Network library)则是基于 CUDA 架构的深度神经网络库,为深度学习模型算法基本计算单元(例如前向卷积、反向卷积、池化、归一化和激活层等)提供 GPU 加速计算能力。大量深度学习研究人员和框架开发人员依靠 cuDNN 来实现高性能 GPU 加速。诸如 Caffe2、Chainer、Keras、MATLAB、MxNet、PaddlePaddle、PyTorch 和 TensorFlow 等广泛使用的深度学习框架均可用 cuDNN 进行加速。

cuDNN 安装文件下载官网地址为 https://developer. nvidia. com/rdp/cudnn-archive,需要注册后才能下载。cuDNN 版本依赖于 CUDA 架构版本,即需要与上一步安装的 CUDA 组件相对应。这里我们下载适合 CUDA 10.1 的 cuDNN,即 Download cuDNN v7.6.5 (November 5th, 2019), for CUDA 10.1,并且系统指定为 Windows 10,如图 2-15 所示。相应下载地址为 https://developer. nvidia. com/rdp/cudnn-archive#a-collapse765-101。

Download cuDNN v7.6.5 (November 5th, 2019), for CUDA 10.1

Library for Windows, Mac, Linux, Ubuntu and RedHat/Centos(x86_64architecture)

cuDNN Library for Windows 7
cuDNN Library for Windows 10
cuDNN Library for Linux
cuDNN Library for OSX
cuDNN Runtime Library for Ubuntu18.04 (Deb)
cuDNN Developer Library for Ubuntu18.04 (Deb)
cuDNN Code Samples and User Guide for Ubuntu18.04 (Deb)
cuDNN Runtime Library for Ubuntu16.04 (Deb)
cuDNN Developer Library for Ubuntu16.04 (Deb)
cuDNN Code Samples and User Guide for Ubuntu16.04 (Deb)
cuDNN Runtime Library for Ubuntu14.04 (Deb)

图 2-15　cuDNN Windows 安装文件选择

cuDNN 安装文件下载完成之后得到一个压缩文件,例如 cudnn-10.1-windows10-x64-v7.6.5.32.zip。文件解压之后包含一个 cuda 文件夹,文件夹下进一步包含 bin (dll 文件)、include(头文件)、lib(库文件),如图 2-16 所示。将 cuda 文件夹的全部内容复制到 CUDA 安装目录(如 C:\Program Files\NVIDIA GPU Computing Toolkit\CUDA\v10.1)下即可完成 cuDNN 的安装。

› cudnn-10.1-windows10-x64-v7.6.5.32 › cuda　　在 cuda 中搜索

名称	修改日期	类型	大小
bin	2022/11/10 16:56	文件夹	
include	2022/11/10 16:56	文件夹	
lib	2022/11/10 16:56	文件夹	
NVIDIA_SLA_cuDNN_Support.txt	2019/10/27 15:16	文本文档	39 KB

图 2-16　cuDNN 解压文件

2.4.2　Linux 系统 cuDNN 安装

Linux 系统 cuDNN 安装文件下载页面与 Windows 系统的一致,地址均为 https://developer.nvidia.com/rdp/cudnn-archive。我们仍然下载适合 CUDA 10.1 的 cuDNN Deb 的安装文件,系统版本为 ubuntu 18.04(根据实际情况选择相应系统版本)。由于 cuDNN 需要注册登录账号才能下载,所以无法通过 wget 指令直接进行下载,需要通过浏览器页面下载对应安装文件。其中,cuDNN 安装文件包括以下 4 个部分,如图 2-17 所示。

(1) cuDNN Library for Linux。

(2) cuDNN Runtime Library for Ubuntu18.04 (Deb)。

(3) cuDNN Developer Library for Ubuntu18.04 (Deb)。

(4) cuDNN Code Samples and User Guide for Ubuntu18.04 (Deb)。

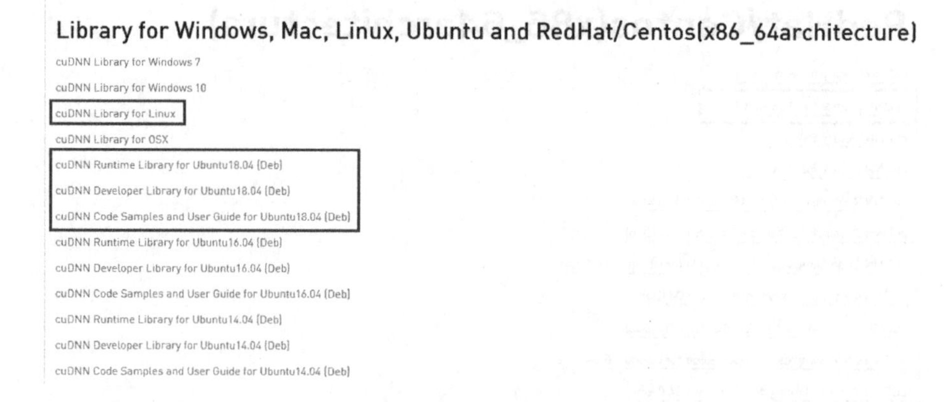

图 2-17　cuDNN Linux 安装文件选择

Linux cuDNN 库(cuDNN Library for Linux)是一个压缩文件,通过终端指令"tar —

zxvf cudnn－10.1－linux－x64－v7.6.5.32.tgz”进行解压，解压结果如图 2－18 所示。

```
(base) root@43ca087d43d8:~/download# tar -zxvf cudnn-10.1-linux-x64-v7.6.5.32.tgz
cuda/include/cudnn.h
cuda/NVIDIA_SLA_cuDNN_Support.txt
cuda/lib64/libcudnn.so
cuda/lib64/libcudnn.so.7
cuda/lib64/libcudnn.so.7.6.5
cuda/lib64/libcudnn_static.a
(base) root@43ca087d43d8:~/download# cd cuda
(base) root@43ca087d43d8:~/download/cuda# ls
NVIDIA_SLA_cuDNN_Support.txt  include  lib64
```

图 2－18 cuDNN Library for Linux 解压结果

类似 Windows 系统下安装步骤，cuDNN Library 解压结果需要复制到 CUDA 安装目录，相应指令为“cp cuda/include/cudnn.h /usr/local/cuda/include/”“cp cuda/lib64/libcudnn* /usr/local/cuda/lib64/”。复制后的库文件需进一步增加权限，其指令为“chmod a+r /usr/local/cuda/include/cudnn.h /usr/local/cuda/lib64/libcudnn*”。

剩下三个 Deb 文件（cuDNN Runtime Library for Ubuntu18.04(Deb)、cuDNN Developer Library for Ubuntu18.04(Deb)、cuDNN Code Samples and User Guide for Ubuntu18.04(Deb)）采用 dpkg 命令进行安装，分别输入指令“dpkg-i libcudnn7_7.6.5.32-1+cuda10.1_amd64.deb”“dpkg-i libcudnn7-dev_7.6.5.32-1+cuda10.1_amd64.deb”和“dpkg-i libcudnn7-doc_7.6.5.32-1+cuda10.1_amd64.deb”。

经过以上步骤，cuDNN 相关文件已经全部完成安装，在命令行分别输入如下内容验证 cuDNN 是否安装成功。

（1）cd /usr/src/cudnn_samples_v7/mnistCUDNN/。

（2）make clean && make。

（3）./mnistCUDNN。

运行上述命令后，终端界面会有如图 2－19 所示的输出。如果终端界面最后输出

```
(base) root@43ca087d43d8:/usr/src/cudnn_samples_v7/mnistCUDNN# ./mnistCUDNN
cudnnGetVersion() : 7605 , CUDNN_VERSION from cudnn.h : 7605 (7.6.5)
Host compiler version : GCC 5.5.0
There are 2 CUDA capable devices on your machine :
device 0 : sms 72  Capabilities 7.5, SmClock 1770.0 Mhz, MemSize (Mb) 48601, MemClock 7001.0 Mhz, Ecc=0, boardGroupID=0
device 1 : sms 72  Capabilities 7.5, SmClock 1770.0 Mhz, MemSize (Mb) 48601, MemClock 7001.0 Mhz, Ecc=0, boardGroupID=1
Using device 0

Testing single precision
Loading image data/one_28x28.pgm
Performing forward propagation ...
Testing cudnnGetConvolutionForwardAlgorithm ...
Fastest algorithm is Algo 0
Testing cudnnFindConvolutionForwardAlgorithm ...
^^^^ CUDNN_STATUS_SUCCESS for Algo 0: 0.010784 time requiring 0 memory
^^^^ CUDNN_STATUS_SUCCESS for Algo 2: 0.023680 time requiring 57600 memory
^^^^ CUDNN_STATUS_SUCCESS for Algo 1: 0.029792 time requiring 3464 memory
^^^^ CUDNN_STATUS_SUCCESS for Algo 5: 0.041216 time requiring 203008 memory
^^^^ CUDNN_STATUS_SUCCESS for Algo 7: 0.047168 time requiring 2057744 memory
Resulting weights from Softmax:
0.0000000 0.9999399 0.0000080 0.0000000 0.0000561 0.0000000 0.0000012 0.0000017 0.0000010 0.0000000
Loading image data/three_28x28.pgm
Performing forward propagation ...
Resulting weights from Softmax:
0.0000000 0.0000000 0.9999000 0.0000200 0.0000000 0.0000711 0.0000000 0.0000000 0.0000000 0.0000000
Loading image data/five_28x28.pgm
Performing forward propagation ...
Resulting weights from Softmax:
0.0000000 0.0000008 0.0000000 0.0000002 0.0000000 0.9999820 0.0000154 0.0000000 0.0000012 0.0000006

Result of classification: 1 3 5

Test passed!
```

图 2－19 cuDNN 安装测试结果

“Test passed”,则表示 cuDNN 套件已经成功安装。

2.5 PyTorch 安装

深度学习算法开发通常依赖于某一种开发框架,集成了深度学习相关计算算子,例如卷积、矩阵运算、池化、归一化、激活函数、损失函数、梯度传播等,并且支持 CUDA 和 cuDNN 加速。如前所述,诸如 Caffe2、Chainer、Keras、MATLAB、MxNet、PaddlePaddle、PyTorch 和 TensorFlow 等广泛使用的深度学习框架均可用 cuDNN 进行加速。本书后续将重点介绍基于 PyTorch 的三维点云深度学习算法。

PyTorch 提供了可在 CPU 或 GPU 上运行的张量,相比传统基于 numpy 的矩阵运算,大大加快了计算速度。PyTorch 提供各种张量例程来加速和满足用户的科学计算需求,例如切片、索引、数学运算、线性代数等。

PyTocrh 以一种动态方式构建神经网络,并采用独特的自动梯度计算方法。TensorFlow、Theano、Caffe 和 CNTK 等大多数框架则采用静态神经网络,而 PyTorch 使用了一种称为反向模式自动微分的技术,它允许用户以零滞后或开销任意更改网络的行为方式。

Pytorch 可直接通过 pip 安装,简单便捷,并且安装版本与 CUDA 版本相关联,可在官网 https://pytorch.org/get-started/previous-versions/上选择适合的版本进行安装。这里我们安装 torch 1.7.1 版本,相应的 pip 安装命令为“pip install torch==1.7.1+cu101 torchvision==0.8.2+cu101 torchaudio==0.7.2-f https://download.pytorch.org/whl/torch_stable.html”。

安装成功之后,在 Python 命令行或新建 Python 文件输入“import torch”和“print(torch.__version__)”即可查看已安装的 torch 版本号,如图 2-20 所示。

```
(py37tor17) root@43ca087d43d8:/usr/src/cudnn_samples_v7/mnistCUDNN# python
Python 3.7.13 (default, Mar 29 2022, 02:18:16)
[GCC 7.5.0] :: Anaconda, Inc. on linux
Type "help", "copyright", "credits" or "license" for more information.
>>> import torch
>>> print(torch.__version__)
1.7.1+cu101
>>> 
```

图 2-20 查看 PyTorch 版本号

2.6 参考环境创建

本书将基于 Python 介绍三维点云处理传统机器学习算法和人工神经网络深度学习算法,并同步进行算法程序解析。因此,我们需要搭建一套 Python 开发环境,相关方法可参考上述章节。具体步骤如下。

第一步:按照 1.4.1 节安装 conda。

第二步:按照 1.4.2 节安装 Python 开发 IDE,可选择 VS Code 和 Pycharm Community。

第三步:按照 2.3 节安装 CUDA 套件。

第四步:按照 2.4 节安装 cuDNN 深度学习库。

第五步:利用 conda 命令“conda create -n dlpcl Python=3.8”创建专门的 Python3.8 环境,名称为 dlpcl(深度学习点云处理环境)。

第六步:激活 dlpcl 环境,“conda activate dlpcl”。

第七步:在激活 dlpcl 环境的状态下,输入“pip install Open3d”安装 Open3d。

第八步:按照 2.2 节安装 Python PCL 库。

第九步:在激活 dlpcl 环境的状态下,输入“pip install torch==1.7.1+cu101 torchvision==0.8.2+cu101 torchaudio==0.7.2 -f https://download.pytorch.org/whl/torch_stable.html”安装 PyTorch。

2.7 程序资料

相关程序下载地址为 https://pan.baidu.com/s/1pd5AgYnKhY9gtnYk6UE5UA?pwd=1234,对应 ch2 文件夹下内容。

(1) 01_Python_pcl_test:2.2 节 Python PCL 安装效果测试程序。

(2) 02_pytorch_test.py:2.5 节 PyTorch 安装版本测试程序。

第3章　点云基础

3.1　点云数据结构

一维数据由一组序列组成，例如$[x_1, x_2, x_3, ..., x_k, ..., x_n]$。随时间变化的曲线即为一种典型的一维数据。二维数据可用二维矩阵表示，例如图像。一维时间曲线和二维图像可看作是按照等间隔进行排列的数据，而这个间隔就是坐标。在这种情况下，坐标是隐式表达的，数据仅包含对应位置的属性值而不包含坐标。因此，这种数据是有序的。如果改变这些数据的排列顺序或存储顺序，那么我们得到的是一个完全不一样的新数据。另一方面，一维时间曲线和二维图像由于坐标是隐式表达的，旋转操作会直接导致其特征发生明显变化。

点云是三维空间中一系列点的集合。三维点云存储的是三维坐标及其相关属性，可通过激光雷达、RGBD深度相机等传感器采集而来。点云数据结构会存储坐标及其属性值。点云坐标包括x、y、z三个维度，即对应位置存在一个点。因此，无论点云中的点以何种形式存储，对应到空间的位置都是不变的。同样地，点云旋转时三维坐标的相对位置是固定不变的，属于典型的刚体变化。因而，这里涉及到点云的两个最重要的特性，即无序性和旋转不变性。

一维时间和二维图像的坐标间隔通常是等间距的，而三维点云不具备这一特点。三维点云在空间的分布是不均匀的，有些位置稠密，有些位置稀疏。很多情况下，三维目标占整个坐标系范围的比例较少，因而三维点云通常是稀疏的。为了使三维点云数据有类似等间距均匀特性，体素将三维空间划分为一系列尺寸相等的立体网格。体素的详细概念会在后续章节介绍。

三维点云数据除了三个坐标维度之外，常见属性值有反射强度、法向量、rgb色彩、alpha透明度等。反射强度是指雷达照射到目标之后反射回的强度信息，通常用$R(r)$表示。法向量与坐标相对应，也有三个维度，用normal_x、normal_y和normal_z来表示。rgb色彩和alpha透明度一般由相机采集，包含色彩信息，进而可得到彩色点云。

点云数据存储结构分为有序点云和无序点云两种方式。有序点云，也称结构点云，是根据雷达扫描的先后顺序，按照垂直和水平分辨率进行存储的。有序点云结构数据有利于进行插值等点云预处理算法，速度较快。但是，有序点云的近邻点在空间中位置却不一定是相邻的，因此处理有序点云是一种快速的近似方法。无序点云是指点云先后顺序与存储顺序无关，数据处理时完全不考虑先后顺序关系。处理无序点云时需对点云位置进行判别，因而处理方法更加复杂，速度也会相对降低。

图3－1是点云可视化示意图，图上可看到点云由一系列空间点组成。图上下面部分仅展示点云的三维空间坐标，没有显示其他相关属性值。

图3－1 点云示意图

3.2 点云采集方式

点云是由大量三维点组成的数据集合，通常包含物体或环境中每个点的位置、颜色和其他属性信息。点云数据获取是现代计算机视觉和机器人技术中的重要一环，在智能交通、无人驾驶、3D建模等领域得到广泛应用。本节将介绍三维点云数据两种常见的获取设备，即激光雷达和RGBD相机。

3.2.1 激光雷达

激光雷达(Lidar)是一种主动传感器，它发射光束并测量光线与目标物体之间的时间差来确定距离，并根据距离和光线角度进而计算出空间坐标 x、y、z。另外，它还可以通过测量反射光的强度 r 来获取目标物体的表面特征。因而，激光雷达所采集到的点云数据通常包括空间坐标 x、y、z 和反射强度 r。

激光雷达可获取高精度的三维点云数据，其精度和分辨率可以达到亚毫米级别。它适用于大范围的场景扫描，具有高精度、高密度、高稳定性和长测量距离等优点，但价格昂贵，成本较高，价格一般为几万元到几十万元人民币。激光雷达主要厂家包括禾赛科技、思岚科技、SureStar、Robosense、Velodyne和SICK等。

按照工作方式，激光雷达可分为机械式激光雷达和固态激光雷达两种类型。机械式激光雷达通过旋转激光雷达头部，使其覆盖整个扫描区域，从而获取三维点云数据。固态激光雷达则是通过多个激光发射器和接收器同时扫描物体表面，从而实现高速三维点云数据的获取。

机械式激光雷达(Mechanical LiDAR)是最常见的激光雷达类型,它通过旋转激光器和接收器的方式来进行三维点云数据采集。它能够生成全景图像,并提供高分辨率的三维点云数据。这种激光雷达通常需要连接到一个机械装置上,以保持其在水平方向上的稳定,并使其能够对整个场景进行扫描。其分辨率由线束数量决定,通常为垂直方向激光线束,例如16线或32线激光雷达。激光雷达线束越多,分辨率越高,价格也越昂贵。

机械式激光雷达主要应用于自动驾驶、智能物流、安防、地质勘探等领域。其中,在自动驾驶领域,它主要被应用于高级自动驾驶辅助、自动泊车等场景,以提供精准的空间环境感知。机械式激光雷达的优点在于测量精度高、可靠性好,但其缺点也显而易见,即扫描速度较慢,无法满足高速行驶的需求,在实时性方面存在局限。机械式激光雷达更加适用于需要高精度三维建模或低速运动的场景,比如室内环境扫描、建筑物外观测量等。

值得注意的是,近年来随着激光雷达技术的不断发展,固态激光雷达(Solid-state LiDAR)逐渐成为了主流趋势。固态激光雷达(Solid-state LiDAR)是一种新型的激光雷达技术,其不需要机械部件进行扫描,而是通过固定的发射器和接收器来完成测量。相比机械式激光雷达,固态式激光雷达的优点在于扫描速度快、体积小、重量轻,能够适应高速行驶的需求,并且具有更好的抗震性和抗干扰性。

3.2.2 RGBD 相机

普通相机常用于二维图像采集,而获取三维点云数据的方法是通过捕获成像物体在两个或多个时间点之间的视角差异,计算出深度信息和物体位置,例如双目和多目成像技术。该技术通过多个视角的图片或视频帧计算其中的物体坐标,并通过空间三角测量方法获取三维坐标信息。该方法比单个相机获取三维点云数据更加精确和全面,但需要更多的硬件设备和较高的计算能力。

相比之下,RGBD 相机获取深度信息的方式更加直接。它通过一对传感器(RGB 相机和红外深度传感器)获取深度信息,并将其与所拍摄的彩色图像进行对齐。RGBD 相机通过发射红外光源并接收反射回来的光子信号确定物体到相机的距离。使用 RGBD 相机可以轻松地获得对深度感知高度敏感的场景,比如人体姿态识别、环境建模等。

与激光雷达相比,RGBD 相机成本更低,易于使用和集成,但精度和密度相对较低。国内外生产 RGBD 相机的主要厂家有 Microsoft(Kinect 系列)、Intel(RealSense 系列)、ASUS(Xtion 系列)、思岚科技(ZED 系列)和奥比中光等。另一方面,RGBD 相机能够同时获取 RGB 纹理和深度信息,因而点云属性特征更加丰富。其点云数据一般包括空间坐标 x、y、z 和图像纹理 RGB。

RGBD 相机深度信息获取主要包括结构光和时间飞行(Time of Fligh,ToF)等技术。结构光 RGBD 相机使用一个投影仪将编码图案投影到场景中。相机可以观察到这些编码图案，并根据反射和偏移量来确定场景中物体的三维形状。结构光技术可以实现高密度和高精度的三维重建，但对于透明和反射性物体具有一定局限性。与激光雷达相比，结构光 RGBD 相机的成本更低，采集速度更快，可以适应更广泛的应用场景，如人机交互、3D 扫描、VR/AR 等。

不同型号的结构光 RGBD 相机在应用场景和精度方面也有所差异，例如 Kinect for Windows v2 可以实现全身骨骼追踪，适合于人体动作捕捉等领域；RealSense D435i 与其他传感器相比具有较高的深度精度，适合于距离较近或需要高精度深度数据的应用环境。

时间飞行(ToF)是另一种 RGBD 相机技术，它使用一个红外发射器并测量返回到相机的信号的时间差来确定距离。这种技术不需要投影图案，并且对透明和反射性物体具有更好的鲁棒性。时间飞行技术相对简单，成本较低，但分辨率相对较低。

ToF RGBD 相机主要应用于虚拟现实(VR)、增强现实(AR)、机器人和自动驾驶等领域。其中在机器人和自动驾驶领域的应用较多，它可以提供更加精准的空间环境感知。在增强现实(AR)和虚拟现实(VR)领域，ToF RGBD 相机可以提供更真实、更精准的图像信息，给用户带来更好的交互体验。

3.2.3 应用场景

如上所述，点云数据获取方式包括激光雷达和 RGBD 相机两种主要技术。激光雷达主要分为机械式激光雷达和固态式激光雷达，其中固态式激光雷达已经成为自动驾驶、机器人导航等领域的重要组成部分。RGBD 相机主要分为结构光 RGBD 相机和时间飞行 RGBD 相机，结构光 RGBD 相机成本低、采集速度快，已经被广泛应用于 3D 扫描、人机交互等领域。时间飞行 RGBD 相机深度解析度更高、响应时间更短，适用于需要更高精度测量的场景。在实际应用中，选择合适的点云数据获取方式，将会对后续数据处理及应用带来很大影响。

不同的三维点云获取方式适用于不同的场景。雷达技术由于其遮挡、耐久性以及气象状况对其影响较小，因此被广泛应用于室外环境的三维建模、探测和车辆自动驾驶等领域。例如，激光雷达常用于自动驾驶汽车中，以提供精确的障碍物检测和定位信息。相机则被广泛应用于室内场景和虚拟现实(VR)等领域。例如，RGBD 相机和多视点摄像机可以用于构建室内环境的三维模型并实现虚拟现实中的人体动作捕捉，以及游戏设计和 3D 打印等方面。

激光雷达和 RGBD 相机都可以用于三维点云数据获取。虽然它们采用不同的原理，但它们都可以捕获场景的深度信息，因此在许多应用场景中都有着广泛的应用。下面将简单列举其中五种应用场景，而实际应用场景远不止这些。

1. 智能驾驶

自动驾驶是激光雷达和 RGBD 相机最常见的应用。使用这些传感器可以获取关于环境和道路状况的精确信息，帮助车辆进行准确的定位、障碍物检测和路径规划，从而实现更加安全和高效地行驶。

2. 机器人导航

激光雷达和RGBD相机也被广泛应用于机器人导航领域。机器人需要获取环境的三维结构以及障碍物的位置,从而能够规划出合适的路径并避免碰撞。同时,机器人还可以收集更多关于环境的信息,例如地图、对象识别等,以提高其导航和执行任务的能力。

3. 虚拟现实

激光雷达和RGBD相机也被应用于虚拟现实领域。这些传感器可以捕获真实世界的三维模型,从而使虚拟现实环境更加真实和逼真,并增强用户体验。

4. 工业制造

在工业制造领域,激光雷达和RGBD相机也被用来进行质量控制、产品检验以及生产线上的自动化控制。例如,使用这些传感器可以对产品进行高精度的测量,并识别出缺陷或不合格产品,从而提高生产效率和减少成本。

5. 工程测绘

三维点云可用于对环境物体或空间进行建图或建模,从而实现关键几何信息的高精度测量。例如,建筑测量机器人利用激光雷达等获取的三维点云能够对房屋建筑情况进行测量,以实现对建筑质量的高效把控。

随着三维成像的软硬件技术的不断改进,获取三维点云数据的方式也将越来越多样化。无论是雷达还是相机,三维点云数据的应用都已经深入到诸多领域中,并将继续为我们带来更多便利和应用价值。

3.3 点云存储格式

点云常见存储方式包括pcd、ply、txt、bin、obj等。虽然点云存储格式多种多样,但是本质上都是存储点云的三维坐标及其属性值。因此,充分了解某一种格式下点云的具体存储方式之后,我们便可以比较轻易地实现该格式点云数据的读写。

3.3.1 pcd点云存储格式

pcd是pcl库中比较常用的点云文件格式。pcd文件内容由两部分组成:文件说明和点云数据。文件说明由11行组成,分别如下所示:

(1) 第1行:点云文件格式说明,指明PCD版本,例如“# .PCD v0.7-Point Cloud Data file format”。

(2) 第2行:关键字为VERSION,表示PCD格式的版本号,例如“VER-SION 0.7”。

(3) 第3行:关键字为FIELDS,表示点云每个点的属性值类别,例如“FIELDS *x* *y* *z*”表示各点属性值为三维空间坐标。

(4) 第4行:关键字为SIZE,表示Fileds中每个数据存储所占用的字节数,例如

“SIZE 4 4 4”,4 代表 4 个字节的意思。

(5) 第 5 行:关键字为 TYPE,表示 Fileds 中每个数据对应的数据类型,F 表示浮点类型,U 表示无符号整型,I 表示整型,例如“TYPE F F F”与第 3 行结合表示 3 个空间坐标都是浮点类型。

(6) 第 6 行:关键字为 COUNT,表示 Fields 数据对应的维度,例如三个坐标每个坐标的维度自身都是一维数据,因此这一行为“COUNT 1 1 1”。

(7) 第 7 行:关键字为 WIDTH,例如“WIDTH 35947”。这一数值对于无序点云来说表示点的数量,对于有序点云表示雷达水平旋转一圈时点的数量。

(8) 第 8 行:关键字为 HEIGHT,例如“HEIGHT 1”。这一数值对于无序点云来说取值默认为 1,对于有序点云为垂直方向上的扫描点数,比如多少线雷达。

(9) 第 9 行:关键字为 VIEWPOINT,例如“VIEWPOINT 0 0 0 1 0 0 0”,表示点云获取的视点,用于坐标变换。

(10) 第 10 行:关键字为 POINTS,例如“POINTS 35947”,表示点的总体数量。

(11)第 11 行:关键字为 DATA,例如“DATA ascii”,表示点云数据的存储类型,0.7 版本支持两种存储方式:ascii 和 binary。点云数据如果采用 ascii 文本编码方式存储,可以使用诸如记事本类的文本编辑器直接查看内容;使用 binary 二进制方式存储时,文本编辑器打开会呈现乱码状态。

从第 12 行开始为点云数据,每个点的属性取值与上面的 FIELDS 相对应。我们可以用常规 Python 文件读取方法来读 pcd 文件,无须借助第三方库,读取程序如下所示。

```
def pcd_read(file_path):
    lines = []
    with open(file_path, 'r') as f:
        lines = f.readlines()
    return lines


if __name__ == '__main__':
    file_path = 'rabbit.pcd'
    points = pcd_read(file_path)
    for p in points[:15]:
        print(p)
```

读取结果如图 3-2 所示。

3.3.2 ply 点云存储格式

ply 文件格式是斯坦福大学开发的一套三维 mesh 模型数据格式。图形学领域内很多著名的模型数据,比如 Stanford 的三维扫描数据库、Geogia Tech 的大型几何模型库,北卡罗来纳大学教堂山分校(UNC)的电厂模型等,其最初模型都是基于该格式。这种格式(ply、obj 等)一般用于表面重建或者建模,需要包含三角化网格,即网格平面。因此,ply 文件通常包含顶点和网格面两种元素。

```
# .PCD v0.7 - Point Cloud Data file format
VERSION 0.7
FIELDS x y z
SIZE 4 4 4
TYPE F F F
COUNT 1 1 1
WIDTH 35947
HEIGHT 1
VIEWPOINT 0 0 0 1 0 0 0
POINTS 35947
DATA ascii
-1.10698 3.272394 -0.447241
-1.80195 3.367094 -0.704211
-4.12496 5.602794 2.824819
2.44725 3.493394 1.427299
```

图 3-2　pcd 文件读取结果示例

类似 pcd 点云文件，ply 文件内容也由两部分组成：即文件说明和点云数据。文件说明组成如下所示。除前三行与最后一行是描述性的语句之外，中间主要说明每一行存储的数据类型、数量、属性等。我们后面将每一行存储的有效数据称为 element 元素。定义元素的组成需要用到 element 和 property 两部分，第一部分定义元素名称和数量，第二部分逐一列举元素组成和类型。下面示例定义点的存储名称为 vertex，共 35 947 个。后面存储每一个点含 5 个属性，即每一行由 5 个数组成。

ply＃声明是 ply 文件

format ascii 1.0 ＃存储方式

comment zipper output＃备注说明，解释性描述

element vertex 35947 ＃表示第一种元素构成是顶点，共 35947 个，下面 property 对应点的组成。

property float x ＃点的第一个元素，x，浮点型

property float y ＃点的第二个元素，y，浮点型

property float z ＃点的第三个元素，z，浮点型

property float confidence ＃点的第四个元素，置信度，浮点型

property float intensity ＃点的第五个元素，强度，浮点型

element face 69451 ＃表示第二种元素构成是面，共 69451 个，下面 property 对应面的组成

property list uchar int vertex_indices ＃list uchar 表示面类型，int vertex_indices 面对应上述点的索引

end_header ＃描述结束，下面开始逐一按行列举上述两种元素，第一种元素是 35947 个点，每行有 5 个属性，共 35947 行。同样地，然后开始按行列举上述第二种元素。

```
#以下为数据部分,与上面描述一一对应
-0.0378297 0.12794 0.00447467 0.850855 0.5
-0.0447794 0.128887 0.00190497 0.900159 0.5
-0.0680095 0.151244 0.0371953 0.398443 0.5
-0.00228741 0.13015 0.0232201 0.85268 0.5
```

ply 文件内容从 end_header 结束后为点云属性数据。每一行存储的数据与 element 对应。描述结束后,下面开始逐一按行列举上述两种元素,第一种元素是 35 947 个顶点,每行有 5 个属性,共 35 947 行。同样地,从文件说明结束后的 15 948 开始按行列举上述第二种元素,共 69 451 行。

我们仍然可以用常规的 Python 文件读取方法来读 ply 文件,无须借助第三方库,读取程序如下所示。

```
def ply_read(file_path):
    lines = []
    with open(file_path, 'r') as f:
        lines = f.readlines()
    return lines

if __name__ == '__main__':
    file_path = 'bun_zipper.ply'
    points = ply_read(file_path)
    for p in points[:15]:
        print(p)
```

3.3.3 txt 点云存储格式

txt 格式点云文件的每一行代表一个点,文件行数即为点的数量。行的取值为点云属性值,可以是以下几种形式数据的排列组合。与 pcd 和 ply 格式文件相比,txt 文件通常不包含文件说明部分,而是直接包含点云数据。

(1) x、y、z:点云的空间坐标。

(2) i:雷达的反射强度值。

(3) r、g、b:rgb 色彩信息。

(4) a:a 代表 alpha(透明度)。

(5) nx、ny、nz:n 代表 normal,点云的法向量。

PointNet 算法所使用的 modelnet40 数据集是采用 txt 格式进行存储的,其点云属性主要包含坐标和法向量,即 x、y、z、normal_x、normal_y、normal_z。txt 格式文件读取既可直接使用常规文件读取方式进行,也可用 numpy 库直接读取数据并转成矩阵。读取方式如下。

```
import numpy as np
if __name__ == '__main__':
```

```
    points = np.loadtxt('airplane_0001.txt', delimiter=',')
    print(points.shape)
    print(points[:5, :])
```

读取结果的前五行如下所示，每一行共六个数值，这六个数值即 x、y、z、normal_x、normal_y、normal_z。

```
[[-0.09879 -0.1823   0.1638   0.829   -0.5572  -0.04818]
 [ 0.9946   0.07442  0.01025  0.3318  -0.9395   0.08532]
 [ 0.1899  -0.2922  -0.9263   0.239   -0.1781  -0.9545 ]
 [-0.9892   0.07461 -0.01235 -0.8165  -0.2508  -0.5201 ]
 [ 0.2087   0.2211   0.5656   0.8376  -0.01928  0.5459 ]]
```

3.3.4 bin 点云存储格式

bin 文件与上一节 txt 点云文件相似，前者以二进制形式存储，而后者以文本形式存储。bin 文件的优点包括：(1)程序运行时不存在格式转换，精度不丢失；(2)不存在格式转换，读写速度快。

与 txt 文件类似，bin 格式点云文件通常只包含点云数据，不含文件说明部分。txt 文件按行存储点的信息，而 bin 则是将全部数据展开为一个序列，也可理解为一行。

以自动驾驶数据集 KITTI 的点云文件为例，存储格式为 bin 文件。bin 点云文件也可用 numpy 读取，方式如下。

```
import numpy as np
if __name__ == '__main__':
    points = np.fromfile('000001.bin', dtype=np.float32)
    print(points[:20])
    points = points.reshape(-1, 4)
    print(points)
```

读取结果如图 3-3 所示，直接读出来的数据是一个维度。这种一维数据通过 reshape(−1, N)转换成二维矩阵，每一行代表一个点的属性。因此，N 等于点的属性值个数。

```
[49.52  22.668  2.051  0.     49.428 22.814  2.05   0.     48.096 22.658
  2.007  0.05  47.813 22.709  1.999  0.     48.079 23.021  2.012  0.   ]
[[ 4.9520e+01  2.2668e+01  2.0510e+00  0.0000e+00]
 [ 4.9428e+01  2.2814e+01  2.0500e+00  0.0000e+00]
 [ 4.8096e+01  2.2658e+01  2.0070e+00  5.0000e-02]
 ...
 [ 6.3200e+00 -5.1000e-02 -1.6500e+00  2.1000e-01]
 [ 6.3130e+00 -3.1000e-02 -1.6480e+00  2.3000e-01]
 [ 6.3030e+00 -1.1000e-02 -1.6450e+00  1.6000e-01]]
```

图 3-3　bin 格式点云读取示例

3.4 点云格式相互转化

上面详细介绍了四种常见的点云文件存储格式，分析了文件中点云数据的具体存储形式。利用 Python 常规文件读写方式即可实现格式的相互转化，具体可参考 pcd 和 ply 文件读取方式。本书会介绍另外一种方法，实现各种点云格式和 ply 格式之间的相互转换。

本节所介绍的格式转换方法来源于 mmdetection3d。ply 格式转换为其他点云格式依赖于 Python 库 plyfile，它可直接采用 pip 进行安装，即 pip install plyfile。ply 转换为 bin 格式的程序如下所示。可以看到，ply 转 bin 的过程就是读取 ply 的点云数据为 numpy 矩阵形式，然后直接保存为 bin 格式即可。因此，ply 格式读取并不一定需要 plyfile 库，也可以采用下面将介绍的 Open3d 点云处理库，或者不使用任何库，直接用 with open 打开文件读取即可。

```
import numpy as np
import pandas as pd
from plyfile import PlyData
def convert_ply(input_path, output_path):
    plydata = PlyData.read(input_path)  # 读取文件
    data = plydata.elements[0].data  # 读取文件中数据
    data_pd = pd.DataFrame(data)  # 转换为 DataFrame 格式
    data_np = np.zeros(data_pd.shape, dtype = np.float)  # 新建矩阵用于存储点云数据
    property_names = data[0].dtype.names  # 读取属性名称
    for i, name in enumerate(property_names):  # 根据属性名称逐一读取
        data_np[:, i] = data_pd[name]
    data_np.astype(np.float32).tofile(output_path)
```

其他格式的点云文件（例如：off、obj），可通过 trimesh 库将它们转化成 ply。同样地，程序需要安装 trimesh 库，安装方式为 pip install trimesh。由于 ply 文件包含顶点和网格面两个元素，而 pcd、txt、bin 格式文件通常仅包含点信息。因此，trimesh 不支持这种类型的点云格式转换为 ply。这种点云在转换成 ply 格式之前，需要先进行表面重建以获取网格平面，然后再保存为 ply 格式。这个过程可参考后续章节介绍的方法，并通过 Open3d 点云处理库来实现。

obj 点云格式转为 ply 的程序如下所示。

```
import trimesh
def to_ply(input_path, output_path, original_type):
    mesh = trimesh.load(input_path, file_type = original_type)  # read file
    mesh.export(output_path, file_type = 'ply')  # convert to ply
if __name__ == '__main__':
```

```
to_ply('./test.obj', './test.ply', 'obj')
```

3.5　Open3d 读写点云文件

3.5.1　pcd 文件读写

Open3d 读取 pcd 点云文件存储数据到 PointCloud 类，如图 3－4 所示。图 3－4 points 存储了全部的点云坐标，并且用 numpy. array 转换成矩阵形式。

```
> o3d: <module 'open3d' from 'D:\\ProgramData\\Miniconda3\\lib\
∨ pcd: PointCloud with 35947 points.
  > special variables
  > function variables
  > class variables
  > HalfEdgeTriangleMesh: <Type.HalfEdgeTriangleMesh: 7>
  > Image: <Type.Image: 8>
  > LineSet: <Type.LineSet: 4>
  > PointCloud: <Type.PointCloud: 1>
  > RGBDImage: <Type.RGBDImage: 9>
  > TetraMesh: <Type.TetraMesh: 10>
  > TriangleMesh: <Type.TriangleMesh: 6>
  > Unspecified: <Type.Unspecified: 0>
  > VoxelGrid: <Type.VoxelGrid: 2>
  > colors: std::vector<Eigen::Vector3d> with 0 elements.
  > covariances: std::vector<Eigen::Matrix3d> with 0 elements.
  > normals: std::vector<Eigen::Vector3d> with 0 elements.
  > points: std::vector<Eigen::Vector3d> with 35947 elements.
```

图 3－4　Open3d PointCloud 类

Open3d 读取 pcd 格式点云文件的函数为 o3d. io. read_point_cloud，读取的点云存储为上图所示的 PointCloud 类。

```
import Open3d as o3d
import numpy as np
pcd = o3d.io.read_point_cloud(path)
points = np.array(pcd.points) #转为 numpy 矩阵
```

Numpy 格式点云矩阵可直接转换为 PointCloud 类格式，从而进一步被 Open3d 函数处理，包括存储和点云处理等。

```
import Open3d as o3d
pcd = o3d.geometry.PointCloud()
pcd.points = o3d.utility.Vector3dVector(points_array)
```

Open3d 保存 pcd 格式点云文件的函数为 o3d. io. write_point_cloud，使用方式为“o3d. io. write_point_cloud(filepath，pcd)”，其中 filepath 为点云存储路径，pcd 为 Open3d PointCloud 格式的点云数据。

这样保存的文件能够被 Open3d 直接读取，但是用其他方式读取时可能会出现如下所示的编码错误，因此最好指定保存的编码方式。Open3d pcd 格式指定编码的保存方式为“o3d. io. write_point_cloud(filepath，pcd ，write_ascii＝True)”。

```
UnicodeDecodeError：'utf - 8' codec can't decode byte 0xdd in position 173：invalid continuation byte。
```

3.5.2 ply 文件读写

对于 ply 点云文件，Open3d 读取到的点云存储到 TriangleMesh 类，如图 3－5 所示。图中 vertices 存储了全部的点云坐标，同样可以用 numpy. array 转换成矩阵形式。

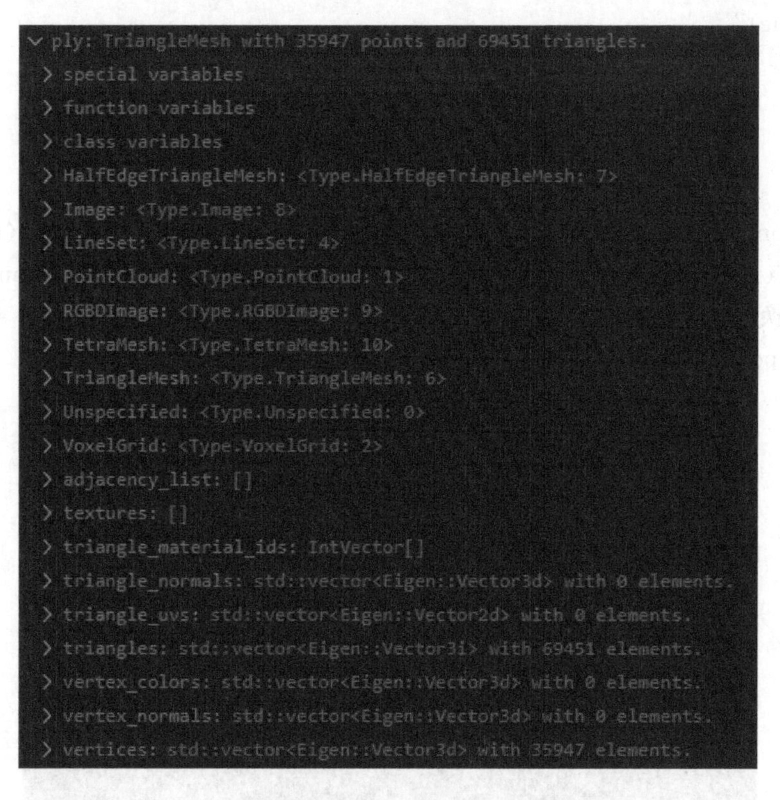

图 3－5 Open3d TriangleMesh 类

Open3d 读取 ply 格式点云文件的函数为 o3d. io. read_triangle_mesh，读取的点云存储为上图所示的 TriangleMesh 类。

```
import Open3d as o3d
import numpy as np
```

```
ply = o3d.io.read_triangle_mesh('bun_zipper.ply')
points = np.array(ply.vertices) # 转为矩阵
```

Numpy 格式点云矩阵也可直接转换为 TriangleMesh 类格式，从而进一步被 Open3d 函数处理，包括存储和点云处理等。

```
import Open3d as o3d
ply = o3d.geometry.TriangleMesh()
ply.vertices = o3d.utility.Vector3dVector(points_array)
```

Open3d 保存 ply 格式点云文件的函数为 o3d. io. write_triangle_mesh，使用方式为“o3d. io. write_triangle_mesh(filepath, ply)”，其中 filepath 为点云存储路径，ply 为 Open3d TriangleMesh 格式的点云数据。

类似 pcd 格式保存情况，为了避免编码错误，保存时最好指定编码方式。Open3d ply 格式指定编码的保存方式为“o3d. io. write_triangle_mesh(filepath, ply , write_ascii=True)”。

3.6 Python pcl 读写点云文件

Python pcl 读取加载点云数据的函数为 load()，加载方式为 pcl. load(filepath)。Pcd 格式点云读取结果如图 3-6 所示。同样地，加载出的点云数据通过 numpy. array ()直接转换成矩阵，即 np. array(pcd)。Python pcl 保存点云数据的函数为 save()，保存方式为 pcl. save(pcd, filepath)。

```
v pcd: <PointCloud of 35947 points>
  > special variables
  > function variables
    height: 1
    is_dense: True
  > sensor_orientation: array([1., 0., 0., 0.], dtype=float32)
  > sensor_origin: array([0., 0., 0., 0.], dtype=float32)
    size: 35947
    width: 35947
  > _from_obj_file: <built-in method _from_obj_file of pcl._pcl.PointCloud object
  > _from_pcd_file: <built-in method _from_pcd_file of pcl._pcl.PointCloud object
  > _from_ply_file: <built-in method _from_ply_file of pcl._pcl.PointCloud object
  > _to_pcd_file: <built-in method _to_pcd_file of pcl._pcl.PointCloud object at
  > _to_ply_file: <built-in method _to_ply_file of pcl._pcl.PointCloud object at
> pcl: <module 'pcl' from 'D:\\ProgramData\\Miniconda3\\envs\\eco37\\lib\\site-p
> viz: <module 'pcl.pcl_visualization' from 'D:\\ProgramData\\Miniconda3\\envs\\
```

图 3-6 Python pcl 点云读取示例

Python pcl 的 load 和 save 函数支持多种点云格式读写与保存，例如 pcd 和 ply 格式等。

3.7 点云可视化

本节主要介绍五种 Python 点云可视化方案，涉及 matplotlib、mayavi、Open3d、pcl、CloudCompare 等。

3.7.1 Matplotlib 点云可视化

Matplotlib 是 Python 广泛使用的可视化库，能够绘制一维曲线、二维图像和三维点云。用于显示点云的主要函数为 scatter(x，y，z，c，cmap)，其中 x、y、z 表示点云空间坐标，c 表示颜色分布，cmap 表示颜色模式。颜色分布可选择 z 坐标值，即颜色随着 z 坐标取值变化。函数使用样例如下，显示结果如图 3-7 所示。

```
def viz_matplot(points):
    x = points[:, 0]
    y = points[:, 1]
    z = points[:, 2]
    fig = plt.figure()
    ax = fig.add_subplot(111, projection='3d')
    ax.scatter(x, y, z, c=z,  cmap='rainbow')
    ax.axis()
    plt.show()
```

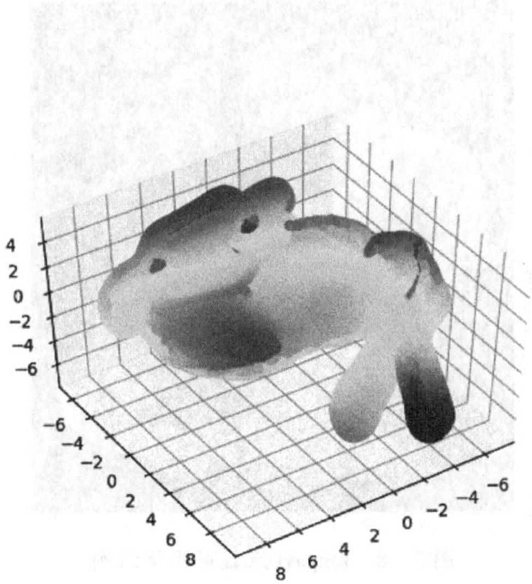

图 3-7 matplotlib 点云可视化示例

3.7.2 Mayavi 点云可视化

Mayavi 是针对三维数据交互与可视化的 Python 库，显示方式比 matplotlib 更加灵活，官方文档介绍地址为 http://docs.enthought.com/mayavi/mayavi/。Mayavi 是一种通用跨平台工具，也可在脚本中用作绘图引擎，例如 matplotlib 或 gnuplot 以及其他应用程序中用于交互式可视化的库。它也可以用作 Envisage 插件，允许嵌入到其他基于 Envisage 的应用程序。

Mayavi 用于显示三维点云的主要函数为 mlab.points3d(x, y, z, c, mode, colormap, color)，其中 x、y、z 表示点云空间坐标，c 表示颜色分布，mode 表示显示模式，colormap 表示颜色模式。颜色分布可选择 z 坐标值，即颜色随着 z 坐标取值变化。Color 表示点云颜色，用归一化 rgb 表示，即 rgb 分量的取值范围为 0~1。Colormap 和 Color 两种显示方法仅能选择其中一种，不需要同时赋值。函数使用样例如下，显示结果如图 3-8 所示。

```
def viz_mayavi(points):
    x = points[:, 0]
    y = points[:, 1]
    z = points[:, 2]
    fig = mlab.figure(bgcolor=(0, 0, 0), size=(640, 360))
    mlab.points3d(x, y, z, z, mode="point", colormap='spectral', # 'bone'
                              # color=(0, 1, 0),   # 也可以使用固定的 RGB 值
                              )
    mlab.show()
```

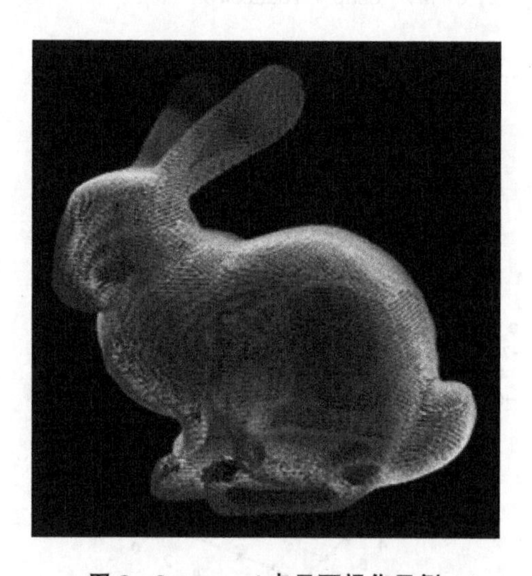

图 3-8 mayavi 点云可视化示例

3.7.3 Open3d 点云可视化

本节重点介绍 Open3d 的点云可视化函数，函数名称为 o3d.visualization.draw_geometries。各个参数介绍如下。

(1) geometry_list (List[Open3d.geometry.Geometry])——待显示的 Point-

Cloud 类点云格式列表,支持同时显示多个点云。

(2) window_name (str, optional, default='Open3d')——窗口名称。

(3) width (int, optional, default=1920)——窗口宽度。

(4) height (int, optional, default=1080)——窗口高度。

(5) left (int, optional, default=50)——窗口左侧留白宽度。

(6) top (int, optional, default=50)——窗口上方留白高度。

(7) point_show_normal (bool, optional, default=False)——是否显示法向量。

(8) mesh_show_wireframe (bool, optional, default=False)——是否可视化网格线框。

(9) mesh_show_back_face (bool, optional, default=False)——是否可视化三角网格背面。

Open3d 函数可视化样例如下,显示结果如图 3-9 所示。

```
def viz_Open3d():
    file_path = 'rabbit.pcd'
    pcd = o3d.io.read_point_cloud(file_path)
    print(pcd)
    pcd.paint_uniform_color([0, 0, 1]) # 指定显示为蓝色
    # 点云显示
    o3d.visualization.draw_geometries([pcd], # 待显示的点云列表
                                      window_name = "点云显示",
                                      point_show_normal = False,
                                      width = 800,   # 窗口宽度
                                      height = 600)  # 窗口高度
```

图 3-9 Open3d 点云可视化示例

Open3d 指定颜色的使用方式为 pcd.paint_uniform_color([r, g, b])。与 mayavi 的 corlor 参数一样,颜色参数是归一化的,即 rgb 分量在 0~1 之间,对应像素值为

0～255。

paint_uniform_color 函数是对全部点云统一进行色彩显示。Open3d 的 pcd 点云格式也支持为每个点分配一种颜色。假设点云中点的数量为 N，那么 N 个点对应的颜色矩阵维度为 $N\times3$，维度 3 源于 rgb 归一化取值。Pcd 点云通过对 pcd.colors 进行设置，实现对每个点的颜色进行任意改变。示例如下。

```
colors = np.array(pcd.colors)
pcd.colors = o3d.utility.Vector3dVector(colors[:, :3])
```

3.7.4 Python pcl 点云可视化

Python pcl 点云可视化函数库为 pcl.pcl_visualization，示例如下，显示结果如图 3-10 所示。

```
def viz_pypcl(pcd):
    print('pcd shape: ', np.array(pcd).shape)
    vizcolor = viz.PointCloudColorHandleringCustom(pcd, 0, 255, 0)
    vs = viz.PCLVisualizering
    vizer = viz.PCLVisualizering()
    vs.AddPointCloud_ColorHandler(vizer, pcd, vizcolor, id = b'cloud', viewport = 0)
    while not vs.WasStopped(vizer):
        vs.Spin(vizer)
```

图 3-10 Python pcl 点云可视化示例

3.7.5 CloudCompare 点云可视化

CloudCompare 是一款桌面软件，支持 Windows、Linux 和 macOS 系统，提供点云

读写、处理和可视化等功能。可视化效果如图 3－11 所示。常用的点云可视化桌面软件还有 MeshLab 和 3dMax 等。

图 3－11 CloudCompare 点云可视化示例

3.8 程序资料

相关程序下载地址为 https://pan.baidu.com/s/1pd5AgYnKhY9gtnYk6UE5UA?pwd=1234，对应 ch3 文件夹下内容。

(1) 01_pcldemo.py：3.1 节点云示例程序。

(2) 02_pcd_read_test.py：3.2.1 节 pcd 点云文件常规读取程序。

(3) 03_ply_read_test.py：3.2.2 节 ply 点云文件常规读取程序。

(4) 04_txt_read_test.py：3.2.3 节 txt 点云文件常规读取程序。

(5) 05_bin_read_test.py：3.2.4 节 bin 点云文件常规读取程序。

(6) 06_ply_to_any.py、07_any_to_ply.py：本书 3.2.5 节 ply 格式点云转换程序。

(7) 08_Open3d_pcd_read_write.py：3.3.1 节 Open3d 读写 pcd 点云文件程序。

(8) 09_Open3d_ply_read_write.py：3.3.2 节 Open3d 读写 ply 点云文件程序。

(9) 10_Python_pcl_test.py：本书 3.4 节 Python pcl 读写 pcd 和 ply 点云文件程序。

(10) 11_viz_point_cloud.py：本书 3.5 节点云可视化程序。

第 4 章　点云几何形态

4.1 体　素

在介绍点云体素之前，我们先简单介绍图像像素。图像一般是按照行列像素存储的。分辨率为 W×H 的图片会被划分成如下 W×H 个网格，如图 4－1 所示，每个网格就是图像像素。我们为每个网格像素赋予不同的灰度值或 RGB 值，从而得到一幅图像。像素相当于图像的最小组成部分，并且每个像素尺寸都是相同的。

对应到三维空间，点云是由点组成的，每个点由 x、y、z 三个坐标及其属性值组成。三个坐标对应二维图像的网格位置，属性值对应灰度值。类比二维图像，三维空间有以下区别：

(1) 二维图像的网格是均匀分布的，而三维点云非均匀分布在三维空间，且空间很多位置不存在点云。

(2) 二维图像相邻像素的位置坐标相差一个单位像素，而三维点云相邻点的间距并不是一个固定值。

为了使三维点云也具备和二维图像一样的均匀分布，体素将整个三维空间分成一个个立体网格，如图 4－2 所示。体素可以将整个三维空间分割成均匀分布的空间，具备如下特点：

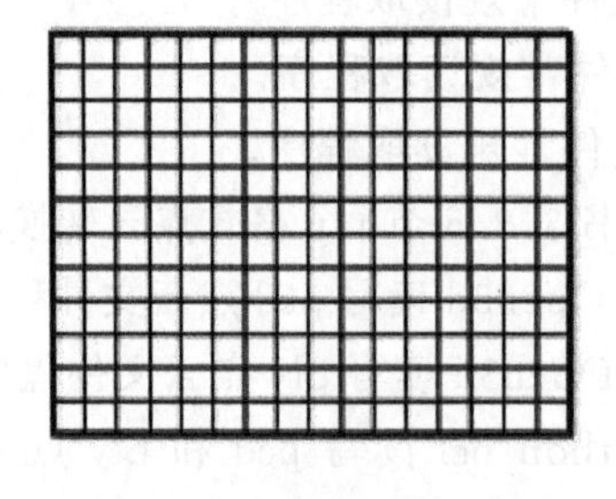

图 4－1　图像像素网格

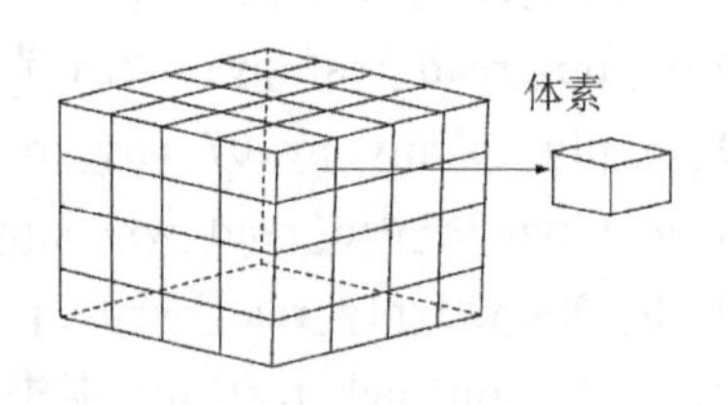

图 4－2　体素结构

(1) 如果将体素的立方体长宽高设置成最小的长度单位，那么可以使每个点落在不同的体素当中。但是这样做会导致很多体素里面不存在一个点，即空体素，并且数据量会非常大。另一方面，点云的分布没有改变，仍然是不均匀的。假设点云数据在 x、y、z 三个方向上的坐标取值范围均为 0～1 m，体素在三个方向的长度均为 1 mm，那么体素的数量为 1 000×1 000×1 000(10 亿)。以图像类比，这相当于有 10 亿个像素。

(2) 如果用一个相对大的立方体作为体素单位，尽可能使所有体素都有点落在里面。这样会出现一个体素里面有多个点。如果每个体素都用一个点来代表这个体素中点云的特征，那么整个点云会被下采样成均匀分布的形式。显然，体素可用于点云下采样。

体素能够实现点云下采样，从而减轻点云处理的数据量，提升点云后续处理效率。另一方面，点云体素化可以将数据转换成规则的网格结构，有利于空间三维卷积的进行。因此，在较多深度学习点云相关算法中，第一个重要步骤即为点云体素化，提取每个体素的通道特征，然后用常规三维卷积或稀疏卷积来进行深层特征提取。

4.2 法向量

在3D空间中，一个点周围有无数个方向，而法向量是垂直于表面的一个向量。点云的每个点都可以有一个对应的法向量，法向量描述了该点所在表面的朝向和曲率信息，是表征表面几何特征的重要指标。求解点云法向量通常需要基于周围近邻点拟合出一个平面，然后才能求出相应法向量。点云法向量在计算机视觉和计算机图形学领域有着广泛应用，例如三维建模、物体识别和机器人导航等。

下面介绍求解平面法向量的两个经典方法，即最小二乘法和主成分分析方法(PCA)。

4.2.1 最小二乘求解法

最小二乘方法是一种数学优化方法，旨在最小化误差平方和，适用于解决线性回归、非线性回归、参数估计等问题。在点云法向量的计算中，我们使用最小二乘法来拟合每个点周围的最小二乘平面，从而求得该点的法向量。

使用最小二乘法求解点云法向量的基本思路是，将点云表面拟合成一个平面，然后将平面方程表示为最小二乘问题。具体步骤如下：

(1) 选择一个半径为 r 的邻域。

(2) 拟合邻域内平面方程，使所有点到该平面距离的平方和最小。

(3) 将平面方程表示为最小二乘问题，采用偏导数或矩阵变换求解最小二乘法优化函数并计算出法向量。

假设有 n 个点$\{(x_1,y_1,z_1),(x_2,y_2,z_2),\ldots,(x_n,y_n,z_n)\}$，需要求解以该点集为支撑的平面方程。平面方程可以表示为：

$$Ax+By+Cz+D=0 \tag{4.1}$$

其中，A、B 和 C 表示平面的法向量。任意一点到该平面的距离 d 为：

$$d=\frac{Ax+By+Cz+D}{\sqrt{A^2+B^2+C^2}} \tag{4.2}$$

最小二乘法平面拟合的优化过程是最小化邻域内所有点到平面的距离平方和，即：

$$\operatorname{argmin}\sum\left(\frac{Ax+By+Cz+D}{\sqrt{A^2+B^2+C^2}}\right)^2 \tag{4.3}$$

采用偏导数或矩阵变换等方法求解上式即可得到法向量(A, B, C)。

4.2.2 PCA 求解法

PCA 是一种数据降维方法，它可以将高维数据投影到低维空间，并保留原始数据的主要信息。在点云处理中，PCA 可以用于计算每个点的法向量。具体来说，PCA 方法包括以下步骤：

(1) 对于点云的每个点 p，我们需要找到其最近的 k 个邻居点。这可以通过计算每个点与其他点之间的距离来实现。在实践中，使用 kd 树等数据结构来加速距离计算。

(2) 计算协方差矩阵。对于点云的每个点 p，我们将其 k 个近邻点表示为一个 k×3 的矩阵 X。然后我们计算 X 的协方差矩阵 C：

$$C=1/k\times(X-\mathrm{mean}(X))'\times(X-\mathrm{mean}(X)) \tag{4.4}$$

其中 $\mathrm{mean}(X)$是 X 的平均值，即对每列求平均。

(3) 对协方差矩阵进行特征值分解，得到其特征向量。

(4) 取特征向量中最小的作为当前点的法向量。

PCA 数据降维应用场景下需要选择特征值较大的特征向量，这是由于特征值越大，原始数据在该向量方向的投影差异性(方差)越大，从而保持原始数据多样性。而我们取特征向量中最小取值作为当前点 p 的法向量，这是因为协方差矩阵 C 的最小特征值对应的特征向量表示数据中的最小变化方向，即为法向量方向。以直线为例，直线上的点在其垂线方向投影完全重合，因而投影后差异性最小。

下面给出使用 PCA 方法计算点云法向量的 Python 程序实现：

```
import numpy as np
from sklearn.neighbors import NearestNeighbors

def compute_normals(points, k = 20):
    """
    Compute normals for a point cloud using PCA.

    Parameters:
        points: numpy array of shape (N, 3)
            Point cloud data.
        k: int, optional (default: 20)
            Number of nearest neighbors to use.

    Returns:
        normals: numpy array of shape (N, 3)
            Point cloud normals.
```

```
    """
    nbrs = NearestNeighbors(n_neighbors = k, algorithm = 'kd_tree').fit(points)
    distances, indices = nbrs.kneighbors(points)
    normals = np.zeros_like(points)
    for i in range(points.shape[0]):
        X = points[indices[i], :] - np.mean(points[indices[i], :], axis = 0)
        C = np.cov(X, rowvar = False)
        eigenvalues, eigenvectors = np.linalg.eigh(C)
        normal = eigenvectors[:, np.argmin(eigenvalues)]
        normals[i, :] = normal
    return normals / np.linalg.norm(normals, axis = 1)[:, np.newaxis]
```

4.2.3 Open3d 计算法向量

Open3d 计算法向量的函数为 estimate_normals。该函数的主要参数是估算平面的相关近邻点。Open3d 提供如下三种方法来确定这些邻近的点。

(1) KNN 最近邻搜索方法，确定目标点距离最近的 N 个点。Open3d 最近邻搜索函数为 o3d.geometry.KDTreeSearchParamKNN(knn＝20)。“$k$nn＝20”表示选择距离目标点最近的 20 个点。

(2) 指定半径搜索方法，即选择在距离目标点固定半径的球体空间内的点。Open3d 指定半径搜索函数为 o3d.geometry.KDTreeSearchParamRadius(radius＝0.01)。“radius＝0.01”表示搜索半径为 0.01。

(3) 混合搜索方法，同时指定半径和最近邻点数量。Open3d 混合搜索函数为 o3d.geometry.KDTreeSearchParamHybrid(radius＝0.01，max_nn＝20)。

Open3d 法向量计算函数 pcd.estimate_normals(search_param)，search_param 为近邻点求取结果，例如 search_param＝o3d.geometry.KDTreeSearchParamHybrid(radius＝0.01，max_nn＝20)。求解程序示例如下，显示结果如图 4-3 所示。所有计算的法向量模长为 1。

```
file_path = 'bun_zipper.ply'
ply = o3d.io.read_triangle_mesh(file_path)
pcd = o3d.geometry.PointCloud()
pcd.points = ply.vertices
radius = 0.01  # 搜索半径
max_nn = 30   # 邻域内用于估算法线的最大点数
pcd.estimate_normals(search_param = o3d.geometry.KDTreeSearchParamHybrid(radius,
max_nn))
normals = np.array(pcd.normals) # 法向量结果,Nx3
```

在 Open3d 中，点云格式必须设置为 pcd 格式才能进行法向量计算。Open3d ply 格式不支持法向量计算，需要按照上述代码中的方式转换为 pcd 之后才可以计算法向

图 4-3 法向量可视化示例

量。pcd 文件读取后可直接进行法向量计算。

4.3 质 心

质心概念与重心的计算方式相同，如下所示：

$$r_c=\frac{\sum_{i=1}^{i=n} m_i r_i}{\sum_{i=1}^{i=n} m_i} \tag{4.5}$$

即

$$\sum_{i=1}^{i=n} m_i (r_i - r_c) = 0 \tag{4.6}$$

乘积 mr 相当于一个力矩，当作用点为质心时，总的力矩等于零。以杠杆或者天平来说，力矩为零的情况是指总体达到平衡。

对于二维图像，质量 m 相当于像素值，r 为各个像素点的位置。而对于三维点云，m 取为 1，即单位重量。那么根据公式(4.6)，点云中各个点相对于质心的距离和为 0。m 为 1 时，公式(4.5)可简化为：

$$r_c=\frac{\sum_{i=1}^{i=n} r_i}{n} \tag{4.7}$$

根据公式(4.7)，三维点云的质心实际上是所有点云坐标的平均值。其中，位置坐标是一个三维向量，由(x, y, z)表示。

Open3d 提供了点云质心的计算方法，即 get_center 函数。下面通过该函数与矩阵平均运算来验证上面的介绍，程序如下所示。示例中，两种方法计算的结果均为[−1.00036164e−069.99999998e+004.44904992e−07]。

```
import Open3d as o3d
import numpy as np
if __name__ == '__main__':
    file_path = 'rabbit.pcd'
    pcd = o3d.io.read_point_cloud(file_path)
    pcd.paint_uniform_color([0.5, 0.5, 0.5])#指定显示为灰色
    pcd.translate((0, 10, 0))#原始点云的质心为(0, 0, 0),将其平移到(0, 10, 0)
    print('Open3d get_center 质心计算结果', pcd.get_center())
    # 采用矩阵求平均的方法计算质心
    points = np.array(pcd.points)
    center = np.mean(points, axis=0)
    print('矩阵求平均 质心计算结果', center)
```

根据上述介绍，点云质心即点云中心，或称为点云重心或几何中心。在后续算法实现过程中，针对三维目标点云，部分程序将物体底部平面中心作为物体中心，而非几何中心，使用时应注意区分。

4.4 三角面

点云三角化是将点云边界的点连接成一个个三角形，相关详细概念可通过搜索三角剖分资料来获取。三角化是指点云边界每三个点组成一个平面，可近似认为这个三角平面就是目标表面的一部分。因此，点云三角化实际上是三维目标的一种表面重建方法，这种表面近似也可通过插值来实现。三维重建或三维物体建模中相关点云数据格式，如 ply 和 obj，常常包含以顶点组成的三角面片 mesh。

点云三角化实现了对物体边界平面的拟合，是三维重建的重要步骤，也常用于表征三维模型。Open3d 提供多种三角化三维重建的函数，这里仅简单提供其中一个函数，其他函数在后续三维表面重建章节进行详细介绍。这个函数是 TriangleMesh.create_from_point_cloud_ball_pivoting。其通过旋转球来进行实现，其中一个重要参数是球的半径。该方法通常称为滚球法。示例程序如下，显示结果如图 4-4 所示。

```
file_path = 'rabbit.pcd'
pcd = o3d.io.read_point_cloud(file_path)
pcd.paint_uniform_color([0.5, 0.5, 0.5])#指定显示为灰色
print(pcd)
#pcd需要有法向量
pcd.estimate_normals()
```

```
# estimate radius for rolling ball
distances = pcd.compute_nearest_neighbor_distance()
avg_dist = np.mean(distances)
radius = 6 * avg_dist
mesh = o3d.geometry.TriangleMesh.create_from_point_cloud_ball_pivoting(
        pcd,
        o3d.utility.DoubleVector([radius, radius * 2]))
```

图 4-4　滚球法表面重建效果

4.5　倒角距离

点云倒角距离(Chamfer Distance,简称 CD)是一种用于度量两个点云之间距离的方法,它被广泛应用于计算机视觉、计算机图形学、机器人学和自动驾驶等领域。CD 算法通过计算一个点云中每个点到另一个点云最近点的距离,将这些距离平均求和得到 CD 值。通常情况下,CD 值越小表示两个点云之间的距离越近,反之则距离越远。点云倒角距离算法在三维模型配准、三维点云匹配、三维形状识别等领域具有重要应用价值。

假设有两个点云 P 和 Q,其中每个点都可以用三维坐标(x, y, z)来表示。对于 P 中的每个点 p,计算它与 Q 中所有点之间的距离,取其中最短的距离作为 p 点的距离值。同样地,对于 Q 中的每个点 q,计算它与 P 中所有点之间的距离,取其中最短的距离作为 q 点的距离值。最后,将 A 中所有点的平均距离值和 B 中所有点的平均距离值求和得到 CD。

CD 计算通过以下步骤进行:

(1) 给定两个点云 P 和 Q,分别表示为 $P = \{p_1, p_2, \dots, p_n\}$ 和 $Q = \{q_1, q_2, \dots, q_m\}$,其中 p_i 和 q_j 是三维空间中的点。

(2) 对于 P 中的每个点 p_i,计算其到 Q 中所有点 q_j 的距离,并选取其中最小的距离，即可得到 p_i 到 Q 的距离，并计算全部点的距离平均值。

(3) 同理，对于 Q 中的每个点 q_j，计算其到 P 中所有点 i 的距离，并选取其中最小的距离，即可得到$_j$ 到 P 的距离，并计算全部点的距离平均值。

(4) 将 P 到 Q 的距离平均值和 Q 到 P 的距离平均值进行求和，得到 CD。

上述步骤相应的 CD 计算公式如下所示：

$$\mathrm{CD}(P,Q)=\frac{1}{n}\sum_{i=1}^{n}\min(||\, p_i-q_j j\, ||^2, j=1,\ldots,m)+\frac{1}{m}\sum_{j=1}^{m}\min(||\, q_j-p_i\, ||^2, =i1,\ldots,n) \tag{4.8}$$

在实际应用中，CD 常常用于点云配准和三维形状匹配。点云配准是指将多个点云之间的位置、朝向和尺度等参数对齐，使它们能够重合或者匹配。点云配准涉及寻找一个变换矩阵，将一个点云映射到另一个点云。CD 作为一个度量标准，用于评估不同变换矩阵对应的点云之间的距离。因此，点云配准可通过最小化 CD 来寻找最优的变换矩阵。

三维形状匹配是指寻找两个三维物体之间的相似性。在这个问题中，点云被看作是三维物体的一种表达方式。CD 用于比较两个点云之间的相似性，即通过最小化 CD 来寻找最相似的点云对，从而实现三维形状匹配的目标。

此外，CD 还可应用于点云分割。点云分割是指将点云划分为不同子集，每个子集表示点云的一个物体或者部件。CD 作为一个度量标准，用于评估不同分割结果之间的差异。点云分割可通过最小化 CD 来寻找最优分割结果。CD 还可用于三维形状生成和重建，作为一种衡量生成或重建三维形状和原始形状之间相似度的指标，帮助算法选择最佳的生成或重建方法。

总体而言，CD 是一种广泛应用于三维计算机图形学领域的点云距离度量方法，它可以用于三维物体识别、配准、生成和重建等多个领域，帮助算法计算出最优的点云匹配结果，进而提高算法的准确性和效率。

4.6 程序资料

相关程序下载地址为 https://pan.baidu.com/s/1pd5AgYnKhY9gtnYk6UE5UA?pwd=1234，对应 ch4 文件夹下内容。

(1) 01_Open3d_normals.py：4.1 节点云法向量求解程序。

(2) 02_Open3d_center.py：4.3 节点云质心求解程序。

(3) 03_Open3d_ball.py：4.4 节 ply 点云三角化程序。

第5章 点云空间变换

5.1 平移变换

点云旋转和平移与立体几何及矩阵变换直接相关。点云中各个点的坐标由 x、y、z 组成。假设原始坐标为 $P_0(x_0, y_0, z_0)$，变换后的坐标为 $P(x, y, z)$。

点云平移变换是在原坐标上增加一定偏移量后得到新的坐标，公式如下。

$$\begin{cases} x = x_0 + x_t \\ y = y_0 + y_t \\ z = z_0 + z_t \end{cases} \tag{5.1}$$

其中，$T(x_t, y_t, z_t)$ 表示平移向量或平移矩阵。将 P_0、P、T 都表示为列向量的形式，则可得到：

$$P = P_0 + T \tag{5.2}$$

Open3d 点云的平移函数为 translate，其函数使用方式为 pcd. translate((t_x, t_y, t_z), relative=True)。

当 relative 为 True 时，(t_x, t_y, t_z)表示点云平移的相对尺度，也就是平移了多少距离。当 relative 为 False 时，(t_x, t_y, t_z)表示点云中心（质心）平移到的指定位置。根据上一章介绍，质心坐标可以通过 pcd. get_center()得到。

使用 Open3d translate 进行点云平移后，原始点云数据会发生变化。如果要用到平移之前的点云，那么需要复制一份原始点云进行平移变换。点云平移程序如下，显示结果如图 5-1 所示。

```
file_path = 'rabbit.pcd'
pcd = o3d.io.read_point_cloud(file_path)
print(pcd)
pcd1 = deepcopy(pcd)
#x方向平移
pcd1.translate((20,0,0), relative = True)
pcd2 = deepcopy(pcd)
#y方向平移
pcd2.translate((0,20,0), relative = True)
#z方向平移
pcd3 = deepcopy(pcd)
```

```
pcd3.translate((0,0,20), relative=True)
pcd4 = deepcopy(pcd)
pcd4.translate((20,20,20), relative=True)
```

图5-1 Open3d 平移效果示意图

5.2 旋转变换

5.2.1 旋转表示方法

点云旋转通常有四种方式来表达，即欧拉角、旋转矩阵、旋转向量、四元数，相关资料可通过搜索三维旋转矩阵或者刚体变换来获取。

1. 欧拉角

欧拉角定义最为直观，即点云围绕 X、Y、Z 三个轴分别进行旋转，对应的旋转角度即为 α、β、γ。每做一次旋转得到一个旋转矩阵，分别对应 $Rx(\alpha)$、$Ry(\beta)$、$Rz(\gamma)$。总的旋转矩阵 R 等于这三个矩阵相乘。旋转矩阵计算过程如下。

$$R_x(\alpha)=\begin{bmatrix}1 & 0 & 0\\0 & \cos\alpha & -\sin\alpha\\0 & \sin\alpha & \cos\alpha\end{bmatrix} \tag{5.3}$$

$$R_y(\beta)=\begin{bmatrix}\cos\beta & 0 & \sin\beta\\0 & 1 & 0\\-\sin\beta & 0 & \cos\beta\end{bmatrix} \tag{5.4}$$

$$R_z(\gamma)=\begin{bmatrix}\cos\gamma & -\sin\gamma & 0\\ \sin\gamma & \cos\gamma & 0\\ 0 & 0 & 1\end{bmatrix} \tag{5.5}$$

$$R=R_x(\alpha)*R_y(\beta)*R_z(\gamma) \tag{5.6}$$

点云旋转需要注意欧拉角表示方法与先后顺序有关，不同旋转顺序得到的结果是完全不一样的。这一点也可通过矩阵运算的性质得到，即矩阵乘法运算也受到先后顺序影响。如图 5-2 所示，红色箭头分别按照 XZ 轴旋转和按照 ZX 轴旋转的结果是不相同的。“⊗”表示箭头向里。

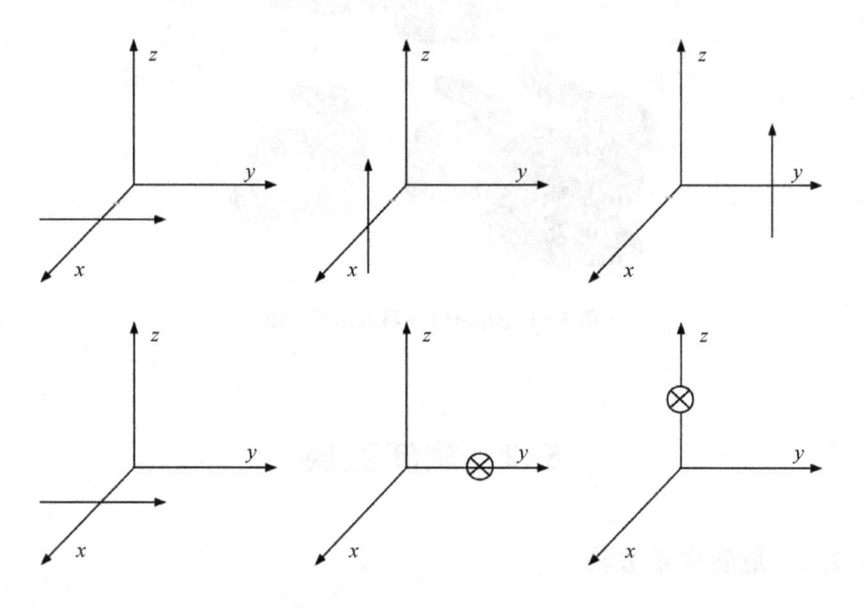

图 5-2　不同顺序旋转对比

2. 旋转矩阵

旋转矩阵定义一个三维矩阵 R，直接左乘点云坐标完成变换。

$$R=\begin{bmatrix}r_{11} & r_{12} & r_{13}\\ r_{21} & r_{22} & r_{23}\\ r_{31} & r_{32} & r_{33}\end{bmatrix} \tag{5.7}$$

旋转矩阵 R 相当于上述欧拉角乘积后的表现形式。R 必须是一个正交矩阵，并且模长为 1。旋转矩阵 R 和上节平移矩阵 T 称为 RT 矩阵。RT 矩阵是点云完成空间变换所需要的参数。在点云配准时，配准算法主要目的则是求解 RT 矩阵。自动驾驶深度学习相关数据集中，相机和雷达坐标系的变换也依赖于 RT 矩阵。

3. 旋转向量(轴角)

旋转向量的表示方法比较容易直观理解，即采用一个向量来表示旋转轴，一个角度来表示旋转幅度。轴向量有无数个，因此通常要求轴向量必须为单位向量，从而使旋转向量固定下来。如果点云旋转仅采用一个旋转向量来同时表示轴向量和旋转角度，那么旋转向量的方向与轴向量的方向一致，模长表示旋转角度，即不再是模长为1的单位向量。

4. 四元数

四元数是相对复杂的数学概念，它是一个四维向量，可类比复数加以理解。复数能够用于表示一个二维空间，并且二维空间的旋转可以转换为单位复数的乘法，这样降低了矩阵运算带来的复杂度。四元数也可以降低旋转的运算量，加速向量的乘法计算。SUN R-GBD数据集采用了四元数的方式来表征目标物体的旋转角度。

欧拉角、旋转矩阵、旋转向量(轴角)、四元数在实际中均可相互转换，只是旋转的不同表示方法。

5.2.2 Open3d点云旋转

Open3d点云的旋转函数为rotate。其函数原型为pcd.rotate(R, center=(x, y, z))。第一个参数R是旋转矩阵。Open3d点云旋转是通过矩阵运算来完成的，因而需要先获取旋转矩阵。旋转矩阵可以用户自定义，也可以根据上文介绍的欧拉角、旋转向量和四元数计算得到。第二个参数是旋转中心，如果不指定center的值，旋转中心默认为点云质心。围绕质心旋转后的点云质心保持不变，可通过pcd.get_center()函数来获取质心坐标。

Open3d根据欧拉角计算旋转矩阵的函数为pcd.get_rotation_matrix_from_xyz(α, β, γ)。如前文所述，欧拉角旋转与旋转轴的先后顺序密切相关。Open3d欧拉角旋转方式除xyz模式之外，还有xzy、yxz、yzx、zxy和zyx等。例如，"R = pcd.get_rotation_matrix_from_xyz((0, np.pi/2, 0))"计算得到绕y轴旋转90°时的旋转矩阵R。

Open3d旋转向量用3行1列的列向量(x, y, z).T来表示。旋转轴为向量方向，旋转角度为向量模长。Open3d根据旋转向量计算旋转矩阵的函数为get_rotation_matrix_from_quaternion(n)，其中n表示旋转向量。例如，"R = pcd.get_rotation_matrix_from_axis_angle(np.array([0, -np.pi/2, 0]).T)"计算得到绕y轴旋转-90°时的旋转矩阵R。

Open3d根据四元数计算旋转矩阵的函数为get_rotation_matrix_from_quaternion(n)，其中n表示四元数。四元数用4行1列的列向量(w, x, y, z).T来表示。例如，"R = pcd.get_rotation_matrix_from_quaternion(np.array([0, 0, 0, 1]).T)"计算得到绕x轴旋转180°时的旋转矩阵R。

以下为Open3d点云旋转示例程序和效果图，显示结果如图5-3所示。使用rotate进行点云旋转后，原始点云数据会发生变化。如果后续要用到旋转之前的点云，那么程序需要复制一份原始点云进行旋转变换。

```
file_path = 'rabbit.pcd'
```

```
pcd = o3d.io.read_point_cloud(file_path)
pcd.paint_uniform_color([0.5, 0.5, 0.5])#指定显示为灰色
print(pcd)
print(pcd.get_center())
pcd1 = deepcopy(pcd)
#采用欧拉角进行旋转
R = pcd.get_rotation_matrix_from_xyz((0, np.pi/2, 0))#绕 y 轴旋转 90°
pcd1.rotate(R, center=(20, 0, 0))#旋转点位于 x=20 处,若不指定则默认为原始点云质心。
pcd1.paint_uniform_color([0, 0, 1])#指定显示为蓝色
print(pcd1.get_center())
print(R)
#采用旋转向量(轴角)进行旋转
pcd2 = deepcopy(pcd)
R = pcd.get_rotation_matrix_from_axis_angle(np.array([0, -np.pi/2, 0]).T)#向量方向为旋转轴,模长等于旋转角度,绕 y 轴旋转 -90°
pcd2.paint_uniform_color([0, 1, 0])#指定显示为绿色
pcd2.rotate(R, center=(20, 0, 0))#旋转点位于 x=20 处,若不指定则默认为原始点云质心。
print(pcd2.get_center())
print(R)
#采用四元数进行旋转
pcd3 = deepcopy(pcd)
R = pcd.get_rotation_matrix_from_quaternion(np.array([0, 0, 0, 1]).T)#绕 x 轴旋转 180°
pcd3.paint_uniform_color([1, 0, 0])#指定显示为红色
pcd3.rotate(R, center=(0, 10, 0))#旋转点位于 y=10 处,若不指定则默认为原始点云质心。
print(pcd3.get_center())
print(R)
```

图 5-3 灰色部分为原始点云;蓝色部分为欧拉角旋转结果;绿色部分为旋转向量旋转结果;红色部分为四元数旋转结果。

图 5-3　点云旋转效果图

5.3 平面投影

在立体几何中，三维平面的统一表示方法为：

$$Ax + By + Cz + D = 0 \tag{5.8}$$

假设(x_1, y_1, z_1)、(x_2, y_2, z_2)为平面上两个点，那么可以得到：

$$A(x_2 - x_1) + B(y_2 - y_1) + C(z_2 - z_1) = 0 \tag{5.9}$$

$(x_2 - x_1, y_2 - y_1, z_2 - z_1)$是平面上的一个向量，并且根据上式可知，$(A, B, C)$与这个向量垂直，那么显然$(A, B, C)$为平面的法向量。

假设(x_0, y_0, z_0)为空间中的任意一点，它在平面上的投影坐标为(x, y, z)，那么由这两个点组成的向量也是平面的法向量，其应与法向量(A, B, C)平行，从而可以得到：

$$\frac{x - x_0}{A} + \frac{y - y_0}{B} + \frac{z - z_0}{C} = t \tag{5.10}$$

即（直线方程的参数表达形式）：

$$x = A_t + x_0; y = B_t + y_0; z = C_t + z_0 \tag{5.11}$$

将上述结果带入平面方程公式(5.8)可以得到：

$$t = -\frac{Ax_0 + By_0 + Cz_0 + D}{A^2 + B^2 + C^2} \tag{5.12}$$

将公式(5.12)带回到公式(5.11)即可得到投影后坐标。

根据上述计算过程，下面是点云平面投影的两个函数，分别针对于单个点投影和批量点云投影，显示结果如图5-4所示。程序中点云文件来源于Modelnet 40数据集，地址为https://modelnet.cs.princeton.edu/"。

```
#定义平面方程 Ax + By + Cz + D = 0
#以 z = 0 平面为例，即在 xy 平面上的投影 A = 0, B = 0, C = 1(任意值), D = 0
#para[0, 0, 1, 0]
def point_project(points, para):
    x = points[:, 0]  # x position of point
    y = points[:, 1]  # y position of point
    z = points[:, 2]  # z position of point
    d = para[0] ** 2 + para[1] ** 2 + para[2] ** 2
    t = -(para[0] * x + para[1] * y + para[2] * z + para[3])/d
    x = para[0] * t + x
    y = para[1] * t + y
    z = para[2] * t + z
    return np.array([x, y, z]).T
#矩阵写法
#定义平面方程 Ax + By + Cz + D = 0
```

```
#以 z=0 平面为例,即在 xy 平面上的投影 A=0, B=0, C=1(任意值), D=0
#para[0, 0, 1, 0]
def point_project_array(points, para):
    para  = np.array(para)
    d = para[0] * * 2 + para[1] * * 2 + para[2] * * 2
    t = - (np.matmul(points[:, :3], para[:3].T) + para[3])/d
    points = np.matmul(t[:, np.newaxis], para[np.newaxis, :3]) + points[:, :3]
    return points
```

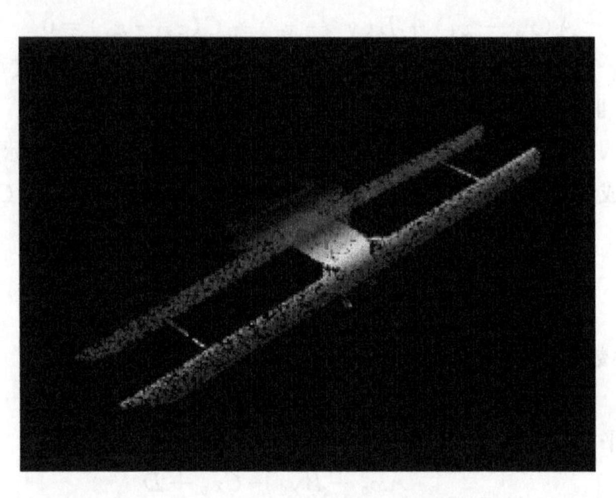

图 5-4　点云平面投影效果图

5.4　仿射变换

对于点云来说,仿射变换是将点云中的点按照同一规则进行变换。仿射变换包含一组线性变换和一个平移变换。线性变换用矩阵相乘来表示。因此,仿射变换可以用如下矩阵和向量的方式来表达。

$$\boldsymbol{y} = \boldsymbol{T}\boldsymbol{x} + \boldsymbol{b} \tag{5.13}$$

即:

$$\begin{pmatrix} x \\ y \\ z \end{pmatrix} = \begin{bmatrix} t_{11} & t_{12} & t_{13} \\ t_{21} & t_{22} & t_{23} \\ t_{31} & t_{32} & t_{33} \end{bmatrix} \begin{pmatrix} x_0 \\ y_0 \\ z_0 \end{pmatrix} + \begin{pmatrix} b_x \\ b_y \\ b_z \end{pmatrix} \tag{5.14}$$

向量 $\boldsymbol{x}$ 在向量 $\boldsymbol{t}$ 上的投影可表示为:

$$y = | x | \cos\theta = \frac{t * x}{|t|} = \frac{t_{11} * x + t_{12} * y + t_{13} * z}{|t|} \tag{5.15}$$

根据公式(5.14)和(5.15),线性变换过程实际上是数据 x 在向量空间各个方向上的投影和伸缩。其中,投影方向由 T 的行向量来决定,伸缩倍数由行向量的模长来决定。

同一条线上的点，投影到另外一个方向之后应该也是在同一条直线。如果 T 的行向量存在两个相同方向，即 T 为奇异矩阵，那么对应的特征分量投影后会重合到同一个方向，这样会导致维度损失了一维，投影后的形状也会发生明显变形，即为投影后的共线性质，因而要求 T 是非奇异矩阵。

前面介绍的点云平移和旋转都可以看作是仿射变换的一个特例。对于点云平移来说，仿射变换的矩阵 T 为单位矩阵。对于点云旋转来说，仿射变换的矩阵 T 为旋转矩阵，b 为零。平移和旋转变换时物体的形状不会发生改变，而仿射变换有可能导致物体形状发生变化。

Open3d 的投影变换为函数为 transform，参数为投影变换矩阵 T。需要注意的是，Open3d 的投影变换不仅包括仿射变换，还包括透视投影变换。仿射变换是线性的投影变换，而透视变换是非线性的。因此。Open3d 中的变换矩阵是 4×4 大小，而不是 3×4。即：

$$T=\begin{bmatrix} t_{11} & t_{12} & t_{13} & b_x \\ t_{21} & t_{22} & t_{23} & b_y \\ t_{31} & t_{32} & t_{33} & b_z \\ t_{41} & t_{42} & t_{43} & s \end{bmatrix} \tag{5.16}$$

矩阵 T 前 3 行对应仿射变换，最后一行对应透视变换。其中，s 可以用来控制缩放系数，表示缩小的倍数。

Open3d 仿射变换示例程序如下，显示结果如图 5-5 所示。

```
file_path = 'rabbit.pcd'
pcd = o3d.io.read_point_cloud(file_path)
pcd.paint_uniform_color([0.5, 0.5, 0.5])#指定显示为浅灰色
#采用欧拉角进行旋转
R = pcd.get_rotation_matrix_from_xyz((0, np.pi/2, 0))#绕 y 轴旋转 90°
#旋转矩阵
R = np.array([[0, 0, 1], [0, 1, 0], [-1, 0, 0]])
# 仿射变换
T = np.array([[1, 0, 0, 20], [0, 1, 1, 20], [0, 0, 1, 0], [0, 0, 0, 1]])
pcd1 = deepcopy(pcd)
pcd1.transform(T)
pcd1.paint_uniform_color([0, 0, 1])#指定显示为浅灰色
# 旋转矩阵 R+x 方向平移 20 个单位
T = np.array([[0, 0, 1, 20], [0, 1, 0, 0], [-1, 0, 0, 0], [0, 0, 0, 1]]) #旋转矩阵 R+
x 方向平移 20 个单位
pcd2 = deepcopy(pcd)
pcd2.transform(T)
pcd2.paint_uniform_color([0, 1, 0])#指定显示为深灰色
# y 方向平移 40 个单位，并且缩小 3 倍
```

```
T = np.array([[1, 0, 0, 0], [0, 1, 0, 40], [0, 0, 1, 0], [0, 0, 0, 3]]) #y方向平移40个单位,并且缩小3倍
pcd3 = deepcopy(pcd)
pcd3.transform(T)
pcd3.paint_uniform_color([1, 0, 0]) #指定显示为黑色
```

图 5-5　仿射变换效果图

图 5-5 浅灰色为原图,浅灰色为常规仿射变换,深灰色为旋转平移变换,黑色为点云缩放结果。

5.5　点云缩放

点云缩放是指尺度按比例缩放一定的倍数,点云数量保持不变。点云缩放的方法主要有 numpy 数组法、Open3d 缩放函数、Open3d 投影变换函数。

numpy 数组法通过将点云数组乘以一个缩放因子来改变大小,同时通过加法运算实现质心平移。示例如下。

```
points = points/2.0 #缩小到原来的一半
points[:, 0] = points[:, 0] + 20 #质心平移 x = 20
```

Open3d 的缩放函数为 scale,包含两个参数。第一个参数是缩放比例,即放大倍数。第二个参数是缩放后点云质心坐标,相当于对点云整体进行了平移。示例如下。

```
pcd.scale(2.0, (40, 0, 0)) #点云放大两倍,质心平移至(-40, 0, 0)
```

我们在点云仿射变换中介绍过 Open3d 投影变换矩阵,矩阵包含平移参数和缩放参数,同样也可以达到点云缩放的效果。

以上三种方法整体对比程序如下,显示结果如图 5-6 所示。

```
file_path = 'rabbit.pcd'
pcd = o3d.io.read_point_cloud(file_path)
pcd.paint_uniform_color([0.5, 0.5, 0.5])#指定显示为浅灰色
print('原始点云质心:', pcd.get_center())
# 采用numpy计算
points = np.array(pcd.points)
points = points/2.0#缩小到原来的一半
points[:, 0] = points[:, 0]+20#质心平移到x=20处
pcd1 = o3d.geometry.PointCloud()
pcd1.points = o3d.utility.Vector3dVector(points)
pcd1.paint_uniform_color([0, 0, 1])#指定显示为深灰色
print('数组平移后点云质心:', pcd1.get_center())
# 采用scale函数
pcd2 = deepcopy(pcd)
pcd2.scale(2.0, (40, 0, 0))#点云放大两倍,质心平移至(-40, 0, 0)
pcd2.paint_uniform_color([0, 1, 0])#指定显示为绿色
print('scale缩放后点云质心:', pcd2.get_center())
# 采用仿射变换
T = np.array([[1, 0, 0, 0], [0, 1, 0, 80], [0, 0, 1, 0], [0, 0, 0, 3]])#点云缩小到1/3,
质心平移到(0, 80, 0)
pcd3 = deepcopy(pcd)
pcd3.transform(T)
pcd3.paint_uniform_color([1, 0, 0])#指定显示为最深色
print('仿射变换缩放后点云质心:', pcd3.get_center())
```

图 5-6 点云缩放效果图

图 5-6 灰色为原图,深灰色为数组缩放结果,绿色为 scale 缩放结果,最深色为投影变换缩放结果。

5.6 基于法向量的旋转

在点云处理过程中,我们有时需要根据法向量把点云旋转到指定方向。例如,我们需要把激光雷达点云的地面旋转到与 xoy 平面平行。本节将详细介绍其中原理和 *Python* 程序。

在平面投影一节,我们简单验证了(A, B, C)是平面 $Ax+By+Cz+D=0$ 的法向量。假设向量 $\boldsymbol{n}_0$ 是原始法向量,$\boldsymbol{n}_1$ 是目标向量方向。我们的目标是将 $\boldsymbol{n}_0$ 旋转到 $\boldsymbol{n}_1$ 方向。$\boldsymbol{n}_0$ 的坐标为(x_0, y_0, z_0),$\boldsymbol{n}_1$ 的坐标为(x_1, y_1, z_1),原点坐标为 $O(0, 0, 0)$。这三个坐标构成一个平面,并且旋转轴垂直于该平面,且经过坐标原点,即该平面的法向量。通过这三个点计算出平面方程如下:

$$\frac{z_1 y_0 - z_0 y_1}{x_0 y_1 - x_1 y_0} x - \frac{z_1 x_0 - z_0 x_1}{x_0 y_1 - x_1 y_0} y + z = 0 \tag{5.17}$$

即:

$$(z_1 y_0 - z_0 y_1)x - (z_1 x_0 - z_0 x_1)y + (x_0 y_1 - x_1 y_0)z = 0 \tag{5.18}$$

则该平面的一个法向量如下,也就是旋转轴的向量。

$$(z_1 y_0 - z_0 y_1, z_1 x_0 - z_0 x_1, x_0 y_1 - x_1 y_0) \tag{5.19}$$

向量 $\boldsymbol{n}_0$ 到向量 $\boldsymbol{n}_1$ 的旋转角度 theta 为这两个向量之间的夹角,即:

$$\theta = -\frac{\boldsymbol{n}_0 * \boldsymbol{n}_1}{|\boldsymbol{n}_0||\boldsymbol{n}_1|} \tag{5.20}$$

前面已对点云旋转变换进行了详细介绍,如欧拉角、轴角(旋转向量)、旋转矩阵、四元数等旋转方式。显然,这里可以采用轴角的方式进行旋转,其中旋转轴向量的模长为旋转角度大小。根据上述公式中的转轴向量(5.19)和旋转角度(5.20)即可得到 Open3d 中所需要的轴向量,计算公式如下:

$$\boldsymbol{r}_{o3d} = \frac{\boldsymbol{r}}{|\boldsymbol{r}|}\theta \tag{5.21}$$

上述点云旋转对应处理程序如下,显示结果如图 5-7 所示。

```
def pcd_rotate_normal(pointcloud, n0, n1):
    """
    Parameters
    ----------
    pointcloud : Open3d PointCloud, 输入点云
    n0 : array, 1x3, 原始法向量
    n1 : array, 1x3, 目标法向量
    Returns
    ----------
    pcd : Open3d PointCloud, 旋转后点云
```

```
    """
    pcd = deepcopy(pointcloud)
    n0_norm2 = np.sqrt(sum(n0 * * 2))
    n1_norm2 = np.sqrt(sum(n1 * * 2))
    theta = np.arccos(sum(n0 * n1) / n0_norm2 / n1_norm2)
    r_axis = np.array([n1[2] * n0[1] - n0[2] * n1[1], n0[2] * n1[0] - n1[2] * n0[0],
n0[0] * n1[1] - n1[0] * n0[1]])
    r_axis = r_axis * theta / np.sqrt(sum(r_axis * * 2))
    pcd = o3d.geometry.PointCloud()
    pcd.points = o3d.utility.Vector3dVector(p)
    R = pcd.get_rotation_matrix_from_axis_angle(r_axis.T)
    pcd.rotate(R)
    return pcd
```

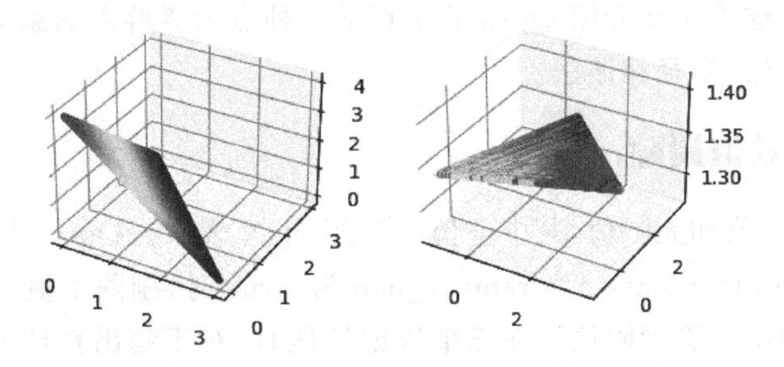

图 5-7 基于法向量的点云旋转效果图

5.7 程序资料

相关程序下载地址为 https://pan.baidu.com/s/1pd5AgYnKhY9gtnYk6UE5UA? pwd=1234”,对应 ch5 文件夹下内容。

(1) 01_Open3d_translate.py:5.1 节点云平移变换示例程序。

(2) 02_Open3d_rotate.py:5.2.2 节点云旋转变换示例程序。

(3) 03_plane_project.py:5.3 节点云平面投影示例程序。

(4) 04_Open3d_transform.py:5.4 节点云仿射变换示例程序。

(5) 05_pcd_scale.py:5.5 节点云缩放示例程序。

(6) 06_normal_rotate.py:5.6 节基于法向量的点云旋转示例程序。

第6章　点云预处理算法

6.1　离群点过滤

离群点一般是指偏离大部分数据的点,可能是由于随机误差造成的异常点,也可能来源于采集数据自身的偏离。离群点剔除的方法有很多种,例如基于统计、邻近度、密度、方差等方法。这里主要介绍 Open3d 实现的三种点云离群点的剔除方法,分别是无效值剔除、统计方法、半径滤波法。

6.1.1　无效值剔除

无效值包括空值和无限值,其中空值一般用 NaN 表示。Open3d 对应的剔除函数为 remove_non_finite_points。当 remove_nan 为 True 时,剔除空值。当 remove_infinite 为 True 时表示去除无限值。在三维数据处理时,对于超出预期范围内的点,预处理则有可能人为将其设置为空值和无限值。例如,SUN RGB-D 数据集的预处理方法就采用这种处理方法,对超出范围的数据标记为 NaN。Numpy 和 Pandas 两个 Python 包均有专门处理 NaN 的函数方法。

Open3d 点云无效值剔除函数如下。

```
remove_non_finite_points(self, remove_nan = True, remove_infinite = True)
```

6.1.2　统计方式剔除

Open3d 基于统计方式剔除点云离群点的函数是 remove_statistical_outlier。该函数含有三个参数,第一个参数 nb_neighbors 是目标点的相邻点个数,std_ratio 表示标准差。该离群点剔除方法是指在一个点周围选择若干个点,计算它们距离的统计参数。如果某个点偏离平均值超过 stdio_ratio 倍的方差则认为是离群点,并进行删除。std_ratio 实际上是指偏离标准差的倍数。因此,这种方法也称为邻域滤波,其中第三个参数 print_progress 为 True 时可以显示处理进度。

Open3d 点云统计方式剔除函数如下。

```
remove_statistical_outlier(nb_neighbors,std_ratio,print_progress = False)
nb_neighbors ( int ) -- 目标点周围的邻居数。
std_ratio ( float ) -- 标准偏差比率。
```

print_progress (bool , optional , default = False)——设置为 True 以打印进度条。

6.1.3 半径滤波方式剔除

半径滤波离群点剔除是指在目标点周围指定半径内统计点的数量,如果点的数量小于某一阈值则认为目标点是离群点并进行删除。因此,半径滤波剔除离群点方法的两个主要参数是半径和点云数量阈值。Open3d 中对应的程序如下。

remove_radius_outlier(nb_points, radius)

删除给定半径的给定球体中小于 nb_points 的点的函数

nb_points (int)--半径内的点数。

radius (float)--球体的半径。

print_progress (bool , optional , default = False)——设置为 True 以打印进度条。

除了上述方法之外,离群点还可以根据法向量的差异进行判别并加以剔除。上述三种方法的效果图如图 6 - 1 所示,浅白色图(1)为原始点云,浅灰色图(2)为 Open3d 无效值剔除后结果,深灰色图(3)为统计方法剔除结果,深黑色图(4)为半径滤波方法剔除结果。

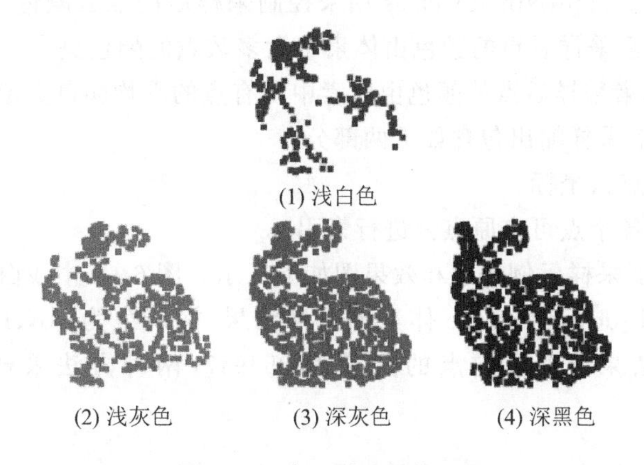

图 6 - 1 点云剔除提效果图

6.2 点云下采样

点云下采样是对点云以一定的采样规则重新进行采样,目的是在保证点云整体几何特征不变的情况下,降低点云的密度,进而能够降低相关处理的数据量和算法复杂度,同时减轻内存或显存负担。

6.2.1 体素下采样

体素将三维空间划分成一个个小的立体网格,相关介绍请参考前面 4.1 节。体素下采样将落在每个体素的所有点用一个点来表示。这个点的坐标取值的最直接计算方法是求解体素中所有点坐标的平均值，这个点也就是体素的质心。

Open3d 体素下采样函数为 voxel_down_sample，其参数为体素的尺寸大小。体素尺寸越大，则下采样的倍数越大，点云也会变得更加稀疏，例如 voxel_down_sample（voxel_size＝0.1）。

除了 voxel_down_sample 之外，Open3d 的 voxel_down_sample_and_trace 也采用相同的体素下采样方法。但函数的输入输出有一定差别。voxel_down_sample_and_trace 输入除了 voxel_size 体素尺寸外，还包括 min_bound、max_bound 和 approximate_class 等参数。

由于点云并不是充满整个三维空间，因而 voxel_down_sample_and_trace 用 min_bound 和 max_bound 来限制需要下采样的点云范围。min_bound 和 max_bound 分别对应点云范围的下边界和上边界，即可以用 min_bound 和 max_bound 指定点云需要下采样的部分，从而实现对局部进行下采样。get min bound()和 get max bound()函数可获取整个点云的上下边界。

Open3d 的 pcd 格式数据可以为点云中每个点分配特定颜色，从而为点云属于不同部分赋予不同颜色。approximate_class 用来控制采样后的点云颜色，当 approximate_class＝True 时，体素采样后点的颜色由体素中大多数点的颜色决定。当 approximate_class＝False 时，体素采样后点的颜色由体素中所有点的平均颜色决定。

Open3d 体素下采样输出包含如下两部分：

(1) 下采样后点云坐标。

(2) 下采样后各个点可在原点云进行索引。

Open3d 体素下采样示例程序和效果图如下所示。图 6－2 中浅白色图片为原始点云，浅灰色为 voxel_down_sample 体素下采样结果，深灰色为 voxel_down_sample_and_trace 下采样结果。采样前点的数量为 35 947，两种方法采样后点的数量均为 795。

```
    file_path = 'rabbit.pcd'
    pcd = o3d.io.read_point_cloud(file_path)
    pcd.paint_uniform_color([0.5, 0.5, 0.5])#指定显示为浅白色
    pcd1 = deepcopy(pcd)
    pcd1.paint_uniform_color([0, 0, 1])#指定显示为浅灰色
    pcd1.translate((20, 0, 0)) #整体进行 x 轴方向平移
    pcd1 = pcd1.voxel_down_sample(voxel_size = 1)
    pcd2 = deepcopy(pcd)
    pcd2.paint_uniform_color([0, 1, 0])#指定显示为深灰色
    pcd2.translate((0, 20, 0)) #整体进行 y 轴方向平移
    res = pcd2.voxel_down_sample_and_trace(1, min_bound = pcd2.get_min_bound() - 0.5, max_
bound = pcd2.get_max_bound() + 0.5, approximate_class = True)
    pcd2 = res[0]
```

图6-2 体素下采样效果图

6.2.2 随机下采样

随机下采样是指在原始点云中随机采集一定数量的点，这种方法最终得到点云中点的数量也是固定的。Open3d 的随机采样函数为 random_down_sample，其参数是采样后点云数量相对于原始点云数量的比例。例如，pcd.random_down_sample(0.1)表示随机采样 10%的点。

除 Open3d 的方法外，我们也可以自定义随机采样方式，这样会更加灵活，方法如下所示。

```
points = np.array(pcd.points)
n = np.random.choice(len(points), 500, replace = False) #s 随机采 500 个数据
pcd.points = o3d.utility.Vector3dVector(points[n])
```

6.2.3 均匀下采样

均匀采样是指每隔一定数量固定的点数采样一次。样本采样按点的顺序执行，始终选择从第一个点开始，而不是随机选择。显然，点存储的顺序不同，得到的结果也会不一样。从这个角度来看，这种方法比较适合有序点云的降采样，并且适合均匀采集到的点云。如果点云本身不均匀，那么以固定点数采样很有可能造成某一部分的点云没被采到样。相比于体素下采样的方法，点云均匀采样后的点数也是固定可控的。

Open3d 均匀采样函数为 uniform_down_sample，其参数为每隔多少个点采样一次。例如，pcd.uniform_down_sample(100)表示每隔 100 个点采样一次。

点云随机和均匀下采样的示例程序和效果图如下所示。图 6-3 中浅白色图片为原始点云，浅灰色为 Open3d 均匀下采样的结果，深灰色为 Open3d 随机下采样结果，深

黑色为自定义随机下采样结果。采样前点的数量为 35 947,三种方法采样后点的数量分别为 360、3 594、500。

```
file_path = 'rabbit.pcd'
pcd = o3d.io.read_point_cloud(file_path)
pcd.paint_uniform_color([0.5, 0.5, 0.5])#指定显示为浅白色
print(pcd)
pcd1 = deepcopy(pcd)
pcd1.paint_uniform_color([0, 0, 1])#指定显示为浅灰色
pcd1.translate((20, 0, 0)) #整体进行 x 轴方向平移
pcd1 = pcd1.uniform_down_sample(100)#每 100 个点采样一次
print(pcd1)
pcd2 = deepcopy(pcd)
pcd2.paint_uniform_color([0, 1, 0])#指定显示为深灰色
pcd2.translate((0, 20, 0)) #整体进行 y 轴方向平移
pcd2 = pcd2.random_down_sample(0.1)#1/10 的点云
print(pcd2)
#自定义随机采样
pcd3 = deepcopy(pcd)
pcd3.translate((-20, 0, 0)) #整体进行 x 轴方向平移
points = np.array(pcd3.points)
n = np.random.choice(len(points), 500, replace=False) #s 随机采 500 个数据
pcd3.points = o3d.utility.Vector3dVector(points[n])
pcd3.paint_uniform_color([1, 0, 0])#指定显示为深黑色
print(pcd3)
```

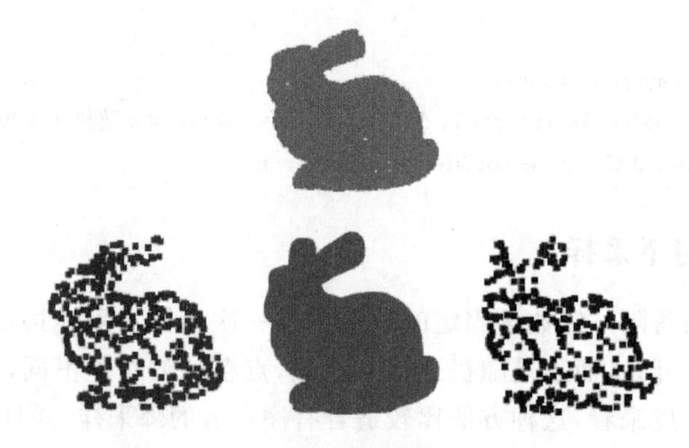

图 6-3　随机采样和均匀采样效果图

6.2.4　最远点采样

点云最远点采样 FPS(Farthest Point Sampling)方法的优势是尽可能多的覆盖全部点云以保留完整的点云轮廓,但是这种方法需要多次计算点与点之间的距离,因而属

于复杂度较高、耗时较多的采样方法。在深度学习三维算法中,最远点采样是较常见的采样方式。

最远点采样的步骤为:

(1) 选择一个初始点:可以随机选择,也可按照一定的规则来选取。如果随机选取初始点,那么每次得到的结果都是不一样的,反之每次得到的结果就是一致的。

(2) 计算所有点与(1)中点的距离,选择距离最大的值作为新的初始点。

(3) 重复前两步过程,直到选择的点数量满足要求。

由于(2)中每次选择的距离都是最大的,所以迭代过程中距离最大值会逐渐减少。这也是下面程序中 mask 选取的依据。如果去掉这个限制,那么点会被来回重复选到。最远点采样的示例程序如下,来源网站为 https://github.com/yanx27/Pointnet_Pointnet2_pytorch。显示结果如图 6-4 所示。

```
import numpy as np
def farthest_point_sample(point, npoint):
    """
    Input:
        xyz: pointcloud data, [N, D]
        npoint: number of samples
    Return:
        centroids: sampled pointcloud index, [npoint, D]
    """
    N, D = point.shape
    xyz = point[:,:3]
    centroids = np.zeros((npoint,))
    distance = np.ones((N,)) * 1e10
    farthest = np.random.randint(0, N)
    for i in range(npoint):
        centroids[i] = farthest
        centroid = xyz[farthest, :]
        dist = np.sum((xyz - centroid) ** 2, -1)
        mask = dist < distance
        distance[mask] = dist[mask]
        farthest = np.argmax(distance, -1)
    point = point[centroids.astype(np.int32)]
    return point
```

图 6-4 中浅白色为原始点云,浅灰色为最远点采样后点云,前者点数为 35 947,采样后点数为 500。

上述最远点采样通过计算点与点之间坐标的距离来进行取样,因而可称为距离最远点采样 D-FPS。特征最远点采样 F-FPS 则是指计算点的特征之间距离。假设每个点的坐标为 xyz 3 个维度,输入特征为 M 个维度。计算特征最远点采样距离时经常

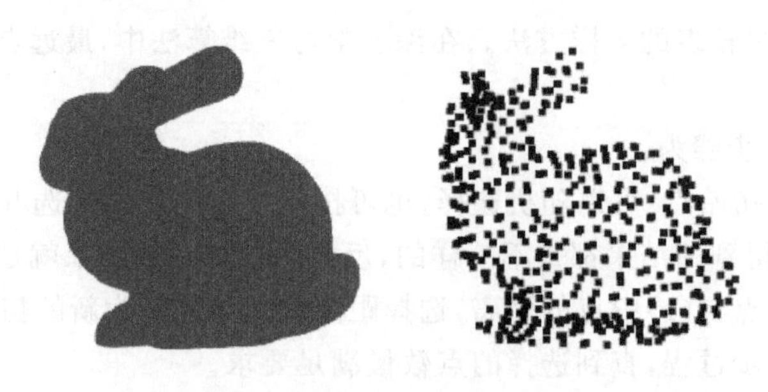

图 6-4 最远点采样效果图

会将 xyz 坐标与特征进行拼接作为新的特征$(3+M)$,然后计算特征之间的距离,以进行最远点采样。

6.3 坐标上采样

点云坐标上采样是相对下一节特征上采样而言的。一般点云上采样指的是坐标上采样,与前文点云下采样是一个相反概念。点云上采样是为了使其更加密集,从而凸显出更多细节信息。我们很容易联想到插值等方法来实现点云上采样,即采用周围点云坐标插值出新的点云位置。scipy 等 Python 库均提供数据插值方法。需要注意的是,点云插值属于二维插值而不是三维插值。这是由于插值算法需要把其中一个坐标维度当作函数值进行处理。另一种点云上采样方式包括表面重建和采样,即对物体表面进行重建后在面上选取所需要的点。

点云表面重建方法会在后续章节进行详细介绍。这里使用 Open3d 的重建函数 create_from_point_cloud_alpha_shape,其关键参数为 alpha。alpha 是该方法在搜索外轮廓时的半径大小。alpha 值越小,网格的细节就越多,分辨率越高。

```
mesh = o3d.geometry.TriangleMesh.create_from_point_cloud_alpha_shape(pcd, alpha = 2)
```

Open3d 表面采样方式包括均匀采样和泊松圆盘采样,函数分别为 sample_points_uniformly 和 sample_points_poisson_disk。均匀采样函数的参数为采用后总点数 number_of_points,即采样完成后点云的总点数为 number_of_points。

```
pcd = mesh.sample_points_uniformly(number_of_points = 3000)
```

泊松圆盘采样函数主要在于删除点云中不符合均匀分布的点使其达到预定的采样点数。该函数支持三角面片 mesh 和点云两种输入方式。当输入为 mesh 时,函数参数为初始化因子 init_factor 和采用后总点数 number_of_points。它首先通过均匀采样采集 init_factor * number_of_points 个点,然后剔除不符合均匀分布的点,并使最终输出点数为 number_of_points。当输入为点云时,其参数仅包括 number_of_points,直接通过剔除不符合均匀分布的点使最终输出点数为 number_of_points。因此,这种方法也可以用于点云下采样。

```
#输入为 mesh
pcd = mesh.sample_points_poisson_disk(number_of_points = 3000, init_factor = 5)
pcd = mesh.sample_points_uniformly(number_of_points = 2500)
#输入为点云
pcd = mesh.sample_points_poisson_disk(number_of_points = 500, pcl = pcd)
```

点云上采样示例程序及效果图如下所示。图6-5中浅白色部分为原始点云,浅灰色部分为下采样后点云,深灰色部分是对浅灰色部分进行上采样后的点云。

```
importOpen3d as o3d
from copy import deepcopy
if __name__ =='__main__':
    file_path = 'rabbit.pcd'
    pcd = o3d.io.read_point_cloud(file_path)
    pcd.paint_uniform_color([0.5, 0.5, 0.5])#指定显示为浅白色
    print(pcd)
    pcd1 = deepcopy(pcd)
    pcd1.paint_uniform_color([0, 0, 1])#指定显示为浅灰色
    pcd1.translate((20, 0, 0)) #整体进行 x 轴方向平移
    pcd1 = pcd1.voxel_down_sample(voxel_size = 1)
    print(pcd1)
    mesh = o3d.geometry.TriangleMesh.create_from_point_cloud_alpha_shape(pcd1,
alpha = 2)
    pcd2 = mesh.sample_points_poisson_disk(number_of_points = 3000, init_factor = 5)
    pcd2.paint_uniform_color([0, 1, 0])#指定显示为深灰色
    pcd2.translate((-40, 0, 0)) #整体进行 x 轴方向平移
    print(pcd2)
    o3d.visualization.draw_geometries([pcd, pcd1, pcd2], #点云列表
                                      window_name = "点云上采样",
                                      point_show_normal = False,
                                      width = 800,  # 窗口宽度
                                      height = 600)  # 窗口高度
```

图6-5 点云上采样效果图

6.4 特征上采样

点云特征进行上采样增加的不是点的数量，而是点的特征维度。该方法来源于PointNet++模型的特征上采样层(Point Feature Upsample，FP)。

PointNet ++特征上采样是通过插值来实现的，并且插值依赖于前后两层特征。假设前一层点数 $N=64$ 且特征维度为128，后一层点数 $S=16$ 且特征维度为256，那么插值的任务是将前一层点的特征插值成256。主要步骤如下：

(1) 以前一层64个点为待插值点，后一层16个点为参考点，分别计算这64个待插值点与16个参考点的距离，得到64×16维度距离矩阵。

(2) 分别在64个待插值点中选择 $k=3$ 个最接近的参考点，这 k 个点特征的加权平均值作为待插值点的新特征。每个待插值点都会得到一个新的特征，新的特征来自于后一层点特征的加权平均。加权系数等于各个点的距离倒数除以3个点的距离倒数之和。距离越近，加权系数越大。FP插值的效果直观描述为：使得前一层的点能够获得类似后一层的特征。

特征上采样示例程序如下，来源网站为 https://github.com/yanx27/Pointnet_Pointnet2_pytorch。其中，B 表示Batch数量，对于单个数据 $B=1$，设置为大于1的值时可以进行批量操作。N 和 S 分别对应前一层和后一层的点数，D_1 和 D_2 为对应的特征维度。从程序可以看到，插值前后的特征维度通常会进行拼接，即维度为 D_1+D_2。为了使特征维度保持为 D_2，相应方法是增加一个输入、输出通道为 (D_1+D_2, D_2) 的卷积操作即可。

```
def point_feature_upsample(self, xyz1, xyz2, points1, points2):
    """
    Input:
        xyz1: input points position data, [B, 3, N]
        xyz2: sampled input points position data, [B, 3, S]
        points1: input points data, [B, D1, N]
        points2: input points data, [B, D2, S]
    Return:
        new_points: upsampled points data, [B, D1 + D2, N]
    """
    xyz1 = xyz1.permute(0, 2, 1)
    xyz2 = xyz2.permute(0, 2, 1)
    points2 = points2.permute(0, 2, 1)
    B, N, C = xyz1.shape
    _, S, _ = xyz2.shape
    if S == 1:
        interpolated_points = points2.repeat(1, N, 1)
```

```
        else:
            dists = square_distance(xyz1, xyz2)
            dists, idx = dists.sort(dim = -1)
            dists, idx = dists[:, :, :3], idx[:, :, :3]  # [B, N, 3]

            dist_recip = 1.0 / (dists + 1e-8)
            norm = torch.sum(dist_recip, dim = 2, keepdim = True)
            weight = dist_recip / norm
            interpolated_points = torch.sum(index_points(points2, idx) * weight.view(B,
N, 3, 1), dim = 2)
        if points1 is not None:
            points1 = points1.permute(0, 2, 1)
            new_points = torch.cat([points1, interpolated_points], dim = -1)
        else:
            new_points = interpolated_points
        new_points = new_points.permute(0, 2, 1)
        return new_points

    def square_distance(src, dst):
        """
        Calculate Euclid distance between each two points.
        src^T * dst = xn * xm + yn * ym + zn * zm;
        sum(src^2, dim = -1) = xn * xn + yn * yn + zn * zn;
        sum(dst^2, dim = -1) = xm * xm + ym * ym + zm * zm;
        dist = (xn - xm)^2 + (yn - ym)^2 + (zn - zm)^2
             = sum(src ** 2,dim = -1) + sum(dst ** 2,dim = -1) - 2 * src^T * dst
        Input:
            src: source points, [B, N, C]
            dst: target points, [B, M, C]
        Output:
            dist: per-point square distance, [B, N, M]
        """
        B, N, _ = src.shape
        _, M, _ = dst.shape
        dist = -2 * torch.matmul(src, dst.permute(0, 2, 1))
        dist += torch.sum(src ** 2, -1).view(B, N, 1)
        dist += torch.sum(dst ** 2, -1).view(B, 1, M)
        return dist
    def index_points(points, idx):
        """
        Input:
            points: input points data, [B, N, C]
            idx: sample index data, [B, S]
```

```
        Return:
            new_points:, indexed points data, [B, S, C]
        """
        device = points.device
        B = points.shape[0]
        view_shape = list(idx.shape)
        view_shape[1:] = [1] * (len(view_shape) - 1)
        repeat_shape = list(idx.shape)
        repeat_shape[0] = 1
        batch_indices = torch.arange(B, dtype = torch.long).to(device).view(view_shape).
repeat(repeat_shape)
        new_points = points[batch_indices, idx, :]
        return new_points
```

6.5 程序资料

相关程序下载地址为 https://pan.baidu.com/s/1pd5AgYnKhY9gtnYk6UE5UA? pwd=1234",对应 ch6 文件夹下内容。

（1）01_remove_outlier.py:6.1 节离群点过滤示例程序。

（2）02_o3d_voxel_down_sample.py:6.2.1 节体素下采样示例程序。

（3）03_o3d_ranuni_down_sample.py:6.2.2 和 6.2.3 随机和均匀下采样示例程序。

（4）04_fps_down_sample.py:6.2.4 节最远点采样示例程序。

（5）05_coor_up_sample.py:6.3 节坐标上采样示例程序。

（6）06_feature_up_sample.py:6.4 节特征上采样示例程序。

第7章　点云机器学习常见算法

本章将介绍点云配准、拼接、聚类和表面重建等常用的点云机器学习算法，诸如树搜索、求解凸包等其他算法可查看PCL或Open3d官方介绍文档。

7.1　ICP点云配准方法

点云配准是为了建立两个或多个点云之间的对应关系，广泛应用于机器人感知、自动驾驶、三维重建等领域。点云配准分为粗配准和精配准两个阶段。

点云粗配准是指在大量点云数据中，通过一些初始参数估计方法来快速计算出两个点云之间的初步对应关系，并将其进行初步配准，从而达到一个比较接近的结果，为后续精配准提供基础。常用的点云粗配准算法有基于特征的匹配算法、基于几何约束的匹配算法和基于深度学习的匹配算法等。

点云精配准是指在点云粗配准的基础上，通过迭代计算来不断优化两个点云之间的配准结果，达到更高精度。常用的点云精配准算法包括ICP算法和NDT算法等。下面将重点介绍ICP算法。ICP算法具有简单易用、配准精度高等优点，但也存在对初始配准结果、噪声和离群点敏感等缺点。因此，实际应用时需要结合具体情况选择合适的点云配准算法来完成任务。

点云配准本质上是将点云从一个坐标系变换到另一个坐标系，因而点云配准需要用到两类点云数据。第一类点云数据称为原始点云，用S(source)来表示。第二类点云数据称为目标点云，用T(Target)来表示。点云配准使原始点云S在目标点云T的坐标上进行显示。我们可以找到点云中具有相似特征的部分来确定坐标的变换关系。例如，同一个物体的点云同时出现在原始点云和目标点云中，并且在两个点云中有特征相似部分，那么就可以根据这些相似点云信息计算出矩阵变换关系。

这里假设原始点云到目标点云发生的是刚体变换，即原始点云通过旋转和平移即可得到目标点云。旋转和平移过程用旋转变换矩阵R和平移变换矩阵T来表示。我们用P(S)表示原始点云中的点，P(T)表示原始点云在目标点云坐标系中的对应点。那么这种变换关系表示如下：

$$P(T)=R\cdot P(S)+T \tag{7.1}$$

因此，点云配准的主要任务是求解旋转矩阵R和平移矩阵T。

迭代最近点算法(Iterative Closest Point, ICP)求解RT矩阵步骤如下：

第一步：初始化R、T矩阵，根据R、T矩阵计算得到$P(T)$，即原始点云在目标点云坐标系下的坐标。

第二步：在目标点云中寻找与 P(T)最接近的点，并且距离小于规定的阈值，这个阈值可自定义。

第三步：计算第二步中匹配到的点的欧式距离误差，满足距离误差的点作为原始点的真实值，并且通过最小二乘法来优化 R、T 矩阵。

第四步：将第三步优化后的 R、T 矩阵带回第一步中，重新进行迭代，直到迭代满足要求后，得到最终优化的 R、T 矩阵。

ICP 方法可分为点到点(PointToPoint)和点到平面(PointToPlane)两类。

(1) PointToPoint：计算 $P(t)$ 和目标点云 T 的距离需采用点到点之间的距离形式。

(2) PointToPlane：计算 $P(t)$ 中点到目标点云 T 的点所在平面距离，通常需要用到目标点云的法向量。

PointToPoint 和 PointToPlane 两种计算方法的区别在于误差度量方式不同，PointToPoint 计算的是点到点之间的距离，而 PointToPlane 计算的是点到平面之间的距离。因此在处理点云中含有平面结构的情况下，PointToPlane 的效果可能会更好，因为它可以更好地适应平面结构，避免由于垂直于点云表面的方向导致不精确匹配的问题。同时，在计算精度要求不高的情况下，PointToPoint 比较快，计算效率较高。

然而，PointToPlane 也存在一些缺点，它需要计算点到平面的投影距离，涉及向量和矩阵计算，相对于 PointToPoint 方法计算复杂度更高。由于计算点到平面距离需要求法向量，因此对于非平面结构的点云，法向量的计算和估计可能会引入噪声，影响匹配精度。此外，在一些较为复杂的场景下，两种方法表现可能相似，PointToPoint 方法甚至表现更好。

PointToPoint 和 PointToPlane 两种方法都有各自的优缺点，选择哪种方法取决于应用场景和数据特征。对于大多数常规的配准问题，PointToPoint 是一个简单而有效的选择。如果点云数据具有平面结构，则 PointToPlane 方法可能更适合。在实际应用中，一般需要通过实验来确定选择哪种方法，以获得更好的匹配结果。

此外，除了 PointToPoint 和 PointToPlane 方法之外，还有一些其他误差度量方式，如 PointToLine，它也被广泛应用于 ICP 算法。PointToLine 方法将点到直线的距离作为误差度量方式，主要适用于点云中含有线段结构的情况，如可以提高匹配精度，但由于其计算复杂度更高，因此在实际应用中使用较少。

Open3d ICP 函数包括 o3d. pipelines. registration. TransformationEstimationPointToPoint 和 o3d. pipelines. registration. TransformationEstimationPointToPlane 两个函数。

Open3d 点到点 ICP 配准示例程序和效果图(图 7－1)如下所示。这里用 bun000. ply 作为原始点云，对应程序中的 source，结果显示深灰色部分点云；bun045. ply 作为目标点云，对应程序中的 target，结果显示浅灰色部分点云。程序中 icp_pcd 是 source 配准到 target 上的结果，对应结果显示深黑色部分的点云。

图 7-1 点云 ICP 配准效果

```
file_path = 'bun000.ply'
source = o3d.io.read_triangle_mesh(file_path)
points1 = np.array(source.vertices) #转为矩阵
file_path = 'bun045.ply'
target = o3d.io.read_triangle_mesh(file_path)
points2 = np.array(target.vertices) #转为矩阵

threshold = 0.2 #距离阈值
trans_init = np.array([[1.0, 0.0, 0.0, 0.0],
                       [0.0, 1.0, 0.0,  0.0],
                       [0.0, 0.0, 1.0, 0],
                       [0.0, 0.0, 0.0,  1.0]])
#计算两个重要指标,fitness 计算重叠区域(内点对应关系/目标点数),越高越好
#inlier_rmse 计算所有内在对应关系的均方根误差 RMSE,越低越好
source = o3d.geometry.PointCloud()
source.points = o3d.utility.Vector3dVector(points1)
target = o3d.geometry.PointCloud()
target.points = o3d.utility.Vector3dVector(points2)
print("Initial alignment")
icp = o3d.pipelines.registration.registration_icp(
        source, target, threshold, trans_init,
        o3d.pipelines.registration.TransformationEstimationPointToPoint())
print(icp)
icp_pcd = deepcopy(source)
icp_pcd.transform(icp.transformation)
print(icp.transformation)
source.paint_uniform_color([0, 1, 0])#指定显示为深灰色
target.paint_uniform_color([0, 0, 1])#指定显示为浅灰色
target.translate((0.2, 0, 0))#整体沿 X 轴平移
icp_pcd.paint_uniform_color([1, 0, 0])#指定显示为深黑色
icp_pcd.translate((0.4, 0, 0))#整体沿 X 轴平移
```

7.2 点云拼接

点云拼接将不同点云拼接到一起,从而获得一个更加完整的三维点云。在实际场景中,我们可能需要在不同视点进行数据采集,最后把采集的点云数据拼接到一起。由于视点不同,所采集到的多个点云的坐标系通常也是不一致的。

为了解决坐标系不一致的问题,我们可采用上一节所述的点云配准技术,或提前设定视点间的坐标关系。这里我们将上一节配准的点云文件直接拿来使用,两个文件分别是 bun001.ply 和 bun045.ply。

bun001 经过配准后可得到 icp_pcd 点云。配准前 bun001 和 bun045 点云的点数分别为 40 256 和 40 097。配准后 icp_pcd 点云数量与 bun001 保持一致。下面的拼接程序为最简单的拼接,即将配准后点云 icp_pcd 和 bun045 直接叠加,叠加后点数为 80 353。

显然,这种直接叠加的方法会导致点云数据量显著上升,因此我们可以使用一些下采样的方法,或者将距离相近的点合并为一个点。例如,上述拼接后的点云采用均匀采样,每隔两个点进行采样,则采样后拼接点云的点数为 40 177。

拼接程序示例与效果图如下所示。图 7-2 中绿色为 bun001 点云,蓝色为 bun045 点云,红色为拼接后点云,黄色为拼接后两倍均匀下采样后点云的 2 倍。

```
points1 = np.array(icp_pcd.points)
points3 = np.concatenate((points1, points2), axis = 0)
con_pcd = o3d.geometry.PointCloud()
con_pcd.points = o3d.utility.Vector3dVector(points3)
con_pcd1 = con_pcd.uniform_down_sample(2)
```

图 7-2 点云拼接效果图

7.3 点云分割

点云分割的目的是将点云中属于不同部分的点加以区分。在传统机器学习算法方面,最直接的点云分割方法是聚类。这些聚类方法并不是三维点云领域所独有的,而是将通用的聚类方法应用在点云上,进而实现对点云的分割。深度学习领域的分割算法则是从分类的角度来实现点云分割，即区分点云中各个点所属类别。本节主要介绍实现点云分割的传统机器学习算法，采用深度学习的点云分割方法将在后续深度学习章节进行介绍。

7.3.1 RANSAC 平面分割

RANSAC 是 Random Sample Consensus 的缩写，即随机抽样一致性。它是根据一组包含异常数据的样本数据集计算出数据的数学模型参数，并得到有效样本数据的算法。RANSAC 算法的基本理论基础是大数定律，即当采样数达到一定数量后采样的数据就会符合它自身原有的概率属性。这是一种通过概率来进行拟合的方式。

以 RANSAC 平面分割为例，由于不共线的三个点可以确定一个平面，因此 RANSAC 会随机选择至少三个点来构建一个平面，并用点云中实际有多少个点近似落到这个平面上（内点）来作为评估这个平面的正确程度。当随机抽样的次数足够多时，我们有较大概率获得所需要的平面。平面方程如下所示：

$$Ax + By + Cz + D = 0 \tag{7.2}$$

Open3dRANSAC 分割平面的函数为 segment_plane，主要参数有三个。distance_threshold 定义一个点到一个估计平面的最大距离，该距离范围内的点被认为是内点(inlier)。ransac_n 定义使用随机抽样估计一个平面的点的个数。num_iterations 则定义随机平面采样和验证的频率（迭代次数）。这个函数返回(A, B, C, D)作为一个平面，平面上每个点(x, y, z)满足上述平面方程。此外，该函数也会返回内点索引列表。例如，pcd.segment_plane(distance_threshold=0.1, ransac_n=10, num_iterations=1000)表示内点距离阈值为 0.1，估算平面的点数为 10，迭代次数为 1 000。

RANSAC 平面分割示例程序和效果图如下所示，图 7-3 中处于分割平面的点用蓝色表示，其他点用灰色表示。计算得到的平面方程为 $-0.01x + -0.52y + 0.85z + 0.03 = 0$。示例程序中点云文件来源于 Modelnet 40 数据集，地址为 https://modelnet.cs.princeton.edu/”。

```
file_path = 'chair_0001.txt'
points = np.loadtxt(file_path, delimiter=',')[:, :3]
pcd = o3d.geometry.PointCloud()
pcd.points = o3d.utility.Vector3dVector(points)
print(pcd)
# pcd = pcd.uniform_down_sample(50) # 每 50 个点采样一次
pcd.paint_uniform_color([0.5, 0.5, 0.5]) # 指定显示为灰色
print(pcd)
plane_model, inliers = pcd.segment_plane(distance_threshold=0.2, ransac_n=3, num_iterations=1000)
[A, B, C, D] = plane_model
print(f"Plane equation: {A:.2f}x + {B:.2f}y + {C:.2f}z + {D:.2f} = 0")
```

```
colors = np.array(pcd.colors)
colors[inliers] = [0, 0, 1]#平面内的点设置为蓝色
pcd.colors = o3d.utility.Vector3dVector(colors[:, :3])
```

图 7-3　RANSAC 平面分割效果图

7.3.2　DBSCAN 聚类

传统机器学习聚类的方法有很多种，并且大多数都能够应用在点云上。这是由于聚类方法一般是针对于通用样本，只是样本的维度有所不同。对于三维点云，其样本的维度为 3。这里主要介绍几种典型的方法及其实现方式，如 DBSCAN、KMeans 等聚类方法，其采用 Python Open3d 和 skit-learn 来实现。

DBSCAN 聚类是一种基于密度的聚类算法，大体思想是根据样本点的密度和连通性，将密度满足要求且密度可达的点设置为同一类。该方法比较适合不同类别之间有明显间隔的情况，这是因为间隔处点云的连通性和密度都会出现明显突变，从而形成类别界限。

Open3dDBSCAN 聚类方法的函数为 cluster_dbscan。第一个参数 eps 表示 DBSCAN 算法确定点密度时与邻近点的距离大小，即考虑 eps 距离范围内的点进行密度计算，或者说在这个范围内的点是密度可达的近邻点。min_points 表示组成一类最少需要多少个点。print_progress 用来显示运行的进度。labels 返回聚类成功的类别，－1 表示没有分到任何类的点，原始点云的每个点都会分别获得一个类别标签。

Open3d DBSCAN 示例程序和效果如下所示，图 7-4 中共有 43 种类别，并且黑色部分是未被聚类成功的点，主要原因是在 eps 距离范围内点数小于 min_points。由于示例点云没有明显的边界，因而 DBSCAN 聚类效果一般，甚至是完全失败。

```
file_path = 'rabbit.pcd'
pcd = o3d.io.read_point_cloud(file_path)
pcd.paint_uniform_color([0.5, 0.5, 0.5]) # 指定显示为灰色
print(pcd)
# labels 返回聚类成功的类别，-1 表示没有分到任何类中的点
labels = np.array(pcd.cluster_dbscan(eps = 0.5, min_points = 60, print_progress = True))
# 最大值加 1 相当于共有多少个类别
num_label = np.max(labels) + 1
print('类别数量:', max(labels) + 1)
# 生成 n 个类别的颜色,n 表示聚类别成功的类，-1 表示没有分类成功的类别
colors = np.random.randint(255, size = (max(num_label, 1), 3))/255.
colors = colors[labels]
# 没有分类成功的点设置为黑色
colors[labels < 0] = 0
pcd.colors = o3d.utility.Vector3dVector(colors[:, :3])
```

图 7-4　DBSCAN 点云聚类效果图

7.3.3　KMeans 聚类

KMeans 聚类方法是机器学习中最常见的聚类方法。其主要思想是确定 K 个分类中心，使得各个分类中的点到分类中心的距离总和最小。直观效果是将距离相近的点聚为同一类。Kmeans 聚类的总数需要提前设置，即假定 K 个类别，也就是聚类后的类别数量是确定的，而上节所介绍的 DBSCAN 聚类方法的类别数量是不确定的。

KMeans聚类第一步是随机选择 K 个点作为初始化的类别中心，并将每个点分配到最近的类别中心，形成 K 个点簇。重新计算每个簇的中心得到新的 K 个类别中心。重复迭代运行该过程进行中心坐标更新，直到中心点更新时距离变化小于阈值或者迭代次数达到上限。KMeans++在第一步进行了改进，在初始化过程中尽可能选择距离相隔较远的点作为初始化中心。Python skit-learn 包的KMeans默认采用的初始化方式为KMeans++。

Skit-learn 的 Kmeans 函数为 sklearn. cluster. KMeans，共有11个参数。这里仅介绍其中两个参数，其他采用默认值。n_clusters 定义类别数量。max_iter 定义最大迭代次数。

```
result = KMeans(n_clusters = 8,init = 'k - means + + ',n_init = 10,max_iter = 300,tol =
0.0001,
        precompute_distances = 'auto',verbose = 0,random_state = None,
        copy_x = True,n_jobs = 1,algorithm = 'auto').fit(points)
```

假设聚类返回的结果用 result 表示，可以用 result. __dict__查看其包含的结果数据种类。其中，n_iter_为算法实际迭代的次数，cluster_centers_为类别中心，labels_返回各个点的类别标签，从0开始。

点云KMeans聚类方法示例程序和效果如下所示，图7-5中不同颜色代表聚类类别。与上一节DBSCAN聚类效果相比，显然KMeans更适合这种没有明显边界的场景。

```
file_path = 'rabbit.pcd'
pcd = o3d.io.read_point_cloud(file_path)
pcd.paint_uniform_color([0.5, 0.5, 0.5])#指定显示为灰色
print(pcd)
points = np.array(pcd.points)
result = KMeans(n_clusters = 8).fit(points)
#各个类别中心
center = result.cluster_centers_
# labels返回聚类成功的类别，从0开始，每个数据表示一个类别
labels = result.labels_
#最大值相当于共有多少个类别
max_label = np.max(labels) + 1 #从0开始计算标签
print(max(labels))
#生成k个类别的颜色，k表示聚类成功的类别
colors = np.random.randint(255, size = (max_label, 3))/255.
colors = colors[labels]
pcd.colors = o3d.utility.Vector3dVector(colors[:, :3])
```

图7-5 KMeans聚类效果图

7.4 其他聚类算法

本节主要介绍OPTICS、Spectral Clustering(SC，即谱聚类)、Hierarchical Clustering(层次聚类)、Mean-shift(均值迁移)、BIRCH、Affinity Propagation等聚类算法在点云聚类上的应用效果。这些机器学习通用方法均可通过skit-learn包的函数来实现。

7.4.1 OPTICS

OPTICS是一种类似DBSCAN的聚类算法，其基于密度来进行聚类。skit-learn的OPTICS函数同样有多个参数。这里仅设置其中min_samples和max_eps，即类中最小的样本数和最大邻域距离。OPTICS聚类结果的类别数量也是未知的。

```
from sklearn.cluster import OPTICS
result = OPTICS(min_samples = 2, max_eps = 5).fit(points)
```

7.4.2 Spectral Clustering

Spectral Clustering(SC，即谱聚类)，是一种基于图论的聚类方法，它能够识别任意形状的样本空间且收敛于全局最优解。skit-learn对应函数类为SpectralClustering，其主要参数为分类的个数n_clusters。与Kmeans相同，其最终聚类的类别数量是固定的。

```
from sklearn.clustering import SpectralClustering
result = SpectralClustering(n_clusters = 8).fit(points)
```

7.4.3 Hierarchical Clustering

Hierarchical Clustering(层次聚类):按照某种方法进行层次分类,直到满足条件为止。skit-learn 对应函数类为 AgglomerativeClustering,其主要参数也为分类的个数 n_clusters,因而最终聚类的类别数量是固定的。

```
from sklearn.clustering import AgglomerativeClustering
result = AgglomerativeClustering(n_clusters = 8).fit(points)
```

7.4.4 Mean - shift

Mean - shift(均值迁移)的基本思想是在数据集中选定一个点,然后以这个点为圆心,r 为半径,画一个圆(二维下是圆),求出这个点到所有点向量的平均值,而圆心与向量均值的和为新的圆心,然后迭代此过程,直到满足结束条件。skit-learn 对应函数类为 MeanShift,其主要参数为 bandwidth,相当于半径 r。

```
from sklearn.clustering import MeanShift
result = MeanShift(bandwidth = 2).fit(points)
```

7.4.5 BIRCH

BIRCH 主要用于对大型数据集执行分层聚类。skit-learn 对应函数类为 Birch,,其主要参数之一为分类的个数 n_clusters,最终聚类的类别数量是固定的。

```
from sklearn.clustering import Birch
Birch = AgglomerativeClustering(n_clusters = 8).fit(points)
```

7.4.6 Affinity Propagation

AP(Affinity Propagation)通常被翻译为近邻传播算法或者亲和力传播算法。AP 算法的基本思想是将全部数据点都当作潜在的聚类中心(称之为 exemplar),数据点两两之间连线构成一个网络(相似度矩阵),再通过网络中各条边的消息(responsibility 和 availability)传递计算出各样本的聚类中心。skit-learn 对应函数类为 AffinityPropagation,主要参数为 preference,决定着聚类后的类别数量。该聚类方法的类别数量是不固定的。

```
from sklearn.clustering import AffinityPropagation
result = AffinityPropagation(preference = -10).fit(points)
```

以上各种聚类方法效果图如图 7 - 6 所示,图 7 - 6 中从左到右依次对应 Affinity Propagation、Spectral Clustering、原图、OPTICS、BIRCH,从上到下依次对应 Mean - shift、原图、Hierarchical Clustering。

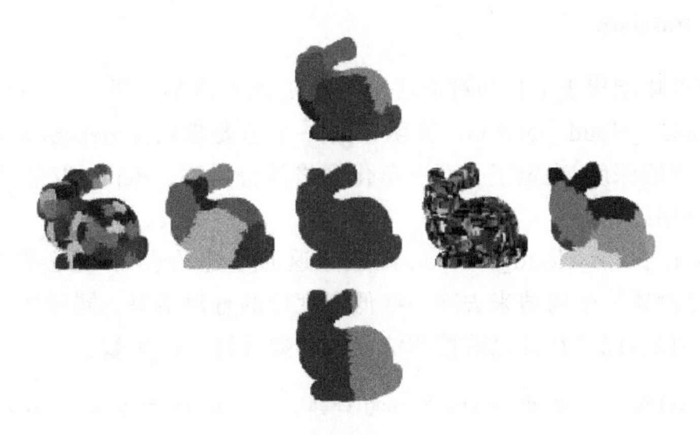

图 7-6 其他聚类方法效果图

7.5 表面重建

本节三维点云重建是指根据三维点云重建目标的表面或轮廓，即表面(mesh、face或三角面片)重建。三维点云是一系列离散的点，即空间中的点是不连续的。点云重建是使三维物体的表面都由一个个平面组成，即在表面处成为连续状态。我们可以通过表面重建来获取物体的三维立体模型。本节主要介绍 Open3d 中四个常用的三维重建函数。

7.5.1 Alpha shapes

Alpha shapes 是一种散点外轮廓的提取方法。Open3d 对应函数为 create_from_point_cloud_alpha_shape，其关键参数为 alpha。alpha 是该方法在搜索外轮廓时的半径大小。alpha 值越小，网格的细节越多，分辨率也越高。

```
mesh = o3d.geometry.TriangleMesh.create_from_point_cloud_alpha_shape(pcd, alpha = 2)
```

7.5.2 Ball pivoting

Ball pivoting 滚球算法的思路来源于 Alpha shapes，是从二维到三维的一种转换。Ball pivoting 也是一种用作点云三角化的常用方式。Open3d 对应函数为 create_from_point_cloud_ball_pivoting，其关键参数为 radii。radii 是滚球的半径，而且可以设置多个值，即可以用多个尺寸的滚球来进行三角面构建。该方法要求点云必须有法向量，或者在此之前使用法向量函数计算出法向量，否则无法进行表面重建。

```
mesh = o3d.geometry.TriangleMesh.create_from_point_cloud_ball_pivoting(pcd, o3d.utility.DoubleVector(radii))
```

7.5.3 Poisson

泊松曲面重建相比于上述两种方法会产生更加平滑的结果。Open3d 对应函数为 create_from_point_cloud_poisson。该函数的一个重要参数是 depth，它定义了用于曲面重建的八叉树的深度，决定了表面三角化网格的分辨率。depth 取值越大，网格的细节则越多，分辨率越高。

create_from_point_cloud_poisson 函数除返回重建的表面，还会返回各处重建后的点密度，通过设置一个阈值来去除一些低密度处的重建结果。同样地，该方法也要求点云必须有法向量，或者在此之前使用法向量函数计算出法向量。

```
mesh, densities = o3d.geometry.TriangleMesh.create_from_point_cloud_poisson(pcd,
depth=5)
vertices_to_remove = densities <np.quantile(densities, 0.25)
mesh.remove_vertices_by_mask(vertices_to_remove)
```

7.5.4 Voxel grid

该表面重建方法通过点云体素化来进行重建。Open3d 对应函数为 create_from_point_cloud，其关键参数为体素尺寸 voxel_size。尺寸越小，网格的细节则越多，分辨率越高。严格上来说，这只是一种下采样方法。

```
mesh = o3d.geometry.VoxelGrid.create_from_point_cloud(pcd, voxel_size=1)
```

表面重建会在目标轮廓上生成三角化平面网格(mesh)，因而上述函数表面重建之后会得到 TriangleMesh 格式的点云，而不再是 PointCloud 格式。具体原因可以参考本书关于 ply 格式的介绍。TriangleMesh 格式可以同时记录顶点(vertice)位置(点云坐标)和平面网格(face)。

以上各种方法示例程序和效果如图 7-7 所示。图 7-7 中灰色为原始点云数据，绿色为 alpha shape 方法表面重建效果，蓝色为滚球法表面重建结果，红色为泊松曲面重建结果，浅蓝色为体素化结果。

```
file_path = 'rabbit.pcd'
pcd = o3d.io.read_point_cloud(file_path)
pcd = pcd.uniform_down_sample(50)#每 50 个点采样一次
pcd.paint_uniform_color([0.5, 0.5, 0.5])#指定显示为灰色
print(pcd)
pcd1 = deepcopy(pcd)
pcd1.translate((20, 0, 0)) #整体进行 x 轴方向平移 20
mesh1 = o3d.geometry.TriangleMesh.create_from_point_cloud_alpha_shape(pcd1, alpha=2)
mesh1.paint_uniform_color([0, 1, 0])#指定显示为绿色
print(mesh1)
pcd2 = deepcopy(pcd)
```

```
pcd2.translate((-20, 0, 0)) #整体进行x轴方向平移-20
radius = 0.01 # 搜索半径
max_nn = 10  # 邻域内用于估算法线的最大点数
pcd2.estimate_normals(search_param = o3d.geometry.KDTreeSearchParamHybrid(radius, max_nn))
radii = [1, 2]#半径列表
mesh2 = o3d.geometry.TriangleMesh.create_from_point_cloud_ball_pivoting(pcd2, o3d.utility.DoubleVector(radii))
mesh2.paint_uniform_color([0, 0, 1])
pcd3 = deepcopy(pcd)
pcd3.translate((0, 20, 0)) #整体进行y轴方向平移20
pcd3.estimate_normals(search_param = o3d.geometry.KDTreeSearchParamHybrid(radius, max_nn))
mesh3, densities = o3d.geometry.TriangleMesh.create_from_point_cloud_poisson(pcd3, depth=9)
vertices_to_remove = densities <np.quantile(densities, 0.35)
mesh3.remove_vertices_by_mask(vertices_to_remove)
mesh3.paint_uniform_color([1, 0, 0])
pcd4 = deepcopy(pcd)
pcd4.translate((0, -20, 0)) #整体进行y轴方向平移-30
pcd4.paint_uniform_color([0, 1, 1])
mesh4 = o3d.geometry.VoxelGrid.create_from_point_cloud(pcd4, voxel_size=1)
```

图7-7 点云表面重建效果对比

7.6 程序资料

相关程序下载地址为https://pan.baidu.com/s/1pd5AgYnKhY9gtnYk6UE5UA?pwd=1234”,对应ch7文件夹下内容。

(1) 01_icp_registry.py:7.1节点云配准示例程序。

(2) 02_icp_concate.py:7.2节点云拼接示例程序。

(3) 03_ransac.py:7.3.1节RANSAC点云平面分割示例程序。

(4) 04_dbscan.py:7.3.2节DBSCAN点云聚类示例程序。

(5) 05_kmeans.py:7.3.3节KMeans点云聚类示例程序。

(6) 06_clusters.py:7.4节其他点云聚类示例程序。

(7) 07_surface_reconstruction.py:7.5节点云表面重建示例程序。

第 8 章 点云深度学习基础

8.1 感知机模型

8.1.1 感知机结构

感知机是一种简单的人工神经网络，常用于二元分类问题。它的基本思想是通过一条直线将输入空间划分为两个部分，并将不同部分分别标记为两个类别。感知机模型由输入层、输出层和一个隐藏层组成，输入层和输出层分别对应输入特征和预测结果。输入层的节点个数等于输入特征的维数，输出层的节点个数为 1。

隐藏层节点个数可以自定义，通常使用一个单层感知机就可解决线性可分问题，它包含一个输入层和一个输出层，且没有隐藏层。感知机使用输入数据的线性组合来对输入进行决策。它的工作原理如下：

(1) 感知机接收输入数据，然后对输入数据进行线性加权。

(2) 通过加权后的数据与阈值进行比较，得出分类预测结果。

(3) 更新权重参数使预测结果与实际结果差异达到最小。

对于二分类任务，感知机模型的输出通常是一个二元值，表示输入样本所属分类。感知机模型也可用于回归问题，其输出则可以是一个连续值。图 8-1 是一个简单的感知机模型结构。

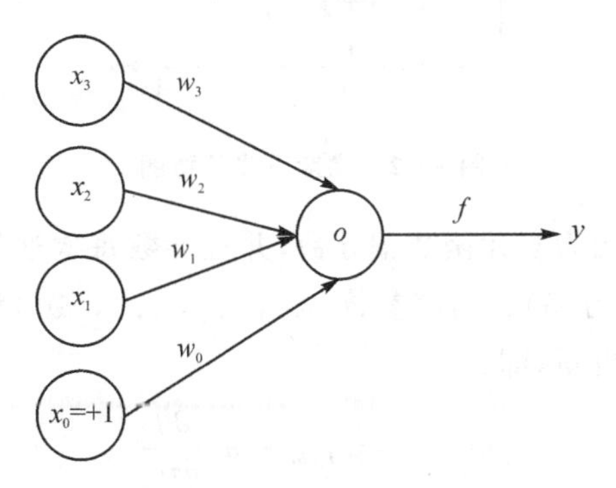

图 8-1 感知机结构

根据上述结构，我们可以得到：

$$y = f(o) = f(\sum_{i=1}^{n} w_i x_i + w_0) \tag{8.1}$$

o 表示输入经过线性加权之后的结果，w_0 表示偏移，w_i 表示权重大小。f 表示激活函数，根据不同目标任务进行选择，例如可以利用阶跃函数将取值转换为 0 和 1。当函数 f 不做任何变换时，模型基本上等效于线性拟合。激活函数另一个作用是将输入线性变换转换为非线性，从而可得到更加复杂的特征空间，且能够使用更深层网络。

感知机的优点在于它结构简单，容易实现和理解。但是，这种模型只能解决线性可分的分类问题，对于非线性可分的分类问题，其性能并不理想。因此，复杂的分类任务通常采用更复杂的神经网络模型，例如多层感知机或卷积神经网络。

8.1.2 梯度下降法

感知机结构需要进行迭代优化的参数包括权重系数和偏移。梯度下降法(Gradient Descent)是一种参数优化方法，常用于机器学习和深度学习算法。梯度下降法的基本思想是：对于一个多元函数，如果需要使其值达到最小，可以沿着该函数在当前点处的负梯度方向进行参数更新，直到函数值达到最小或误差满足条件。

上述感知机的参数优化问题转换成：假设有一个多元函数 $f(w_0, w_1, ..., w_n)$，那么找到其参数$(w_0, w_1, ..., w_n)$的最优值使得函数值最小。以 1 维情况为例，如图 8-2 所示，图中蓝色箭头表示梯度相反方向，即负梯度方向。无论初始值或中间值落在最优值 w_{op} 的哪一侧，按照负梯度方向来进行参数更新都将使参数值趋向于最优值。

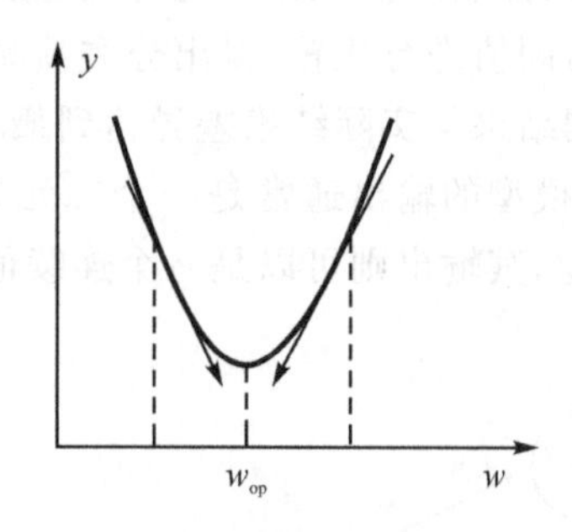

图 8-2 梯度下降示意图

各个参数的梯度方向为多元函数偏导数，并且参数每次迭代更新时需要设置迭代步长 α(即深度学习的学习率)。当前参数$(w_0, w_1, ..., w_n)$沿着该函数在当前点处的负梯度方向进行参数更新，即：

$$w_{i\_new} = w_{i\_old} - \alpha \frac{\partial f}{\partial w_i} \tag{8.2}$$

梯度下降法的基本步骤如下：

(1) 初始化参数$(w_0, w_1, ..., w_n)$，设置步长 α 和迭代次数 T。

(2) 在第 t 次迭代中，按照上述公式更新参数$(w_0, w_1, ..., w_n)$。

(3) 如果满足停止条件,则结束迭代。否则,继续进行下一次迭代。

使用梯度下降法优化参数时,常见的停止迭代条件有以下四种:

(1) 迭代次数达到预先设定的最大值,即当前迭代次数 t 超过预先设定的迭代次数 T 时,停止迭代。

(2) 参数收敛,即当前参数与上一次迭代的参数之差小于预先设定的阈值时,停止迭代。

(3) 函数值收敛,即当前函数值与上一次迭代的函数值之差小于预先设定的阈值时,停止迭代。

(4) 梯度收敛,即当前梯度的平方和小于预先设定的阈值时,停止迭代。

通常情况下,我们会同时使用多个停止条件,并设定不同的阈值,从而同时兼顾训练效率和训练精度。

梯度下降法有多种变体,如批量梯度下降(Batch Gradient Descent,BGD)、随机梯度下降(Stochastic Gradient Descent,SGD)和小批量梯度下降(Mini - batch Gradient Descent)等。这些变体的主要区别在于它们每次迭代时使用的样本数量不同。批量梯度下降的多元函数是由全部样本构成的,因此计算梯度时需要用到全部样本。随机梯度下降则是针对单个样本进行梯度与参数迭代更新。

假设训练样本总数为 N,批量梯度下降法每次迭代都会对 N 个样本进行计算,而随机梯度下降法计算 N 个样本需要迭代 N 次。小批量梯度下降是一种将批量梯度下降和随机梯度下降相结合的方法。它每次使用 m 个样本进行参数更新,其中 m 是批量大小。小批量梯度下降能够保证训练效率,又不会像随机梯度下降那样过于波动。因此,小批量梯度下降是深度学习中比较常用的优化方法。

8.2 卷积神经网络

卷积神经网络(Convolutional Neural Network,CNN)是一种深度学习模型结构,常用于数据分类、分割、识别和定位等任务。该网络主要结构包括卷积层、池化层、全连接层、激活函数、批归一化和损失函数,其基本结构如图 8 - 3 所示。

8.2.1 卷积层

卷积层运算操作主要包含两个步骤:线性相乘与平移。图 8 - 3 示例是针对一维情况,涉及一维卷积操作。假设卷积核(kernel)大小为 1×3,即 3 个权重参数(w_{11}、w_{12}、w_{13})。按照从上到下的顺序,卷积第一个输出由 $x_1 \sim x_3$ 与 $w_{11} \sim w_{13}$ 对应相乘得到,第二个输出由 $x_2 \sim x_4$ 与 $w_{11} \sim w_{13}$ 对应相乘得到。以此类推,逐步进行对应相乘和平移操作即可得到全部输出。可以看到,计算输出时的卷积权重参数是共享的,具体计算过程可表示为:

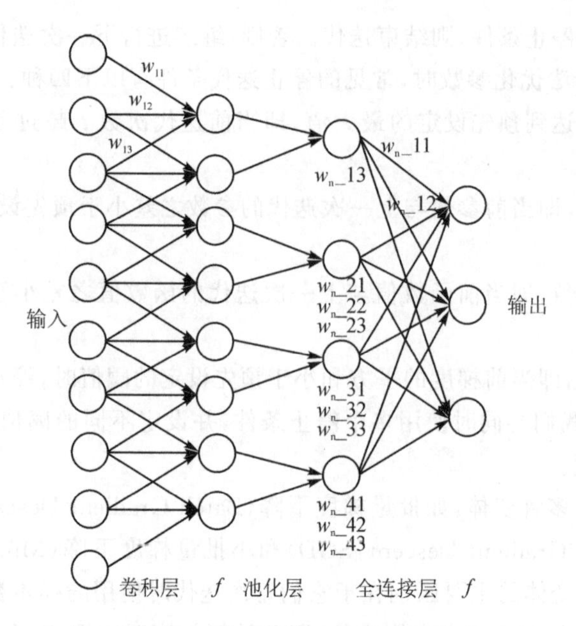

图 8-3　卷积神经网络基本结构

$$y_i = \sum_{i=1}^{n-2} w_{11} x_i + w_{12} x_{i+1} + w_{13} x_{i+2} \tag{8.3}$$

每一个局部输出可与上述感知机进行类比,结构基本一致。同样地,各个输出也可增加一个偏移(*bias*,*b*),如下所示。

$$y_i = \sum_{i=1}^{n-2} w_{11} x_i + w_{12} x_{i+1} + w_{13} x_{i+2} + b_1 \tag{8.4}$$

我们使用 Pytorch 来进行验证,程序如下所示。

```
import torch
import torch.nn as nn
if __name__ == '__main__':
    x1d     = torch.Tensor([[[1, 2, 3, 4, 5]]])
    print('x1d.shape: ', x1d.shape)
    conv1d  = nn.Conv1d(1, 1, 3, padding = 0)
    conv1d.weight.data = torch.Tensor([[[2, 1, 1]]])
    conv1d.bias.data   = torch.Tensor([0.1])
    y1d       = conv1d(x1d)
    print('y1d: ', y1d)
```

上述程序的输出结果为[7.100 0, 11.100 0, 15.100 0],与公式计算结果一致。这里需要注意,数学上的卷积操作会将卷积核进行翻转之后再进行加权求和,即:

$$y_i = \sum_{i=1}^{n-2} w_{13} x_i + w_{12} x_{i+1} + w_{11} x_{i+2} \tag{8.5}$$

深度学习卷积操作主要是借鉴了加权求和操作,不需要进行翻转操作。另一方面,卷积参数是经过学习得到的，在理想情况下，是否翻转对最终结果没有任何影响。读者可将上述程序与 scipy. signal 库的卷积操作进行对比验证。

卷积另一个特点为有序性。输出结果与输入数据的先后顺序相关。例如输入数据为1、2、3，卷积核为2、1、1，输出结果为7。改变输入数据顺序，使其为3、1、2，那么此时卷积输出为9。

Pytorch 卷积的基本参数主要包括输入通道(in_channels)、输出通道(out_channels)、卷积核尺寸(kernel_size)、步长(stride)、填充(padding)和偏移(bias)。除此之外，诸如 padding_mode、dilation、groups 等参数可根据需要进行修改，大部分情况下采用默认取值即可。下面将分别对6个基本参数进行介绍，即 conv(in_channels, out_channels, kernel_size, stride, padding, bias)。

1. 输入通道

假设输入数据的维度为 $1x_n(x_1, x_2, ..., x_n)$，而每个数据自身 x_i 也由 C_{in} 个数据组成，因此输入数据维度为 $C_{in}\ x_n$，其中 C_{in} 为输入通道数。举例来说，在进行天气预测时，我们用过去7天的数据来预测明天天气($n=7$)，而每天数据包含平均气温、最低温度、最高温度、相对湿度等。对于二维彩色 RGB 图像，图像是一个二维阵列，二维阵列的每个像素值具备 R、G、B 三个特征值。因此，输入通道可看作为输入数据的特征属性维度。

针对每一个输入通道，卷积操作需要一个卷积核进行上文所述的卷积运算，然后将各个通道计算结果按照对应位置相加求和得到最终计算结果。如果输入通道数量为 C_{in}，那么卷积参数维度为 $C_{in}\ x_k$(不考虑偏移)，k 表示卷积尺寸。示例程序如下所示。

```
x1d= torch.Tensor([[[1, 2, 3, 4, 5], [1, 2, 3, 4, 5]]])
print('x1d.shape: ', x1d.shape)
conv1d   = nn.Conv1d(2, 1, 3, padding = 0)
conv1d.weight.data  =  torch.Tensor([[[2, 1, 1], [2, 1, 1]]])
conv1d.bias.data     =  torch.Tensor([0.1])
y1d = conv1d(x1d)
print('y1d: ', y1d)
```

上述程序的输出结果为[14.100 0, 22.100 0, 30.100 0]，即两个通道计算结果求和。从程序中可以看到，偏移参数是共享的，即在求和后的结果上进行叠加。如果两个通道各自设置了一个偏移参数(b_1、b_2)，采用求和叠加得到 $b1+b2$，显然将其当作一个整体预测即可。考虑偏移的情况下，卷积参数的维度为 $C_{in}x\ k+1$。

2. 输出通道

上述通道数量为 C_{in} 的输入数据经过卷积操作后所得到的输出结果维度为 $1x\text{m}$，1表示输出结果的特征属性维度。这相当于将输入数据不同通道上的取值进行加权求和后合并为1个属性值。采用 Cout 个卷积分别进行运算即可得到 Cout $x\ m$ 维度的输出结果，其中 Cout 表示输出通道数量，即输出结果的特征属性维度。这时总的卷积参数量为 Cout x（C_{in} x k+1）。

```
x1d      = torch.Tensor([[[1, 2, 3, 4, 5], [1, 2, 3, 4, 5]]])
print('x1d.shape: ', x1d.shape)
conv1d   = nn.Conv1d(2, 2, 3, padding=0)
conv1d.weight.data = torch.Tensor([[[2, 1, 1], [2, 1, 1]], [[2, 1, 1], [2, 1, 1]]])
conv1d.bias.data   = torch.Tensor([0.1, 0.2])
print(conv1d.weight.data.shape)
y1d      = conv1d(x1d)
print('y1d: ', y1d)
```

程序输出为[[14.100 0，22.100 0，30.100 0]，[14.200 0，22.200 0，30.200 0]]，含两个通道属性值。

3. 卷积核尺寸

卷积核尺寸决定了权重参数的数量。1 维数据的卷积核尺寸采用一个参数(k)表示即可。上述示例程序中 k=3。对于多维数据，一个参数 k 表示(k，...，k)，即每个特征维度上的卷积核尺度均为 k，权重参数的数量为 k^n，n 表示维度数量。以二维图像为例，其存在行列两个维度，卷积核尺寸可设置为(k_1，k_2)，尺寸大小为 k_1 x k_2，这表示在行列方向上卷积核的长度分别为 k_1、k_2。

4. 填　充

在不对数据进行填充情况下，输出数据的长度为 $n-k+1$，其中 n 为输入数据维度，k 为卷积核尺寸。上述示例中输入数据维度为 5，则输出数据维度为 3，此时填充 padding 取值为 0。填充操作是指在输入数据的维度前后补充指定数量的数据。在默认情况下，填充的数据为 0，此时也可以通过改变参数 padding_mode 来设置不同的填充数据。

在上述示例中，padding 如果设置成 2，那么输入数据相当于[0，0，1，2，3，4，5，0，0]，维度由 5 增加为 9，因此输出维度为 7，即[2.100 0，6.100 0，14.100 0，22.100 0，30.100 0，26.100 0，20.100 0]。通常为了保证输出维度不变，即 $n+2p-k+1=n$，那么填充数量 padding 的取值为($k-1$)/2。因此，示例中 padding 为 1 时输出结果维度不变，仍为 5。以上计算未考虑步长。

5. 步　长

步长是指每次平移的间隔，默认为 1。假设步长为 s，卷积核尺寸为 k，上一卷积运算输入数据为 $x_i \sim x_{i+k-1}$，那么下一输入数据则为 $x_{i+s} \sim x_{i+s+k-1}$。假设输入数据维度为 n，填充数量为 p，那么输出数据维度为($n+2p-k$) / s +1。显然，当 s=1 时，输出结果维度与填充中一致。当 p 取值为($k-1$) / 2 且 s=2 时，输出维度为($n+1$) / 2，这相当于在卷积操作的同时对样本进行了一倍下采样。示例程序如下。

```
x1d      = torch.Tensor([[[1, 2, 3, 4, 5], [1, 2, 3, 4, 5]]])
print('x1d.shape: ', x1d.shape)
```

```
conv1d           = nn.Conv1d(2, 2, 3, 2, padding = 1)
conv1d.weight.data  = torch.Tensor([[[2, 1, 1], [2, 1, 1]], [[2, 1, 1], [2, 1, 1]]])
conv1d.bias.data    = torch.Tensor([0.1, 0.2])
y1d              = conv1d(x1d)
print('y1d: ', y1d)
```

程序输出为[[6.100 0, 22.100 0, 26.100 0], [6.200 0, 22.200 0, 26.200 0]],维度为 3。

6. 偏　移

偏移参数是布尔类型,默认为 True,即含有偏移值;如果设置为 False,则不含偏移值。

8.2.2 池化层

池化层是一种常见的卷积神经网络中间层。它的主要作用是减小输入的空间尺寸,从而缩小网络规模并降低网络的计算复杂度。池化操作是一种对输入数据进行降采样的方法,通过移动一个称为池化窗口的区域(类似卷积核)并在移动过程中对窗口内元素进行聚合。常见的池化操作有最大池化(max pooling)和平均池化(average pooling)。最大池化是在池化窗口内取最大值,而平均池化则是在池化窗口内计算平均值。

池化层参数较少,它仅需要确定池化窗口的大小、池化操作的类型和步长即可。Pytorch 最大池化和平均池化分别为 nn.MaxPool 和 nn.AvgPool。以 1 维最大池化为例,其形式为 nn.MaxPool1d(size, stride)。Size 是指池化窗口大小,stride 表示步长。池化层输出维度为(n－size) / stride＋1,其中 n 为输入数据维度。示例程序如下。

```
x1d      = torch.Tensor([[[1, 2, 3, 4, 5], [1, 2, 3, 4, 5]]])
print('x1d.shape: ', x1d.shape)
mpool    = nn.MaxPool1d(3, 2)
y1d      = mpool(x1d)
print('y1d: ', y1d)
```

程序输出为[[3., 5.], [3., 5.],维度为 2。

与卷积操作相比,池化具有无序性特点。例如,输入数据为 1、2、3,或 2、1、3,或 2、3、1 等,最大池化输出均为 3,平均池化输出均为 2。显然,池化操作的输出结果与输入顺序无关。

8.2.3 全连接层

全连接层每个输出均来源于上一层全部输入的加权求和,即指每个神经元都与上一层的所有神经元相连,如图 8－4 所示,这也是“全连接”的体现。在卷积神经网络中,全连接层通常用来处理高维度的特征图,并将其转换为分类或回归的输出。在使用全连接层之前,模型通常会在卷积层和池化层之后使用 Flatten 操作将高维度特征图展平成一维向量。

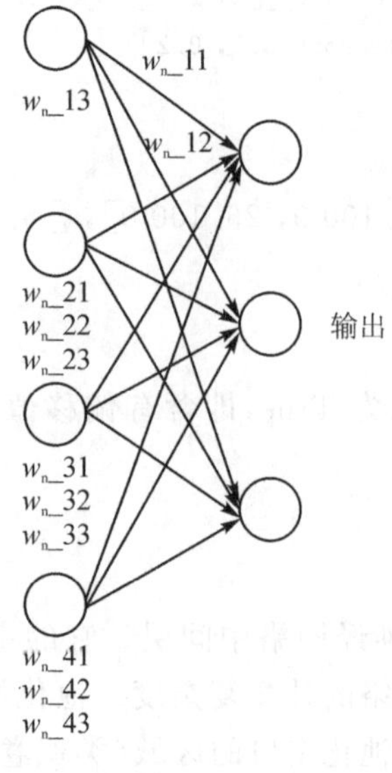

图 8-4 全连接层示意图

假设上一层输入的神经元数量为 n，全连接层输出后的神经元数量为 m，那么全连接层的权重参数数量为 $n \times m$。假设输入数据特征维度为 128×128，输出维度为 4 096，那么输入展平后的维度为 16 384，权重参数总数量为 $16\ 384 \times 4\ 096 = 67\ 108\ 864$。如果采用尺度为 3×3 且步长为 2 的卷积核进行计算，那么也可以得到 4 096(64×64)维度的输出。卷积层的参数数量远小于全连接层，但是每个输出仅与卷积核窗口内的局部点相关联，缺乏全局信息。全连接层的参数量比较庞大，但是能够关注到全局信息。

在处理大规模数据时，全连接层的参数数量会变得非常庞大，因而计算量大且容易导致过拟合问题。因此，深度学习模型通常会使用卷积层来代替全连接层，以减少参数的数量。另一方面，在卷积特征提取最后阶段，由于特征图尺寸较小，全连接层会被用于预测分类或回归结果。这样既能够控制参数数量，又能够利用到全局信息，从而提高模型的预测精度。

8.2.4 激活函数

卷积操作是对输入进行线性加权叠加，属于线性变换。当多层卷积嵌套使用时，输出仍然是原始输入的线性变换，从而使得嵌套失去意义。我们以尺寸为 2 的卷积操作为例，计算过程如下。根据计算结果，输出 0 仍然是输入的线性加权叠加，效果与单层卷积层一致。

$$l_{11} = w_1 * x_1 + w_2 * x_2 \tag{8.6}$$

$$l_{12} = w_3 * x_1 + w_4 * x_2 \tag{8.7}$$

$$o = w_5 * l_{11} + w_6 * l_{12} \tag{8.8}$$

$$o = (w_5 * w_1 + w_6 * w_3) * x_1 + (w_5 * w_2 + w_6 * w_4) * x_2 \tag{8.9}$$

激活函数是神经网络的一种常见组成部分。激活函数作用是对神经网络的输入进行非线性转换,从而使得神经网络能够处理非线性问题,并且能够有效提取深层特征同时避免上述问题。

常见的激活函数主要包括 Sigmoid 函数、Tanh 函数和 ReLU 函数等,如图 8-5 所示。

(1) Sigmoid 函数:Sigmoid 函数的输出值在 0~1 之间。Sigmoid 函数的输出越接近 1,表示输入越接近正无穷;Sigmoid 函数的输出越接近 0,表示输入越接近负无穷。由于其导数的最大值为 0.25,因而可能会造成梯度消失,下面将详细介绍具体原因。

(2) Tanh 函数:Tanh 输出值在−1 到 1 之间。Tanh 函数的输出越接近 1,表示输入越接近正无穷;Tanh 函数的输出越接近−1,表示输入越接近负无穷。

(3) ReLU 函数:ReLU 函数(Rectified Linear Unit)是深度学习模型中一种常用的激活函数,它的输出值为输入的正数部分。ReLU 函数的输出越接近正无穷,表示输入越接近正无穷;ReLU 函数的输出为 0,表示输入为非正数。

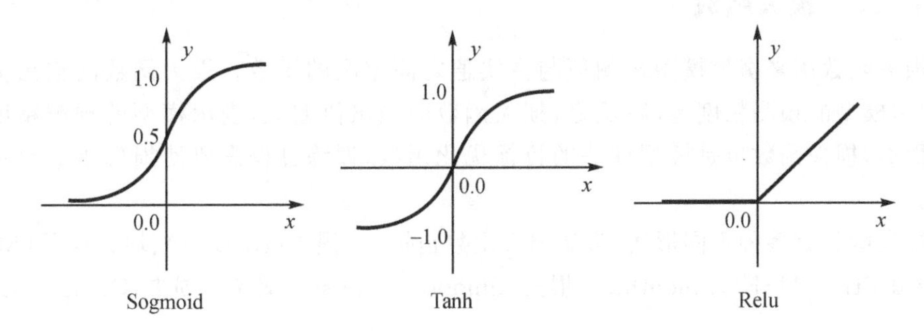

图 8-5 三种激活函数图像

8.2.5 批归一化

批归一化(Batch Normalization,BN)是一种神经网络优化技术,它的目的是解决神经网络训练过程的梯度爆炸和梯度消失问题。

深度学习常常使用反向传播算法(Back Propagation,BP)来训练调整神经网络参数,以使神经网络的输出尽可能接近正确的输出。但是,如果神经网络层数较多,则可能会出现梯度爆炸或梯度消失的问题。梯度爆炸是指在反向传播算法中,梯度的值可能会变得非常大,从而导致神经网络的参数更新幅度过大,并导致训练过程不稳定。梯度消失是指在反向传播算法中,梯度的值可能会变得非常小,从而导致神经网络的参数更新幅度过小,导致训练过程变慢或参数无法收敛。

批归一化的基本思想是:在神经网络的前向传播过程中,对于每个训练样本,在每一层输入前使用批归一化层将数据归一化到均值为 0、标准差为 1 的分布上。这样做可以有效缓解梯度爆炸和梯度消失的问题,提高神经网络的训练速度。另一方面,在训练神经网络时，每次迭代的步长与变量取值范围或数量级之间相关。经过归一化之后，变量迭代步长都在一个标准范围内，这样能够减少对学习率设置的依赖。

批归一化层的计算步骤如下：

(1) 计算输入数据的均值和标准差；

(2) 对于每个训练样本，应使用均值和标准差对其进行归一化；

(3) 使用两个参数(γ 和 β)进行线性变换，得到批归一化后的输出。

批归一化层的输出可以表示为：

$$y=\gamma \frac{x-\mu}{\sqrt{\sigma^{2}+\varepsilon}}+\beta \tag{8.10}$$

其中，y 是批归一化后的输出，x 是输入，μ 和 σ 是输入数据的均值和方差，ε 是一个很小的常量。

在卷积神经网络中，卷积层、激活函数和批归一化层经常会同时连续使用，即激活函数对卷积操作后的特征进行非线性变换，然后使用批归一化操作来控制输出范围和特征分布。

8.2.6 损失函数

损失函数用来衡量模型预测值与真实值之间差距的函数。损失函数的输出值越小，表示模型的预测精度越高；反之，损失函数的输出值越大，表示模型的预测精度越低。因而，损失函数也是模型训练的目标优化函数，训练过程需要使损失函数尽可能减小。

损失函数有多种不同形式，常见损失函数包括 L_1 损失(L_1 Loss)、均方误差(Mean Squared Error，MSE)、Smooth L_1 损失(Smooth L_1 Loss)、交叉熵损失(Cross Entropy Loss)等。

1. L_1 损失

L_1 损失是绝对值损失的一种特殊形式，它在计算损失时只考虑预测值与真实值之间的差的绝对值，而不考虑正负号，常用于回归问题。其定义如下：

$$L_1Loss=\sum \mid y\_pred-y \mid \tag{8.11}$$

其中，y_pred 表示模型的预测值，y 表示真实值。

L_1 损失在中心点之外的导数稳定，不会出现梯度爆炸，但是在中心点处不可导，无法计算梯度。

2. 均方误差损失

(MSE)是一种回归问题中经常使用的损失函数，也称为 L2 损失，它的定义如下：

$$MSELoss=\frac{1}{N}\sum(y\_pred-y)^{2} \tag{8.12}$$

其中，N 表示样本数量，y_pred 表示模型的预测值，y 表示真实值。

均方误差损失所有点都是平滑可导的，求解稳定。由于梯度与模型预测值偏差有关，且偏差越大梯度越大，因而离群点容易带来梯度爆炸。

3. Smooth L_1 损失

Smooth L_1 损失是 L_1 损失的平滑版本，它在计算损失时，对于 $|y\_pred - y| < 1$ 的情况使用均方误差（MSE），对于其他情况使用 L_1 损失。它同时保留 L_1 损失和均方误差损失的优点，同时避免了中心点不平滑和梯度爆炸问题。

4. 交叉熵损失

交叉熵损失函数常用于分类问题，它的定义如下：

$$CrossEntropyLoss = -\frac{1}{N}\sum(y * log(y\_pred) + (1-y) * log(1-y\_pred)) \tag{8.13}$$

其中，N 表示样本数量，y_pred 表示模型的预测概率，y 表示真实概率。真实概率 y 对应已知标签，即标签类别已知，那么 y 的取值为 0 或 1。因而，括号内往往只需要计算 y 或 $1-y$ 取值为 1 对应的项。由于 y_pred 概率范围在 0～1，所以交叉熵损失是一个非负数，最小值为 0。当且仅当模型的预测概率与真实概率完全一致时，交叉熵损失达到最小值 0。

由于模型的直接输出结果范围不一定处于 0～1，且所有结果之和也无法确保为 1，因此 softmax 函数被用来解决该问题，其定义如下：

$$y_i = \frac{e^{z_i}}{\sum_{j=1}^{j=n} e^{z_j}} \tag{8.14}$$

其中，n 表示输出数量，z 表示直接输出结果，y 表示输出概率。显然，输出概率在 0～1 范围，并且全部概率之和为 1。

损失函数是深度学习中非常重要的一个概念，它可以用来衡量模型的预测精度，并作为反向传播算法的输入，用于调整模型参数。在选择损失函数时，我们需要根据问题的具体情况来选择合适的损失函数。例如，回归问题可使用均方误差作为损失函数；分类问题则可使用交叉熵损失作为损失函数。除了上述介绍的基本损失函数之外，深度学习模型还有大量其他损失函数，并且在特定情况下能使模型达到更高的训练精度，如 Hinge Loss、Logistic Loss 等。

8.3 反向传播算法

模型训练是为了计算权重和偏置的最优解，目标优化函数即为损失函数。反向传播算法则是一种常见的神经网络训练算法，它用于调整神经网络的参数，使得神经网络的输出尽可能接近正确的输出。假设神经网络模型的结构如图 8-6 所示。

图 8-6 中所示网络结构的前向过程可用如下公式进行表示。

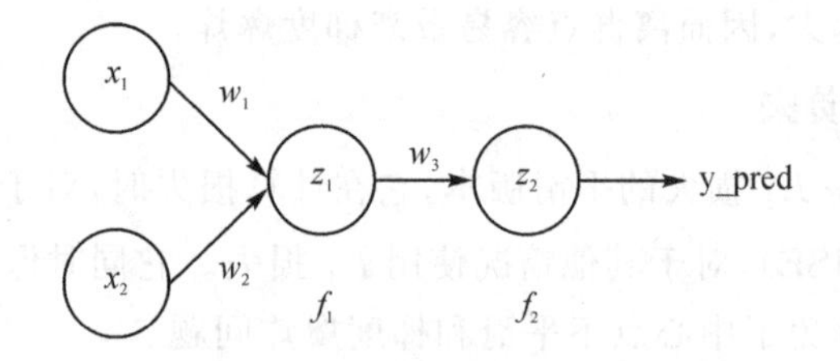

图 8-6 神经网络结构示例

$$z_1 = w_1 * x_1 + w_2 * x_2 \tag{8.15}$$

$$o_1 = f_1(z_1) \tag{8.16}$$

$$z_2 = w_3 * o_1 \tag{8.17}$$

$$y\_pred = f_2(z_2) \tag{8.18}$$

$$loss = l(y\_pred - y) \tag{8.19}$$

其中,f_1 和 f_2 为激活函数,l 为损失函数。

反向传播算法的理论基础为上文介绍的梯度下降法,其关键在于计算参数的梯度(偏导数),过程如下所示。

$$\frac{\partial l}{\partial w_3} = \frac{\partial l}{\partial y\_pred} * \frac{\partial y\_pred}{\partial z_2} * \frac{\partial z_2}{\partial w_3} = l' * f_2' * o_1 \tag{8.20}$$

$$\frac{\partial l}{\partial w_1} = \frac{\partial l}{\partial y\_pred} * \frac{\partial y\_pred}{\partial z_2} * \frac{\partial z_2}{\partial o_1} * \frac{\partial o_1}{\partial z_1} * \frac{\partial z_1}{\partial w_1} = l' * f_2' * w_3 * f_1' * x_1 \tag{8.21}$$

$$\frac{\partial l}{\partial w_2} = \frac{\partial l}{\partial y\_pred} * \frac{\partial y\_pred}{\partial z_2} * \frac{\partial z_2}{\partial o_1} * \frac{\partial o_1}{\partial z_1} * \frac{\partial z_1}{\partial w_2} = l' * f_2' * w_3 * f_1' * x_2 \tag{8.22}$$

反向传播算法通过计算损失函数对每个参数的偏导数来实现参数的调整。根据上述公式,反向传播过程中激活函数和损失函数均会参与梯度计算。Sigmoid 函数导数的最大值为 0.25,如果神经网络层数较多且采用 sigmoid 函数作为激活函数,那么其导数会连续相乘以至于最终出现梯度消失。同样地,梯度计算过程也会与损失函数的导数相乘,因而可以解释上文均方差损失函数的梯度爆炸情形。

1. 反向传播算法的流程

(1) 前向传播:计算输入数据的预测值;

(2) 计算损失:计算预测值与真实值之间的差距,即损失函数的值;

(3) 反向传播:计算损失函数对于每个参数的偏导数;

(4) 更新参数:使用偏导数调整参数值。

2. 使用反向传播算法训练神经网络需要注意的事项

(1) 初始化参数:在训练前,需要为每个参数设置合适的初始值。一般采用随机方法来初始化全部参数。

（2）选择学习率：在训练过程中，需要设置合适的学习率来控制参数的调整速度。如果学习率过大，可能会导致梯度爆炸或无法求得近似最优解；如果学习率过小，则训练可能会过慢或陷入局部最优。

（3）加入正则化：在训练过程中，可以加入正则化项，以防止过拟合。常见的正则化项包括 L_1 正则化和 L_2 正则化。正则化主要目的是通过简化权重参数来防止过拟合，极限情况是使部分权重参数趋近于零。

（4）使用批归一化：在训练过程中，可以使用批归一化来提高训练效率，并缓解梯度消失或爆炸的问题。

8.4 特征视野范围

原始数据经过神经网络得到的输出结果可称为特征图。通常情况下，随着网络层数的增加，特征图尺寸逐渐减小，通道数量逐渐增加，即特征属性维度增加。特征视野范围是指卷积神经网络的卷积核或池化层相对于输入数据的作用范围。

在卷积神经网络中，卷积核的特征视野范围指的是卷积核在输入数据上滑动时，对于原始输入数据的影响范围。每个卷积核在输入数据上滑动时，会计算一个输出特征图，该输出特征图中的每个位置都是对应原始输入数据的一个区域内的值的计算结果。

特征提取过程如图 8-7 所示。假设输入数据维度大小为 8×8，分别采用卷积核尺寸为 2×2、步长为 2 的二维卷积操作进行连续两次特征提取，那么特征图尺度则分别下降为 4×4 和 2×2。特征图 1 中左上角第一个元素 f_{1_1}，1 对应输入的 x_1，1、x_1，2、x_2，1、x_2，2。特征图 2 中左上角第一个元素 f_{2_1}，1 对应特征图 1 的 f_{1_1}，1、f_{1_1}，2、f_{1_2}，1、f_{1_2}，2。我们可以进一步得到特征特征图 2 中左上角第一个元素 f_{2_1}，1 对输入的 x_1，1、x_1，2、x_1，3、x_1，4、x_2，1、x_2，2、x_2，3、x_2，4、x_3，1、x_3，2、x_3，3、x_3，4、x_4，1、x_4，2、x_4，3、x_4，4。

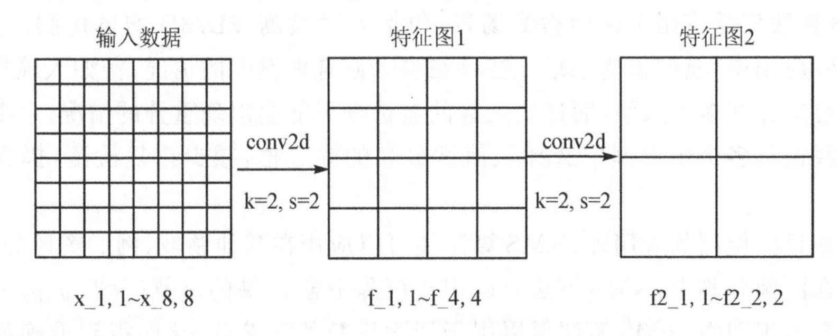

图 8-7 特征提取

根据分析，特征图 1 的每个元素对应原始输入中 4 个元素，视野范围为 2×2；特征图 2 的每个元素对应原始输入中 16 个元素，视野范围为 4×4。特征图尺寸越小，则特征视野范围越大，更加能够提取到全局特征。反之，特征图尺寸越大，则特征视野范围越小，更加关注原始输入的局部特征。另外，当特征图尺寸逐渐减小时，单个特征图表达信息有可能减少，因此模型会采用更多数量特征图来表征特征空间，即增加通道数量。

8.5 非极大值抑制

非极大值抑制(Non－Maximum Suppression，简称 NMS)是目标检测中常用的一种算法，用于在重叠区域存在多个候选框时，选择置信度最高的候选框，抑制其他低置信度候选框。NMS 算法是一种简单而有效的方法，可以帮助我们提高检测的准确性和效率，因此在目标检测中被广泛使用。后续介绍的三维目标检测算法会经常用到 NMS，其可对模型预测结果进行合并与筛选。

NMS 算法的核心思想是：对于一个目标，它只能被一个候选框所包含，因此对于重叠的多个候选框，我们需要选择置信度最高的一个来表示该目标的位置。具体来说，NMS 算法包括以下步骤：

(1) 根据预测框的置信度进行排序：对于每一个预测框，我们都会有一个置信度分数，表示这个框里面包含目标的概率。我们将所有的预测框按照置信度从高到低进行排序。

(2) 选择置信度最高的预测框，并将其加入最终的检测结果列表。

(3) 去除与已选框重叠度较高的其他预测框：从排在第二位的预测框开始，与已选框计算重叠度，若重叠度大于一定阈值，则将该预测框从候选框列表删除，否则将其加入最终的检测结果列表。

(4) 重复步骤以上步骤，直到所有的预测框都被遍历完毕。

NMS 算法通过不断选择置信度最高的预测框，并删除与其重叠度较高的其他预测框，最终得到一组准确的、无重叠的目标检测结果。

NMS 算法广泛应用于目标检测场景，包括人脸检测、2D/3D 物体检测、行人检测等。在实际应用中，模型检测结果往往存在多个候选框重叠的情况，例如人脸检测中同一张图片可能存在多个人脸，而这些人脸的候选框可能会出现重叠的情况。NMS 算法可以帮助我们从多个候选框中选择置信度最高的候选框，减少重复检测，提高检测准确率。

除了在目标检测的应用外，NMS 算法还可以应用在其他领域，例如图像分割、文本识别等。在图像分割中，NMS 算法可以用于消除分割结果的重复区域，提高分割的准确性。在文本识别中，NMS 算法可以用于消除重叠的字符框，从而得到准确的文本识别结果。

除了传统的 NMS 算法，近年来还出现了一些改进的 NMS 算法。其中，Soft－NMS 算法是一种比较流行的改进算法，它采用一种渐进式的抑制方法，即不是直接删除重叠区域内的预测框，而是将其置信度逐步降低。这种方法可以避免一些本应该被保留的预测框被错误地删除，从而提高检测的准确性。另外，基于深度学习的一些目标检测算法，如 Faster R-CNN、YOLO 等，也采用了类似 NMS 的算法来处理重叠的预测框。

8.6 Pytorch 神经网络框架

Pytorch 神经网络基本框架流程与上节介绍基本一致，主要包括输入数据、定义模型、损失函数和优化器等部分。

1. 输入数据

输入数据通常会被划分为三个部分：训练集、验证集和测试集。训练集是指用于训练模型的数据集。在训练过程中，模型会根据训练集的数据学习规律，并通过反向传播算法不断调整模型的参数，使得模型能够在训练集上达到较高的准确率。验证集是指用于评估模型泛化能力的数据集。在训练过程中，模型不仅需要在训练集上达到较高的准确率，还需要在验证集上达到较高的准确率。如果模型在训练集上的准确率很高，但在验证集上的准确率很低，则说明模型出现了过拟合现象，需要调整模型设计或使用正则化损失来缓解过拟合。测试集是指用于评估模型最终泛化能力的数据集。在训练和验证过程完成后，应使用测试集来评估模型在真实数据上的表现，从而判断模型是否达到预期性能。训练集、验证集和测试集的划分比例一般为 7:1:2。

深度学习模型分为有监督和无监督两类，前者训练时输入数据含有真实标签，后者输入数据则不含真实标签。大多数聚类算法属于无监督方法，本书重点介绍有监督深度学习模型。在下面的数据定义程序中，x 表示输入数据样本，y 表示标签。二者均通过随机数的方式生成，而实际模型训练时二者一般来源于真实的数据样本。

```
# 构建输入数据集
class Data_set(Dataset):
    def __init__(self, transform = None):
        self.transform = transform
        self.x_data = np.random.randint(0, 10, (10,4,5))
        self.y_data = np.random.randint(0, 10, (10,1))
    def __getitem__(self, index):
        x, y = self.pull_item(index)
        return x, y
    def __len__(self):
        return self.x_data.shape[0]
    def pull_item(self, index):
        return self.x_data[index, :, :], self.y_data[index, :]
```

2. 定义神经网络模型

这里简单定义一个两层模型，第一层为卷积层，第二层为全连接层。

```
class MyModel(nn.Module):
    def __init__(self, num_classes = 10):
        super(MyModel, self).__init__()
        self.model_name = "test"
        self.conv = nn.Conv1d(4, 1, 3, 1, 1)
        self.bn = nn.BatchNorm1d(1)
        self.relu = nn.ReLU(inplace = True)
        self.fc    = nn.Linear(5, 1)
    def forward(self, x):
        x = self.conv(x)
        x = self.bn(x)
        x = self.relu(x)
        x = x.view(-1, 5)
        return self.fc(x)
```

3. 损失函数

损失函数用于计算模型输出与真实结果之间的误差，可以自定义，也可以直接使用Pytorch的损失函数。

```
class MyLoss(nn.Module):
    def __init__(self):
        super().__init__()
    def forward(self, x, y):
        return torch.mean(torch.pow((x - y), 2))
```

4. 定义优化器

深度学习优化器是指深度学习中用于调整模型参数的优化算法，大多基于梯度下降法和反向传播算法。常见的深度学习优化器包括梯度下降法(Gradient Descent)、随机梯度下降法(Stochastic Gradient Descent)、动量法(Momentum)、Adagrad和Adam等。

```
optimzer = torch.optim.SGD(Net.parameters(), lr = 0.001) # lr 为学习率
```

经过上述步骤之后，我们基本完成各个部分定义，即可使用如下程序开始模型训练。

```
if __name__ == "__main__":
    parser = argparse.ArgumentParser(description = '基础模型参数配置')
    train_set = parser.add_mutually_exclusive_group()
    parser.add_argument('--batch_size', default = 2, type = int,
                        help = 'Batch size for training')
    args = parser.parse_args()
    dataset = Data_set()
    data_loader = DataLoader(dataset, args.batch_size, shuffle = True)
```

```
Net = MyModel()
criterion = MyLoss()
#criterion = nn.MSELoss() #也可使用 pytorch 自带的损失函数
optimzer = torch.optim.SGD(Net.parameters(), lr = 0.001)
Net.train()
loss_list = []
num_epoches = 20
for epoch in range(num_epoches):
    for i, data in enumerate(data_loader):
        inputs, labels = data
        inputs, labels = Variable(inputs).float(), Variable(labels).float()
        out = Net(inputs)
        loss = criterion(out, labels)  # 计算误差
        optimzer.zero_grad()  # 清除梯度
        loss.backward()
        optimzer.step()
    loss_list.append(loss.item())
    if (epoch + 1) % 10 == 0:
        print('[INFO] {}/{}: Loss: {:.4f}'.format(epoch + 1, num_epoches, loss.item()))
#作图:误差 loss 在迭代过程中的变化情况
plt.plot(loss_list, label = 'loss for every epoch')
plt.legend()
plt.show()
#训练的模型参数
print('[INFO] 训练后模型的参数:')
for name,parameters in Net.named_parameters():
    print(name,':',parameters)
```

程序运行后损失函数变化过程如图 8-8 所示。显然,损失函数逐步收敛,这说明在训练集上模型预测结果与真实结果不断接近。

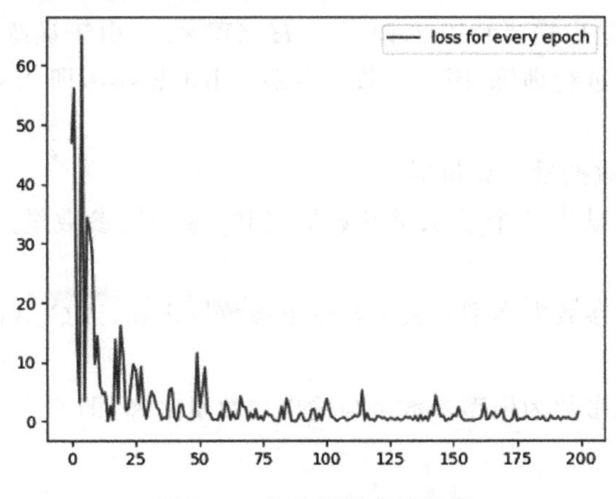

图 8-8 损失函数收敛示例

8.7 模型参数量与存储空间

8.7.1 计算原理

深度学习神经网络最常见的数据格式是 float32，占 4 个字节（Byte）。类似地，float16，占 2 个字节。1 024 个字节为 1 KB，1 024×1 024 个字节为 1 MB。那么存储 10 000 个参数需要的内存大小为 10 000×4 Bytes，约为 39 KB。存储 100 万个参数需要的内存大小为 39×100/1 024 MB，约为 3.8 MB。深度学习神经网络的参数量通常是百万级左右，所以我们可以将 3.8 MB 看作是一个基本单位，即每一百万个参数需要 3.8 MB。

注意，不仅参数存储需要空间，数据本身（例如图像的像素、特征图的每个元素）也需要存储空间。

以一层卷积为例，假设卷积为二维卷积 Conv2d，输入通道为 C_1，输出通道为 C_2，卷积核大小为 $K\times K$，batch size 大小为 N，数据格式为 float 32，经过卷积后特征图大小为 $H\times W$。那么，卷积本身的参数量为 $\mathrm{C_2\times C_1\times K\times K}$。将 C_1 看作输入数据的特征维度，卷积是要对每个特征维度都进行 $K\times K$ 卷积。每进行一次卷积就可以得到一个 $H\times W$ 的特征图。通道 C_2 相当于进行了 C_2 次卷积，为特征图的每个元素赋予 C_2 个特征。因此，卷积本身的参数量为 $C_2\times C_1\times K\times K$，即模型本身的大小。计算忽略了偏置参数数量，因为相比总的参数量来说，偏置所占比例较小。

在训练阶段，模型还需要存储梯度相关参数，并且不同的优化器需要的参数个数也是不同的。因此，模型参数量至少需要乘以 2，即 $C_2\times C_1\times K\times K\times 2$。

输出参数量是指特征图存储的参数量。如上所述，模型输出的特征图尺寸大小为 $H\times W$，通道数为 C_2，那么总的参数量为 $C_2\times H\times W$。对于三维卷积，模型输出的特征图会有三个维度，即 $H\times W\times D$。在模型训练时，模型计算还需要存储反向传播的特征图，因此输出参数量也需要乘以 2，即 $C_2\times H\times W\times 2$。由于训练阶段会有多个样本作为一个 batch 同时进行训练，因此参数量需乘上 batch size，即 NxC2xHxWx2，N 为 batch size 大小。

综上所述，模型数据量计算包括：

（1）模型总参数量为各个卷积层参数量之和，每一层参数量用 $C_2\times C_1\times K\times K$ 计算。

（2）训练阶段总参数为模型参数量与输出参数量之和，即 $C_2\times C_1\times K\times K\times 2+N\times C_2\times H\times W\times 2$。

（3）推理阶段总参数为模型参数量与输出参数量之和，即 $C_2\times C_1\times K\times K+C_2\times H\times W$。

假设 $C_1=256, C_2=512, H=128, W=128, K=3, N=8$，那么模型参数量为：$C_2 \times C_1 \times K \times K = 1\ 179\ 648$，存储大小为 1 179 648×4/1 024/1024 MB=4.5 MB。训练阶段参数量为 $C_2 \times C_1 \times K \times K \times 2 + N \times C_2 \times H \times W \times 2 = 136\ 577\ 024$，显存占用 136 577 024×4/1 024/1 024 MB=521 MB。推理阶段参数量为 $C_2 \times C_1 \times K \times K + C_2 \times H \times W = 9\ 568\ 256$，显存占用 36.5 MB。

以上仅仅是就一层而言的计算结果，深度学习神经网络总参数量、模型大小和显存可以通过逐一计算每层的结果并进行求和得到。

8.7.2 维度对比

我们可能会经常听到三维深度学习模型的参数量会非常庞大，以至于部分基于三维卷积的深度学习方法不太适用。下面我们将具体分析三维深度学习模型的参数量。仍就一层卷积来进行说明，假设输入通道为 $C_1=256$，输出通道 $C_2=512$，卷积核尺寸为 4，batch size 为 16，特征图尺寸为 128。

那么，对于 1 维情况来说，训练阶段的显存(内存)占用为：

$$(C_2 \times C_1 \times K + N \times C_2 \times 128) \times 2 \times 4/1\ 024/1\ 024\ \text{MB} = 12\ \text{MB}$$

对于 2 维情况，训练阶段的显存(内存)占用为：

$$(C_2 \times C_1 \times K \times K + N \times C_2 \times 128 \times 128) \times 2 \times 4/1\ 024/1\ 024\ \text{MB} = 1\ 040\ \text{MB} \approx 1\ \text{GB}$$

对于 3 维情况，训练阶段的显存(内存)占用为：

$$(C_2 \times C_1 \times K \times K \times K + N \times C_2 \times 128 \times 128 \times 128) \times 2 \times 4/1\ 024/1\ 024\ \text{MB} = 13\ 116\ \text{MB} \approx 128\ \text{GB}$$

根据上述计算结果可以看到，三维情况下的参数量和显存会显著增加。增加因素主要来源于卷积核和特征图分别增加了一个维度。相比于卷积核维度的增加，特征图维度增加的影响程度要明显大得多。

因此，三维情况下参数量和显存大小的增加主要来源于特征图维度的增加。在三维点云深度学习实际处理过程中，算法经常会采用分组(如 PointNet)、体素化(如 VoxelNet)、多视图投影(MV3D)等策略来降低计算量。如果深度特征图的某个维度较少，则仍然可以采用三维卷积的方式进行特征提取，例如 VoxelNet 经过体素化操作后深度方向的特征图维度仅为 10，所以其中间特征提取层采用了三维卷积的方式进行特征提取。

8.8 mmdetection3d 三维深度学习框架

8.8.1 安装调试

Mmdetection3D 是一个基于 PyTorch 的三维深度学习框架和平台，是 OpenMMlab 项目的一部分。该项目由香港中文大学多媒体实验室和商汤科技联合发起，涵盖了3D目标检测、单目3D目标检测、多模态3D目标检测、3D语义分割等三维深度学习任务，复现了最新的一些论文和成果，特别是包括了对大量诸如CVPR等顶级会议论文的复现。项目地址和安装指南地址分别为 https://github.com/open-mmlab/mmdetection3d/”和 https://github.com/open-mmlab/mmdetection3d/blob/master/docs/zh_cn/getting_started.md”。

Mmdetection3d 安装步骤如下：

```
conda activate openmmlab
pip install torch==1.8.1+cu101 torchvision==0.9.1+cu101 torchaudio==0.8.1 -f
https://download.pytorch.org/whl/torch_stable.html
pip3 install openmim
mim install mmcv-full
# 安装 mmdetection
pip install git+https://github.com/open-mmlab/mmdetection.git
# 安装 mmsegmentation
pip install git+https://github.com/open-mmlab/mmsegmentation.git
# 安装 mmdetection3d
git clone https://github.com/open-mmlab/mmdetection3d.git
cd mmdetection3d
pip install -v -e .
```

其中，Pytorch 根据显卡 cuda 版本进行相应安装。如果 git 无法使用，也可以用浏览器下载后解压，逐一进入到相应目录后运行“pip install-v-e .”。

安装完成之后，下载预训练模型用于调试验证，下载地址为 https://download.openmmlab.com/mmdetection3d/v0.1.0_models/second/hv_second_secfpn_6x8_80e_kitti-3d-car/hv_second_secfpn_6x8_80e_kitti-3d-car_20200620_230238-393f000c.pth。新建 checkpoints 目录，将下载下来的模型文件放入该目录。运行如下测试脚本：

```
Python demo/pcd_demo.py demo/data/kitti/kitti_000008.bin
configs/second/hv_second_secfpn_6x8_80e_kitti-3d-car.py
checkpoints/hv_second_secfpn_6x8_80e_kitti-3d-car_20200620_230238-393f000c.pth
--snapshot
```

运行完成之后，demo 文件夹下会产生一个 kitti_000008 文件夹，包含 kitti_000008_points.obj 和 kitti_000008_pred.obj 两个 obj 文件。前者是点云文件，后者是检测的三维结果。这两个文件可以直接拖入 CloudCompare 软件中进行显示。显示结果如图 8-9 所示。

8.8.2 mmdetection3d 训练

Mmdetection3d 模型训练命令为“Python tools/train.py 模型配置文件”，其中模型配置文件存储在 configs 文件夹下。以 SECOND 模型为例，其训练命令如下：

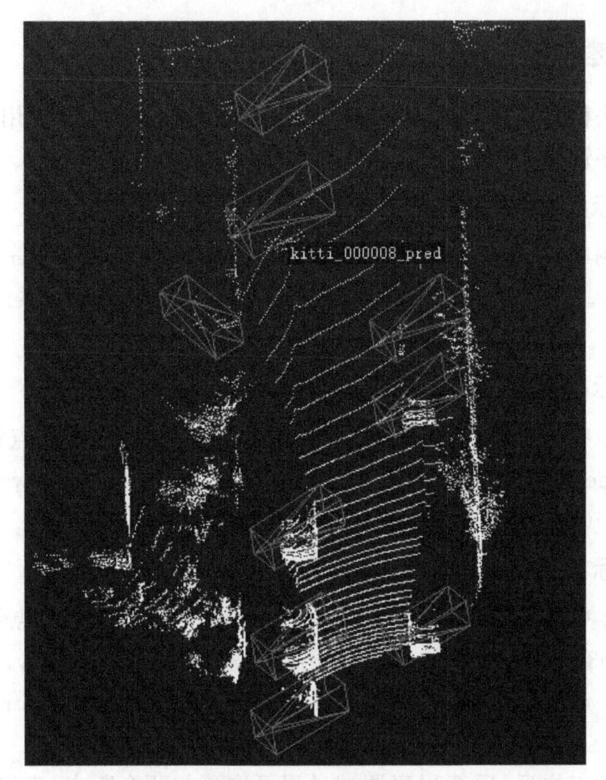

图 8-9　示例结果

```
Python tools/train.py  configs/second/hv_second_secfpn_6x8_80e_kitti-3d-car.py
```

执行上述 mmdetection3d second 训练脚本，可得到如图 8-10 所示结果：

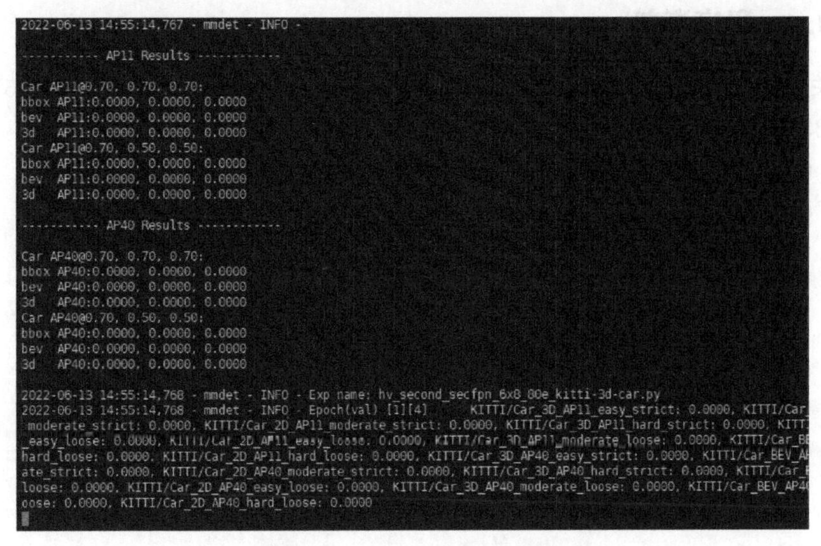

图 8-10　mmdetction3d 训练

8.8.3 关键程序与断点

为了加快算法模型的调试效率，这里介绍 mmdetection3d 中常用的 3 个关键的调试断点位置。程序调试相关介绍请参考 1.4.3 小节。

1. 三维目标检测模型训练入口断点 1

三维目标检测模型训练入口文件路径为 mmdetection－master/mmdet/models/detectors/base.py。断点设置在函数 train_step(self, data, optimizer)的 losses = self(**data)所在行。

2. 三维目标检测模型训练入口断点 2

程序运行到 1 中断点时，通过不断步入操作会进入到第二个断点设置位置，所在文件为 mmcv→runner→fp16_utils.py，断点设置在函数 auto_fp16_wrapper(old_func)的 return old_func(*args, **kwargs)所在行。

3. 三维目标检测模型训练入口断点 3

程序运行到 2 中断点时，通过不断步入操作会进入到第三个断点设置位置，所在文件为 mmdetection3d－master/mmdet3d/models/detectors/base.py，断点位置设置在函数 forward(self, return_loss＝True, **kwargs)的 return self.forward_train(**kwargs)所在行。

找到第 3 个断点之后，后续程序调试过程可取消前两个断点，直接保留第 3 个断点即可。在第 3 个断点继续进行程序步入操作时，程序会跳转到模型训练文件的主函数入口，从而进行模型结构的层层解析。

8.8.4 程序资料

相关程序下载地址为 https://pan.baidu.com/s/1pd5AgYnKhY9gtnYk6UE5UA?pwd＝1234”，对应 ch8 文件夹下内容。

(1) 01_conv_pool.py：8.2 节卷积层、池化层示例程序。

(2) 02_basic_cnn：8.6 节 pytorch 神经网络框架示例程序。

第 9 章　三维点云数据集

深度学习算法研究与开发离不开数据。数据是模型开发的前提条件，而模型则相当于是对数据内在规律的总结。在有监督的深度学习模型开发时，模型训练和验证数据需要具有真实标签。模型训练的期望输出结果尽可能与输入标签一致。模型所依赖的数据量通常会非常大，并且数据标注也具有庞大的工作量。本章将介绍部分常用的室外和室内三维数据集，这些数据集当前均是公开且可免费使用的。

室外三维数据集的点云数据通常用激光雷达采集，并且分辨率有限。垂直方向的分辨率由激光雷达线束数量决定，例如 32 线或 64 线。超声波雷达在智能驾驶领域也会经常使用，其分辨率更低。室内三维点云数据则是通过精度更高的激光雷达或者 RGB-D 深度相机来进行采集。由于高分辨率激光雷达成本远远高于 RGB-D 深度相机，因而大多数室内场景通过深度相机获取点云数据。

后续章节模型理解和程序的详细介绍都将依赖于这些公有数据集。书中介绍的大部分模型依赖于 mmdetection3d 框架，因此本章也会同时介绍这些数据集在该框架下的预处理步骤。

9.1　ModelNet40

ModelNet40 是一个用于三维几何形状分类的数据集，其官方下载地址为 https://modelnet.cs.princeton.edu/"。它包含 40 个不同类别，每个类别包含多个三维几何形状模型，如桌子、椅子、车等。ModelNet40 数据集主要用于计算机视觉、计算机图形学和机器学习等领域的研究，特别是用于三维几何形状分类与识别的任务。

ModelNet40 数据集共包含 9843 个模型，每个模型都是一个三维几何形状。这些模型采用三角网格形式表示的，并且在一个坐标系内。ModelNet40 数据集被划分为训练集和测试集，其中训练集包含 5 945 个模型，测试集包含 3 898 个模型。ModelNet40 数据集的 40 个类别分别是：airplane、bench、cabinet、car、chair、display、lamp、speaker、fire_extinguisher、guitar、knife、laptop、motorbike、mug、pistol、rocket、skateboard、table、telephone、vessel、bottle、bowl、bus、desk、dresser、monitor、night_stand、sofa、table_lamp、toilet、trash_can、vase、wardrobe、xbox。

ModelNet40 数据集的模型以点云形式给出，每个点云代表一个模型的表面。点云数据包含每个点的坐标信息，以及每个点的法向量信息。法向量用于描述三维模型表面的信息，指向每个点的法向量方向决定了这个点的凸凹性。ModelNet40 数据集的模型都在一个标准的坐标系内,模型的大小和位置都是统一的。这样做是为了方便比较不同模型之间的差异,以及对模型进行分类和识别。

ModelNet40 数据集被广泛用于三维几何形状分类的研究,这种研究的目的是提高计算机的三维形状识别能力,以使计算机能够自动识别出三维环境中的物品,为虚拟现实、机器人导航、建模和动画制作等应用提供基础。

使用 ModelNet40 数据集进行三维几何形状分类的研究,通常会采用深度学习和聚类分析等方法。模型训练之前需要对点云数据进行预处理,包括对点云进行采样、归一化、提取点云特征等。这些预处理步骤是为了使得模型能够更好地学习点云数据,从而提高模型的分类准确率。

ModelNet40 数据集可以在网上免费下载,使用方法也非常简单。图 9-1 是椅子 chair 类别下的其中一个实例点云。

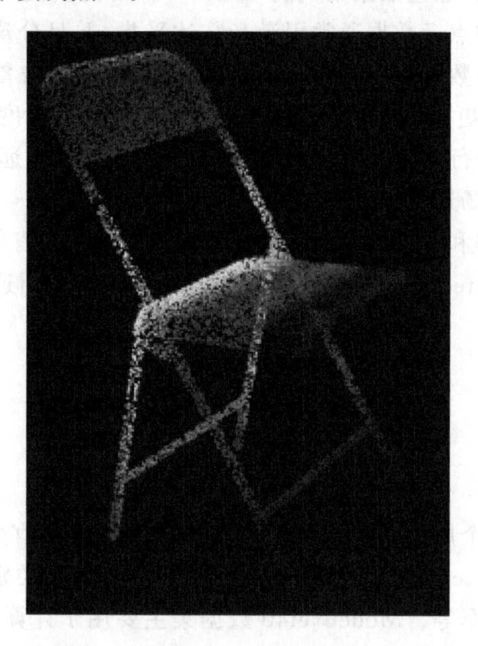

图 9-1 ModelNet40 chair_001 点云

9.2 KITTI

KITTI 是智能驾驶领域常用的数据集,属于室外三维数据集,其官方地址为 https://www.cvlibs.net/datasets/kitti/"。其 3D 目标检测识别数据集包含 7 481 例训练样本和 7 518 例验证样本,每个样本都有其对应的点云标注和 2D 图像标注。KITTI 数据场景包括市区、乡村和高速道路等。

在数据格式上,KITTI 数据集包含对齐以后的激光雷达和相机数据,使用在目标检测识别任务中的数据如下所示。数据集下载以后得到 velodyne、image_2、label_2 和

calib 文件夹。

(1) Voledyne 激光雷达数据：具有四个维度，前三个维度表征点在激光雷达坐标系下以米为单位的坐标，最后一个维度为该点反射激光的强度，一般作为点云初始特征使用。x、y、z 正方向分别指向汽车的前方、左侧和上方。

(2) Image2 左侧相机数据：用于进行 2D 目标识别和可视化，格式为 png 图片。

(3) Calib 校准文件：记录每一组样本中不同相机、激光雷达的坐标转换矩阵。每一组样本都包含两个不同的校准文件，其一用于转换激光雷达点坐标和 0 号相机坐标；其二用于在不同相机之间做转换。

(4) Label 目标标注：KITTI 目标识别任务的标注以左侧 2 号 RGB 相机为参考，分别给出 2D 图片中的目标标注框、3D 物体尺寸、位移和旋转角度。3D 物体位移的 x、y、z 正方向分别指向汽车的右侧、下方和前方；尺寸的长(l)、宽(w)、高(h)分别指 x、z、y 方向的尺寸。3D 物体的中心位于目标下表面的中心，在相机坐标系下的坐标为 $(0,0,-h)$。各个数据坐标系如图 9-2 所示。

图 9-2 kitti 传感器坐标系示意图

9.2.1 激光雷达数据

解压后 KITTI 文件包含 training 和 testing 两个文件夹，这两个文件夹下各自包含一个 velodyne 文件夹。velodyne 文件夹下存储了激光雷达的点云文件，以 bin 格式存储。激光雷达坐标系中，z 方向是高度方向，x 方向是汽车前进方向，前进左手边方向为 y 方向，满足右手定则。velodyne 文件存储的是激光雷达绕其垂直轴(逆时针)连续旋转的测量数据，激光雷达参数如下：

```
1 × Velodyne HDL - 64E rotating 3D laser scanner,
10 Hz, 64 beams, 0.09 degree angular resolution,
2 cm distance accuracy, collecting～1.3 million points/second,
```

```
field of view: 360° horizontal, 26.8° vertical, range: 120 m
```

以“000000.bin”文件为例，点云数据以浮点二进制文件格式存储。每个数据由四位十六进制数表示(浮点数)，并采用空格作为分隔符。一个点云数据由四个浮点数数据构成，分别表示点云的坐标(x、y、z)、r(强度或反射值)。

KITTI激光雷达文件夹下的训练点云有7 481个，即7 481个bin文件，共13.2 GB大小。测试点云数量有7 518个，即7 518个bin文件，共13.4 GB大小。在进行算法研究或模型实验时，我们通常只需要选择其中一小部分数据集来使用即可，例如我们可选择20个训练点云和5个测试点云来作为一个Mini版的KITTI。这里需要注意，如果选择样本的数量过少，那么一部分目标可能没有出现在输入数据中，进而可能会使得模型调试时产生错误。

以“000000.bin”文件为例，其读取程序和可视化效果(图9-3)如下所示。

```
def viz_mayavi(points, vals = "distance"):
    x = points[:, 0]  # x position of point
    y = points[:, 1]  # y position of point
    z = points[:, 2]  # z position of point
    fig = mlab.figure(bgcolor = (0, 0, 0), size = (640, 360))
    mlab.points3d(x, y, z, z, mode = "point", colormap = 'spectral', figure = fig)
    mlab.show()
if  __name__  == '__main__':
    points = np.fromfile('000000.bin', dtype = np.float32).reshape([-1, 4])
    viz_mayavi(points)
```

图9-3 kitti点云示例图

9.2.2 标注数据

Kitti标签存储在data_object_label_2文件夹中，存储为txt文本文件，即data_object_label_2/training/label_2/xxxxxx. txt。标签仅包含 7 481 个训练场景的标注数据，而没有测试场景的标注数据。

每个标注文件包含 16 个属性，即 16 列。第 16 列是针对测试场景下目标的置信度得分，而在训练样本标签中没有进行标注。下面是标注内容及其对应属性介绍。

Values	Name	Description
1	type	Describes the type of object: 'Car', 'Van', 'Truck', 'Pedestrian', 'Person_sitting', 'Cyclist', 'Tram', 'Misc' or 'DontCare'
1	truncated	Float from 0 (non-truncated) to 1 (truncated), where truncated refers to the object leaving image boundaries
1	occluded	Integer (0,1,2,3) indicating occlusion state: 0 = fully visible, 1 = partly occluded 2 = largely occluded, 3 = unknown
1	alpha	Observation angle of object, ranging [-pi..pi]
4	bbox	2D bounding box of object in the image (0-based index): contains left, top, right, bottom pixel coordinates
3	dimensions	3D object dimensions: height, width, length (in meters)
3	location	3D object location x,y,z in camera coordinates (in meters)
1	rotation_y	Rotation ry around Y-axis in camera coordinates [-pi..pi]
1	score	Only for results: Float, indicating confidence in detection, needed for p/r curves, higher is better.

1. 目标标签

目标类别(type)，共有 8 种类别，分别是 Car、Van、Truck、Pedestrian、Person_sitting、Cyclist、Tram、Misc 和 DontCare。DontCare 表示某些区域是有目标的，但是由于一些原因没有正常做标注，比如距离激光雷达过远等。但算法可能会检测到该目标却没有标注。这样会被错误当作 false positive(FP)。采用 DontCare 标注后，评估时将会自动忽略这个区域的预测结果，相当于没有检测到目标，这样就不会增加 FP 的数量。此外，2D 与 3D 目标检测标注主要针对 Car、Pedestrain 和 Cyclist 这三类。

2. 目标截断

截断程度(truncated)，表示处于边缘目标的截断程度，取值范围为 0～1。0 表示没有截断，取值越大表示截断程度越大。处于边缘的目标可能只有部分出现在视野当中，这种情况被称为截断。

3. 目标遮挡

遮挡程度(occlude)取值为(0,1,2,3)。0 表示完全可见，1 表示小部分遮挡，2 表示大部分遮挡，3 表示未知(遮挡过大)。

4. 观测角度

观测角度(alpha)取值范围为(－pi, pi)。它是在相机坐标系下，以相机原点为中心，相机原点到物体中心的连线为半径，将物体绕相机 y 轴旋转至相机 z 轴，此时物体方向与相机 x 轴的夹角。这相当于将物体中心旋转到正前方后，计算其与车身方向的夹角。相机坐标系中，y 方向是高度方向，以向下为正方向；z 方向是汽车前进方向；前进右手边方向为 x 方向(车身方向)。

如图 9-4 所示，物体旋转到观测正前方与观测坐标系旋转到物体正前方效果相等价。观测角度是观察员(相机)正对目标时所观测到的角度。

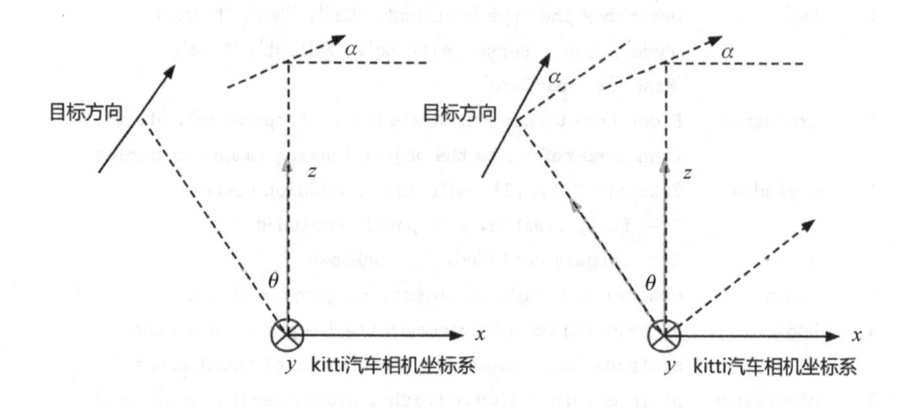

图 9-4 kitti 观测角度示意图

5. 二维目标框

二维目标框(bbox)的坐标，分别对应 left、top、right、bottom，即左上(xy)和右下的坐标(xy)。

6. 三维尺寸

三维物体的尺寸(dimensions)，分别对应高度、宽度、长度，以 m 为单位。

7. 中心坐标

中心坐标(location)是三维物体中心在相机坐标系下的位置坐标(x，y，z)，以 m 为单位。

8. 旋转角

旋转角(rotation_y)，取值范围为(－pi, pi)。表示车体朝向绕相机坐标系 y 轴的弧度值，即物体前进方向与相机坐标系 x 轴的夹角。rolation_y 与 alpha 的关系为 alpha＝rotation_y－theta，theta 为物体中心与车体前进方向上的夹角。alpha 的效果是从正前方看目标行驶方向与车身方向的夹角，如果物体不在正前方，那么旋转物体或者坐标系使得能从正前方看到目标，旋转的角度为 theta。各个角度定义如图 9-5 所示。

9. 置信度分数

置信度分数(score)，仅在测试评估的时候才需要用到。置信度越高，表示目标存

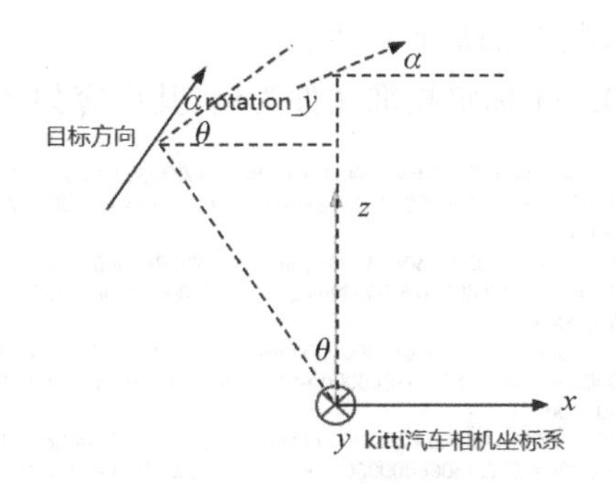

图 9-5 kitti 旋转角示意图

在的概率越大。

9.2.3 图像数据

KITTI 数据集共包含 4 个相机数据，即 2 个灰度相机和 2 个彩色相机，其中 image_2 存储了左侧彩色相机采集的 RGB 图像数据。本节主要介绍 image_2 的图像数据。

相机坐标系中，y 方向是高度方向，以向下为正方向；z 方向是汽车前进方向；前进右手边方向为 x 方向（车身方向），满足右手定则。

KITTI 图像数据存储在 data_object_image_2 文件夹下。文件夹进一步分为训练集和测试集，存储方式为 png 格式。KITTI 相机的分辨率是 1 392×512，而 image_2 存储的是矫正后图像，分辨率为 1 242×375。

image_2 训练集存储为 data_object_image_2/training/image_2/xxxxxx. png，共 7 481 张图片。image_2 测试集存储为 data_object_image_2/testing/image_2/xxxxxx. png，共 7 518 张图片。示例图片如图 9-6 所示。

图 9-6 kitti 图片示例

9.2.4 标定数据

KITTI 标定校准文件作用是将激光雷达坐标系测得的点云坐标转换到相机坐标系，相关参数存储于 data object calib，共包含 7 481 个训练标定文件和 7 518 个测试标定文件。标定文件的存储方式为 txt 文本文件。calib 训练集存储为 data_object_calib/training/calib/xxxxxx. txt，共 7 481 个文件。calib 测试集存储为 data_object_calib/

testing/calib/xxxxxx.txt,共 7 518 个文件。

以训练文件的 000000.txt 标定校准文件为例,其内容如图 9－7 所示。

```
P0: 7.070493000000e+02 0.000000000000e+00 6.040814000000e+02 0.000000000000e+00 0.000000000000e+00
7.070493000000e+02 1.805066000000e+02 0.000000000000e+00 0.000000000000e+00 0.000000000000e+00
1.000000000000e+00 0.000000000000e+00
P1: 7.070493000000e+02 0.000000000000e+00 6.040814000000e+02 -3.797842000000e+02 0.000000000000e+00
7.070493000000e+02 1.805066000000e+02 0.000000000000e+00 0.000000000000e+00 0.000000000000e+00
1.000000000000e+00 0.000000000000e+00
P2: 7.070493000000e+02 0.000000000000e+00 6.040814000000e+02 4.575831000000e+01 0.000000000000e+00
7.070493000000e+02 1.805066000000e+02 -3.454157000000e-01 0.000000000000e+00 0.000000000000e+00
1.000000000000e+00 4.981016000000e-03
P3: 7.070493000000e+02 0.000000000000e+00 6.040814000000e+02 -3.341081000000e+02 0.000000000000e+00
7.070493000000e+02 1.805066000000e+02 2.330660000000e+00 0.000000000000e+00 0.000000000000e+00
1.000000000000e+00 3.201153000000e-03
R0_rect: 9.999128000000e-01 1.009263000000e-02 -8.511932000000e-03 -1.012729000000e-02 9.999406000000e-01 -
4.037671000000e-03 8.470675000000e-03 4.123522000000e-03 9.999556000000e-01
Tr_velo_to_cam: 6.927964000000e-03 -9.999722000000e-01 -2.757829000000e-03 -2.457729000000e-02 -
1.162982000000e-03 2.749836000000e-03 -9.999955000000e-01 -6.127237000000e-02 9.999753000000e-01
6.931141000000e-03 -1.143899000000e-03 -3.321029000000e-01
Tr_imu_to_velo: 9.999976000000e-01 7.553071000000e-04 -2.035826000000e-03 -8.086759000000e-01 -7.854027000000e-
04 9.998898000000e-01 -1.482298000000e-02 3.195559000000e-01 2.024406000000e-03 1.482454000000e-02
9.998881000000e-01 -7.997231000000e-01
```

图 9－7　kitti 标定数据示例

图中 0、1、2、3 分别代表左侧灰度相机、右侧灰度相机、左侧彩色相机和右侧彩色相机。

1. 内参矩阵

P0－P3 分别表示 4 个相机的内参矩阵或投影矩阵，维度大小为 3×4。相机内参矩阵是为了将相机坐标系(世界坐标系)下的空间位置坐标转换到像平面,即物体在像平面的投影。将相机的内参矩阵乘以点云在世界坐标系中的坐标并除以 Z 值即可得到相机坐标系下的点云在像平面的成像结果。

如图 9－8 所示,假设 P(X, Y, Z)表示相机坐标系下的目标点,p(x, y)表示点在像平面中成像坐标,O(0, 0)表示光心,f 表示焦距。

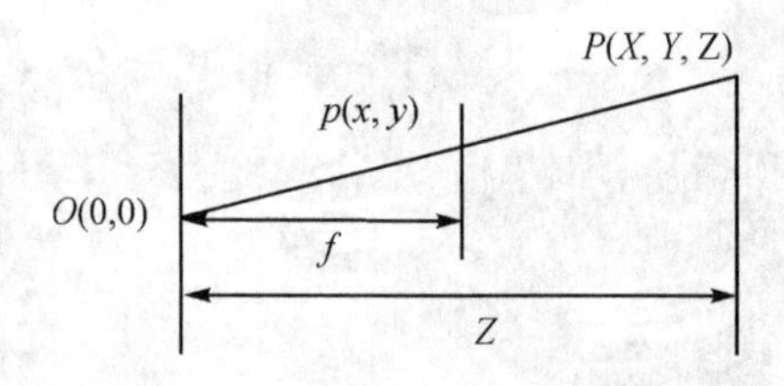

图 9－8　空间坐标与像平面转换示意图

根据三角形相似定理,我们可以得到如下所示的空间点坐标与成像坐标变换关系。

$$\frac{x}{X}=\frac{y}{Y}=\frac{f}{Z} \tag{9.1}$$

即：

$$x=\frac{fX}{Z},y=\frac{fY}{Z} \tag{9.2}$$

图像坐标系下左上角为原点,光心则是图像的中心位置。假设光心在图像坐标系下的坐标为(c_x,c_y)，那么上述计算结果需要叠加光心偏移，即：

$$x=\frac{fX}{Z}+c_x, y=\frac{fY}{Z}+c_y \tag{9.3}$$

上述公式对应的矩阵表达形式为：

$$Z\begin{bmatrix}x\\y\\1\end{bmatrix}=\begin{bmatrix}f&0&c_x\\0&f&c_y\\0&0&1\end{bmatrix}\begin{bmatrix}X\\Y\\Z\end{bmatrix}=K\begin{bmatrix}X\\Y\\Z\end{bmatrix} \tag{9.4}$$

式中 K 即为内参矩阵，可以看到内参矩阵乘以空间坐标除以 Z 值即可得到图像中像素坐标。

2. 外参矩阵

激光雷达点云位置坐标从雷达坐标系转换到相机坐标系所采用的变换矩阵称为外参矩阵。外参矩阵为 Tr_velo_to_cam，维度大小为 3×4，包含旋转矩阵 R 和平移向量 T。将相机的外参矩阵乘以点云坐标即可得到激光雷达点云在相机坐标系中的位置坐标。

3. R_0 校准矩阵

R_{0_rect} 为 0 号相机的修正矩阵，大小为 3×3，目的是使 4 个相机成像达到共面的效果，保证 4 个相机光心在同一个 xoy 平面上。激光雷达点云位置坐标在进行外参矩阵变化之后，需要与 R_{0_rect} 相乘得到相机坐标系下的坐标。

4. 点云坐标到像素坐标

综上所述，点云坐标在图像的像素坐标由下述公式决定。外参矩阵乘以点云坐标后将其变换到相机坐标系，然后通过 R_0 校准矩阵进行修正，最后将内参矩阵乘以修正后的坐标即可得到像素坐标。

$$\text{像素坐标}=\text{内参矩阵} * R_0\,\text{校准矩阵} * \text{外参矩阵} * \text{点云坐标} \tag{9.5}$$

即：

$$P * R_{0\_rect} * \mathrm{Tr\_velo\_to\_cam} * x \tag{9.6}$$

例如，Velodyne 激光雷达坐标系的点 x 投影到左侧的彩色图像的 y，使用公式：

$$y=P_2 * R_{0\_rect} * \mathrm{Tr\_velo\_to\_cam} * x \tag{9.7}$$

$z<0$ 表明该点在相机后方。另外特别注意，按照上述过程得到的结果还需要除以 Z 值才能得到像平面的具体像素坐标。

在 VoxelNet 等模型中，程序会对激光点云进行裁剪(crop)操作，以使激光雷达的点云都能投影到图像中。下面示例程序去除了相机后方的点，即相机坐标系中 z 小于 0 时对应的点。

```
def project_velo_points_in_img(pts3d, T_cam_velo, Rrect, Prect):
    #将激光雷达点云变换到相机坐标系中
    pts3d_cam = Rrect.dot(T_cam_velo.dot(pts3d))
#投影到像平面之前仅保留 z>0 的点
```

```
Before projecting, keep only points with z > 0
    # 仅保留相机前方的点
    idx = (pts3d_cam[2,:]> = 0)
    pts2d_cam = Prect.dot(pts3d_cam[:,idx])
    return pts3d[:, idx], pts2d_cam/pts2d_cam[2,:], idx
```

9.2.5 相机到雷达坐标

KITTI 数据集的 Tr_velo_to_cam 矩阵将激光雷达点云坐标变换到图像坐标系。Tr 是一个 3×4 的矩阵，直接左乘激光雷达坐标即可得到图像坐标系的坐标。

Tr 可认为是由旋转矩阵 R 和平移矩阵 T 组成，即表示为增广矩阵 $R|T$。旋转矩阵 R 的维度是 3×3，T 的维度为 1×3。将图像坐标系的坐标变回激光雷达坐标系需要用到 Tr 的逆矩阵。Tr 逆矩阵求解方法主要有分步求解和直接求解两种。

1. 分步求解

Tr 矩阵的变换过程相当于：(1)用 R 对坐标系进行变换，将原坐标变换到新的坐标系下，R 的列向量就是新坐标系的坐标轴向量；(2)用 T 对变换后的坐标进行平移，平移尺度由变换后的坐标系决定。

$$T_r = [R \mid T] \tag{9.8}$$

Tr 的逆矩阵相当于反向操作：(1)用 R 的逆矩阵进行反向变换；(2)对反向变换的坐标进行平移，平移尺度由变换后的坐标系决定。因此，Tr 的逆矩阵可以表示为：

$$T_r^{-1} = [R^{-1} \mid -R^{-1}T] \tag{9.9}$$

根据上述分析可知，Tr 的逆矩阵先通过 R 的逆矩阵求得反变换坐标系，然后用 R^{-1}T 来求得平移尺度，加上一个负号进行反向平移。注意到：用于变换前后坐标系是正交的，那么 R 一定也是一个正交矩阵。正交矩阵的逆矩阵为其转置矩阵。因此第一种求逆方法如下：

```
def inverse_rigid_trans(Tr):
    inv_Tr = np.zeros_like(Tr)   # 3x4
    inv_Tr[0:3, 0:3] = np.transpose(Tr[0:3, 0:3])
    inv_Tr[0:3, 3] = np.dot( - np.transpose(Tr[0:3, 0:3]), Tr[0:3, 3])
    return inv_Tr
```

2. 直接求解

直接求解是指直接对矩阵进行求逆运算，但是这种运算一般对应方阵。因此，在进行求逆运算时，Tr 矩阵需要增加一行[0, 0, 0, 1]，进而变成 4×4 方阵。方法如下所示：

```
Tr = np.concatenate((Tr, np.array([0, 0, 0, 1]).reshape(1, 4)))
inv_Tr = np.linalg.inv()
```

3. 结果对比验证

假设输入为：

```
array([[ 7.533745e-03, -9.999714e-01, -6.166020e-04, -4.069766e-03],
       [ 1.480249e-02,  7.280733e-04, -9.998902e-01, -7.631618e-02],
       [ 9.998621e-01,  7.523790e-03,  1.480755e-02, -2.717806e-01]], dtype =
float32)
```

分步求解的结果为：

```
array([[ 7.5337449e-03,  1.4802490e-02,  9.9986207e-01,  2.7290344e-01],
       [-9.9997139e-01,  7.2807330e-04,  7.5237900e-03, -1.9692658e-03],
       [-6.1660202e-04, -9.9989021e-01,  1.4807550e-02, -7.2285905e-02]],
dtype = float32)
```

直接求解的结果为：

```
array([[ 7.53374482e-03,  1.48024872e-02,  9.99862035e-01, 2.72903444e-01],
       [-9.99971472e-01,  7.28073268e-04,  7.52379041e-03, -1.96926581e-03],
       [-6.16602039e-04, -9.99890136e-01,  1.48075518e-02, -7.22858974e-02],
       [ 0.00000000e+00,  0.00000000e+00,  0.00000000e+00, 1.00000000e+00]])
```

显然，直接求解结果的前三行与分步求解结果一致。

9.2.6 标注可视化

在 KITTI 标注文件 label_2 中，三维目标标注的结果包括中心坐标、尺寸和旋转角度等三个部分，且中心坐标和旋转角度是在相机坐标系下的结果。因此，这两个结果需要利用到标定文件 calib 变换到雷达坐标系。

KITTI 标注的三维目标中心点定义成目标框底部平面的中心。中心坐标利用 $Tr\_velo2cam$ 的逆矩阵从相机坐标系(x，y，z)变换到雷达坐标系(t_x，t_y，t_z)。根据标注信息，物体的高度、宽度、长度分别为 d、w、l。那么，8 个顶点坐标分别为($-l/2$，$w/2$，0)、($-l/2$，$-w/2$，0)、($l/2$，$-w/2$，0)、($l/2$，$w/2$，0)、($-l/2$，$w/2$，h)、($-l/2$，$-w/2$，h)、($l/2$，$-w/2$，h)、($l/2$，$w/2$，h)。这 8 个顶点分别对应图 9-9 的 0—7。如下图所示，在雷达坐标系中，x 表示汽车前进方向，对应方向的尺寸为目标长度 l；y 表示车身方向，对应方向的尺寸为目标宽度 w；z 表示高度方向，对应方向的尺寸为目标高度 h。以雷达坐标系为视点，2、3、6、7 构成的平面为目标自身的前方。

KITTI 标签数据的 ry 旋转角度需要转换为雷达坐标系绕 z 轴的旋转角度，角度大小是与车正前方的夹角，而 ry 是与车身方向上的夹角，$ry+rz=-pi/2$，这个负号与坐标系正方向定义相关。根据 rz 构建旋转矩阵，将旋转矩阵乘以检测框后加上中心坐标即可得到雷达坐标系中检测框的 8 个顶点坐标。

KITTI 标签数据在激光雷达点云中的可视化结果如图 9-10 所示。程序进行转换时，相机坐标系变换到激光雷达坐标系需要用到上文的求逆矩阵方法。

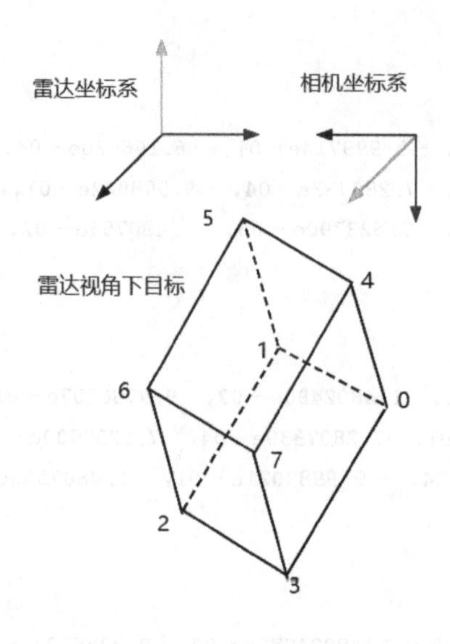

图 9-9 雷达视角下三维目标示意图

图 9-10 KITTI 标注可视化示例

9.2.7 mmdetection3d KITTI

mmdetection3d 的 KITTI 原始数据集由三部分组成，即 ImageSets、training、testing。ImageSets 用于定义训练（train. txt、trainval. txt）、验证（val. txt）和测试（test. txt）的样本序号名称，例如 000 000、000 001、000 002。training 文件夹下包含校准数据（calib）、图像数据（image_2）、标签数据（label_2）、激光雷达数据（velodyne）。testing 文件夹下包含校准数据（calib）、图像数据（image_2）、激光雷达数据（velodyne）。mmdetection3d KITTI 数据集处理介绍官方地址为 https://mmdetection3d. readthedocs. io/en/latest/data_preparation. html”，KITTI 文件目录如图 9-11 所示。

针对 KITTI 数据集，mmdetection3d 通过运行下述程序完成数据集预处理，结果如图 9-12 所示。

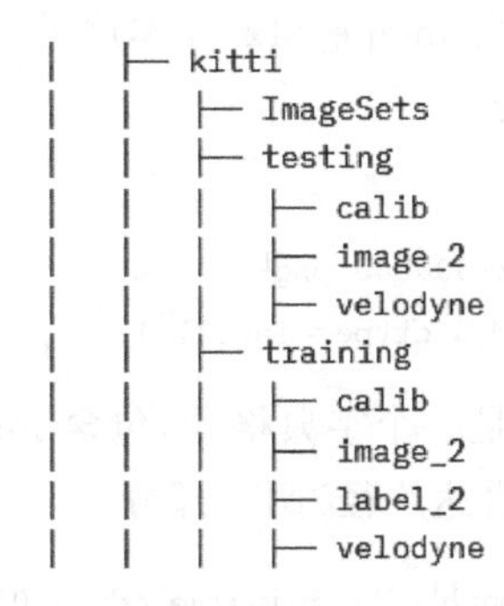

```
│   ├── kitti
│   │   ├── ImageSets
│   │   ├── testing
│   │   │   ├── calib
│   │   │   ├── image_2
│   │   │   ├── velodyne
│   │   ├── training
│   │   │   ├── calib
│   │   │   ├── image_2
│   │   │   ├── label_2
│   │   │   ├── velodyne
```

图 9-11 mmdetection3d KITTI 目录结构

```
Python tools/create_data.py kitti --root-path ./data/kitti --out-dir ./data/kitti
--extra-tag kitti
```

```
Generate info. this may take several minutes.
[>>>>>>>>>>>>>>>>>>>>>>>>>>>>>>>>>>>>>>>>>>>>>>>>>>] 20/20, 14.8 task/s, elapsed: 1s, ETA:     0s
Kitti info train file is saved to data/kitti/kitti_infos_train.pkl
[>>>>>>>>>>>>>>>>>>>>>>>>>>>>>>>>>>>>>>>>>>>>>>>>>>] 4/4, 124.8 task/s, elapsed: 0s, ETA:     0s
Kitti info val file is saved to data/kitti/kitti_infos_val.pkl
Kitti info trainval file is saved to data/kitti/kitti_infos_trainval.pkl
Kitti info test file is saved to data/kitti/kitti_infos_test.pkl
create reduced point cloud for training set
[>>>>>>>>>>>>>>>>>>>>>>>>>>>>>>>>>>>>>>>>>>>>>>>>>>] 20/20, 178.6 task/s, elapsed: 0s, ETA:     0s
create reduced point cloud for validation set
[>>>>>>>>>>>>>>>>>>>>>>>>>>>>>>>>>>>>>>>>>>>>>>>>>>] 4/4, 182.8 task/s, elapsed: 0s, ETA:     0s
create reduced point cloud for testing set
[>>>>>>>>>>>>>>>>>>>>>>>>>>>>>>>>>>>>>>>>>>>>>>>>>>] 5/5, 177.3 task/s, elapsed: 0s, ETA:     0s
[>>>>>>>>>>>>>>>>>>>>>>>>>>>>>>>>>>>>>>>>>>>>>>>>>>] 20/20, 78.7 task/s, elapsed: 0s, ETA:     0s
[>>>>>>>>>>>>>>>>>>>>>>>>>>>>>>>>>>>>>>>>>>>>>>>>>>] 4/4, 83.3 task/s, elapsed: 0s, ETA:     0s
[>>>>>>>>>>>>>>>>>>>>>>>>>>>>>>>>>>>>>>>>>>>>>>>>>>] 24/24, 84.7 task/s, elapsed: 0s, ETA:     0s
[>>>>>>>>>>>>>>>>>>>>>>>>>>>>>>>>>>>>>>>>>>>>>>>>>>] 5/5, 111.4 task/s, elapsed: 0s, ETA:     0s
Create GT Database of KittiDataset
[>>>>>>>>>>>>>>>>>>>>>>>>>>>>>>>>>>>>>>>>>>>>>>>>>>] 20/20, 28.0 task/s, elapsed: 1s, ETA:     0s
load 11 Pedestrian database infos
load 3 Truck database infos
load 43 Car database infos
load 2 Cyclist database infos
load 1 Misc database infos
load 3 Van database infos
load 2 Tram database infos
```

图 9-12 KITTI 数据集预处理

运行上述程序之后，data/kitti/目录下生成4个pkl文件和4个json文件，即：kitti_infos_train.pkl、kitti_infos_val.pkl、kitti_infos_trainval.pkl、kitti_infos_test.pkl、kitti_infos_train_mono3d.coco.json、kitti_infos_val_mono3d.coco.json、kitti_infos_trainval_mono3d.coco.json、kitti_infos_test_mono3d.coco.json。除pkl和json文件外，程序还会生成velodyne_reduced和kitti_gt_database文件夹。

pkl文件将ImageSets中定义的用于训练、验证和测试中的文件列表进一步细化。以训练文件来说，ImageSets的train.txt只是简单定义了用于训练的样本序号。与之相对应的pkl文件名称为kitti_infos_train.pkl。pkl文件主要存储的是各个样本的详细信息，格式为字典组成的列表。列表中每个样本的信息不仅仅包含样本序号，还需要包含其他信息，统一存储在一个字典info中。该字典的key包含image(图片数据信息)、point_cloud(激光雷达数据信息)、calib(校准数据信息)、annos(标签标注数据信息)四个。

info['image']:字典格式,包含 image_idx(样本序号)、image_path(图片路径)、image_shape(图片尺寸)等三个部分。

```
{'image_idx': 0,
'image_path': 'training/image_2/000000.png',
'image_shape': array([370, 1224], dtype = int32)]}
```

info['point_cloud']:本身也是一个字典格式,包含 num_features(点云特征维度数量 xyzr)和 velodyne_path(激光雷达路径)两个部分。

```
{'num_features': 4, 'velodyne_path': 'training/velodyne/000000.bin'}
```

info['calib']:字典格式,包含 $P0$、$P1$、$P2$、$P3$、$R0$_rect、Tr_velo_to_cam、Tr_imu_to_velo 等 7 个校准数据。

info['annos']:字典格式,包含 name、truncated、occlude、alpha、bbox、dimensions、location、rotation_y、score、indcx、group_ids、difficulty、num_points_in_gt 等 13 个标签数据。

training 和 testing 文件目录下会分别生成 velodyne_reduced 文件夹,该文件夹下存储的是经过裁剪的激光雷达数据,被裁剪的部分是图像视野范围之外的点云数据。

json 文件存储 coco 格式的标注信息,仍然是以字典列表的形式来存储各个标注,每一个目标占用一个列表元素,不再是每一个样本占用一个元素。一个样本可以有多个目标,因此 json 中 annotations 字典列表长度大于 pkl 中的字典列表长度。字典包含 annotations、images 和 categories 三个部分。annotations 是存储标注信息的字典,含 14 个关键字。images 是图片和校准信息的字典,含 8 个关键字,即 file_name、id、Tri2v、Trv2c、rect、cam_intrinsic、width、height,包含图片路径、样本序号、相机校准参数和尺寸。categories 存储算法关注的标签名称及其标签 ID。

```
(1) annotations
file_name:图片路径,如 training/image_2/000000.png
image_id:样本序号,如 0
area:三维目标在相机坐标系下的投影面积
category_name:目标名称,如 Car
category_id:类别标签序号,如 2
bbox:二维标注框,list:4
iscrowd:0
bbox_cam3d:相机坐标系下三维标注,list:7,即 xyzwhl + rotation
Velo_cam3d:速度,-1
ceter2d:三维目标中心在相机坐标系下的投影,list:3
attribute_name:-1
attribute_id:-1
segmenation:[]
(2) categories
[{'id': 0, 'name': 'Pedestrian'},
```

```
{'id': 1, 'name': 'Cyclist'},
{'id': 2, 'name': 'Car'}]
```

kitti_gt_database 文件夹存储每个目标所占据的点云，并且点云中心点平移到坐标原点。这相当于中心位于坐标原点的各个目标的三维点云。存储格式按照 sampleid_classname_i. bin。Sampleid 表示样本序号，classname 为目标名称，i 表示样本中的第 i 个目标。各个文件运行结果如图 9－13 所示。

```
0_Pedestrian_0.bin   11_Car_4.bin          15_Pedestrian_2.bin  18_Tram_2.bin     3_Car_0.bin           7_Cyclist_3.bin
10_Car_0.bin         11_Pedestrian_0.bin   15_Pedestrian_3.bin  18_Van_1.bin      4_Car_0.bin           8_Car_0.bin
10_Car_1.bin         11_Pedestrian_1.bin   15_Pedestrian_4.bin  19_Car_1.bin      4_Car_1.bin           8_Car_1.bin
10_Car_3.bin         11_Pedestrian_3.bin   16_Car_0.bin         19_Car_3.bin      5_Pedestrian_0.bin    8_Car_2.bin
10_Car_4.bin         11_Pedestrian_5.bin   16_Car_2.bin         19_Truck_0.bin    6_Car_0.bin           8_Car_3.bin
10_Car_5.bin         12_Car_0.bin          16_Car_3.bin         19_Van_2.bin      6_Car_1.bin           8_Car_4.bin
10_Car_6.bin         12_Van_1.bin          16_Car_4.bin         1_Car_1.bin       6_Car_2.bin           8_Car_5.bin
10_Car_7.bin         13_Car_0.bin          16_Tram_5.bin        1_Cyclist_2.bin   6_Car_3.bin           9_Car_0.bin
10_Car_8.bin         14_Car_0.bin          16_Truck_1.bin       1_Truck_0.bin     7_Car_0.bin           9_Car_1.bin
10_Pedestrian_2.bin  15_Car_0.bin          17_Car_0.bin         2_Car_1.bin       7_Car_1.bin           9_Car_2.bin
11_Car_2.bin         15_Pedestrian_1.bin   18_Car_0.bin         2_Misc_0.bin      7_Car_2.bin
```

图 9－13　KITTI 目标点云

9.3　NuScenes

NuScenes 数据集是由 Motional(前身为 nuTonomy)团队开发的用于自动驾驶的公有大型数据集，其官方地址为 https://www.nuscenes.org/"。数据集来源于波士顿和新加坡采集的 1 000 个驾驶场景，每个场景选取 20 s 长的视频，共计大约 15 h 的驾驶数据。场景选取充分考虑多样化的驾驶操作、交通情况和意外情况等，例如不同地点、天气条件、车辆类型、植被、道路标和驾驶规则等。

大多户外 3D 目标识别算法均使用 KITTI 和 NuScenes 作为测试 benchmark。在难易度上，NuScenes 数据集因目标种类更多、场景更丰富、标注密集且尺寸小而导致其比 KITTI 更加困难。除此之外，部分自动驾驶商业公司也公开了其他用于研究的数据集，比如 Waymo 和 Lyft。

NuScenes 数据集于 2019 年 3 月正式发布。完整数据集包括大约 140 万个图像、39 万个激光雷达点云、140 万个雷达扫描和 4 万个关键帧的 140 万个对象边界框。NuScenes 是第一个提供来自自动驾驶汽车整个传感器套件的大规模数据集，其传感器包括 6 个摄像头、1 个激光雷达、5 个毫米波雷达、GPS 和 IMU，如图 9－14 所示。此外，2020 年 7 月发布的 nuScenes-lidarseg 数据集，增加了激光雷达点云的语义分割标注，共 14 亿个点，涵盖 23 个前景类和 9 个背景类。

9.3.1　数据范围

nuScenes 官网地址为 https://www.nuscenes.org/nuscenes#overview，注册后可免费下载，下载页面如图 9－15 所示。完整 nuScenes 数据集包括 40 000 个点云和 1 000 个场景(850 个用于训练和验证场景，以及 150 个用于测试场景)，相应数据压缩

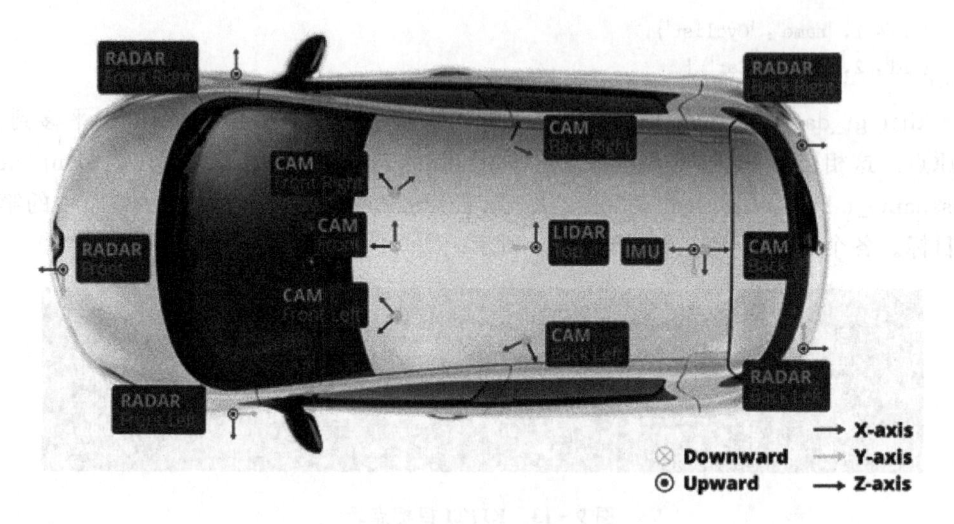

图 9-14　Nuscene 传感器分布[3]

文件总体大小共 347 GB 左右。如果用户仅进行简单的算法实验，建议下载 Mini 版数据集。Mini 版数据集仅包含 10 个场景，下载压缩文件为 3.88 GB。后续 nuScenes 数据集具体介绍将参考 Mini 版进行。

Mini

Subset of trainval, 10 scenes, used to explore the data without downloading the whole dataset.

Metadata and sensor file blobs [US, Asia]	3.88 GB	(4167696325 Bytes)	**md5:** 791dd9ced556cfa1b425682f177b5d9b

Trainval

850 scenes, 700 train, 150 val. Metadata is for all 850 scenes, sensor file blobs are split into 10 subsets that each contains 85 scenes. If you want to download only a subset of the data, you can choose between different sensor modalities (lidar, radar and camera) or keyframes only.

Metadata [US, Asia]	0.43 GB	(461179800 Bytes)	**md5:** 3eee698806fcf52330faa2e682b9f3a1
File blobs of 85 scenes, part 1 [US, Asia]	29.41 GB	(31574298075 Bytes)	**md5:** 8b5eaecef969aea173a5317be153ca63
File blobs of 85 scenes, part 2 [US, Asia]	28.06 GB	(30128325054 Bytes)	**md5:** 116085f49ec4c60958f9d49b2bd6bfdd
File blobs of 85 scenes, part 3 [US, Asia]	27.81 GB	(29862707349 Bytes)	**md5:** 9de7f2a72864d6f9ef5ce0b74e84d311
File blobs of 85 scenes, part 4 [US, Asia]	29.87 GB	(32070725354 Bytes)	**md5:** 4d0bec5cc581672bb557c777cd0f0556
File blobs of 85 scenes, part 5 [US, Asia]	26.25 GB	(28181092231 Bytes)	**md5:** 3747bb98cdfeb60f29b236a61b95d66a
File blobs of 85 scenes, part 6 [US, Asia]	25.61 GB	(27503837689 Bytes)	**md5:** 9f6948a19b1104385c30ad58ab64dabb
File blobs of 85 scenes, part 7 [US, Asia]	27.50 GB	(29523743832 Bytes)	**md5:** d92529729f5506f5f0cc15cc82070c1b
File blobs of 85 scenes, part 8 [US, Asia]	28.19 GB	(30268612637 Bytes)	**md5:** 90897e7b58ea38634555c2b9583f4ada
File blobs of 85 scenes, part 9 [US, Asia]	31.21 GB	(33513836703 Bytes)	**md5:** 7cf0ac8b8d9925edbb6f23b96c0cd1cb
File blobs of 85 scenes, part 10 [US, Asia]	38.87 GB	(41740937939 Bytes)	**md5:** fedf0df4e82630abb2d3d517be12ef9d

Test

150 scenes. No annotations provided.

Metadata [US, Asia]	0.07 GB	(70746508 Bytes)	**md5:** f473fa9bb4d91e44ace5989d91419a46
Sensor file blobs [US, Asia]	53.63 GB	(57586051660 Bytes)	**md5:** 3e1b78da1e08eed076ab3df082a54366

图 9-15　nuScenes 下载界面

Mini nuScenes 下载后得到名称为 v1.0-mini.tgz 的压缩包，主要包含 maps、samples、sweeps 和 v1.0-mini 等 4 个文件夹。下面分别进行简要介绍。

(1) maps：数据采集的地图路线，是一个二值图，道路所在路线对应的像素值为 255，其他像素值为 0。

(2) samples：数据样本，分别包括 6 个摄像头、1 个激光雷达、5 个毫米波雷达所采集的数据，每个传感器采集 404 个样本。数据来源于 10 个场景，且每个场景共采集约连续 20 s 数据。samples 的数据是在这些连续数据样本中，以 2 Hz 频率进行采样，即每秒 2 张图片。摄像头采集数据保存为 jpg 格式图像。激光雷达和毫米波雷达采集数据保存为 pcd 点云格式。各个传感器的数据文件总数为 12×404=4 848。其中，激光雷达的点云属性包括空间坐标 x、y、z、反射强度和雷达垂直方向扫描序号(32 线雷达的取值范围为 0～31)。

(3) sweeps：samples 的数据是经过 2 Hz 采样得到的数据。sweeps 存储的则是连续扫描得到约 20 s 传感器数据，存储结构和格式完全与 samples 文件夹一致。由于数据是连续扫描得到的，其可以用来合成视频，模拟实际连续检测的效果。各个传感器的数据文件总数为 26 358。

(4) V1.0-mini：该文件夹主要包含数据详细说明，例如传感器标定参数、目标类别、标注信息等，共包含 13 个 json 文件，下面将分别进行详细介绍。

9.3.2 json 文件

1. attribute.json

文件记录了汽车、自行车(摩托车)和行人不同的状态属性，参数分别是 token、name、description，共 8 组数据。token 表示状态属性的唯一标识符，name 表示状态属性类型名称，共 8 种情形。汽车状态属性包括行驶、停止和停车 3 种情况，其中停止是指暂时停车，驾驶员仍然在车上且随时有继续行驶的迹象，停车是指车辆长时间静止，没有迹象继续行驶。自行车(摩托车)状态属性主要包括有无驾驶员在车上两种。行人状态属性则涉及坐着(躺着)、站着和移动 3 种。description 表示各种属性状态的解释和描述。示例如下所示。

```
{
"token": "cb5118da1ab342aa947717dc53544259",
"name": "vehicle.moving",
"description": "Vehicle is moving."
}
```

2. caibrated_sensor.json

文件记录了各个传感器的校准数据，参数分别是 token、sensor_token、translation、rotation、camera_intrinsic，共 120 组数据。token 表示不同场景下传感器的唯一标识符，与场景或车辆相关。sensor_token 表示传感器类别唯一标识符，与 sensor.json 的

token一致。由于场景数量为10且传感器类别数量为12，因此校准文件共记录120组数据。translation、rotation和camera_intrinsic分别表示平移坐标(x、y、z)、旋转坐标(四元数，w、x、y、z)和相机内外参数，具体含义和使用方式可参考KITTI校准数据部分。

```
{
"token": "f4d2a6c281f34a7eb8bb033d82321f79",
"sensor_token": "47fcd48f71d75e0da5c8c1704a9bfe0a",
"translation": [
3.412,
0.0,
0.5
],
"rotation": [
0.9999984769132877,
0.0,
0.0,
0.0017453283658983088
],
"camera_intrinsic": []
}
```

3. category.json

文件记录了目标所有类别，参数分别是token、name、description，共计23种类别。token表示类别的唯一标识符，例如行人（成年人）的唯一标识为1fa93b757fc74fb197cdd60001ad8abf。name表示类别名称，如human.pedestrian.wheelchair。description表示类别的解释说明，例如坐轮椅的人的说明为“Wheelchairs. If a person is in the wheelchair, include in the annotation.”。

```
{
"token": "1fa93b757fc74fb197cdd60001ad8abf",
"name": "human.pedestrian.adult",
"description": "Adult subcategory."
}
```

4. ego_pose.json

文件记录了某个特定时间下车辆的姿态，参数分别是token、translation、rotation、timestamp，共31206组数据，正好是samples和sweeps文件夹下数据之和。token表示唯一标识符。translation和rotation分别表示三维平移坐标和旋转四元数。timestamp表示Unix时间戳。

```
{
"token": "5ace90b379af485b9dcb1584b01e7212",
"timestamp": 1532402927814384,
"rotation": [
0.5731787718287827,
-0.0015811634307974854,
0.013859363182046986,
-0.8193116095230444
],
"translation": [
410.77878632230204,
1179.4673290964536,
0.0
]
}
```

5. instance.json

文件记录了存在的实例及其出现的具体时间段，参数分别是 token、category_token、nbr_annotations、first_annotation_token、last_annotation_token，共 911 组数据，即 911 个实例。token 表示唯一标识符。nbr_annotations 表示标注数量。first_annotation_token 和 last_annotation_token 分别表示实例首次记录和最后记录的 token，根据这个 token 可以从 sample.json 文件中确定实例出现的完整时间段。

```
{
"token": "6dd2cbf4c24b4caeb625035869bca7b5",
"category_token": "1fa93b757fc74fb197cdd60001ad8abf",
"nbr_annotations": 39,
"first_annotation_token": "ef63a697930c4b20a6b9791f423351da",
"last_annotation_token": "8bb63134d48840aaa2993f490855ff0d"
}
```

6. log.json

文件记录了车辆采集数据时的日志，参数分别是 token、logfile、vehicle、date_captured、location，共 8 组数据。token 表示唯一标识符。logfile 表示数据采集时的日志文件名称。vehicle 表示采集车辆名称，包含 n015 和 n008 两种类型。date_captured 表示数据采集日期。location 表示数据采集路线地点，共 4 个地点路线，分别是 singapore-onenorth、boston－seaport、singapore-queenstown、singapore－hollandvillage。

```
{
"token": "7e25a2c8ea1f41c5b0da1e69ecfa71a2",
"logfile": "n015-2018-07-24-11-22-45+0800",
"vehicle": "n015",
```

```
"date_captured": "2018-07-24",
"location": "singapore-onenorth"
}
```

7. map.json

文件记录了车辆采集数据时的二进制语义地图，是对 maps 文件夹的补充说明，参数分别是 category、token、filename、log_tokens，共 4 组数据，分别对应上述 4 个地点。category 表示图片类型，主要说明图片为语义地图。token 表示唯一标识符。filename 与上述 maps 文件夹下的地图名称对应。log_tokens 表示对应地图上进行数据采集时的日志记录列表，log.json 的 token 便在这个列表当中。

```
{
"category": "semantic_prior",
"token": "37819e65e09e5547b8a3ceaefba56bb2",
"filename": "maps/37819e65e09e5547b8a3ceaefba56bb2.png",
"log_tokens": [
"853a9f9fe7e84bb8b24bff8ebf23f287",
"e55205b1f2894b49957905d7ddfdb96d",
]
}
```

8. sample.json

文件记录了从 10 个 20 s 场景数据以 2 Hz 频率(间隔 0.5 s)采样后的数据，参数分别是 token、timestamp、prev、next、scene_token，共 404 组数据，与 samples 文件夹下各个传感器所采集的数量一致。token 表示唯一标识符。timestamp 表示 Unix 时间戳。prev 表示上一次采集的 token，第一次采集时由于没有上一次数据而取为空值。next 表示下一次采集的 token，最后一次采集时由于没有下一次数据而取为空值。scene_token 表示场景的唯一标识符，与 scene.json 的 token 一致。

```
{
"token": "ca9a282c9e77460f8360f564131a8af5",
"timestamp": 1532402927647951,
"prev": "",
"next": "39586f9d59004284a7114a68825e8eec",
"scene_token": "cc8c0bf57f984915a77078b10eb33198"
}
```

9. sample_annotation.json

文件记录了 404 个样本的标注数据，参数分别是 token、sample_token、instance_token、visibility_token、attribute_tokens、translation、size、rotation、prev、next、num_lidar_pts、num_radar_pts，共 18 538 组数据。每一组标注数据表示一个目标。如果一个样本包含多个目标，那么每个目标分别用一组标注数据表示。token 表示标注数据的

唯一标识符。sample_token 表示采样样本的唯一标识符，与 sample. json 的 token 一致。instance_token 表示实例的标识符，与 instance. json 的 token 一致。visibility_token 表示目标可见程度的标识符，与 visibility. json 的 token 一致。attribute_tokens 表示目标状态属性的标识符列表，与 attribute. json 的 token 一致，因为一个目标可能有多种属性，所以用列表进行表示。translation 表示目标中心的三维空间坐标。size 表示目标的三维尺寸。rotation 表示目标的旋转角度，用四元数表示。prev 表示上一次采集的 token，第一次采集时由于没有上一次数据而取为空值。next 表示下一次采集的 token，最后一次采集时由于没有下一次数据而取为空值。num_lidar_pts 表示目标范围内激光雷达的点数量。num_radar_pts 表示目标范围内毫米波雷达的点数量。


```
{
"token": "70aecbe9b64f4722ab3c230391a3beb8",
"sample_token": "cd21dbfc3bd749c7b10a5c42562e0c42",
"instance_token": "6dd2cbf4c24b4caeb625035869bca7b5",
"visibility_token": "4",
"attribute_tokens": [
"4d8821270b4a47e3a8a300cbec48188e"
],
"translation": [
373.214,
1130.48,
1.25
],
"size": [
0.621,
0.669,
1.642
],
"rotation": [
0.9831098797903927,
0.0,
0.0,
-0.18301629506281616
],
"prev": "a1721876c0944cdd92ebc3c75d55d693",
"next": "1e8e35d365a441a18dd5503a0ee1c208",
"num_lidar_pts": 5,
"num_radar_pts": 0
}
```


10. sample_data. json

文件记录了全部传感器数据，参数分别是 token、sample_token、ego_pose_token、

calibrated_sensor_token、timestamp、fileformat、is_key_frame、height、width、filename、prev、next，包含 samples 和 sweeps 文件夹下所有数据，共 31 206 组数据。token 表示唯一标识符。sample_token 表示样本唯一标识符，关键字的标识符与 sample.json 的 token 一致。ego_pose_token 表示车辆姿态标识符，与 ego_pose.json 的 token 一致。calibrated_sensor_token 表示传感器数据对应的校准参数，与 calibrated_sensor.json 的 token 一致。timestamp 表示 Unix 时间戳。fileformat 表示文件格式，点云文件为 pcd，图像文件为 jpg。is_key_frame 表示关键帧，经 2 Hz 采样得到的 sample 样本为关键帧数据。height 和 width 表示图像的高和宽，对于点云文件来说取值为空。filename 表示数据存储路径，即 samples 和 sweeps 文件夹下的存储路径。prev 表示上一次采集的 token，第一次采集时由于没有上一次数据而取为空值。next 表示下一次采集的 token，最后一次采集时由于没有下一次数据而取为空值。


```
{
"token": "5ace90b379af485b9dcb1584b01e7212",
"sample_token": "39586f9d59004284a7114a68825e8eec",
"ego_pose_token": "5ace90b379af485b9dcb1584b01e7212",
"calibrated_sensor_token": "f4d2a6c281f34a7eb8bb033d82321f79",
"timestamp": 1532402927814384,
"fileformat": "pcd",
"is_key_frame": false,
"height": 0,
"width": 0,
"filename": "sweeps/RADAR_FRONT/n015 - 2018 - 07 - 24 - 11 - 22 - 45 + 0800__RADAR_FRONT__
1532402927814384.pcd",
"prev": "f0b8593e08594a3eb1152c138b312813",
"next": "978db2bcdf584b799c13594a348576d2"
}
```


11. scene.json

文件记录了数据采集的 10 个场景，参数分别是 token、log_token、nbr_samples、first_sample_token、last_sample_token、name、description，共 10 组数据。token 表示唯一标识符。log_token 表示数据采集时的日志标识符，与 log.json 的 token 一致。nbr_samples 表示各个场景采集的样本数量，总数为 404。first_sample_token 和 last_sample_token 分别表示实例首次采样和最后采样的 token，根据这个 token 可以从 sample.json 文件中确定采样的完整时间段。name 表示场景名称，采用“scene-数字”的格式，如 scene-0061。description 表示场景描述，即数据采集时的交通环境，例如白天、黑夜、路口、行人有无等。


```
{
"token": "cc8c0bf57f984915a77078b10eb33198",
"log_token": "7e25a2c8ea1f41c5b0da1e69ecfa71a2",
```

```
"nbr_samples": 39,
"first_sample_token": "ca9a282c9e77460f8360f564131a8af5",
"last_sample_token": "ed5fc18c31904f96a8f0dbb99ff069c0",
"name": "scene-0061",
"description": "Parked truck, construction, intersection, turn left, following a van"
}
```

12. sensor.json

文件记录了传感器的基本描述,参数分别是 token、channel、modality,共 12 组数据,即 12 个传感器(即 6 个摄像头、1 个激光雷达、5 mm 波雷达)基本信息。token 表示各个传感器的唯一标识符。channel 表示传感器位置,主要区分不同位置的同一类型传感器。modality 表示传感器类型,例如相机、激光雷达、毫米波雷达。

```
{
"token": "725903f5b62f56118f4094b46a4470d8",
"channel": "CAM_FRONT",
"modality": "camera"
}
```

13. visibility.json

文件记录了目标可见程度的划分规则,参数分别是 token、level、description,共 4 组数据。目标的可见程度按照 0～40%、40%～60%、60%～80%、80%～100%等比例划分为 4 个等级。token 表示唯一标识符,取值为 1～4。level 表示目标可见程度等级,包括 v0－40、v40－60、v60－80、v80－100。description 表示等级划分规则的具体说明。

```
{
"description": "visibility of whole object is between 0 and 40 % ",
"token": "1",
"level": "v0-40"
}
```

9.3.3 NuScenes 工具包

Nuscenes 数据集提供数据处理工具包(nuscenes－devkit),包括数据读写、处理和可视化,采用 pip 直接安装即可,即 pip install nuscenes－devkit。NuScenes 数据读取程序如下所示。

```
from nuscenes.nuscenes import NuScenes
nus = NuScenes(version='v1.0-mini', dataroot=r'D:\v1.0-mini', verbose=True)
```

上述程序读取后 nus 数据集包含了以上 13 个 json 文件的全部内容,并且会打印出各个文件中存储的记录总数,如图 9－16 所示。nus.xxx 分别对应 json 文件的内容,这里 xxx 表示 json 文件名(不含.json 后缀),如 nus.sample_data。

```
======
23 category,
8 attribute,
4 visibility,
911 instance,
12 sensor,
120 calibrated_sensor,
31206 ego_pose,
8 log,
10 scene,
404 sample,
31206 sample_data,
18538 sample_annotation,
4 map,
Done loading in 0.468 seconds.
======
Reverse indexing ...
Done reverse indexing in 0.1 seconds.
======
```

图 9-16 nuscenes-devkit 读取结果

9.3.4 mmdetection3d nuScenes

Mmdetection3d nuScenes 数据集处理介绍官方地址为 https://mmdetection3d.readthedocs.io/en/latest/data_preparation.html”，具体介绍同样位于 Data Preparation 栏目。nuScenes 目录结构如图 9-17 所示，包括 maps、samples、sweeps、v1.0-test 和 v1.0-trainval。

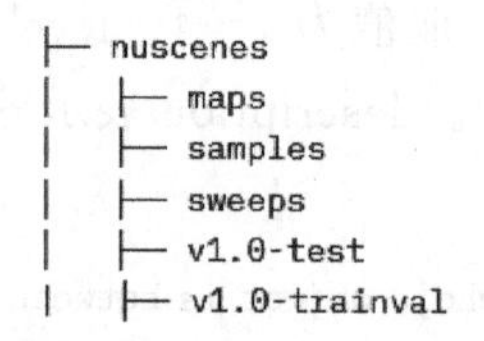

图 9-17 mmdetection3d nuScenes 目录结构

上述文件结构来源于完整版的 nuScenes，但是 Mini 版 nuScenes 目录为 maps、samples、sweeps 和 v1.0-mini。在进行算法实验或验证时，我们通常下载的是 Mini 版本，直接运行 mmdetection3d nuScenes 默认处理程序时会出错。为了能够采用 Mini nuScenes 运行算法，我们需要进行以下两处修改。

(1) 把 v1.0-mini 文件夹重命名为 v1.0-trainval。

(2) 注释掉 tools/create_data.py 中处理 nuScenes 测试集部分，如下所示。

```
elif args.dataset == 'nuscenes' and args.version ! = 'v1.0 - mini':
train_version = f'{args.version} - trainval'
nuscenes_data_prep(
    root_path = args.root_path,
    info_prefix = args.extra_tag,
    version = train_version,
```

```
        dataset_name = 'NuScenesDataset',
        out_dir = args.out_dir,
        max_sweeps = args.max_sweeps)
    '''
    test_version = f'{args.version} - test'
    nuscenes_data_prep(
        root_path = args.root_path,
        info_prefix = args.extra_tag,
        version = test_version,
        dataset_name = 'NuScenesDataset',
        out_dir = args.out_dir,
        max_sweeps = args.max_sweeps)
        '''
```

mmdetection3d nuScenes 预处理命令如下。

```
Python tools/create_data.py nuscenes --root-path ./data/nuscenes --out-dir ./data/nuscenes --extra-tag nuscenes
```

此外，mmdetection3d 也提供 Mini 版 nuScenes 的处理程序，并且不需要对数据目录结构进行修改。

```
Python tools/create_data.py nuscenes --version v1.0-mini --root-path ./data/nuscenes --out-dir ./data/nuscenes --extra-tag nuscenes
```

预处理命令运行成功后，nuscenes 文件夹新增 nuscenes_dbinfos_train.pkl、nuscenes_infos_train.pkl、nuscenes_infos_train_mono3d.coco.json、nuscenes_infos_val.pkl、nuscenes_infos_val_mono3d.coco.json 和 nuscenes_gt_database 文件夹。命令运行过程如图 9-18 所示。

```
120 calibrated_sensor,
31206 ego_pose,
8 log,
10 scene,
404 sample,
31206 sample_data,
18538 sample_annotation,
4 map,
Done loading in 0.728 seconds.
======
Reverse indexing ...
Done reverse indexing in 0.1 seconds.
======
[>>>>>>>>>>>>>>>>>>>>>>>>>>>>>>>>>>>>>>>>>>>>>>>>>>] 81/81, 3.3 task/s, elapsed: 24s, ETA:     0s
Create GT Database of NuScenesDataset
[>>>>>>>>>>>>>>>>>>>>>>>>>>>>>>>>>>>>>>>>>>>>>>>>>>] 323/323, 2.6 task/s, elapsed: 126s, ETA:     0s
load 3068 pedestrian database infos
load 4082 car database infos
load 773 traffic_cone database infos
load 147 bicycle database infos
load 1851 barrier database infos
load 451 truck database infos
load 337 bus database infos
load 174 construction_vehicle database infos
load 57 movable_object.pushable_pullable database infos
load 179 motorcycle database infos
load 13 movable_object.debris database infos
load 59 trailer database infos
load 25 human.pedestrian.personal_mobility database infos
```

图 9-18 nuScenes 预处理

9.4 S3DIS

9.4.1 数据集简介

S3DIS(Stanford Large-Scale 3D Indoor Spaces Dataset)数据集是斯坦福大学开发的室内三维点云数据集,含有像素级语义标注信息。官方下载地址为 http://building-parser. stanford. edu/dataset. html,需要简单填一下信息,填完即可出现下载链接,不需要进行邮箱验证确认。

这里下载的数据集为 Stanford3dDataset_v1. 2_Aligned_Version. zip,解压之后有 Area_1(44 个场景)、Area_2(40 个场景)、Area_3(23 个场景)、Area_4(49 个场景)、Area_5(68 个场景)、Area_6(48 个场景)六个文件夹,即 6 个不同区域。S3DIS 在 6 个区域的 271 个房间中共采集 272 个场景。

S3DIS 每个场景包含一个 txt 点云文件和一个 Annotations 文件夹。这个 txt 文件记录了该场景的全部点云,每个点云属性含 x、y、z、r、g、b 六个维度数据。Annotations 文件夹则记录了各个类别的 txt 点云文件,同样存储 $xyzrgb$6 个维度的数据。显然。各个类别的点云应是总场景点云的一部分。

数据集具体包含 11 种类别场景和 13 种类别语义元素,分别如下所示。

11 种场景:Office(办公室)、conference room(会议室)、hallway(走廊)、auditorium(礼堂)、open space(开放空间)、lobby(大堂)、lounge(休息室)、pantry(储藏室)、copy room(复印室)和 storage and WC(卫生间)。

13 个语义元素:ceiling(天花板)、floor(地板)、wall(墙壁)、beam(梁)、column(柱)、window(窗)、door(门)、table(桌子)、chair(椅子)、sofa(沙发)、bookcase(书柜)、board(板)、clutter (其他)。

9.4.2 mmdetection3d S3DIS

mmdetection3d 关于 S3DIS 数据集的官方处理过程介绍地址为 https://github. com/open-mmlab/mmdetection3d/blob/master/data/s3dis/README. md”。其预处理程序主要包含 collect_indoor3d_data. py 和 create_data. py。

collect_indoor3d_data. py 程序用于提取原始数据的点云和标签。data/s3dis/meta_data/anno_paths. txt 存储全部 272 个场景的 Annotations 文件夹路径。/data/s3dis/meta/class_names. txt 列举了上面 13 个语义元素的标签名称。

运行命令时需要进入到 mmdetection3d 目录下的 data/s3dis 文件夹下,即:

```
cd data/s3dis
Python collect_indoor3d_data.py
```

返回到 mmdetection3d 工程目录下，运行 tools/create_data.py 程序即可完成 S3DIS 数据集预处理。

```
cd ../..
Python tools/create_data.py s3dis -- root - path ./data/s3dis -- out - dir ./data/s3dis
-- extra - tag s3dis
```

S3DIS 数据集预处理完成之后，其目录结构如图 9－19 所示。

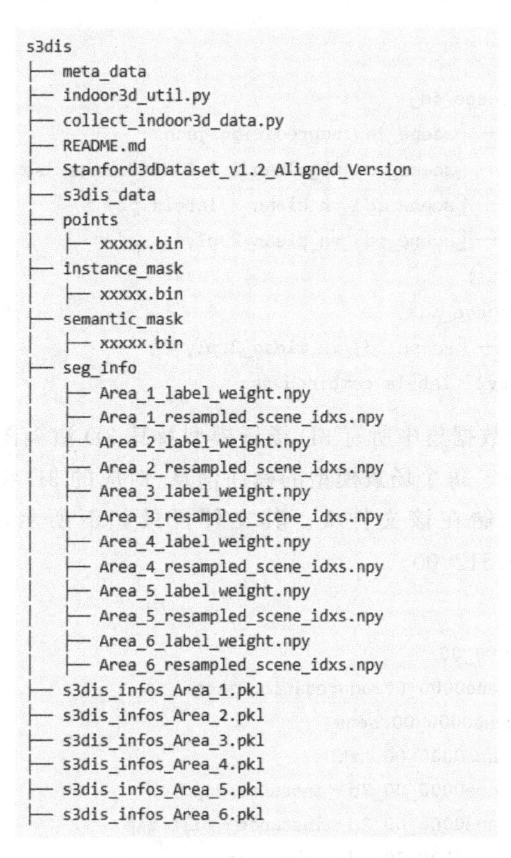

图 9－19 mmdetection3d S3DIS 目录结构

9.5 ScanNet v2

9.5.1 数据集简介

ScanNet v2 是一个由斯坦福大学、普林斯顿大学和慕尼黑工大联合开发的大规模室内场景数据集，从小型办公室和家庭到大型公共建筑和商业空间，涵盖各种尺度和用途的场景。数据集包含 1 513 个采集场景数据，共 21 个类别对象。1 201 个场景用于训练,312 个场景用于测试。ScanNet v2 适用于室内场景的分割、识别、物体检测和场景重建等算法研究与开发。

ScanNet v2 每个场景都有一个唯一的标识符号,如 scene0000_00、scene0001_00 等。每个场景包含多个扫描(scan),如 scene0000_00_vh_clean_2. ply、scene0001_00_vh_clean_2. ply 等。ScanNet v2 数据集的文件目录结构包括以下内容,由 scans、scans_test 和 scannetv2－labels. combined. tsv 组成。

```
├─── scannet
│    ├─── scans
│    │    ├─── [scene_id]
│    │    │    ├─── [scene_id]. aggregation. json
│    │    │    ├─── [scene_id]_vh_clean_2.0.010000. segs. json
│    │    │    ├─── [scene_id]_vh_clean_2. labels. ply
│    │    │    ├─── [scene_id]_vh_clean_2. ply
│    ├─── scans_test
│    │    ├─── [scene_id]
│    │    │    ├─── [scene_id]_vh_clean_2. ply
│    ├─── scannetv2 - labels. combined. tsv
```

scans 文件夹包含数据集中所有 3D 场景模型及其 3D 渲染图像,且每个场景模型由多个 mesh 文件组成。每个场景模型的标注信息、对应的 3D 物体边界框、相机参数和深度图像数据均存储在该文件夹。其文件目录如下所示,场景文件夹编号为 scene0000_00～ scene1512_00。

```
├─── scans/
│    ├─── scene0000_00/
│    │    ├─── scene0000_00. aggregation. json
│    │    ├───scene0000_00. sens
│    │    ├─── scene0000_00. txt
│    │    ├─── scene0000_00_2d - instance. zip
│    │    ├─── scene0000_00_2d - instance - filt. zip
│    │    ├─── scene0000_00_2d - label. zip
│    │    ├───scene0000_00_2d - label - filt. zip
│    │    ├─── scene0000_00_vh_clean. aggregation. json
│    │    ├─── scene0000_00_vh_clean. ply
│    │    ├─── scene0000_00_vh_clean. segs. json
│    │    ├───scene0000_00_vh_clean_2.0.010000. segs. json
│    │    ├───scene0000_00_vh_clean_2. labels. ply
│    │    └───scene0000_00_vh_clean_2. ply
│    ├─── scene0001_00/
│    │    ├─── ...
│    ├─── ...
│    └─── scene1512_00/
│        ├─── ...
```

各个文件所含内容如下所示：

(1) <scanId>. txt:存储相应场景的基本信息，包括坐标偏移、场景类型等。

(2) <scanId>. sens:该文件夹包含多个传感器的数据，包括RGB图像、深度图像、相机位姿、视角变换和场景的语义分割标签，其中RGB图像大小为1 296×968，深度图像大小为640x480。

(3) <scanId>_vh_clean. ply:高质量重建网格，点云数据。

(4) <scanId>_vh_clean_2. ply:经过数据清洗后的网格，点云数据。MeshLab软件中scene0000_00_vh_clean_2. ply的效果如图9-20所示。

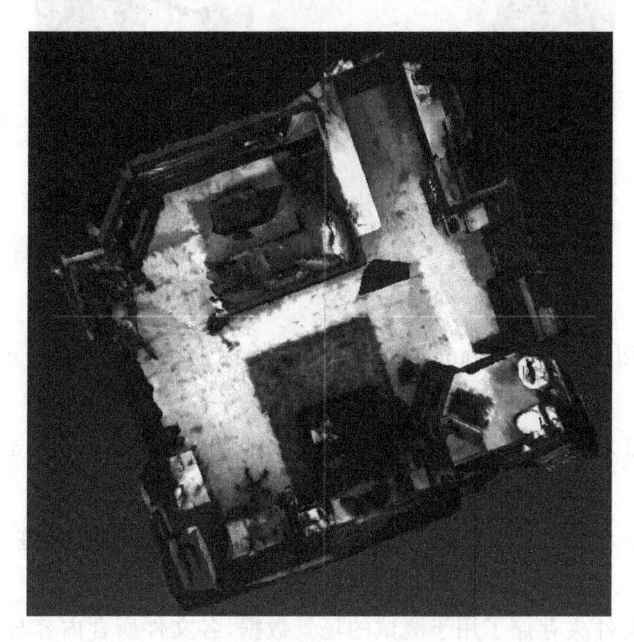

图9-20 scene0000_00_vh_clean_2点云网格

(5) <scanId>_vh_clean_2. 0. 010000. segs. json:场景的语义分割数据，用于表示每个点属于哪一类物体并分割出该物体的点云。

(6) <scanId>. aggregation. json、<scanId>_vh_clean. aggregation. json:分别在低分辨率、高分辨率网格上聚合实例级语义标注。

(7) <scanId>_vh_clean_2. 0. 010000. segs. json、<scanId>_vh_clean. segs. json:分别对低分辨率、高分辨率网格进行分割。

(8) <scanId>_vh_clean_2. labels. ply:语义分割的可视化，由nyu40标签着色。MeshLab软件中scene0000_00_vh_clean_2. labels. ply的效果如图9-21所示。

(9) <scanId>_2d-label. zip:二维投影标签，格式为16位png，图像大小为1 296×968。

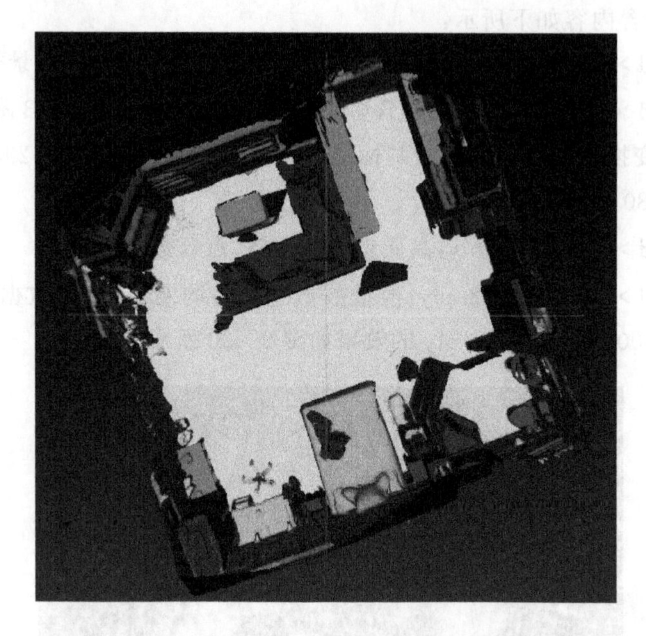

图 9－21　scene0000_00_vh_clean_2. labels 点云网格

(10) <scanId>_2d－instance. zip：二维实例标注，格式为 8 位 png，图像大小为 1 296×968。

(11)<scanId>_2d－label－filt. zip：过滤后带有 ScanNet 标签 *i*d 的 16 位 png 二维投影标签。

(12)<scanId>_2d－instance－filt. zip：过滤后带有 ScanNet 标签 id 的 8 位 png 二维实例标注。

scans_test 文件夹存储了用于测试的场景数据，各文件所含内容与上述 scans 文件夹一致。

scannetv2－labels. combined. tsv 是 ScanNet v2 数据集的标签文件，提供用于场景语义分割的类别标签信息。下面是有关该文件的详细说明：

(1) 文件格式：该文件是一个. tsv(Tab Separated Values)格式的文本文件。每一行代表一个语义类别，每一列代表该类别在不同数据集的名称和 ID 等信息。

(2) 列信息：该文件的第一行是列标题，包含不同数据集的名称、ID、颜色编码等信息。其中，raw_category 是原始类别名称；nyu40class 是对应的 NYUv2 40 类别名称；nyu40id 是对应的 NYUv2 40 类别 ID。

(3) 类别信息：该文件包含 40 个类别的信息，这些类别包括家具、地板、墙壁、天花板等。每个类别都有唯一的 ID 和颜色编码，可以用于场景语义分割任务。此外，该文件还提供了 13 个较高级别的类别，如“墙壁”、“地面”、“天花板”等。

由于 2D RGB - D 帧的数据量特别大，完整 Scannet v2 数据集存储容量超过 1TB。作者提供了较小子集 scannet_frames_25k，约 25 000 帧，从完整数据集中大约每 100 帧进行二次采样，存储大小为 5.6 GB。相应的基准评估数据 scannet_frames_test 大小为 610 MB。

9.5.2 mmdetection3d ScanNet v2

Mmdetection3d 关于 ScanNet v2 数据集的官方处理过程介绍地址为 https://github.com/open－mmlab/mmdetection3d/tree/master/data/scannet"。Scannet v2 数据集官方地址为 https://github.com/ScanNet/ScanNet，并且需要发送邮件至 scannet@googlegroups.com 进行申请下载。

申请成功之后用户会获得两份 Python 下载程序，分别对应 scannet_frames_25k 和 ScanNet v2 下载，前者仅 5.6GB，而后者容量远大于这个量级。为了快速进行算法模型研究和验证，我们可以仅下载数据集中的一小部分，例如下载 10 个扫描场景。

Mmdetection3d ScanNet v2 预处理程序包括 batch_load_scannet_data.py 和 extract_posed_images.py。batch_load_scannet_data.py 程序用于提取点云和标注数据。程序默认的训练集样本场景列表为 meta_data/scannet_train.txt。我们需要改成 scannetv2_train.txt 以提取 ScanNet v2 的训练场景数据。如下所示。

```
parser.add_argument( '-- train_scan_names_file', default = 'meta_data/scannetv2_train.
txt', help = 'The path of the file that stores the scan names.')
```

如上所述，如果我们仅仅下载了一部分数据集，那么需对 data/scannet/meta_data 文件夹下的训练场景列表文件 scannetv2_train.txt、验证场景列表文件 scannetv2_train.txt 和测试场景列表文件 scannetv2_train.txt 进行修改，确保文件列表中的扫描场景在已下载的部分数据集中即可。

extract_posed_images.py 程序用于提取 RGB 图像和姿态信息，并且可通过 max-images-per-scene 来限定每个场景提取的图像数量。

mmdetection3d ScanNet v2 的处理程序如下。

```
cd data/scannet
Python batch_load_scannet_data.py
Python extract_posed_images.py
cd ../..
Python tools/create_data.py scannet -- root - path ./data/scannet -- out - dir ./data/
scannet -- extra - tag scannet
```

Scannet v2 数据集预处理完成之后，其目录结构如图 9 - 22 所示。

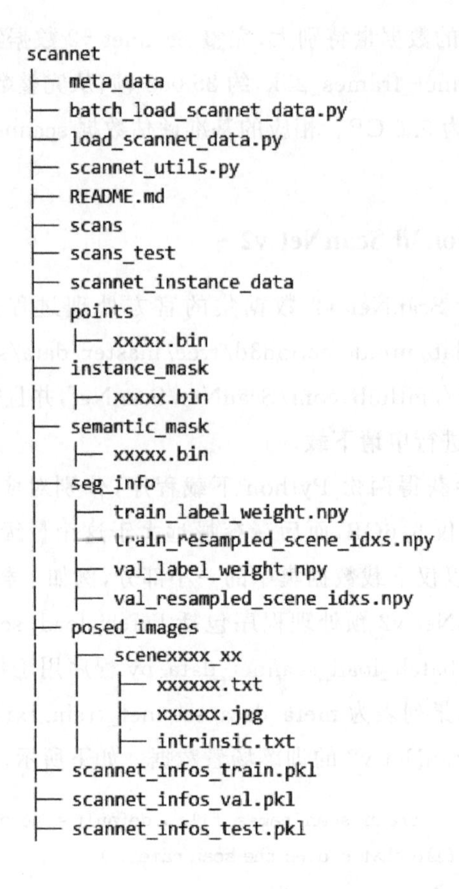

图 9-22　mmdetection3d ScanNet v2 目录结构

9.6　SUN RGB-D

9.6.1　数据集简介

SUN RGB-D 是普林斯顿大学发布的一种关于室内场景理解的数据集，共包含 10 335 个样本，其中训练样本和验证测试样本数量分别为 5 285 和 5 050。每个样本包含彩色图像(RGB)和深度(D)信息，并且分别进行了二维和三维标注。SUN RGB-D 数据集包含丰富多样的物体和场景，可以用于深度学习、计算机视觉、机器人等领域的研究和应用。

该数据集的文件组成如下：

(1) SUNRGBD：文件夹存储了全部原始图像数据(包括 RGB 和深度图片)及其标注信息，分别来源于 Kinect v1、Kinect v2、realsense 和 xtion 等 4 种采集设备，相应文件夹名称为 Kinect v1、v2、realsense 和 xtion。由于 Kinect v1 相机的深度精度较低，其

SUN RGBD数据集中的深度图像可能存在噪声和缺失等问题，因此使用时需要进行一定的预处理和质量控制。

（2）SUNRGBDtoolbox：主要包含标签数据与一些工具函数和脚本，用于读取、可视化和处理数据集的图像与标注。标签存储于SUNRGBDtoolbox/Metadata文件夹。该文件夹下SUNRGBDMeta.mat存储2D和3D目标边界框与每帧图像信息（如每个图像的文件名、对应的场景类型、相机参数等）。SUNRGBD2Dseg.mat存储二维图像分割标签。

SUNRGBDtoolbox/traintestSUNRGBD文件夹下的allsplit.mat存储了训练集和测试集样本索引。SUNRGBDtoolbox/demo.m是数据加载和可视化的Matlab示例程序。SUNRGBDtoolbox/readframeSUNRGBD.m是从json文件中读取SUNRGBD标注的示例程序。

Python读取mat格式数据程序如下，读取后的数据以字典保存。

```
from scipy.io import loadmat
data = loadmat('xxx.mat')
print(data.keys())
```

（3）SUNRGBDMeta2DBB_v2.mat：存储SUN RGBD数据集中所有物体的2D边界框投影结果。该文件是一个MATLAB结构体数组all2DBB，包含每个物体在RGB图像的2D边界框信息，以及该物体所在场景的文件名、场景中物体数量等信息。具体来说，all2DBB的每个元素都是一个结构体，包含以下字段：

imgname：该物体所在场景的文件名。
depthname：该物体所在场景的深度图像文件名。
rgbname：该物体所在场景的RGB图像文件名。
cls_indexes：该物体的类别标签。
ground truth bounding box：一个1x4的矩阵，表示该物体在RGB图像中的2D边界框，格式为[x1, y1, x2, y2]，其中(x1, y1)为左上角坐标，(x2, y2)为右下角坐标。
Rtilt：该物体所在场景的相机旋转矩阵。
K：该物体所在场景的相机内参矩阵。
depthInpaint：该物体所在场景的深度图像。
valid：布尔值，表示该物体是否为合法物体（即深度图像中包含该物体的位置没有明显的遮挡或噪声等）。

（4）SUNRGBDMeta3DBB_v2.mat：存储所有物体的3D边界框信息。该文件是一个MATLAB结构体数组SUNRGBDMeta，包含每个物体在3D空间的位置、朝向和大小等信息，以及该物体所在场景的文件名、场景中物体数量等信息。具体来说，SUNRGBDMeta的每个元素都是一个结构体，包含以下字段：

seqname：该物体所在场景的文件名。
depthpath：该物体所在场景的深度图像文件名。
rgbpath：该物体所在场景的RGB图像文件名。

intrinsics：该物体所在场景的相机内参矩阵。

poses：该物体的位姿矩阵，包括了位置和朝向信息。

dimensions：该物体的大小矩阵，包括了长、宽和高等信息。

label：该物体的类别标签。

classname：该物体的类别名称。

除以上文件外，数据集还提供一些附加的信息和工具，如场景和房间的标注、RGB-D数据对齐的Matlab程序等。这些文件和信息可以在数据集的官方网站上找到。

9.6.2 mmdetection3d SUN RGB-D

SUN RGB-D数据集下载地址为https://rgbd.cs.princeton.edu/data/，主要下载SUNRGBD.zip、SUNRGBDMeta2DBB_v2.mat、SUNRGBDMeta3DBB_v2.mat和SUNRGBDtoolbox.zip等文件，如图9-23所示。

Index of /data

Name	Last modified	Size	Description
Parent Directory		-	
LSUN/	2016-12-02 20:46	-	
README.txt	2015-08-05 18:08	2.5K	
SUNRGBD.zip	2015-08-27 03:31	6.4G	
SUNRGBDMeta2DBB_v2.mat	2016-03-22 13:43	4.1M	
SUNRGBDMeta3DBB_v2.mat	2017-04-07 15:02	9.4M	
SUNRGBDMeta3DBB_v2.old.mat	2016-10-05 13:46	26M	
SUNRGBDtoolbox.zip	2015-07-01 15:12	544M	
UPDATE.txt	2016-10-05 14:16	1.5K	
deep_features.mat	2015-04-05 23:17	219M	
exampleresult_bathtub.mat	2016-12-02 17:16	16M	

图9-23 SUN RGB-D数据集下载

将下载后的SUNRGBD.zip、SUNRGBDMeta2DBB_v2.mat、SUNRGBDMeta3DBB_v2.mat和SUNRGBDtoolbox.zip移动到mmdetection3d工程目录下的data/sunrgbd/OFFICIAL_SUNRGBD文件夹下，并解压zip压缩文件。

mmdetection3d官方SUN RGB-D数据集的处理过程详细介绍地址为https://github.com/open-mmlab/mmdetection3d/blob/master/data/sunrgbd/README.md/。预处理过程需要先运行matlab预处理脚本文件，即.m格式文件。这需要额外安装matlab。

SUN RGBD的Matlab程序位于data/sunrgbd/matlab文件夹。程序执行进入到data/sunrgbd/matlab文件夹下，分别执行extract_split.m、extract_rgbd_data_v2.m和extract_rgbd_data_v1.m文件来提取点云数据和标注信息。执行命令如下所示，如果提示“-bash: matlab: command not found”，那么则需要先安装matlab。

```
matlab -nosplash -nodesktop -r 'extract_split;quit;'
matlab -nosplash -nodesktop -r 'extract_rgbd_data_v2;quit;'
matlab -nosplash -nodesktop -r 'extract_rgbd_data_v1;quit;'
```

如果系统没有安装matlab，则可采用本书提供的Python处理程序，详见本章最后小节。数据集预处理程序主要包含数据集分割和标注数据提取两大部分。训练集和验证集的分割提取程序为extract_split.py。程序执行完成后会在data/sunrgbd/目录下生成sunrgbd_trainval文件夹，并进一步生成train_data_idx.txt和val_data_idx.txt文件。这两个txt文件分别记录训练样本和评估测试样本序号。训练样本序号从5 050到10 334，共5 285个。评估测试样本序号从0到5 049，共5 050个。

标注数据提取程序会针对文本文件的样本序号逐一进行提取。全部样本提取需要耗时几十分钟，并且解析后存储空间也较大。在进行算法研究时，解析部分数据即可满足要求。因此，程序中的ratio参数用来设置解析数据的比例，默认为0.01，即训练和评估样本各解析约50个。用户可根据使用需求自定义ratio值，取值为0～1，1表示解析全部数据。

标注数据提取程序为extract_data_v2.py，直接运行即可。如果程序提示缺少h5py库，则通过pip install h5py安装即可。

程序运行结束后在data/sunrgbd/sunrgbd_trainval/文件夹的目录结构如图9-24所示。

图9-24 SUN RGB-D预处理后目录结构

最后进入到mmdetection3d工程目录下，执行SUN RGB-D数据集的预处理程序，运行命令如下。

```
Python tools/create_data.py sunrgbd --root-path ./data/sunrgbd --out-dir ./data/
sunrgbd --extra-tag sunrgbd
```

程序运行完成后会在data/sunrgbd/文件夹下产生points文件夹、sunrgbd_infos_train.pkl和sunrgbd_infos_val.pkl。程序运行过程如图9-25所示。

```
val sample_idx: 495
val sample_idx: 496
val sample_idx: 497
val sample_idx: 498
val sample_idx: 499
val sample_idx: 500
val sample_idx: 501
val sample_idx: 502
val sample_idx: 503
val sample_idx: 504
sunrgbd info val file is saved to ./data/sunrgbd/sunrgbd_infos_val.pkl
```

图 9-25　mmdetection3d SUN RGB-D 预处理

9.7 点云数据预处理方法

深度学习点云基本数据处理和增强方式包括点云归一化、随机打乱、随机排序、随机旋转、随机缩放和随机丢弃等。点云预处理作用包括：(1)使数据格式和尺度满足深度学习模型输入要求；(2)增强数据特征以利于模型更加有效地识别关键特征，例如二维图像的对比度增强或者边缘增强。(3)数据多样性增强，扩增相似数据数量使模型学习更加充分，例如随机旋转、平移等。

9.7.1 归一化

深度学习算法常见数据归一化方法主要包括最小—最大值和均值方差归一化。归一化直接效果为将大量数据变换到统一取值范围内。当数据包含多个维度原始数据，并且不同维度具有不同数量级时，采用归一化可使得各个维度数据保持在相同范围内。这样，模型进行训练时不容易受到数量级差别的影响，进而减小网络误差并且算法模型收敛速度会更快。

归一化计算能够使一些较小数据对最终结果产生影响，而不会被忽略掉。另一方面，在训练神经网络时，每次迭代的步长与变量取值范围或数量级之间相关。经过归一化之后，变量迭代步长都在一个标准范围内，这样能够减少对学习率设置的依赖。

最小—最大值归一化方法属于线性归一化，是将数据取值范围线性映射到 0～1。假设原始数据取值范围为 $p_{\min}$ 和 $p_{\max}$，其归一化过程如下所示。在计算机视觉领域，我们经常会将取值范围为 0～255 的像素值转换到 0～1。

$$y_{\mathrm{i}}=\frac{p_i-p_{\min}}{p_{\max}-p_{\min}} \tag{9.10}$$

$$y_{\min}=\frac{p_{\min}-p_{\min}}{p_{\max}-p_{\min}}=0 \tag{9.11}$$

$$y_{\max}=\frac{p_{\max}-p_{\min}}{p_{\max}-p_{\min}}=1 \tag{9.12}$$

均值方差归一化方法是将数据偏差限定在标准范围内。假设原始数据的均值和方差分

别为 M_p 和 σ_p，经过归一化之后均值为 0，标准差为 1，即数据偏差被限定在 1 之内。归一化计算过程如下所示。这种归一化方法在神经网络中间层通常会以 BatchNorm 函数方法进行实现。

$$M_p = \frac{1}{N}\sum_{i=1}^{N} p_i \tag{9.13}$$

$$\sigma_p = \sqrt{\frac{1}{N}\sum_{i=1}^{N}(p_i - M_p)^2} \tag{9.14}$$

$$y_i = \frac{p_i - M_p}{\sigma_p} \tag{9.15}$$

$$M_y = \frac{1}{N}\sum_{i=1}^{N} y_i = \frac{1}{N}\sum_{i=1}^{N}\frac{p_i - M_p}{\sigma_p} = \frac{1}{N}\sum_{i=1}^{N}\frac{p_i}{\sigma_p} - \frac{M_p}{\sigma_p} = 0 \tag{9.16}$$

$$\begin{aligned}\sigma_y &= \sqrt{\frac{1}{N}\sum_{i=1}^{N}(y_i - M_y)^2} = \frac{1}{N}\sum_{i=1}^{N} y_i^2 = \sqrt{\frac{1}{N}\sum_{i=1}^{N}\left(\frac{p_i - M_p}{\sigma_p}\right)^2} \\ &= \frac{1}{\sigma_p}\sqrt{\frac{1}{N}\sum_{i=1}^{N}(p_i - M_p)^2} = 1\end{aligned} \tag{9.17}$$

点云归一化处理通常是将各个点按照到点云中心的距离进行归一化，即减去中心坐标并除以点距中心的最大距离。根据之前章节关于点云中心的描述，点云中心坐标由所有点的平均值计算得到，示例程序如下所示。

```
def pc_normalize(pc):
    centroid = np.mean(pc, axis = 0)
    pc = pc - centroid
    m = np.max(np.sqrt(np.sum(pc * * 2, axis = 1)))
    pc = pc / m
    return pc
```

9.7.2 随机缩放

点云随机缩放是对点云整体尺度进行随机缩小或放大。下面示例程序中点云最小缩放倍数由 scale_low 决定，最大缩放倍数则由 scale_high 决定。输入数据 batch_data 的维度为 $B \times N \times 3$，其中 B 是 batch 个数，每个 batch 表示一个样本点云数据，N 为点云中点数量，3 是点云坐标维度。每个点云缩放倍数由 random. uniform 函数按照均匀分布随机生成，并且同一组数据(batch)每个点云的缩放系数可以设置成不同取值。

```
def random_scale_point_cloud(batch_data, scale_low = 0.8, scale_high = 1.25):
    B = batch_data.shape[0]
    scales = np.random.uniform(scale_low, scale_high, B)
    for batch_index in range(B):
        batch_data[batch_index,:,:] * = scales[batch_index]
    return batch_data
```

点云随机缩放是针对坐标整体进行的，不会改变点云整体形态。其中所含三维目标形状也会等比例缩放，相对位置与缩放前保持一致。因此，缩放后数据与原始数据是相似的，可作为新的数据样本进行模型训练，从而增加了模型输入数据的多样性。

9.7.3 随机平移

点云随机平移是对点云整体坐标叠加一个固定偏移。下面示例程序中平移尺度由 shift_range 决定，并且由 random. uniform 函数按照均匀分布随机生成。

```
def shift_point_cloud(batch_data, shift_range = 0.1):
    B = batch_data.shape[0]
    shifts = np.random.uniform( - shift_range, shift_range, (B,3))
    for batch_index in range(B):
        batch_data[batch_index,:,:] + = shifts[batch_index,:]
return batch_data
```

9.7.4 随机旋转

点云旋转时整体形态也不会发生变化，通常由点云坐标乘以旋转矩阵得到旋转后点云。假设点云原始坐标维度为 $N\times3$，旋转矩阵维度 3×3，经过矩阵乘法后仍然得到 $N\times3$ 维点云。如果原始点云坐标包含法向量，即维度为 $N\times6$，那么需要按照下面示例程序的方法分别进行转换。

```
def rotate_point_cloud(batch_data):
    rotated_data = np.zeros(batch_data.shape, dtype = np.float32)
    for k in range(batch_data.shape[0]):
        rotation_angle = np.random.uniform() * 2 * np.pi
        cosval = np.cos(rotation_angle)
        sinval = np.sin(rotation_angle)
        rotation_matrix = np.array([[cosval, 0, sinval],
                                    [0, 1, 0],
                                    [ - sinval, 0, cosval]])
        shape_pc = batch_data[k, ...]
        rotated_data[k, ...] = np.dot(shape_pc.reshape(( - 1, 3)), rotation_matrix)
    return rotated_data
def rotate_point_cloud_with_normal(batch_xyz_normal):
    for k in range(batch_xyz_normal.shape[0]):
        rotation_angle = np.random.uniform() * 2 * np.pi
        cosval = np.cos(rotation_angle)
        sinval = np.sin(rotation_angle)
        rotation_matrix = np.array([[cosval, 0, sinval],
                                    [0, 1, 0],
                                    [ - sinval, 0, cosval]])
```

```
            shape_pc = batch_xyz_normal[k,:,0:3]
            shape_normal = batch_xyz_normal[k,:,3:6]
            batch_xyz_normal[k,:,0:3] = np.dot(shape_pc.reshape((-1, 3)), rotation_matrix)
            batch_xyz_normal[k,:,3:6] = np.dot(shape_normal.reshape((-1, 3)), rotation_matrix)
    return batch_xyz_normal
```

除了按照旋转矩阵进行随机旋转之外，我们还可采用欧拉角的方式进行旋转，如下所示。程序中演示的是随机旋转，也可以用作使点云或目标进行固定角度旋转的方法。

```
def rotate_perturbation_point_cloud(batch_data, angle_sigma=0.06, angle_clip=0.18):
    rotated_data = np.zeros(batch_data.shape, dtype=np.float32)
    for k in range(batch_data.shape[0]):
        angles = np.clip(angle_sigma * np.random.randn(3), -angle_clip, angle_clip)
        Rx = np.array([[1,0,0],
                       [0,np.cos(angles[0]),-np.sin(angles[0])],
                       [0,np.sin(angles[0]),np.cos(angles[0])]])
        Ry = np.array([[np.cos(angles[1]),0,np.sin(angles[1])],
                       [0,1,0],
                       [-np.sin(angles[1]),0,np.cos(angles[1])]])
        Rz = np.array([[np.cos(angles[2]),-np.sin(angles[2]),0],
                       [np.sin(angles[2]),np.cos(angles[2]),0],
                       [0,0,1]])
        R = np.dot(Rz, np.dot(Ry,Rx))
        shape_pc = batch_data[k, ...]
        rotated_data[k, ...] = np.dot(shape_pc.reshape((-1, 3)), R)
    return rotated_data
def rotate_perturbation_point_cloud_with_normal(batch_data, angle_sigma=0.06, angle_clip=0.18):
    rotated_data = np.zeros(batch_data.shape, dtype=np.float32)
    for k in range(batch_data.shape[0]):
        angles = np.clip(angle_sigma * np.random.randn(3), -angle_clip, angle_clip)
        Rx = np.array([[1,0,0],
                       [0,np.cos(angles[0]),-np.sin(angles[0])],
                       [0,np.sin(angles[0]),np.cos(angles[0])]])
        Ry = np.array([[np.cos(angles[1]),0,np.sin(angles[1])],
                       [0,1,0],
                       [-np.sin(angles[1]),0,np.cos(angles[1])]])
        Rz = np.array([[np.cos(angles[2]),-np.sin(angles[2]),0],
                       [np.sin(angles[2]),np.cos(angles[2]),0],
                       [0,0,1]])
        R = np.dot(Rz, np.dot(Ry,Rx))
    shape_pc = batch_data[k,:,0:3]
```

```
        shape_normal = batch_data[k,:,3:6]
        rotated_data[k,:,0:3] = np.dot(shape_pc.reshape((-1, 3)), R)
        rotated_data[k,:,3:6] = np.dot(shape_normal.reshape((-1, 3)), R)
    return rotated_data
```

9.7.5 随机扰动

随机扰动是指对点云坐标加上轻微扰动，类似于噪声，程序如下所示。

```
def jitter_point_cloud(batch_data, sigma=0.01, clip=0.05):
    B, N, C = batch_data.shape
    assert(clip>0)
    jittered_data = np.clip(sigma * np.random.randn(B, N, C), -1*clip, clip)
    jittered_data += batch_data
    return jittered_data
```

9.7.6 随机排序

随机排序是指随机扰乱点云中点的存储顺序。由于点云具有无序性，因此打乱排序并不会影响点云的形态和具体坐标。但是，类似均匀采样等处理方法则会受到影响，每次采样得到的样本会因此而发生变化。

```
def shuffle_data(data, labels):
    """ Shuffle data and labels.
        Input:
          data: B,N,... numpy array
          label: B,... numpy array
        Return:
          shuffled data, label and shuffle indices
    """
    idx = np.arange(len(labels))
    np.random.shuffle(idx)
    return data[idx, ...], labels[idx], idx
```

9.7.7 随机丢弃

随机丢弃是指随机丢弃点云中一部分点。这些丢弃的点可设置成同一个取值，如下程序将丢弃点取值都设置为与第 1 个点相同，也可将这些点设置为 NaN 或空值。如果需要完全丢弃这些点，则可采用 numpy.delete 来删除这些点。

```
def random_point_dropout(batch_pc, max_dropout_ratio=0.875):
    for b in range(batch_pc.shape[0]):
        dropout_ratio =  np.random.random()*max_dropout_ratio # 0~max_dropout_ratio
        drop_idx = np.where(np.random.random((batch_pc.shape[1]))<=dropout_ratio)[0]
```

```
        if len(drop_idx)>0:
            batch_pc[b,drop_idx,:] = batch_pc[b,0,:] # set to the first point
    return batch_pc
```

上面所示程序随机生成了需要删除的点索引。我们可以从另外一个角度进行考虑,将这些点保留下来,那么随机删除的点就是除索引之外的点。

9.7.8 剔除范围外点

在KITTI等自动驾驶数据集预处理时,由于驾驶员视野以及目标距离有限,数据处理时通常将取值范围进行限定,超出范围的点会被剔除。示例程序如下所示。

```
def removePoints(PointCloud, BoundaryCond):
    # Boundary condition
    minX = BoundaryCond['minX']
    maxX = BoundaryCond['maxX']
    minY = BoundaryCond['minY']
    maxY = BoundaryCond['maxY']
    minZ = BoundaryCond['minZ']
    maxZ = BoundaryCond['maxZ']
    # Remove the point out of range x,y,z
    mask = np.where((PointCloud[:, 0] >= minX) & (PointCloud[:, 0] <= maxX) & (Point-
Cloud[:, 1] >= minY) & (
            PointCloud[:, 1] <= maxY) & (PointCloud[:, 2] >= minZ) & (PointCloud[:, 2]
<= maxZ))
    PointCloud = PointCloud[mask]
    PointCloud[:, 2] = PointCloud[:, 2] - minZ
    return PointCloud
```

9.8 程序资料

相关程序下载地址为 https://pan.baidu.com/s/1pd5AgYnKhY9gtnYk6UE5UA?pwd=1234",对应 ch9 文件夹下内容。

(1) 01_data_kitti.py:9.2.4 节点云从雷达坐标系投影到图像示例程序。

(2) 02_viz_kitti_label.py:9.2.6 节 KITTI 标注数据可视化示例程序。

(3) 03_extract_data_v2.py、04_extract_split.py:9.6.2 节 SUN RGB-D 数据集 Python 预处理程序。

(4) 05_data_process:9.7 节点云预处理方法示例程序。

第 10 章　三维点云深度学习基础模型算法

本章将从点云、体素和投影等角度介绍三维深度学习算法的经典神经网络模型设计思路与模型过程。理解经典的三维深度学习模型有利于掌握模型设计的基本思路，并且为复杂模型的理解和设计打好基础。

10.1　PointNet（CVPR 2017）

PointNet 是基于点云的三维目标检测模型，也是三维深度学习目标检测的基础网络。它属于三维点云深度学习领域开山之作，是由斯坦福大学的研究团队在 2017 年提出，并发表 CVPR 2017*PointNet：Deep Learning on Point Sets for 3D Classification and Segmentation*。论文地址为 https://arxiv.org/abs/1612.00593”。它是一种端到端的网络，主要用于从点云学习深度特征，并用于分类或分割任务。

PointNet 架构具有独特贡献，它采用神经网络成功解决点云无序性和旋转不变性两个特性，从而实现端到端的三维点云目标分类和分割，如图 10－1 所示。例如，它可以用来识别物体的类型，如椅子、桌子或柜子，或者对扫描的人体进行分割，以便更好地捕捉人体形状。PointNet 还可以应用于处理其他类型的点云数据，如地形点云和其他激光扫描点云。

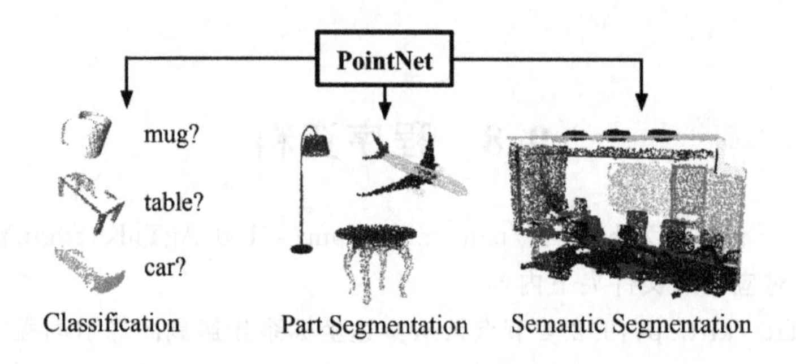

图 10－1　PointNet 应用[]

本节将结合 GitHub 上程序进行 PointNet 网络结构解析，程序下载地址为 https://github.com/yanx27/Pointnet_Pointnet2_pytorch”。程序安装与配置过程如下所示。

```
conda create -n torch16cu101 Python=3.7
conda activate torch16cu101
pip install torch==1.6.0+cu101 torchvision==0.7.0+cu101 -f https://download.pytorch.org/whl/torch_stable.html
pip install tqdm
git clone https://github.com/yanx27/Pointnet_Pointnet2_pytorch.git
cd Pointnet_Pointnet2_pytorch
Python train_classification.py --model pointnet2_cls_ssg --log_dir pointnet2_cls_ssg
```

10.1.1 输入数据

以 modelnet40 数据集为例，其点云属性为 x、y、z、normal_x、normal_y、normal_z，前三个为空间坐标，后三个为法向量。

modelnet40 数据集解压后文件主要包含：

(1) 各个类别的点云，每个点云文件共有 10 000 个点，分别存储在以类别名称命名的文件夹中，共 40 个类别文件夹。

(2) filelist.txt 存储了全部点云文件的文件名，共 12 311 个点云文件。

(3) modelnet40_train.txt 存储了用于训练的点云文件名，共 9 843 个点云文件，占比 80%。

(4) modelnet40_test.txt 中存储了用于测试的点云文件名，共 2 468 个点云文件，占比 20%。

PointNet 模型输入为点云 points 和标签 targets。其中，points 维度为 $B\times3\times N$，B 为 batch_size，3 为点云坐标，N 为点云数量。模型通过截断处理或者最远点采样截取 1024 个点，即 $N=1\ 024$。此外，points 坐标还将经过中心归一化和随机增强等操作。标签 targets 维度为 Bx1，即各个类别对应标签序号。

10.1.2 分类网络

PointNet 模型结构如图 10-2 所示，包括分类网络(Classification Network)和分割网络(Segmentation Network)。分类网络的任务是区分点云整体形状类别，而分割网络需要区分每个点所属类别。

PointNet 网络提取特征的各个步骤如下：

(1) 模型首先通过 T-Net 获取空间变换矩阵，即通过深度学习的方法学到一个变换矩阵。其目的是使原始点云变换到一个更易识别的空间位置或形状，这在一定程度上利用了点云的旋转不变性。3×1 024(程序中 $n=1\ 024$)维度点云经过卷积 conv1d(3, 64)、conv1d(64, 128)、conv1d(128, 1 024)，括号内为卷积输入和输出通道数量，得到 1 024×1 024 维度特征。前一个 1 024 表示通道数量(即特征维度)，后一个 1 024 表示点的数量。

(2) 模型在后一个 1 024 维度上进行最大值池化。由于 1 024 表示点的数量，那么

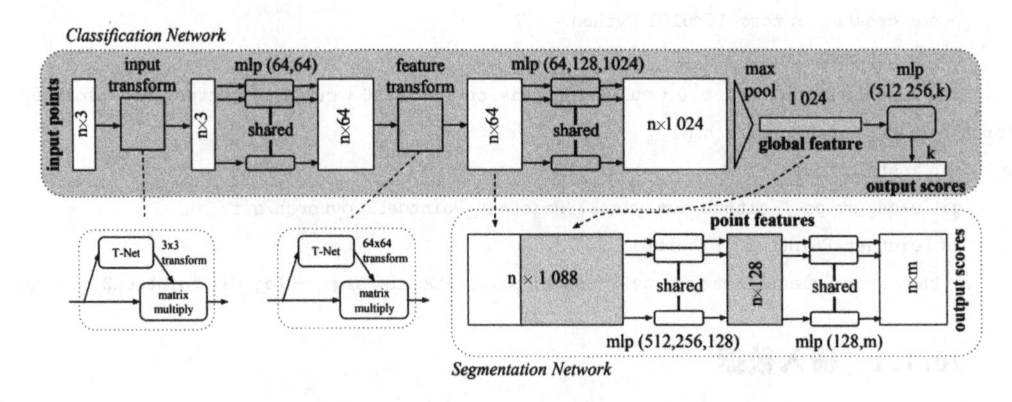

图 10-2　PointNet 模型结构

最大值池化只与最大值有关,与顺序无关,从而符合点云的无序性特征。经过最大池化后,特征维度重新变换为 1 024 维,经过全连接层 FC(1024, 512)、FC(512, 256)、FC(256, 9),那么可以得到 9 个维度特征,并进一步 reshape 成 3×3 矩阵并加上单位矩阵,从而得到所需空间变换矩阵。输入 3×1 024 个点与空间变换矩阵相乘便得到图 10-3 中 input transform 的输出,维度仍然为 3×1 024。

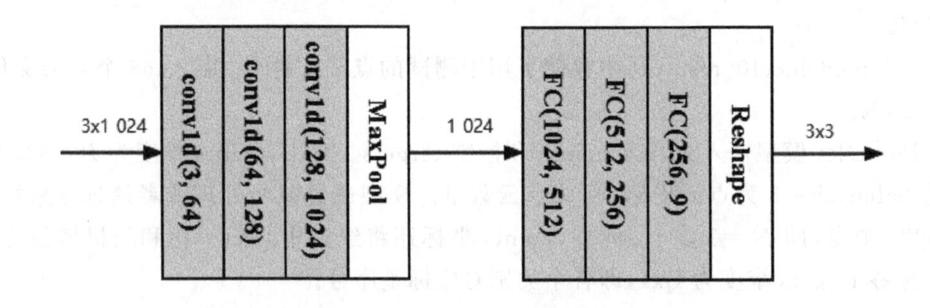

图 10-3　T-Net 变换过程

(3) (2)中 3×1 024 输出经过卷积 conv1d(3, 64)得到 64×1 024 维特征。类似输入 T-Net 过程,我们对特征空间也进行空间变换。该特征经过卷积 conv1d(64, 64)、conv1d(64, 128)、conv1d(128, 1 024),得到 1 024×1 024 维度特征。前一个 1 024 表示通道数量,后一个 1 024 表示点的数量。同样经过最大池化操作后,特征维度重新变换为 1 024 维,经过全连接层 FC(1 024, 512)、FC(512, 256)、FC(256, 4 096),那么可以得到 4 096 个维度特征,并进一步 reshape 成 64x64 的矩阵并加上单位矩阵,从而得到所需特征空间变换矩阵。输入 64×1 024 个特征与空间变换矩阵相乘便得到图中 feature transform 输出,维度仍然为 64×1 024。在这 1 024 个点中,每个点都有 64 维特征,该特征属于点的局部特征。

(4) (3)中输出 64×1 024 经过卷积 conv1d(64, 128)、conv1d(128, 1 024)得到 1 024×1 024 维特征,并经过最大值池化后得到 1 024 维特征。这 1 024 维特征来自

1 024 个通道,每个通道的特征值分别由 1 024 个点的最大属性值决定。因此,该 1 024 维特征来自于全部点云,属于全局特征,即上图中的 global feature。

(5) (4)中输出 1 024 维度特征经过全连接层 FC(1024, 512)、FC(512, 256)和 FC(256, 40)得到 40 维度输出。在分类网络中,假设输出类别数量为 K ($K=40$),softmax 操作可将 K 个输出转换为概率的形式,即属于每个类别的概率。因此,全连接层后 40 个输出需要经过 softmax 得到分类预测分数,即图中的 output scores。

PointNet 分类网络损失函数由两部分组成,一部分是交叉熵损失函数,另一部分是(3)中特征变换矩阵的损失。矩阵变换相当于是空间坐标系的变换。因此,训练出的变换矩阵理想情况下是正交矩阵,这样每个维度特征尽可能保持相对独立。因此,第二部分损失是矩阵相对于正交矩阵的差值,然后乘以损失系数 0.001。

将 modelnet40 数据集解压到 PointNet 工程目录下 data 文件夹中,data 文件夹需要新建,默认情况下没有该文件夹。然后,直接运行 train_classification.py 和 test_classdification.py 即可完成训练和测试,程序默认配置即为 PointNet 模型。

10.1.3 分割网络

PointNet 参考程序中分割任务采用的是 S3DIS 数据集。Modelnet40 数据集中每个点云都属于同一个类别,因而只需要对整体进行分类。分割网络任务则是需要对每个点分类,因而点云中各个点有可能属于多个不同类别。在 S3DIS 数据集中,每个房间的点云同时包含多个目标,比如沙发、桌椅等。程序进入到 data_utils 文件夹下并运行如下命令完成数据集预处理。

```
cd data_utils
Python collect_indoor3d_data.py
```

其中,区域 Area_5 数据用作评估测试,其他区域数据用于训练。预处理会对每个房间采样 4 096 个点,并且采样后所有样本点的总数量与原始 271 个场景房间中点的总数量相等。在总数量保持不变的情况下,采样点数量下降导致需要增加样本数量,因而同一个场景会多次采样,并且场景被采样的概率大小其点云占总数量的比例成正比。经过采样后,训练样本数量为 47 623,测试样本数量为 18 923。

4 096 个点的采样过程:随机选择点云中的一个点作为样本中心点,选取该点 xy 方圆 1 m 内的点,z 方向上不做限制。算法限制这一步必须至少采样到 1 024 个点。接着对采样出来的点随机选择 4 096 个点,如果前一步点的数量大于等于 4 096 则无重复选择,否则可重复选择出 4 096 个点。

数据输入模型之前需要先进行如下归一化处理:

(1) 将采样得到的 4 096 个点坐标减去上述采样的样本中心点坐标,得到 Point[:3],并且输入模型前会进行旋转增强。

(2) 将 rgb 颜色信息除以 255,得到 Point[3:6]。

(3) 将采样得到的 4 096 个点坐标除以房间中坐标的最大值,得到 Point[6:9]。

PointNet 分割网络输入为归一化点特征(4 096x9)和类别标签(4 096)。分割网络和分类网络的特征提取步骤基本一致,主要区别如下:

(1) 输入点的数量由 1 024 变为 4 096,点云属性特征由 3 变为 9。

(2) 获取空间坐标变换矩阵的第一个卷积输入通道数量由 3 变为 9。

(3) 空间变换矩阵仅与输入点前 3 个坐标相乘,后 6 个维度不变。

(4) 变换完成后经过卷积 conv1d(9, 64)和 feature transform 得到 64×4 096 维局部特征,并进一步得到 1024 维全局特征。

(5) 将全局特征拼接到点的局部特征上,从而得到 1 088×4 096 维度特征。这相当于每个点既具备局部特征,又能综合考虑全局特征,进而提高模型精度。

在上述区别当中,PointNet 分割网络特征提取的最关键部分是将全局特征与局部特征进行拼接。输出特征经过卷积 conv1d(1 088, 512)、conv1d(512, 256)、conv1d(256, 128)、conv1d(128, 13)、softmax 得到 13 维度的概率得分输出(4 096×13),对应 S3DIS 数据集的 13 个类别,即图 10-4 中下方的 output scores。

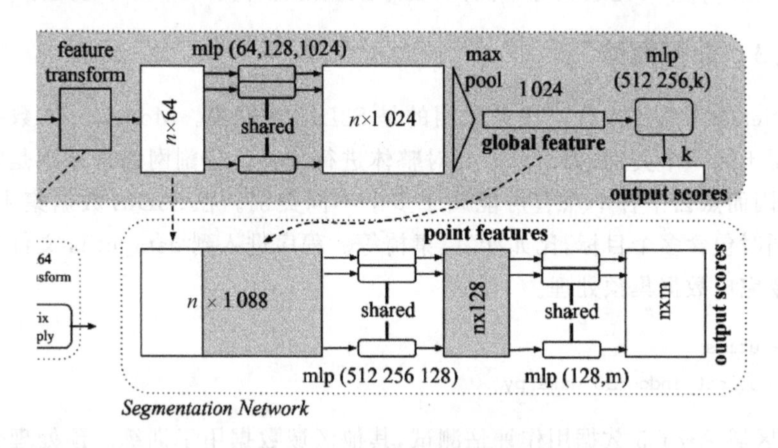

图 10-4 PointNet 分割网络[4]

对比分类网络和分割网络结果,前者输出结果维度为类别数量(40),后者输出结果维度为点云数量(4 096)×类别数量(13)。这表明分类网络是对整体点云进行分类,而分割网络需要对点云中每个点进行分类。

PointNet 分割网络损失函数同样也由两部分组成,一部分是交叉熵损失函数,另一部分是 64 维特征的变换矩阵损失。这里考虑到类别的均衡性,交叉熵损失函数会为每个类别分配一个权重。在全部原始点云中,同一类别的空间点数量最多的权重最小,取值为 1。其他类别权重是最大点数量与该类别数量比值的 1/3 次方,显然其他类别权重大于 1。

运行参考程序目录下 train_semseg. py 和 test_semseg. py 即可完成 PointNet 分割网络训练和测试。

10.2 PointNet ++(NIPS 2017)

PointNet 采用全局最大值池化方式对全体点云进行特征抽取,这可能导致信息大量损失并且对局部特征考虑不足。另一方面,在分割任务中 PointNet ++采用编码—解码结构进行特征提取,相比 PointNet 的全局拼接而言,有效特征属性更加丰富。PointNet ++发表在 NIPS 2017,论文题目为 *PointNet++: Deep Hierarchical Feature Learning on Point Sets in a Metric Space*,论文地址为 https://arxiv.org/abs/1706.02413"。本节所参考的 PointNet ++模型程序与 PointNet 属于同一个项目,安装方式与上一节中介绍完全一致。

10.2.1 SA 模块

SA(Set Abstraction)模块是 PointNet ++的核心模块,包含采样(samplimg)、分组(grouping)和 PointNet 特征提取三个步骤。首先,SA 模块采用最远点采样在原始点云中随机采样 npoint 个点,即采样操作。以采样点为中心在指定半径球体内选择数量为 nsample 个点,即分组操作。以这 nsample 个点为一组,对每组点云按照 PointNet 的方式提取特征,并用最大池化得到每一组点的全局特征,以全局特征作为该组点云或采样点的特征。

假设 pointnet 阶段提取特征数量为 nfeature,那么 SA 模块返回的特征维度为 nfeature×npoint,同时返回最远点采样的坐标,以便进一步连续进行 SA 操作。经过 SA 模块操作后,模型得到以下两部分数据:

(1) 从原始点云中采样(通常为下采样)一部分点,得到新的点云。

(2) 用采样点周围全部点的 pointnet 特征作为其输出特征。

SA 模块计算过程如图 10-5 所示,假设输入点数量为 N,d 表示空间坐标维度,其中 N 为 48,d 为 3。第一个 SA 模块(SA1)共采样 16 个点,经过分组后得到 16 个子点云。这 16 个点云分别经过 pointnet 进行特征提取,得到 16x(d+C1)维度特征。第二个 SA 模块(SA2)对 SA1 输出的 16 个点再次采样得到 4 个点,并经过分组后得到 4 个子点云。4 个点云继续采用 pointnet 进行特征提取,得到 $4\times(d+C_2)$维度特征。在整个过程中,采样点的空间坐标始终被保持,并作为特征一部分。

可以看到,SA 模块会对点云进行随机采样,一般采样会降低点云中点的数量。连续 SA 操作会使点的数量逐渐下降,这类似于图像当中连续卷积操作降低特征图尺寸。既然点的数量下降了,那么特征通道数量需要增加以保持足够维度去表达原始点云信息。因此,模型中 SA 输出的点云数量下降,同时通道数逐步增加,从而使其特征维度增加,并且特征属性包含采样点周围点云的信息。

另一方面,点数量下降会导致点和点之间的平均距离越来越大,也就是点会更加稀疏。那么分组过程的球体半径在连续 SA 过程中需要设置成越来越大的取值。由于点

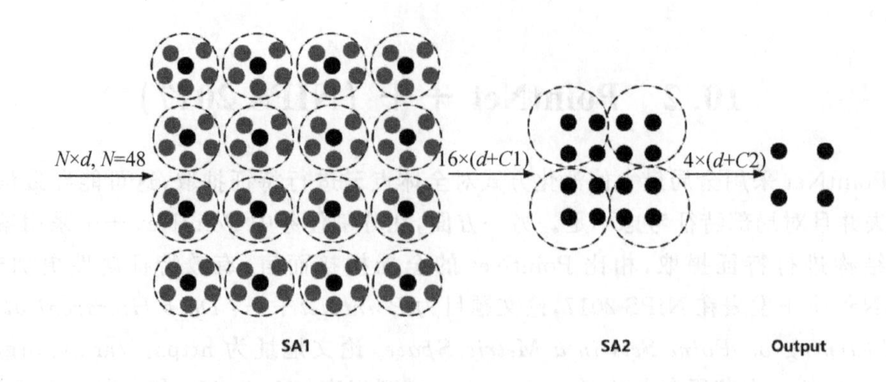

图 10-5　SA 结构

数下降，分组过程也将更多点分到一组，进而会使得 nsample 取值相应增加。

通过 SA 操作，PointNet ++充分提取分组点云特征，也就是局部点云特征。由于 SA 具有卷积类似性质，通过连续 SA 操作可逐步提取到更加全局的语义信息。在很多三维深度学习模型中，它们选择这种结构来作为模型的主干网络以提取点云特征，例如 VoteNet。

10.2.2　分类网络

PointNet ++模型结构如图 10-6 所示，也包括分类网络和分割网络。主干网络特征采用连续 SA 结构进行提取，这一部分也称为特征编码。由于连续 SA 操作会使得点的数量逐渐下降，而分割网络需要对原始点云进行分类，因此分割网络需要对 SA 的结果进行上采样以使最终点数恢复至与原始点数相等。该上采样过程在语义分割中通常称为解码操作。PointNet ++完整的分割网络采用了这种编码—解码结构，这也是计算机视觉领域语义分割任务常用的技术。

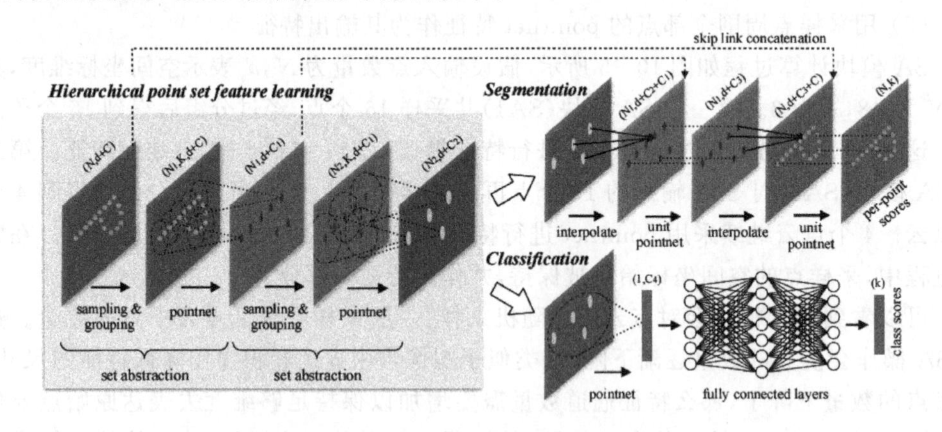

图 10-6　PointNet ++模型结构[]

PointNet++网络提取特征的各个步骤如下：

(1) SA1：输入可以是 x、y、z 坐标值和法向量，以法向量作为原始特征，程序也可设置不输入法向量。不输入法向量的情形下输入点云维度为 3x1 024(N=1 024)。随机最远点采样点数为 512,分组半径为 0.2,分组内点数为 32 个,那么采样分组后的特征维度为 512×32×(3+0),其中分组内每个点的坐标都已减去中心点坐标,0 表示原有特征维度,对应上图中的 C。若使用法向量作为输入特征,则会将坐标与法向量拼接作为新特征。经过 PointNet 结构卷积 Conv1d(3, 64)、Conv1d(64, 64)、Conv1d(64, 128),点云特征维度为 512×32×128,并进一步通过最大池化得到 512×128 维度特征。每个分组点云的特征维度为 128,共 512 个分组。这相当于 512 个采样点的特征维度为 128,即 128×512,128 对应上图中 C1。

(2) SA2:输入为(1)中采样得到的 512 个点坐标和 128×512 维度特征。随机最远点采样点数为 128,分组半径为 0.4,分组内点数为 64 个,那么采样分组后的特征维度为 128×64×131,其中分组内每个点的坐标都已减去中心点坐标,并将坐标与原特征拼接作为新特征(3+128=131)。经过 PointNet 卷积 Conv1d(131, 128)、Conv1d(128, 128)、Conv1d(128, 256)和最大池化后,每个分组点云的特征维度为 256,共 128 个分组。这相当于 128 个采样点的特征维度为 256,即 256×128,256 对应上图中 $C2$。

(3) SA3:输入为(2)中采样得到的 128 个点坐标和 256x128 维度特征。将全部 128 个点分为 1 组,采样中心设置为坐标原点。那么采样分组后特征维度为 1x128x259,将坐标与原特征拼接作为新的特征(3+256=259)。经过 PointNet 卷积 Conv1d(259, 256)、Conv1d(256, 512)、Conv1d(512, 1 024)和最大池化后,每个分组点云的特征维度为 1 024,共 1 个分组。这相当于 1 个采样点的特征维度为 1 024,即 1 024×1,1 024 对应上图中 $C4$。该 1 024 维度特征来自对整个点云的特征提取,可类比 PointNet 模型的全局特征。

(4) (3)中输出 1 024 维度特征经过 FC(1 024, 512)、FC(512, 256)、FC(256, 40)、softmax 得到 40 维度的输出,即 40 个类别对应输出概率,即图中 class scores。

在损失函数方面,相比 PointNet 不同之处在于,PointNet ++模型结构中不再包含特征变换矩阵。因此,其损失函数仅由交叉熵损失函数组成,不再包括 64 维特征的变换矩阵的损失。

本节 PointNet ++示例程序与 PointNet 同属一个项目,分类网络的运行程序仍然为 train_classification. py 和 test_classdification. py,但需要将其中 model 变量设置为 pointnet2_cls_ssg(ssg,Single - Scale Group,单一尺度分类,下面会具体介绍单尺度和多尺度分类的区别),并且通过将 use_normals 设置为 True 可引入法向量作为输入点云特征。

10.2.3 分割网络

PointNet ++分割网络采用特征编码—解码模型结构。特征编码部分采用连续 SA 结构来逐步提取不同层次的语义特征,结构与分类网络一致。特征解码层主要作用是将点云中点的数量恢复到原始数量,以便与原始点云中的点一一对应,并进行损失计算和模型训练迭代。

PointNet ++恢复点数通过特征上采样插值来进行实现，并且插值依赖于前后两层特征。假设前一层的点数 $M=64$，特征维度为 D_1，后一层点数 $N=16$，特征维度为 D_2，那么插值的任务则是把前一层特征插值成 D_2。主要步骤如下：

(1) 以前一层 64 个点为待插值点，后一层 16 个点为参考点，分别计算这 64 个待插值点与 16 个参考点的距离，得到 64×16 的距离矩阵。

(2) 分别在 64 个待插值点中选择 $k=3$ 个最接近的参考点，然后将这 k 个点特征的加权平均值作为待插值点的新特征，维度为 D_2。每个待插值点都会得到一个新特征，新特征来自于后一层点特征的加权平均。加权系数等于各个点的距离倒数除以 3 个点的距离倒数之和。距离越近，加权系数越大。

插值效果直观描述为使得前一层的点云能够获得类似后一层的特征。PointNet ++上采样模块为 PointNetFeaturePropagation，即 FP 层。通常，插值前后的特征会进行拼接，即维度为 D_1+D_2。为了使特征维度保持为 D_2，相应操作为增加一层输入输出通道为(D_1+D_2,D_2)的卷积。

PointNet ++分割网络的特征编码结构与其分类网络的特征提取结构一致，这部分不再进行重复介绍。本节主要详细介绍特征解码过程。PointNet ++分割网络具体过程如下所示：

(1) SA1：输入数据 l0_points 特征维度为 9×4 096，通过 SA 模块得到 1 024 个采样点，输出特征 l1_points 维度为 64×1 024。

(2) SA2：输入数据为 l1_points，通过 SA 模块得到 256 个采样点，输出特征 l2_points 维度为 128×256。

(3) SA3：输入数据为 l2_points，通过 SA 模块得到 64 个采样点，输出特征 l3_points 维度为 256×64。

(4) SA4：输入数据为 l3_points，通过 SA 模块得到 16 个采样点，输出特征 l4_points 维度为 512×16。

(5) FP4：根据 l4_points(512×16)对 l3_points(256×64)进行插值，插值后 l3_points 为 512×64，将插值后特征与原 l3_points 进行拼接，并经过卷积 Conv1d(768, 256)和 Conv1d(256, 256)后得到新的 l3_points 特征，维度为 256×64。

(6) FP3：根据新的 l3_points(256×64)对 l2_points(128×256)进行插值，插值后 l2_points 为 256×256，将插值后特征与原 l2_points 进行拼接，并经过卷积 Conv1d (384, 256)和 Conv1d(256, 256)后得到新的 l2_points 特征，维度为 256×256。

(7) FP2：根据新的 l2_points(256×256)对 l1_points(64×1 024)进行插值，插值后 l1_points 为 256x1024，将插值后特征与原 l1_points 进行拼接，并经过卷积 Conv1d (320, 256)和 Conv1d(256, 128)后得到新的 l1_points 特征，维度为 128×1 024。

(8) FP1：根据新的 l1_points(128×1 024)对 l0_points(9×4 096)进行插值，插值后 l0_points 为 128×4 096，并经过卷积 Conv1d(128, 128)和 Conv1d(128, 128)后得到新的 l0_points 特征，维度为 128×4 096。

以上 SA1 - SA4 为特征编码结构，FP1－FP4 为特征解码结构，如图 10 - 7 所示。

经过编码－解码结构之后，分割网络为每个原始点提取到 128 维特征，l0_points，128×4 096。新的 l0_points 输出特征经过卷积 conv1d(128, 128)、conv1d(128, 13)、softmax 得到 13 维度的输出，即 13 个类别的分类预测概率(4 096x13)，即图 10－6 中上方的 per-point scores。

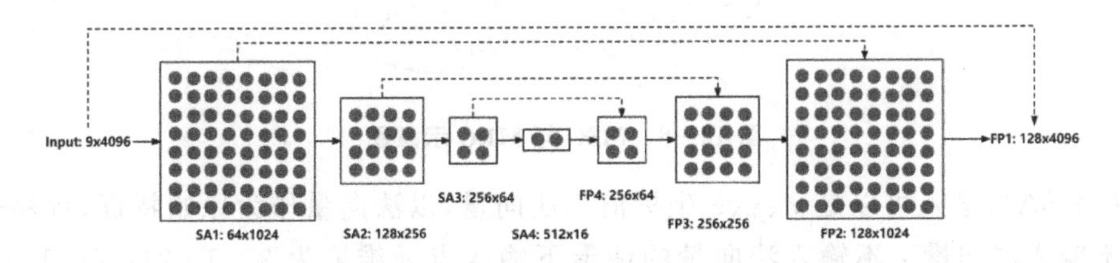

图 10－7 PointNet＋＋编码-解码结构

PointNet ＋＋分割网络的损失函数也仅由交叉熵损失函数组成，不再包括 64 维特征的变换矩阵损失。同样考虑类别的均衡性，交叉熵损失函数会为每个类别分配一个权重。在全部原始点云中，同一类别空间点数量最多的权重最小，取值为 1。其他类别权重是最大点数量与该类别数量比值的三分之一次方，显然其他类别权重大于 1。

将 model 参数变量设置为 pointnet2_semseg，运行参考程序目录下的 train_semseg.py 和 test_semseg.py 即可完成 PointNet ＋＋分割网络训练和测试。

10.2.4 多尺度分组

PointNet ＋＋通过 SA 模块对原始点云进行采样、分组以及 PointNet 特征提取，如果仅采用单一分组半径尺度和固定采样点数，那么分组点云会受点云密度的影响。如果点云过于稀疏，那么小半径尺寸无法将稀疏的点云进行分组，从而无法提取到稀疏点云的特征。在单一尺度分组的 PointNet ＋＋结构中，第一层 SA 分组半径最小，后续 SA 层都是基于前一层进行的。如果第一层 SA 没有提取到特征，那么后续也无法提取到相应稀疏点云的特征。为了解决这个问题，PointNet ＋＋作者提出多尺度分组策略(Multi－Scale Group, MSG)，本节将重点介绍 MSG 的实现方式。

前文所述 SA 结构采用的是单一尺度分组方法，即 Single－Scale Group(SSG)，主要包括随机采样、分组和 PointNet 特征提取三个步骤。SSG 进行随机最远点采样后仅设置一个分组半径，然后对分组内的点云进行 PointNet 特征提取。

MSG 多尺度分组在进行随机最远点采样后分别设置多个分组半径；然后针对各个分组内的点云分别进行 PointNet 特征提取；最后将不同分组半径下提取到的点云特征进行拼接，得到 SA 模块输出的最终特征。MSG 操作会明显增加算法模型的计算量。为了简化运算，PointNet ＋＋还提出另外一种不同尺度的特征拼接方法，即连续的 SASSG 结果进行拼接，称为 Multi－Resolution Group(MRG)。MSG 和 MRG 示意图如图 10－8 所示。

PointNet ＋＋主干网络特征提取(特征编码)层的 SASSG 采用 SAMSG 替代后的步骤如下：

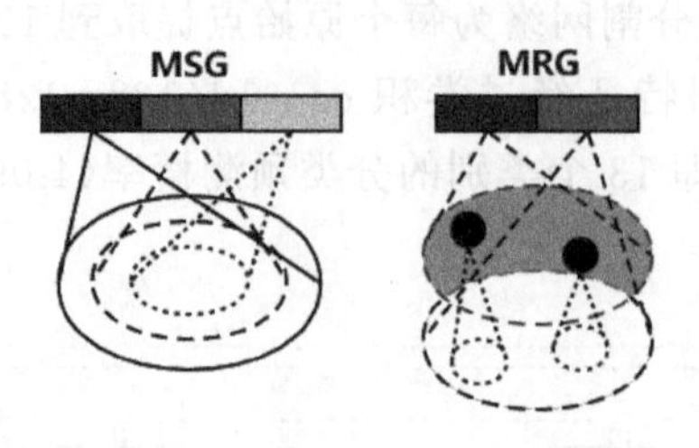

图 10-8　MSG 与 MRG 示意图

(1) SA1：输入可以是 x、y、z 坐标值和法向量，以法向量作为原始特征，程序也可设置不输入法向量。不输入法向量的情形下输入点云维度为 3×1 024(N＝1 024)。随机最远点采样点数为 512，分组半径分别为 0.1、0.2、0.4，分组内点数分别为 16、32、128 个，那么采样分组后的特征维度分别为 512×16×(3＋0)、512×32×(3＋0)、512×128×(3＋0)，其中分组内每个点坐标都已减去中心点坐标，0 表示原有特征维度，对应图 10-6 中的 C。若用法向量作为输入特征，则会将坐标与法向量拼接作为新特征。三个分组点云特征分别经过卷积[Conv1d(3, 32)、Conv1d(32, 32)、Conv1d(32, 64)]、[Conv1d(3, 64)、Conv1d(64, 64)、Conv1d(64, 128)]、[Conv1d(3, 64)、Conv1d(64, 96)、Conv1d(96, 128)]和最大池化后，每个分组点云的特征维度分别为 64、128、128，这些特征拼接后维度为 320(64＋128＋128)。这相当于 512 个采样点的特征维度为 320，即 320×512，320 对应图 10-6 中 C_1。

(2) SA2：输入为(1)中采样得到的 512 个点坐标和 320x512 维度特征。随机最远点采样点数为 128，分组半径为 0.2、0.4、0.8，分组内点数为 32、64、128 个，那么采样分组后特征维度为 128×64×323，其中分组内每个点坐标都已减去中心点坐标，并将坐标与原特征拼接作为新特征(3＋320＝323)。经过卷积[Conv1d(323, 64)、Conv1d(64, 64)、Conv1d(64, 128)]、[Conv1d(323, 128)、Conv1d(128, 128)、Conv1d(128, 256)]、[Conv1d(323, 128)、Conv1d(128, 128)、Conv1d(128, 256)]和最大池化后，每个分组点云的特征维度分别为 128、256、256，并对这些特征进行拼接，拼接后维度为 640(128＋256＋256)。这相当于 128 个采样点的特征维度为 640，即 640x128，256 对应图 10-6 中 C_2。

(3) SA3：输入为(2)中采样得到的 128 个点坐标和 640×128 维度特征。将全部 128 个点分为 1 组，采样中心设置为坐标原点。那么采样分组后特征维度为 1×128×643，将坐标与原特征拼接作为新特征(3＋640＝643)。经过卷积 Conv1d(643, 256)、Conv1d(256, 512)、Conv1d(512, 1 024)和最大池化后，每个分组点云的特征维度为 1 024，共 1 个分组。这相当于 1 个采样点的特征维度为 1024，即 1 024×1，1 024 对应图 10-6 中 C4。

根据上述过程，PointNet ＋＋的 MSG 结构主要区别在 SA1 和 SA2，二者分别采用了三种不同尺度的分组半径和采样数量。将 model 参数设置为 pointnet2_cls_msg，运行 train_classification. py 和 test_classdification. py 即可完成训练和测试，并且通过将 use_normals 设置为 True 在输入中引入法向量。

10.3 VoxelNet (CVPR 2018)

VoxelNet 是一种用于三维物体目标检测的深度学习模型，发表于 CVPR 2018。论文题目和下载地址分别为 *VoxelNet: End-to-End Learning for Point Cloud Based 3D Object Detection* 和 https://arxiv.org/abs/1711.06396"。VoxelNet 属于端到端的三维目标检测模型，它可从点云数据中直接检测出三维环境中的物体，并对物体进行分类。

VoxelNet 核心思想是将点云数据转换为三维体素(voxels)，然后采用卷积神经网络(CNN)对体素进行特征提取和分类。模型输入为点云数据，其中每个点都含有一些属性信息，如坐标、颜色和法向量等。VoxelNet 输出是目标物体的位置、类别和方向信息。该模型在三维物体检测任务中取得了较好效果，并且模型发布时在 KITTI 数据集上获得了最优结果。VoxelNet 的成功表明体素化方法在三维物体检测中的潜力，并且为进一步研究奠定基础。

本节将基于 Pytorch 版本 VoxelNet 模型程序进行数据和模型详细讲解，参考项目地址为 https://github.com/skyhehe123/VoxelNet-pytorch"。

10.3.1 数据裁剪

VoxelNet 参考程序所使用的数据集为 KITTI。数据裁剪程序(crop.py)的作用是把处于图像坐标之外的点云进行裁剪删除，便于数据对齐和后期可视化验证。主要流程如下：

(1) 读取图像数据(375×1 242×3)和激光雷达数据(4×K)，K 表示激光雷达点云中点的数量，4 分别表示坐标 x、y、z 和反射强度。

(2) 读取标定校准参数。外参矩阵 Tr_velo_to_cam(3×4)需要增加一行[0, 0, 0, 1]转换成 4×4 矩阵，这样可以同时对反射强度进行保存。同样地，R0_rect 也增加一行[0, 0, 0, 1]转成 4×4 矩阵。内参矩阵 P 的维度为 3×4。相应的函数段为：

```
def load_calib(calib_dir):
    # P2 * R0_rect * Tr_velo_to_cam * y
    lines = open(calib_dir).readlines()
    lines = [ line.split()[1:] for line in lines ][:-1]
    P = np.array(lines[CAM]).reshape(3,4)
    Tr_velo_to_cam = np.array(lines[5]).reshape(3,4)
    Tr_velo_to_cam = np.concatenate([Tr_velo_to_cam, np.array([0,0,0,1]).reshape(1,4)], 0)
    R_cam_to_rect = np.eye(4)
    R_cam_to_rect[:3,:3] = np.array(lines[4][:9]).reshape(3,3)
    P = P.astype('float32')
    Tr_velo_to_cam = Tr_velo_to_cam.astype('float32')
```

```
        R_cam_to_rect = R_cam_to_rect.astype('float32')
        return P, Tr_velo_to_cam, R_cam_to_rect
```

(3) 从原始点云中选出强度大于 0 的点，点云维度降为 $4\times L$。

(4) 将点云第 4 个维度反射强度暂时设置为 1，以便与外参矩阵和 $R0$ 矩阵相乘时进行平移操作。内参矩阵左乘 $R0$ 矩阵后左乘外参矩阵，最后左乘点云坐标得到点云在相机坐标系中的坐标。筛选出 z 大于 0 的点，即在相机前方的点，这样点云维度进一步下降。将得到的点云坐标除以 z 方向上坐标后，可得到点云在像平面上的 i_x、i_y 坐标。相应函数段为：

```
def project_velo_points_in_img(pts3d, T_cam_velo, Rrect, Prect):
    '''Project 3D points into 2D image. Expects pts3d as a 4xN
        numpy array. Returns the 2D projection of the points that
        are in front of the camera only an the corresponding 3D points.'''
    # 3D points in camera reference frame.
    pts3d_cam = Rrect.dot(T_cam_velo.dot(pts3d))
    # Before projecting, keep only points with z > 0
    # (points that are in fronto of the camera).
    idx = (pts3d_cam[2,:]> = 0)
    pts2d_cam = Prect.dot(pts3d_cam[:,idx])
    return pts3d[:, idx], pts2d_cam/pts2d_cam[2,:], idx
```

(5) 筛选出 i_x、i_y 坐标在图像宽高(1 242、375)范围内的点云，并将点云颜色赋值为图像中对应像素的颜色。最终点云维度为 $N\times 9$，每个点有 9 个维度，即 x、y、z、reflectance、R、G、B、i_x、i_y，并将点云以 bin 格式保存到 crop 文件夹下。

在运行 crop.py 之前，程序需要先在 training 和 testing 文件夹下新建 crop 文件夹，否则运行程序时会提示找不到相应文件。默认处理的文件夹为 testing，循环次数需要由 7 518 改为 5，这是因为 MINI KITTI(自建数据集，下载 KITTI 其中一部分数据)的测试样本数量为 5。然后，程序将处理的改文件夹为 training，循环次数需要由 5 改为 20，同样是因为 MINI KITTI 中的训练样本数量为 20。处理完成之后文件目录如图 10-9 所示。

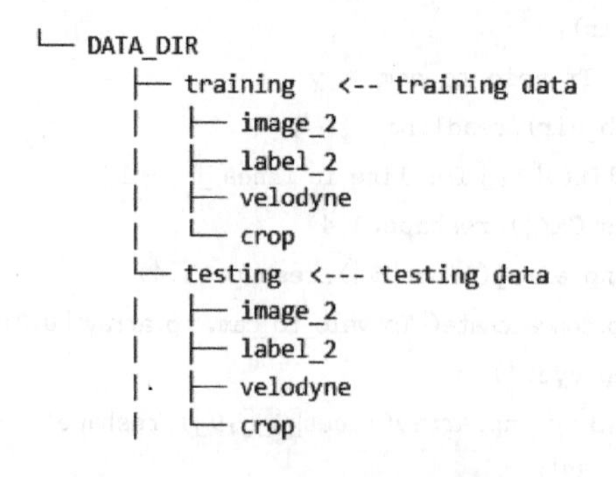

图 10-9　输入数据目录结构

10.3.2 数据处理

VoxelNet 数据处理主要包括构建目标 3D 检测框、数据增强、空间范围筛选、体素化和 anchors 生成等步骤。

1. 构建目标 3D 检测框

根据标签数据构建 3D 检测框：

(1) 通过外参逆矩阵将标签中 3D 检测框中心坐标由相机坐标系变换回激光雷达坐标系。需要注意的是，长度和宽度方向坐标处于中心位置，而高度方向的中心是底部坐标。在构建 3D 检测框时的坐标范围为 $(-l/2, l/2)$、$(-w/2, w/2)$、$(0, h)$。

(2) 标签数据 ry 旋转角度同样需要转换为雷达坐标系绕 z 轴的旋转角度，角度大小是与车正前方的夹角，而 ry 是与车身方向上的夹角，$ry+rz=-pi/2$，这个负号与坐标系正方向定义相关。

(3) 根据 rz 构建旋转矩阵，将旋转矩阵乘以(1)中检测框后加上(1)中的中心坐标即可得到雷达坐标系中检测框的 8 个顶点坐标。

VoxelNet 构建目标 3D 检测框的函数为“box3d_corner = box3d_cam_to_velo (obj[8:], Tr)”。

2. 数据增强

(1) 随机平移，平移之后不同目标在俯视图上不存在重叠，即不发生碰撞。

(2) 随机旋转，对点云坐标和真实检测框 8 个顶点坐标进行随机旋转。

(3) 随机缩放，对点云坐标和真实检测框 8 个顶点坐标进行随机缩放。

VoxelNet 相应函数为“lidar, gt_box3d = aug_data(lidar, gt_box3d)”。

3. 空间范围筛选

筛选出指定空间范围内点云和真实检测框顶点坐标。x 方向范围为(0, 70.4)；y 方向范围为(−40, 40)；z 方向范围为(−3, 1)。VoxelNet 相应函数为“lidar, gt_box3d = aug_data(lidar, gt_box3d)”。

4. 体素化

体素尺寸为 vw=0.2、vh=0.2、vd=0.4，全部体素个数为 400×352×10，包含有点云的体素和无点云的体素。这里主要计算出含有点云的体素坐标。每个体素最多选择出 35 个点，对于不满足 35 个点的用零向量进行填充。每个点具有 7 个特征属性，前 3 个为点的 x、y、z 空间坐标，4～6 为坐标与体素中心点坐标的差值，最后 1 为特征填充 0。因此，体素特征 voxel_features($N\times35\times7$)和体素坐标 oxel_coords($N\times3$)，其中 N 为体素个数。VoxelNet 体素化函数为“voxel_features, voxel_coords = self.preprocess(lidar)”。

5. anchor 生成

在目标检测任务中，anchor 是一种常用的方法，用于生成多个候选框，以便对图像的目标进行检测。anchor 是在原始数据空间(例如输入图像和点云中)假定一系列可能包括目标的候选框,对这些候选框中数据进行高维特征提取以判断候选框是否存在。对于真实存在目标的候选框,模型需要对其位置进行调整以匹配真实标签数据。前者属于分类任务,后者则属于回归任务。VoxelNet 的 anchor 候选框生成步骤如下:

(1) 生成 200×176×2=70 400 个 anchor,每个 anchor 有两种 rz 方向,所以需要乘以两倍。后续特征图大小为(200×176),相当于每个特征生成两个方向 anchor。anchor 的属性包括 x、y、z、h、w、l、rz,即坐标、尺寸和方向角度,维度为 70 400×7。

(2) 通过计算 anchor 和目标框在 xoy 平面的外接矩形的 iou 来判断 anchor 是正样本还是负样本,即 anchor 是否正好框住了目标的大部分。正样本的 iou 阈值为 0.6,负样本 iou 阈值为 0.45。iou 表示两个图形之间的重叠比例,通过图像之间重叠区域大小与图像合并区域大小的比例计算得到,即交并比。

(3) 由于 anchor 数量为 200×176×2,程序用维度为 200×176×2 矩阵 pos_equal_one 来表示正样本 anchor,取值为 1 的位置表示 anchor 为正样本,否则为 0。

(4) 同样地,用维度为 200×176×2 矩阵 neg_equal_one 来表示负样本 anchor,取值为 1 的位置表示 anchor 为负样本,否则为 0。

(5) 用 targets 来表示 anchor 与真实检测框之间的差异,包含 x、y、z、h、w、l、rz 等 7 个属性之间的差值,这与后续损失函数直接相关。targets 维度为 200x176x14,最后一个维度的前 7 维表示 $rz=0$ 的情况,后 7 维表示 $rz=p_i/2$ 的情况。

经过处理之后的 VoxelNet 输入数据和维度分别为:voxel_features(Nx35x7)、voxel_coords(Nx3)、pos_equal_one(200x176x2)、neg_equal_one(200x176x2)、targets(200x176x14)、image(RGB 图像,$H\times W\times 3$)、calib(校准数据 P_2、R_0、Tr_velo2cam)、self.file_list[i](文件名)。

10.3.3 模型结构

VoxelNet 模型结构如图 10-10 所示,主要包含数据处理、VFW、SVFW、CML 和 RPN 等部分。

1. 体素特征编码 VFW 层

假设输入体素维度为 $N\times T\times K$,N 为含有点云的体素个数,$T=35$ 为体素中点的个数,K 为体素中每个点的特征维度,$K=7$。VFW(voxel feature encoding layer)层与 PointNet ++的 SA 结构类似。PointNet++通过随机采样和分组将原始点云拆分成不同子点云并对其采用 PointNet 进行特征提取。VoxelNet 的 VFW 层则是通过体素化将原始点云拆分成不同子点云,同样通过 PointNet 方式提取点云的局部特征和全局特征。

VoxelNet 的 VFW 层结构图及其步骤如图 10-11 所示。

(1) 筛选原始特征大于 0 的点,生成 $N\times 3$ 维度的 mask,即对空值点不进行特征提取。

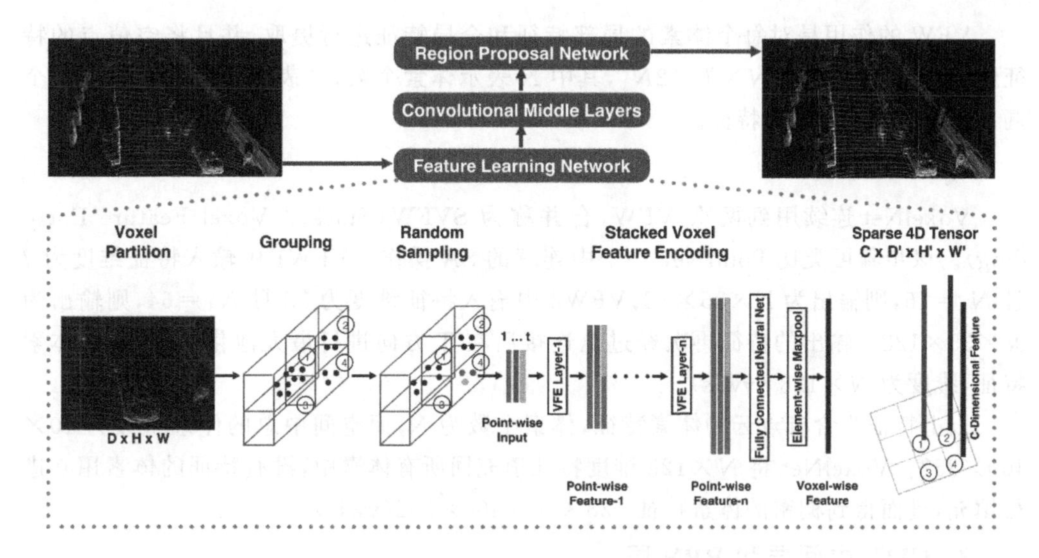

图 10-10 VoxelNet 模型结构

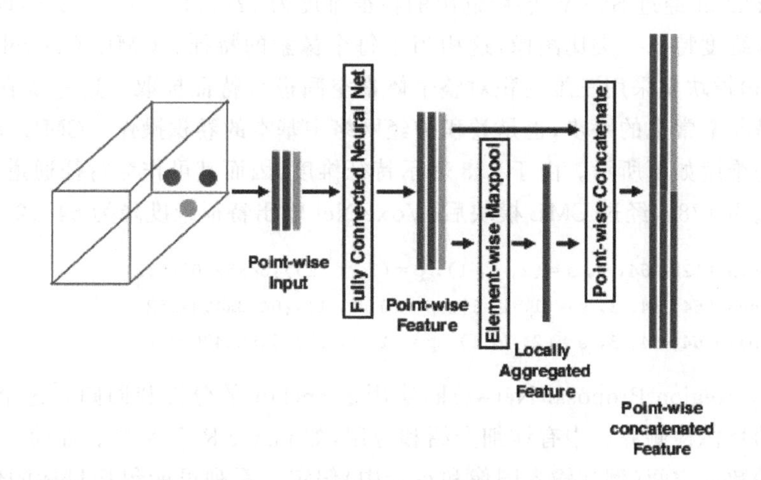

图 10-11 VoxelNet 体素特征编码层

(2) 对每个点的特征进行全连接操作，得到 $N \times T \times N_1$ 维度特征 pwf（point-wise feature），即体素各点局部特征。

(3) 对每个体素中各点特征进行最大值池化操作，得到局部体素的全局特征 $N_{x1} \times N_1$，并将特征重复 T 次使其维度恢复到 $N \times T \times N_1$，即特征 laf(locally aggregated feature)。

(4) 将 pwf 和 laf 进行拼接，即同时考虑各个体素的局部特征和全局特征。这一点与 PointNet 语义分割的特征提取思路完全一致。拼接后体素特征的维度为 $N \times T \times 2N_1$，即 pwcf(point－wise concat feature)。

(5) 将(1)中 mask 维度扩展成 $N \times T \times 2N_1$ 后与 pwcf 相乘得到 VFW 层的最终输出。

VFW 的作用是对每个体素的局部特征和全局特征进行提取，并且将空值点的特征置为 0，输出维度为 $N\times T\times 2N_1$，其中 N 表示体素个数，T 表示体素中点数，N_1 个局部特征和 N_1 个全局特征。

2. SVFW 层

VoxelNet 连续用到两次 VFW，合并称为 SVFW(Stacked Voxel Feature Encoding)。该步骤可类比 PointNet ++ 中连续的 SA 操作。VFW1 中输入特征维度为 7 且 $N_1=16$，则输出为 N×35×32；VFW2 中输入特征维度为 32 且 $N_1=64$，则输出为 $N\times 35\times 128$。输出的特征再次经过全连接后在 T 方向进行最大池化，得到每个体素特征，维度为 $N\times 128$ (vwfs)。

以上特征为含有点云的体素特征，体素个数为 N，而空间中总的体素个数为 10×400×352。VoxelNet 将 $N\times 128$ 维度特征填充回所有体素中，没有特征的体素用 0 进行填充，进而得到稠密的体素特征 128×10×400×352(vwfs)。

3. CML 中间层和 RPN 层

VoxelNet 经过 SVFW 层后输出的特征维度为 128×10×400×352，即每个体素均具有 128 维度特征。类比图像，这相当于每个像素的特征。CML(Convolutional Middle Layer)模块是采用三维卷积对整个体素空间进行特征提取。这一步在计算机视觉算法中是非常常规的一步，也是卷积神经网络中基本的卷积操作。CML 卷积操作及其运算后的维度如下所示。由于 128 表示特征维度，因而其可作为特征通道，即输入数据通道数量为 128。经过 CML 模块后，VoxelNet 输出特征维度降为 64×2×400×352。

```
1)Conv3d(128, 64, 3, s=(2, 1, 1), p=(1, 1, 1)):64x5x200x512
2)Conv3d(64, 64, 3, s=(1, 1, 1), p=(0, 1, 1)):64x3x400x352
3)Conv3d(64, 64, 3, s=(2, 1, 1), p=(1, 1, 1)):64x2x400x352
```

RPN(Region Proposal Network)层用于 anchor 的分类和回归。这个在图像领域两阶段的目标检测算法中有详细介绍和应用，如 faster RCNN 等。如前文所述，anchor 是在原始数据空间(例如输入图像和点云中)假定一系列可能包括目标的候选框，对这些候选框中数据进行高维特征提取以判断候选框是否存在。对于真实存在目标的候选框，模型需要对其位置进行回归调整以匹配真实标签数据。前者属于分类任务，后者则属于回归任务。这两个任务可由 RPN 网络来完成，结构如图 10-12 所示。

VoxelNet 将 CML 模块特征 reshape 成 128×400×352 作为 RPN 的输入。这相当于对深度方向上的特征进行拼接并减少一个数据维度，从而可在二维空间直接进行卷积。CML 输出特征分别经过三个由卷积层构成的模块，并通过设置卷积步长得到三种不同尺度大小的特征图，即特征金字塔网络(Feature Pyramid Network，FPN)。网络越深，特征图尺寸越小，其相应原始空间的特征视野越大，特征信息更具全局性。三种尺寸的特征图通过逆卷积操作重新恢复到相同尺寸并进行特征拼接，实现不同尺度特征的相互融合，最终得到 768×200×176 维新特征。网络过程如下：

(1) Block_1：Conv2d(128，128，3，2，1)、Conv2d(128，128，3，1，1)、Conv2d

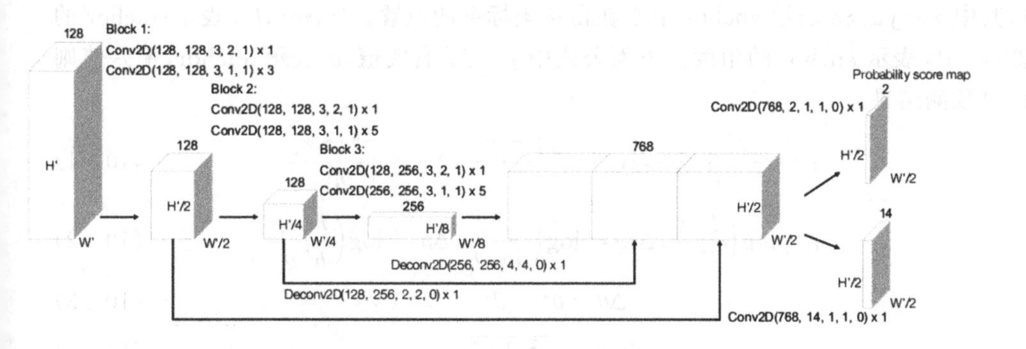

图 10-12 VoxelNet RPN 层

(128, 128, 3, 1, 1)、Conv2d(128, 128, 3, 1, 1):128×200×176 (x_skip_1)。

(2) Block_2:Conv2d(128, 128, 3, 2, 1)、Conv2d(128, 128, 3, 1, 1)、Conv2d(128, 128, 3, 1, 1)、Conv2d(128, 128, 3, 1, 1)、Conv2d(128, 128, 3, 1, 1):128×100×88 (x_skip_2)。

(3) Block_2:Conv2d(128, 256, 3, 2, 1)、Conv2d(256, 256, 3, 1, 1)、Conv2d(256, 256, 3, 1, 1)、Conv2d(256, 256, 3, 1, 1)、Conv2d(256, 256, 3, 1, 1):256×50×44 (x)。

(4) Deconv_1(256, 256, 4, 4):利用逆卷积对 x 进行上采样,256×200×176(x_0)。

(5) Deconv_2(128, 256, 2, 2):利用逆卷积对 x_skip_2 进行上采样,256×200×176(x_1)。

(6) Deconv_3(128, 256, 1, 1):利用逆卷积对 x_skip_1 进行上采样,256×200×176(x_2)。

(7) 将 x_0、x_1、x_2 拼接成 768×200×176 维度的新特征。

RPN 模块中采用特征金字塔 FPN 提取多尺度特征,并且通过拼接实现不同视野范围的特征融合。其中,特征融合过程可以改进成计算机视觉中常见的逐层上采样,逐层融合,而不是分别上采样并采用 1 次拼接融合。融合后特征图尺寸为 200×176,每个位置对应两个不同方向上的 anchor,位置特征维度为 768。采用卷积 Conv2d(768, 2, 1, 1)生成 2×200×176 个特征 psm(probability score map),用于对每个 anchor 的分类。另一方面,模型采用卷积 Conv2d(768, 14, 1, 1)生成 14×200×176 个特征 rm (regression map),用于对每个 anchor 的位置回归。位置回归信息中包含 x、y、z、l、w、h、θ 等 7 个维度数据的偏差范围,两个 anchor 则对应 14 个维度。

10.3.4 损失函数

3D 目标的位置信息标注包含 7 个参数(x、y、z、l、w、h、θ),其中 x、y、z 表示物体中心点在雷达坐标系的位置。l、w、h 表示该物体的长宽高。θ 表示该物体绕 Z 轴旋转角度(偏航角)。因此,生成的 anchor 也包含对应 7 个参数(xa、、ya、za、la、wa、ha、

θa)，其中 xa、ya、za 表示 anchor 中心在雷达坐标系的位置。la、wa、ha 表示 anchor 的长宽高。θa 表示 anchor 的角度。下面公式中 g 表示真实值，a 表示 anchor，偏差值则是模型预测结果。

$$\Delta x = \frac{x_c^g - x_c^a}{d_a}, \Delta y = \frac{y_c^g - y_c^a}{d_a}, \Delta x = \frac{z_c^g - z_c^a}{h_a} \tag{10-1}$$

$$\Delta l = \log\left(\frac{l^g}{l^a}\right), \Delta w = \log\left(\frac{w^g}{w^a}\right), \Delta h = \log\left(\frac{h^g}{h^a}\right) \tag{10-2}$$

$$\Delta \theta = \theta^g - \theta^a \tag{10-3}$$

$$d_a = \sqrt{w_a^2 + l_a^2} \tag{10-4}$$

损失函数的输入为 rm(回归预测结果，200×176×14)、psm(分类预测结果 200×176×2)、pos_equal_one(正样本 mask，200×176×2)、neg_equal_one(负样本 mask，200×176×2)、targets(正样本与真实值之间的位置偏差，200×176×14)。pos_equal_one、neg_equal_one、targets 的具体处理过程请参考数据处理小节部分。损失函数计算过程如下：

(1) 将 psm 维度 reshape 成 200×176×2 后利用 sigmoid 转换为概率，p_pos。

(2) 将 rm 和 targets 维度 reshape 成 200×176×2×7，并分别乘以 pos_equal_one，这是因为仅需要对正样本进行回归，得到 rm_pos 和 targets_pos。

(3) 分别计算正负样本分类的交叉熵损失，cls_pos_loss 和 cls_neg_loss。

(4) 根据 rm_pos 和 target_pos 计算 smoothl1loss 损失，reg_loss(位置回归损失)。

(5) 将 1.5 倍 cls_pos_loss 和 1 倍 cls_neg_loss 之和作为总的分类置信度损失，conf_loss，对应下面公式中的 α 和 β。这是因为通常情况下正样本的数量远远小于负样本数量，通过不同的权重来增加正样本损失对总损失的贡献程度。

$$L = \alpha \frac{1}{N_{pos}} \sum_i L_{cls}(p_i^{pos}, 1) + \beta \frac{1}{N_{neg}} \sum_i L_{cls}(p_i^{neg}, 0) + \frac{1}{N_{pos}} \sum_i L_{reg}(u_i, u_i^*) \tag{10-5}$$

10.4 Complex - Yolo

上面分别介绍了基于点云的三维深度学习算法 PointNet 和 PointNet++，以及基于体素的三维深度学习算法 VoxelNet。本节将介绍基于投影的三维深度学习算法 Complex - Yolov4。三维投影算法主要思想是采用激光雷达点云的鸟瞰图(BEV)和前视图(FV)等投影图作为模型输入，将三维点云转换为二维图片进行特征提取。

10.4.1 点云鸟瞰图

点云 BEV(Bird's Eye View)视图(鸟瞰图)是指点云在垂直于高度方向的平面投影。通常，在获得 bev 视图前，模型数据处理过程会将空间分割成体素，利用体素对点云进行下采样，然后将同一水平面位置的体素作为一个点进行投影。如上所述，体素将三维空间按照固定尺寸划分成立方体网格（$\Delta l * \Delta w * \Delta h$）。假设三个方向的体素个数分别为 HxWxD，那么投影后所得到特征维度为 HxW。

体素投影可得到 BEV 视图的像素点坐标，图像的像素分辨率为 HxW。每个像素点的特征取值则可通过多种方式得到，分别如下：

(1) 第一种方式是通过统计方法来得到体素特征，称为 hand-crafted feature，包括最大高度值、与最大高度值对应的点的强度值、体素中点云点数（密度）、平均强度值等。下面示例程序将统计最大高度值、与最大高度值对应点的强度值、点云数量等信息，对应视图可分别称作高度图、强度图和密度图。

(2) 第二种方式是通过模型提取每个体素的特征，如 VoxelNet。VoxelNet 通过 VFW 层提取体素特征，那么该特征可被用作 BEV 视图的像素值。

点云 BEV 视图关键程序与效果示意图（图 10－13）如下所示。

```
def lidar_to_bev(lidar):
    pxs = lidar[:, 0]
    pys = lidar[:, 1]
    pzs = lidar[:, 2]
    prs = lidar[:, 3]
    qxs = ((pxs - xrange[0])/vw).astype(np.int32)
    qys = ((pys - yrange[0])/vh).astype(np.int32)
    qzs = ((pzs - zrange[0])/vd).astype(np.int32)
    print('height,width,channel = %d, %d, %d' % (W, H, D))
    top = np.zeros(shape = (W, H, D), dtype = np.float32)
    mask = np.ones(shape = (W, H, D), dtype = np.float32) * -5
    bev = np.zeros(shape = (W, H, 3), dtype = np.float32)
    bev[:, :,0] = np.ones(shape = (W, H), dtype = np.float32) * -5
    for i in range(len(pxs)):
        #统计高度方向上每个体素的个数
        bev[-qxs[i], -qys[i], -1] = 1 + bev[-qxs[i], -qys[i], -1]
        if pzs[i]>mask[-qxs[i], -qys[i],qzs[i]]:
            #记录每个体素中点的最大高度值
            top[-qxs[i], -qys[i], qzs[i]] = max(0,pzs[i] - zrange[0])
            #更新最大高度值
            mask[-qxs[i], -qys[i],qzs[i]] = pzs[i]
        if pzs[i]>bev[-qxs[i], -qys[i], 0]:
            #记录高度方向上的最大高度值
            bev[-qxs[i], -qys[i], 0] = pzs[i]
            #记录高度方向上最高点的强度值
            bev[-qxs[i], -qys[i], 1] = prs[i]
    bev[:,:, -1] = np.log(bev[:,:, -1] + 1)/math.log(64)
    bev_image = bev - np.min(bev.reshape(-1, 3), 0)
```

```
    bev_image_image = (bev_image/np.max(bev_image.reshape(-1, 3), 0) * 255).astype
(np.uint8)
    return  bev[:, :, 0], bev[:, :, 1], bev[:, :, 2]
```

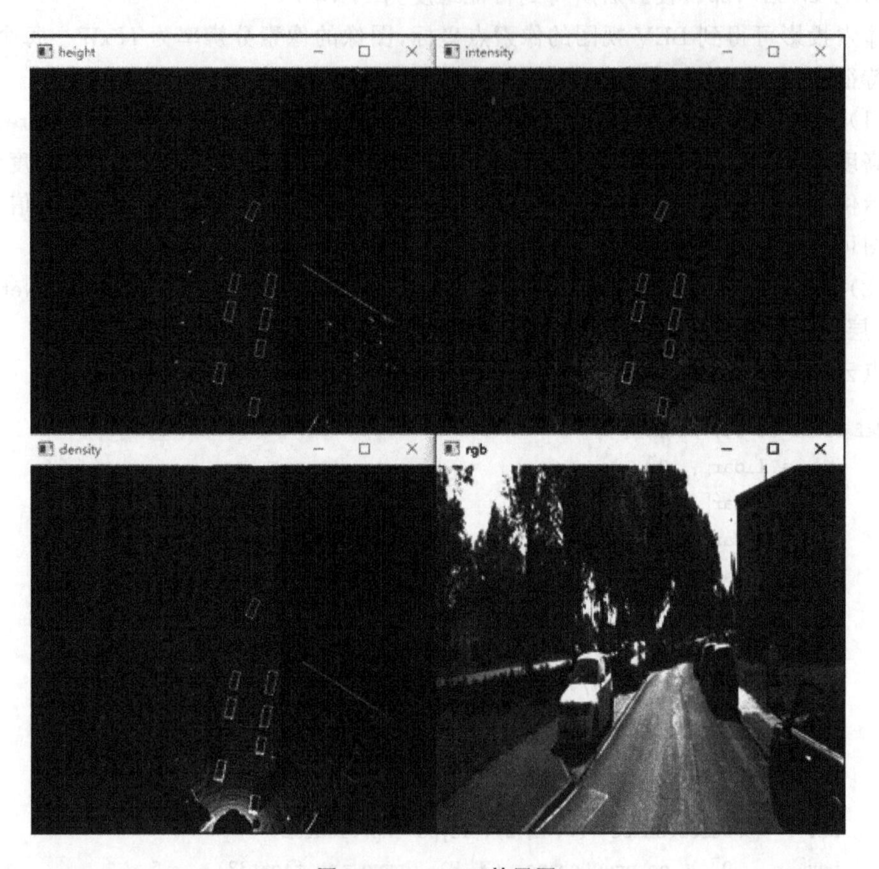

图 10-13　BEV 效果图

图 10-13 左上角为高度图，右上角为强度图，左下角为密度图，右下角为 RGB 相机成像结果。高度图、强度图和密度图的视角相同。

10.4.2　点云前视图

机械式激光雷达在工作时通常会围绕一个轴进行旋转扫描，从而完成 360°成像。对于单线激光雷达来说，旋转扫描数据可得到一个环形投影；多线激光雷达旋转扫描数据则可得到一个圆柱面投影。我们称这种投影图为前视图(Front View，FV)。

雷达点云中点的距离有远有近，那么如何投影成一个圆柱面呢？答案是按照方向和角度来投影。雷达每次采集一个点的方向和角度都是不同的，也不会出现远近重叠。因此，圆柱面投影按照方向和角度进行投影，方向则由雷达的照射角度来进行表征。

以 KITTI 激光雷达点云为例，x 表示车辆行驶方向，y 表示车身方向，z 表示高度方向。定义 xy 平面的方向角为 θ，z 方向上的方向角为 φ。如图 10-14 所示，θ 由反正切 arctan(y, x)得到。在 numpy 中,arctan2 将反正切函数的值域从($-pi/2$, $pi/2$)变换到($-pi$, pi)。

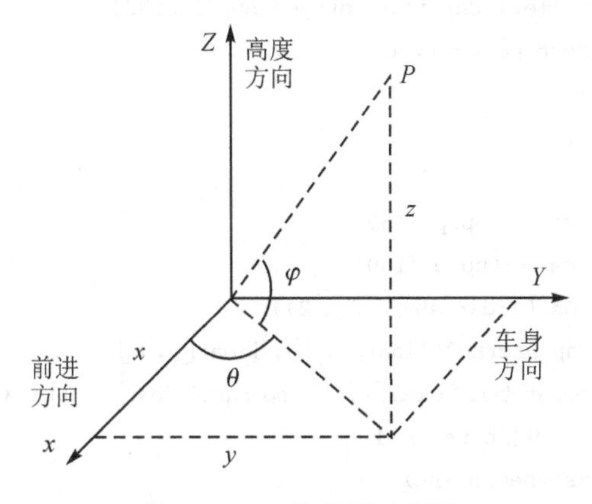

图 10-14 前视图示意图

从图中可以看到,车正前方(x 轴方向)角度为 0,正后方右侧角度为 $-pi$,正后方左侧角度为 pi。那么水平扫描方向认为是从车身正后方逆时针开始旋转一周,起始位置为投影后图像水平零点,终止位置为投影后图像的宽度。圆柱投影面展开成矩形图像平面的方法,相当于从正后方将圆柱面剪开得到。同样道理,垂直方向上角度由反正切 arctan(z, sqrt(x^2+y^2))得到。

KITTI 所使用的激光雷达水平方向上角度分辨率为 0.09°,总视角为 360°。垂直方向上视角为 26.8°,共 64 线,分辨率约等于 0.42°。那么,投影后 FV 图像的坐标 img_x 等于θ 除以水平角度分辨率;img_y 则等于 φ 除以垂直角度分辨率。激光雷达参数如下:

```
1 × Velodyne HDL-64E rotating 3D laser scanner,
10 Hz, 64 beams, 0.09 degree angular resolution,
2 cm distance accuracy, collecting~1.3 million points/second,
field of view: 360° horizontal, 26.8° vertical, range: 120 m
```

点云前视图基本计算步骤如下:

(1) 读取激光雷达数据,Nx4,x、y、z、r。

(2) 计算每个点的方向角,θ、φ。

(3) 据方向角和角度分辨率计算前视图图像坐标,img_x、img_y。

(4) 用雷达反射强度 r 作为前视图的灰度值。

(5) 结果可视化。

点云前视图示例程序及效果图(图 10-15)如下所示。

```
def lidar_fv():
    lidar_path = os.path.join('./data/KITTI/training', "velodyne/")
    lidar_file = lidar_path + '/' + '000010' + '.bin'
```

```
#加载雷达数据
print("Processing: ", lidar_file)
lidar = np.fromfile(lidar_file, dtype = np.float32)
lidar = lidar.reshape((-1, 4))
v_res = 26.8/64
h_res = 0.09
# 转换为弧度
v_res_rad = v_res * (np.pi/180)
h_res_rad = h_res * (np.pi/180)
angels = np.zeros((lidar.shape[0], 2))
angels[:, 0] = np.arctan2(lidar[:, 1], lidar[:, 0])
angels[:, 1] = np.arctan2(lidar[:, 2], np.sqrt(lidar[:, 0] * * 2 + lidar[:, 1] * * 2))
img_x = angels[:, 0]/h_res_rad
img_x = img_x.astype(np.int)
img_x = img_x - min(img_x)
img_y = angels[:, 1]/v_res_rad
img_y = img_y.astype(np.int)
print(min(img_y), max(img_y))
img_y = img_y - min(img_y)
img_y = max(img_y) - img_y
print(min(img_x), max(img_x))
print(min(img_y), max(img_y))
fv_img = np.zeros((max(img_y) + 1, max(img_x) + 1))
fv_img[img_y, img_x] = lidar[:, -1]
print(fv_img.shape)
cv2.namedWindow('FV', 0)
cv2.imshow('FV', fv_img)
cv2.waitKey(0)
```

图 10-15 FV 效果图

10.4.3 Complex Yolov4 输入数据

Complex Yolov4 参考程序为 https://github.com/maudzung/Complex-YOLOv4-Pytorch”，发表于 CVPR 2018 *Complex-YOLO: An Euler-Region-Proposal for Real-time 3D Object Detection on Point Clouds*。论文地址为 https://arxiv.org/abs/1803.06199”。

Complex-Yolov4 的数据来源于 KITTI 数据集，其目录结构如图 10-16 所示。除了 KITTI 数据之外，模型还需 ImageSets 和 classes_names.txt。ImageSets 文件夹定义了训练、验证和测试样本的索引序号。classes_names.txt 存储了需要检测的目标类别，其默认内容为“Car、Pedestrian、Cyclist”，这三个类别对应文本中三行。

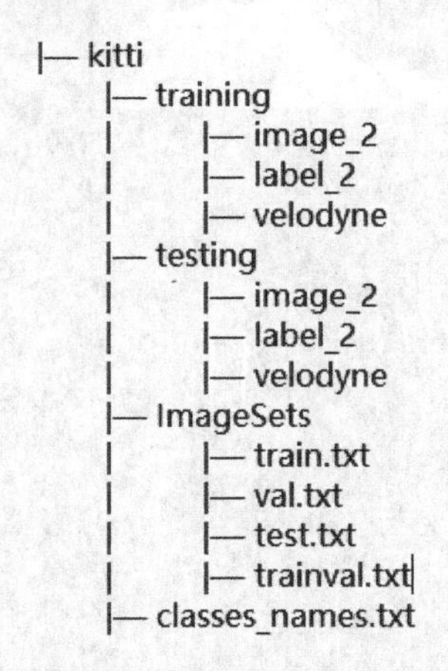

图 10-16 Complex Yolov4 输入数据目录

Complex Yolov4 输入数据处理步骤包括：

(1) 读取激光雷达点云数据 Nx4、标签数据和校准数据。

(2) 从标签中筛选出 classes_names.txt 相应的类别标签。每个标签 label 长度为 7，分别是 x、y、z、h、w、l、ry，其中 x、y、z 和 ry 是相机坐标系中的取值。根据校准数据 Calib，相机坐标系下的 x、y、z 和 ry 转换为雷达坐标系下的 x、y、z 和 r_z，具体原理和过程可参考 KITTI 数据集介绍部分。

(3) 将标注参数投影到图像中，获得投影后的 x、y、w、l。

(4) 将 x、y、w、l、rz 转换成 *yolo* 格式，其中 rz 用欧拉公式转换为虚部(i_m)和实部(r_e)。真实标签 target 由 8 个维度组成，即 batch_id、class_id、x、y、w、l、i_m、r_e。

(5) 删除指定范围之外的激光雷达数据：kitti_bev_utils.removePoints(lidarData, cnf.boundary)。

(6) 获取鸟瞰图(BEV) rgb_map：由强度图 intensityMap(608×608)、高度图 heightMap(608x608)和密度图 densityMap(608×608)共同组成 3x608×608 维度的鸟瞰图，类似于 3 通道 RGB 图片。这也是该算法核心思想的体现。该程序中 xoy 平面内的网格尺寸由 Discretization 参数决定，取值为(boundary["maxX"]-boundary

["minX"])/BEV_HEIGHT。

(7) 读取的数据输入模型之前会进行随机水平翻转或 Cutout 增强。

经过上述 7 个步骤,Complex Yolov4 模型输入数据包含 img_file、rgb_map、targets。假设 Batch Size 大小为 B。img_file 存储 image_2 中对应图片的路径列表,长度为 B。rgb_map 为步骤(6)中的鸟瞰图,维度为 $B\times3\times608\times608$。targets 为真实标签,根据(4)中定义可知其维度为 $M\times8$,M 为目标总数量。运行 src/data_process 目录下的 kitti_dataloader. py 文件可得到部分可视化结果,如图 10-17 所示。

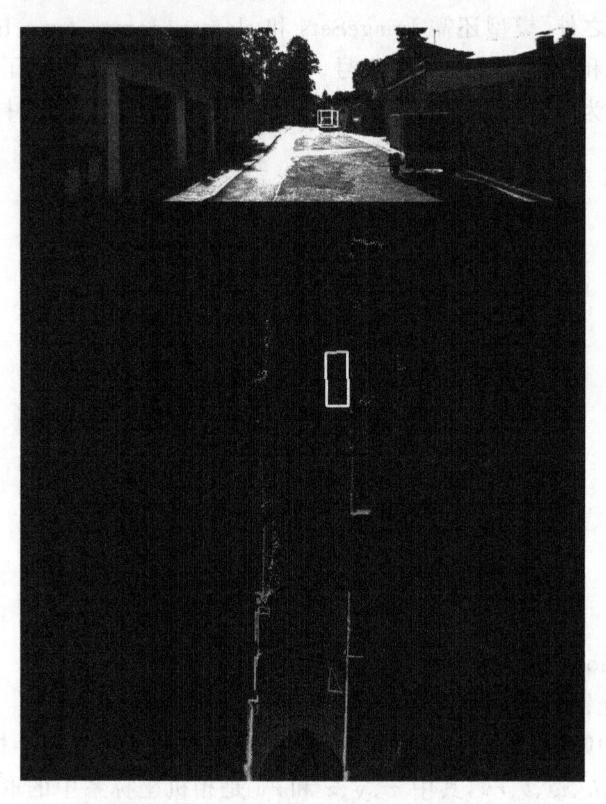

图 10-17 Complex Yolov4 BEV

10.4.4 Complex Yolov4 模型

Complex-Yolo 网络模型的核心思想是用鸟瞰图 BEV 替换 Yolo 网络输入的 RGB 图像,将三维目标检测转换为二维计算机视觉任务。因此,在完成 BEV 处理之后,模型的训练和推理过程基本和 Yolo 一致,不同之处仅在于角度预测时采用了欧拉角的方式。Yolov4 输入的 RGB 图片尺寸维度为 608×608×3,因而 Complex Yolov4 的 BEV 尺寸维度也为 608×608×3,由强度图、高度图和密度图组成。

深度学习目标检测分为两类,即有锚框(anchor)和无锚框(anchor free)设计。针对有锚框的目标检测,算法思路为:(1)设计大量锚框作为候选框;(2)对锚框进行分类和回归，得到最终的目标类别和位置。锚框分为正样本和负样本，正样本是指与真实目标框重叠超过指定阈值的锚框，反之负样本是指与真实目标框重叠小于指定阈值的锚框。对于正样本锚框，我们需要计算其与真实目标框之间的偏差，包括中心坐标、长宽、角度等的偏差。算法回归任务即为采用回归偏差将正样本锚框向真实目标逼近。有锚框的目标检测算法过程可参考上一章 VoxelNet 的相关检测。

Complex－Yolov4 属于有锚框类目标检测模型。考虑在鸟瞰图视角下，同一类目标的长宽尺寸变化不大，且目标存在方向信息，所以在设计锚框的时候，模型定义了三种不同尺寸和两个角度方向的锚框。

Complex－Yolov4 模型的网络结构与 Yolov4 基本一致，其结构图如图 10－18 所示。

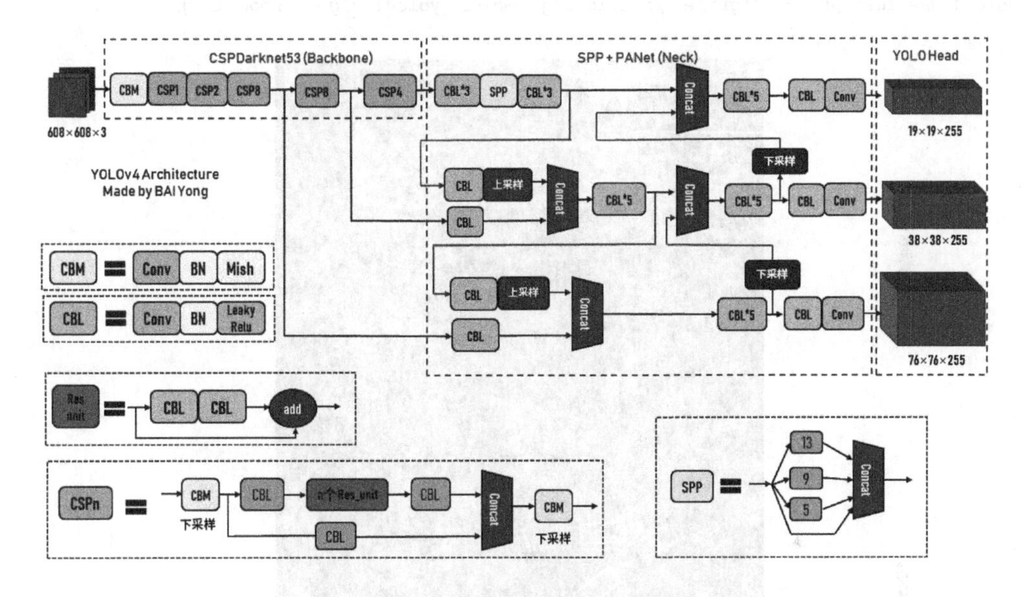

图 10－18　Yolov4 网络结构

关于 Complex Yolov4 的原理和过程，这里不进行详细介绍，仅关注以下几点。

(1) 与 Yolov4 一致，每个位置设置三种尺寸锚框。

(2) Yolov4 针对 COCO 数据集是有 80 个类别，而 Complex－Yolov4 主要针对车辆、行人和自行车三种类别，因此预测类别置信度时占据三个维度。

(3) 针对每一个锚框，共有 10 个维度输出，即 x、y、w、h、i_m、r_e、conf、cls(3 类)。

```
pred_x = torch.sigmoid(prediction[..., 0])
        pred_y = torch.sigmoid(prediction[..., 1])
        pred_w = prediction[..., 2]  # Width
        pred_h = prediction[..., 3]  # Height
        pred_im = prediction[..., 4]  # angle imaginary part
        pred_re = prediction[..., 5]  # angle real part
        pred_conf = torch.sigmoid(prediction[..., 6])  # Conf
```

```
pred_cls = torch.sigmoid(prediction[..., 7:]) # Cls pred.
```

(4) 模型最终输出维度为 $B\times22743\times10$,其中 22 743 为锚框的个数,即 $76\times76\times3+38\times38\times3+19\times19\times3$。

(5) 在损失函数方面,Complex - Yolo 将角度利用欧拉变换转换成实部和虚部,损失函数增加角度损失。

Complex - Yolov4 的参考程序预训练模型下载地址为 https://drive.google.com/drive/folders/16zuyjh0c7iiWRSNKQY7CnzXotecYN5vc。推理程序命令与可视化结果(图 10 - 19)分别如下所示。

```
Python test.py --gpu_idx 0 --pretrained_path ../checkpoints/complex_yolov4/complex_yolov4_mse_loss.pth --cfgfile ./config/cfg/complex_yolov4.cfg --show_image
```

图 10 - 19　Complex Yolov4 效果

10.5　SECOND (Sensor 2018)

SECOND 模型发表在 Sensor 2018《Second: Sparsely embedded convolutional detection》,论文地址为 https://github.com/open-mmlab/mmdetection3d/tree/master/configs/second"。SECOND 模型采用了几乎与 VoxelNet 三维目标检测算法完全一致的设计思路,核心之处表现在将 VoxelNet CML(Convolutional Middle Layer)卷积提

取特征层改变为连续的三维稀疏卷积进行特征提取。该模型结构发表之后被后续很多其他模型用作主干网络。本节将基于 mmdetection3d SECOND 参考程序进行详细解析。

10.5.1 三维稀疏卷积简介

以二维图像为例，如果图像绝大多数像素取值都为 0，那么我们可以称这个图像是稀疏的。对于三维点云，整个空间被划分成一个个体素，但是通常绝大多数体素内部均是空的，或者特征取值为 0。因而三维体素也常常是稀疏的。

取值为 0 的点在进行卷积乘法计算时结果仍然为 0，因而很大一部分体素不需要参与计算或占用计算图内存。稀疏卷积的意义在于记录这些不为 0 的数据位置，然后重新构建一种计算方式，使得仅仅不为 0 的非稀疏点参与卷积计算，从而节省计算资源并提高计算效率与速度。

本质上，我们仍然可以把稀疏卷积当作普通卷积来理解，只是稀疏卷积采用特殊的计算方法，并针对稀疏数据进行计算优化。因此，稀疏卷积和普通卷积效果一致，在模型数据计算传播过程中，通常不断提升通道数量、特征维度，降低特征图维度，最终提取到原始数据的高维特征。整体效果可看作是采用更小的特征图、更多的维度(通道数量)来表征原来的目标属性。

因此，我们把三维稀疏卷积当作普通三维卷积加以理解。如果读者需要深入理解稀疏卷积，可参考其他资料，或查看其实现源码。

10.5.2 模型结构

SECOND 模型结构如图 10-20 所示，其结构主要包括体素化(Voxel Features and Coordinates)、体素特征提取(Voxel Feature Extractor)、三维稀疏卷积层(Sparse Conv Layers)和 RPN HEAD。除三维稀疏卷积层之外，各个模块均可参考 VoxelNet。

(1) 体素化：将三维空间划分成体素网格。

(2) 体素特征提取：采用 PointNet 或取平均等操作提取每个非空体素特征。

(3) 三维稀疏卷积层：类似 VoxelNet 的常规三维卷积层，通过卷积操作提取体素深层次特征，并逐步减少深度方向上的特征数量，最终得到 anchor 候选框对应的二维特征图。特征图经过连续二维卷积层得到 RPN 层结构的输入特征，即主干网络特征。该连续二维卷积层也称作 SECOND 层，被后续多种其他模型用作主干网络的特征提取层。

(4) RPN HEAD：根据主干网络特征采用卷积操作映射到候选框(anchor)对应的目标预测结果，例如分类、回归等，与预测任务一一对应。

SECOND 模型总体计算过程如图 10-21 所示。

1. 体素化与特征提取

SECOND 模型体素化入口函数为 self.voxelize(points)，关键配置为 Voxelization(voxel_size=[0.05，0.05，0.1]，point_cloud_range=[0，−40，−3，70.4，40，1]，

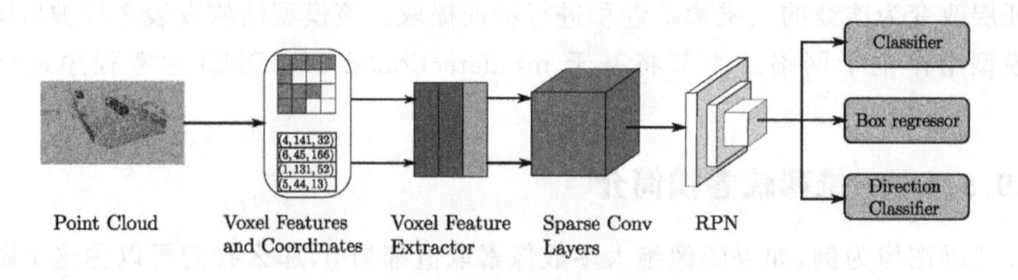

图 10-20　SECOND 模型结构

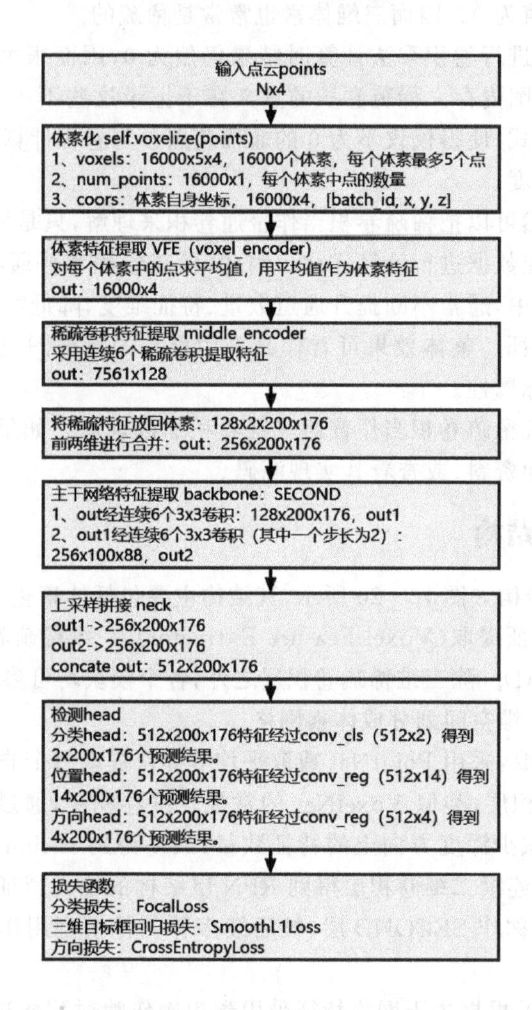

图 10-21　SECOND 总体计算过程

max_num_points=5，max_voxels=(16 000，40 000)，deterministic=True)。函数主要输入参数和输出结果如下：

输入：

1)points,Nx4,原始点云,N 表示点云数量,4 表示特征维度,特征为坐标 x、y、z 与反射强度 r。

2)voxel_size:单位体素尺寸,x、y、z方向上的尺度分别为0.05m、0.05m、0.1m。

3)point_cloud_range:x、y、z方向的距离范围,结合2)中体素尺寸可以得到总的体素数量为1408x1600x40。

4)max_num_points:定义每个体素中取值点的最大数量,默认为5,在voxelnet中T=35。

5)max_voxels:表示含有点云的体素最大数量,默认为16000。可以看到,3)中体素的数量远大于16000,但是并不是每个体素中都有点云。这也就是说输入的体素是稀疏的,因而采用稀疏卷积来进行计算是合理且有效的。

6)deterministic:取值为True时,表示每次体素化的结果是确定的,而不是随机的。

输出:

1)voxels:16000x5x4,体素中各个点的原始坐标和反射强度,16000个体素,每个体素最多5个点。

2)num_points:16000x1,每个体素中点的数量,最小数量为1,最大数量为5。

3)coors:体素自身坐标,16000x4,[batch_id, x, y, z]

在VoxelNet中,体素特征通过SVFE层提取,即连续两层VFE(voxel_encoder),其中VFE层提取体素特征采用PointNet网络。而在该Second程序中,VFE层被简化成HardSimpleVFE(voxel_encoder),即对每个体素中点的特征属性求平均值,用平均值作为体素特征,取平均时点的数量由num_points决定。

16000x5x4的体素voxels经过VFE后特征维度为16 000×4,即在第二个维度点的数量上进行了平均操作。

2. 稀疏卷积特征提取

类比VoxelNet的CML(Convolutional Middle Layer)层,VoxelNet直接采用常规三维卷积进行特征提取,而SECOND采用连续6个稀疏卷积进行特征提取,特征维度从16 000×4变为7 561×128。这表示经过稀疏卷积之后,非稀疏点数量为7 561,特征维度为128。经过稀卷积之后,体素空间的网格数量由40×1 600×1 408减少至2×200×176。将非稀疏点放回至体素网格后特征维度为128×2×200×176,并进一步reshape成256×200×176维度的输出out。

3. 主干网络与NECK层

主干网络模型结构称为SECOND层,包含两组连续二维卷积,输入为上述稀疏卷积提取的特征out(256×200×176),如图10-22所示。第一组卷积包括连续6个3×3卷积,输出out1维度为128×200×176。第二组卷积的输入为第一组卷积的输出,仍由6个3×3卷积组成。由于第二组卷积的第一个卷积步长为2,其输出out2的维度为256×100×88,特征图尺寸减少一半。

SECOND层网络配置如下所示:

```
Out1:256x200x176  ->128x200x176
Sequential(
    (0): Conv2d(256, 128, kernel_size = (3, 3), stride = (1, 1), padding = (1, 1), bias =
False)
    (1): BatchNorm2d(128, eps = 0.001, momentum = 0.01, affine = True, track_running_stats
```

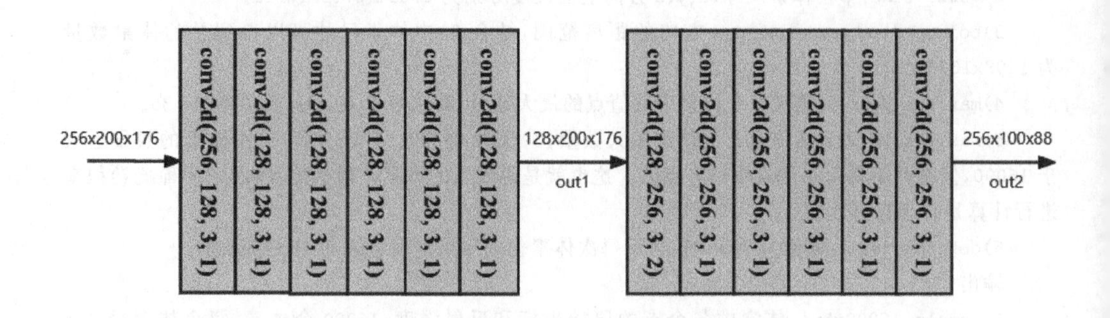

图 10-22 SECOND 层网络结构

```
= True)
        (2): ReLU(inplace = True)
        (3): Conv2d(128, 128, kernel_size = (3, 3), stride = (1, 1), padding = (1, 1), bias =
False)
        (4): BatchNorm2d(128, eps = 0.001, momentum = 0.01, affine = True, track_running_stats
= True)
        (5): ReLU(inplace = True)
        (6): Conv2d(128, 128, kernel_size = (3, 3), stride = (1, 1), padding = (1, 1), bias =
False)
        (7): BatchNorm2d(128, eps = 0.001, momentum = 0.01, affine = True, track_running_stats
= True)
        (8): ReLU(inplace = True)
        (9): Conv2d(128, 128, kernel_size = (3, 3), stride = (1, 1), padding = (1, 1), bias =
False)
        (10): BatchNorm2d(128, eps = 0.001, momentum = 0.01, affine = True, track_running_stats
= True)
        (11): ReLU(inplace = True)
        (12): Conv2d(128, 128, kernel_size = (3, 3), stride = (1, 1), padding = (1, 1), bias =
False)
        (13): BatchNorm2d(128, eps = 0.001, momentum = 0.01, affine = True, track_running_stats
= True)
        (14): ReLU(inplace = True)
        (15): Conv2d(128, 128, kernel_size = (3, 3), stride = (1, 1), padding = (1, 1), bias =
False)
        (16): BatchNorm2d(128, eps = 0.001, momentum = 0.01, affine = True, track_running_stats
= True)
        (17): ReLU(inplace = True)
    )
    Out2:128x200x176 ->256x100x88
    Sequential(
        (0): Conv2d(128, 256, kernel_size = (3, 3), stride = (2, 2), padding = (1, 1), bias =
```

```
False)
        (1): BatchNorm2d(256, eps = 0.001, momentum = 0.01, affine = True, track_running_stats
= True)
        (2): ReLU(inplace = True)
        (3): Conv2d(256, 256, kernel_size = (3, 3), stride = (1, 1), padding = (1, 1), bias =
False)
        (4): BatchNorm2d(256, eps = 0.001, momentum = 0.01, affine = True, track_running_stats
= True)
        (5): ReLU(inplace = True)
        (6): Conv2d(256, 256, kernel_size = (3, 3), stride = (1, 1), padding = (1, 1), bias =
False)
        (7): BatchNorm2d(256, eps = 0.001, momentum = 0.01, affine = True, track_running_stats
= True)
        (8): ReLU(inplace = True)
        (9): Conv2d(256, 256, kernel_size = (3, 3), stride = (1, 1), padding = (1, 1), bias =
False)
        (10): BatchNorm2d(256, eps = 0.001, momentum = 0.01, affine = True, track_running_stats
= True)
        (11): ReLU(inplace = True)
        (12): Conv2d(256, 256, kernel_size = (3, 3), stride = (1, 1), padding = (1, 1), bias =
False)
        (13): BatchNorm2d(256, eps = 0.001, momentum = 0.01, affine = True, track_running_stats
= True)
        (14): ReLU(inplace = True)
        (15): Conv2d(256, 256, kernel_size = (3, 3), stride = (1, 1), padding = (1, 1), bias =
False)
        (16): BatchNorm2d(256, eps = 0.001, momentum = 0.01, affine = True, track_running_stats
= True)
        (17): ReLU(inplace = True)
    )
    Out = [out1, out2] [128x200x176, 256x100x88]
```

NECK层通常是对主干网络特征进行再次处理或更深层次特征提取。SECOND模型的NECK结构对主干网络特征进行特征融合。其关键步骤在于对深层次特征out2进行上采样,以使其特征尺度与out1达成一致,即256×200×176。上采样完成之后,NECK层对两个不同层次特征进行拼接融合,得到512×200×176维特征。该特征作为模型最终输出特征,也是self.extract_feat模块的输出结果。

4. HEAD层与损失函数

SECOND模型的HEAD层入口函数为self.bbox_head,作用在于根据提取特征预测最终结果,包括分类、位置和方向预测结果。我们可根据最终预测任务维度来决定相应的卷积参数,如下所示:

(1) 分类head:512×200×176特征经过conv_cls(512,2)得到2×200×176个预

测结果。

(2) 位置 head:512×200×176 特征经过 conv_reg(512,14)得到 14×200×176 个预测结果。

(3) 方向 head:512×200×176 特征经过 conv_reg(512,4)得到 4×200×176 个预测结果。

与 VoxelNet 不同之处在于,SECOND 增加对方向的预测,更有利于模型的训练,特别是更加适用于方向预测相反的情况。如果仅采用位置 head,那么在方向正好相反时,前 6 个参数的损失会非常小,而最后一个角度参数的损失会非常大,从而对损失函数产生较大影响。增加方向预测更有利于损失函数进行整体判别。检测头 HEAD 配置参数为:

```
Anchor3DHead(
  (loss_cls): FocalLoss()
  (loss_bbox): SmoothL1Loss()
  (loss_dir): CrossEntropyLoss(avg_non_ignore = False)
  (conv_cls): Conv2d(512, 2, kernel_size = (1, 1), stride = (1, 1))
  (conv_reg): Conv2d(512, 14, kernel_size = (1, 1), stride = (1, 1))
  (conv_dir_cls): Conv2d(512, 4, kernel_size = (1, 1), stride = (1, 1))
)
```

SECOND 模型的损失函数包括分类损失(FocalLoss)、回归损失(SmoothL1Loss)和方向损失(CrossEntropyLoss),其中分类和回归损失基本可参考 VoxelNet 损失函数。方向损失是 SECOND 相对于 VoxelNet 进行的改进,并且识别正向和反向两种情况,因此方向的损失函数为交叉熵损失函数,即实现对方向的分类预测。

10.5.3 顶层结构

SECOND 模型顶层结构主要包含以下三部分:

(1) 特征提取:self.extract_feat,得到 512×200×176 特征,见 NECK 输出。

(2) 检测头:根据主干网络特征计算预测结果。

(3) 损失函数:包括分类、位置和方向损失三大部分。

SECOND 顶层结构入口函数如下所示:

```
def forward_train(self, points, img_metas, gt_bboxes_3d, gt_labels_3d, gt_bboxes_ignore = None):
    x = self.extract_feat(points, img_metas)
    outs = self.bbox_head(x)
    loss_inputs = outs + (gt_bboxes_3d, gt_labels_3d, img_metas)
    losses = self.bbox_head.loss(
    *loss_inputs, gt_bboxes_ignore = gt_bboxes_ignore)
    return losses
# extract_feat 模块
```

```
def extract_feat(self, points, img_metas = None):
    """Extract features from points."""
    voxels, num_points, coors = self.voxelize(points)
    voxel_features = self.voxel_encoder(voxels, num_points, coors)
    batch_size = coors[-1, 0].item() + 1
    x = self.middle_encoder(voxel_features, coors, batch_size)
    x = self.backbone(x)
    if self.with_neck:
        x = self.neck(x)
    return x
```

10.5.4 模型训练

本节所述 SECOND 参考程序基于 mmdetection3d 框架，训练命令为“Python tools/train.py configs/second/hv_second_secfpn_6x8_80e_kitti-3d-car.py”，采用 KITTI 作为输入数据集。运行训练命令后可得到如图 10-23 所示的训练结果。

```
Car AP40@0.70, 0.70, 0.70:
bbox AP40:0.0000, 1.3690, 1.3690
bev  AP40:0.0000, 0.0000, 0.0000
3d   AP40:0.0000, 0.0000, 0.0000
aos  AP40:0.00, 0.18, 0.18
Car AP40@0.70, 0.50, 0.50:
bbox AP40:0.0000, 1.3690, 1.3690
bev  AP40:0.0000, 1.4103, 1.4103
3d   AP40:0.0000, 0.3571, 0.3571
aos  AP40:0.00, 0.18, 0.18

2023-01-07 15:23:16,652 - mmdet - INFO - Exp name: hv_second_secfpn_6x8_80e_kitti-3d-car.py
2023-01-07 15:23:16,652 - mmdet - INFO - Epoch(val) [40][4]     KITTI/Car_3D_AP11_easy_strict: 0.0000, KITTI/Car_BEV_AP1
1_easy_strict: 0.0000, KITTI/Car_2D_AP11_easy_strict: 2.2727, KITTI/Car_3D_AP11_moderate_strict: 0.0000, KITTI/Car_BEV_A
P11_moderate_strict: 0.0000, KITTI/Car_2D_AP11_moderate_strict: 3.0303, KITTI/Car_3D_AP11_hard_strict: 0.0000, KITTI/Car
_BEV_AP11_hard_strict: 0.0000, KITTI/Car_2D_AP11_hard_strict: 3.0303, KITTI/Car_3D_AP11_easy_loose: 0.0000, KITTI/Car_BE
V_AP11_easy_loose: 0.0000, KITTI/Car_2D_AP11_easy_loose: 2.2727, KITTI/Car_3D_AP11_moderate_loose: 1.8182, KITTI/Car_BEV
_AP11_moderate_loose: 3.0303, KITTI/Car_2D_AP11_moderate_loose: 3.0303, KITTI/Car_3D_AP11_hard_loose: 1.8182, KITTI/Car_
BEV_AP11_hard_loose: 3.0303, KITTI/Car_2D_AP11_hard_loose: 3.0303, KITTI/Car_3D_AP40_easy_strict: 0.0000, KITTI/Car_BEV_
AP40_easy_strict: 0.0000, KITTI/Car_2D_AP40_easy_strict: 0.0000, KITTI/Car_3D_AP40_moderate_strict: 0.0000, KITTI/Car_BE
V_AP40_moderate_strict: 0.0000, KITTI/Car_2D_AP40_moderate_strict: 1.3690, KITTI/Car_3D_AP40_hard_strict: 0.0000, KITTI/
Car_BEV_AP40_hard_strict: 0.0000, KITTI/Car_2D_AP40_hard_strict: 1.3690, KITTI/Car_3D_AP40_easy_loose: 0.0000, KITTI/Car
_BEV_AP40_easy_loose: 0.0000, KITTI/Car_2D_AP40_easy_loose: 0.0000, KITTI/Car_3D_AP40_moderate_loose: 0.3571, KITTI/Car_
BEV_AP40_moderate_loose: 1.4103, KITTI/Car_2D_AP40_moderate_loose: 1.3690, KITTI/Car_3D_AP40_hard_loose: 0.3571, KITTI/C
ar_BEV_AP40_hard_loose: 1.4103, KITTI/Car_2D_AP40_hard_loose: 1.3690
```

图 10-23 SECOND 训练结果示意图

10.6 CenterPoint（CVPR 2021）

10.6.1 模型总体结构

CenterPoint 是一种 anchor free 的三维目标检测模型，发表在 CVPR 2021，论文名称为《Center-based 3D Object Detection and Tracking》，地址为 https://arxiv.org/abs/2006.11275”。其主要特点在于通过预测物体的中心点来进行目标检测和位置回归，而不需要预先产生大量候选框（anchor）。因而，这种方法的后处理更加简洁，相邻目标可通过直接选择热力图中心点来确定最终目标，不需要非极大值抑制(NMS)操作来合并重叠的候选框。但这也会带来一个缺点，CenterPoint 无法区分同类型且中心点接近的目标。CenterPoint 可看作是二维 CornerNet 和 CenterNet 到三维空间的一个扩展。因此，了解 CornerNet 和 CenterNet 模型有利于加深对 CenterPoint 的理解。CenterPoint 和 CenterNet 来源于同一个课题组的研究成果。

CenterPoint 模型的整体结构如图 10-24 所示，由最初一阶段模型扩展为两阶段模型。第二阶段负责对第一阶段检测结果进行微调修正，与基于候选框的两阶段目标检测思想基本一致。这里重点介绍 CenterPoint 的第一个阶段，并且单阶段 CenterPoint 可直接完成对三维目标的检测。本节将基于 mmdetection3d CenterPoint 参考程序进行详细解析。

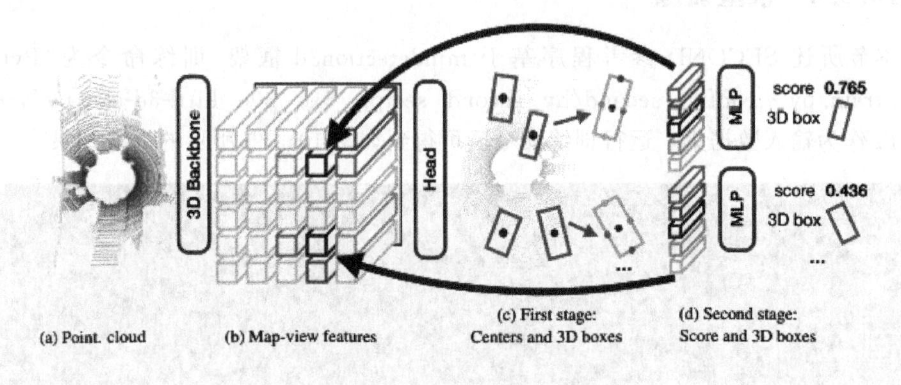

图 10-24 CenterPoint 模型结构

CenterPoint 模型总体计算过程如图 10-25 所示。

CenterPoint 模型的关键数据和路径如下所示。带着以下关键点来深入理解算法程序时效率会大大提高。

1. 输入数据

输入数据来源于 nuScenes 顶部激光雷达点云数据。点云数据包含空间三维坐标 x、y、z、雷达反射强度和雷达线束序号，共 5 个维度。线束序号取值范围 0～31，即雷达的 32 线。数据包括 10 个类别，分属 6 个大类，如下所示。

```
[['car'],
['truck', 'construction_vehicle'],
['bus', 'trailer'],
['barrier'],
['motorcycle', 'bicycle'],
['pedestrian', 'traffic_cone']]
```

2. 真实标签

标注数据包括几何中心点坐标(x、y、z)、目标尺寸(size_x、size_y、size_z)、偏航角 rot、目标速度(v_x、v_y)，共计 9 个维度。Mmdetection3d 三维标注框默认中心点为目标

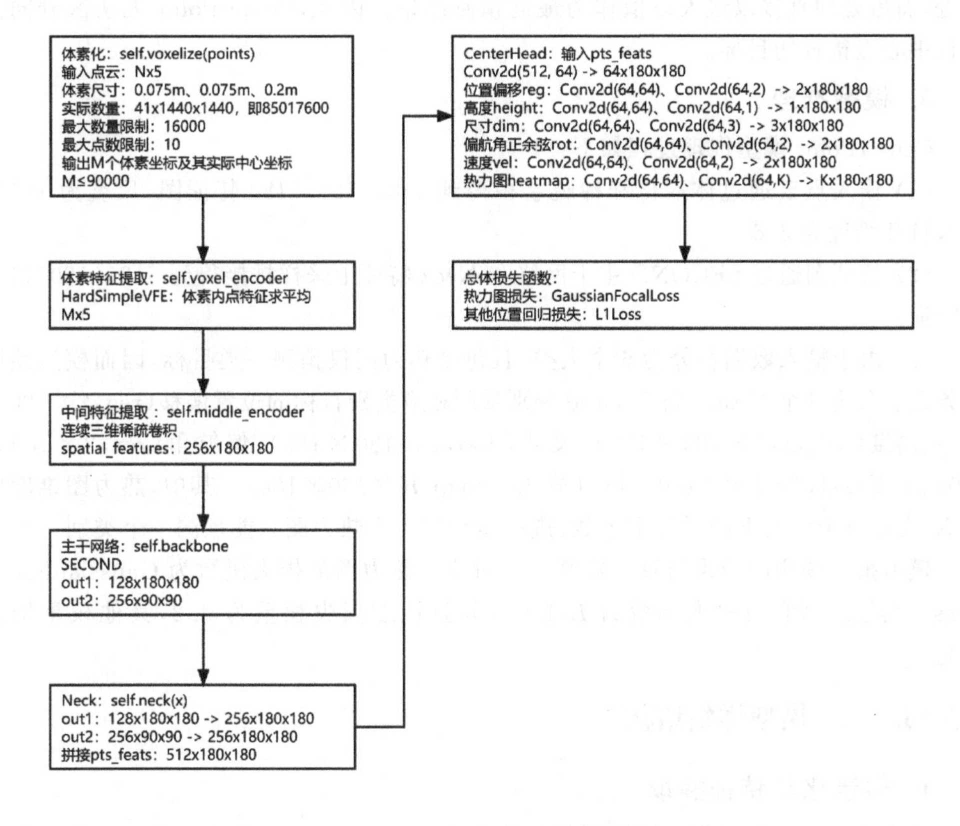

图 10-25　CenterPoint 模型总体计算过程

框的底部中心，并不是几何中心，因而需要用几何中心进行替换。真实标签包括中心偏移(dx、dy)、高度(z)、尺寸对数(log(size_x)、log(size_y)、log(size_z))、偏航角正弦值(sin(rot))、偏航角余弦值(cos(rot))、速度(v_x、v_y)和热力图(heatmap)。

在模型特征提取过程中，原始三维点云经过体素化和三维卷积特征提取转换为 xy 平面上特征图，并进而将特征图坐标作为目标的近似中心。特征图坐标是经过取整的，而是目标的实际中心坐标并不一定完全落在特征图的格点上，而是会产生一个偏移，因而目标中心在特征图的坐标是一个浮点数。那么，特征图上的中心坐标加上偏移即可得实际中心坐标。根据分析，偏移出现在 x、y 方向，z 方向上需要做高度预测。

热力图是目标中心在特征图上的反映。特征图上目标中心位置一定范围内的点都有可能在预测时成为模型预测中心。假设预测物体与真实物体的尺寸一致，中心点在这个范围内移动时与真实物体框重叠 IOU 会大于一个阈值，比如 0.7。我们把这个范围作为高斯热力图的半径，然后用高斯函数生成完整的热力图。目标真实中心对应的特征图位置取值为 1，取值随着相距中心的距离逐渐减小。

每个热力图检测一个小类目标，即场景中相同类型目标的中心由同一个特征图来预测。因此，在计算热力图的真实标签时，同一类型多目标的高斯热力图可能会出现重叠，重叠时保留最大值。另一方面，在预测时，如果相邻的预测中心点其热力图峰值也相近，而后处理直接以最大取值作为最终预测结果。因此，CenterPoint 无法区分同类型且中心点接近的目标。

3. 模型推理

CenterPoint 模型推理过程如下：

(1) 输入点云通过体素化和稀疏卷积得到 256×180×180 特征图，尺度为 180×180，特征维度为 256。

(2) 特征图通过 SECOND 主干网络和 Neck 特征上采样拼接得到 512×180×180 维特征。

(3) 由于输入数据被分为 6 个大类，且每个热力图仅预测一类目标，因而模型预测任务也被分为 6 个 Head。每个 Head 分别预测相应类别目标的位置偏移(reg，2×180×180)、高度(height，1×180×180)、尺寸(dim，3×180×180)、偏航角(rot，2×180×180)、速度(vel，2×180×180)、热力图(heatmap，K×180×180)。其中，热力图维度中的 K 表示每个大类下的子类别个数，进一步说明一个热力图只能预测一个类别。

模型推理预测的结果与真实标签一一对应。热力图的损失函数为 GaussianFocalLoss。其他预测值的损失函数为 L_1Loss，并且速度损失权重为 0.2，其他权重均为 1.0。

10.6.2 模型详细结构

1. 体素化与特征提取

体素将三维空间划分成等间隔的立体网格。CenterPoint 通过体素化来完成点云采样，并且均匀间隔有利于后续进行三维卷积操作。该体素化过程将体素在 x、y、z 方向上的尺度分别设置为 0.075 m、0.075 m、0.2 m，每个体素最多保留 10 个点，并且训练阶段体素数量最多为 90 000 个。按照单位体素尺度直接进行计算得到体素总数量为 85 017 600，而实际保留的 90 000 个仅占 1 1000 左右，因此保留的体素相对整个体素空间而言是稀疏的。

程序用于实现体素化的入口函数为 self.voxelize(points)，具体实现函数为 Voxelization(voxel_size=[0.075, 0.075, 0.2], point_cloud_range=[-54, -54, -5.0, 54, 54, 3.0], max_num_points=10, max_voxels=(90 000, 120 000), deterministic=True)。函数输入分别为：

(1) points，N×5，原始点云，N 表示点云数量，5 表示特征维度，特征为坐标 x、y、z、反射强度和激光雷达线束序号(0～31，32 线激光雷达)。

(2) voxel_size：单位体素的尺寸，x、y、z 方向上的尺度分别为 0.075 m、0.075 m、0.2 m。

(3) point_cloud_range：x、y、z 方向的距离范围，结合 2)中体素尺寸可以得到总的体素数量为 1 440×1 440×41，即 85 017 600。

(4) max_num_points：定义每个体素取值点的最大数量，取值为 10。

(5) max_voxels：表示含有点云的体素最大数量，训练时最大值为 90 000，推理时最大值设置为 120 000。

(6) deterministic：取值为 True 时，表示每次体素化的结果是确定的，而不是随机的。

体素化结果输出保存在 pts_feats 中，包含如下三部分：

(1) voxels：$M\times10\times5$，体素各个点的原始坐标、反射强度和激光雷达线束序号，M（$M\leqslant$90 000）个体素，每个体素最多 10 个点。

(2) num_points：$M\times1$，每个体素中点的数量，最小数量为 1，最大数量为 10。

(3) coors_batch：体素自身坐标，坐标值为整数，表示体素的按照单位尺度得到的坐标，$M\times4$，[batch_id, x, y, z]

在 VoxelNet 中，体素特征通过 SVFE 层提取，即连续两层 VFE，其中 VFE 层提取体素特征用的是 PointNet 网络。而在该程序中，VFE 层为简化的 HardSimpleVFE (voxel_encoder)，即对每个体素中的点求平均值，用平均值作为体素特征，取平均时点的数量由 num_points 决定。$M\times10\times5$ 的 voxels 经过 VFE 后的维度为 $M\times5$(voxel_features)，即在第二个维度点的数量上进行了平均。体素特征提取相当于用新的 5 个维度特征来表示体素内一组点的共同特征。体素特征提取的入口函数为 self. pts_voxel_encoder(voxels, num_points, coors)。

2. 中间层特征提取

类比 VoxelNet 的 CML(Convolutional Middle Layer)层，VoxelNet 直接用三维卷积进行特征提取，而 CenterPoint 则采用了连续三维稀疏卷积进行特征提取，函数入口为 self. pts_middle_encoder(voxel_features, coors, batch_size)。

以下三维稀疏卷积用 SPConv($C1$,$C2$,K)表示，$C1$ 表示输入通道，$C2$ 表示输出通道，K 表示卷积步长。CenterPoint 提取的空间特征 spatial_features 维度为 $256\times180\times180$，具体稀疏卷积提取过程如下。

```
voxel_features,Mx5, 41x1440x1440 ->SPConv(5, 16, 1) Mx16,41x1440x1440,x
->SPConv(16, 16, 1)、SPConv(16, 16, 1)、SPConv(16, 32, 2) M1x32,21x720x720,x1
->SPConv(32, 32, 1)、SPConv(32, 32, 1)、SPConv(32, 64, 2) M2x64,11x360x360,x2
->SPConv(64, 64, 1)、SPConv(64, 64, 1)、SPConv(64, 128, 2) M3x128,5x180x180,x3
->SPConv(128, 128, 1)、SPConv(128, 128, 1) M4x128,5x180x180,x4
->SPConv(128, 128, [2, 1, 1]) M5x128,2x180x180,即 128x2x180x180
->Resshape,256x180x180,spatial_features
```

3. 主干网络与 NECK 层

CenterPoint 主干网络采用 SECOND 结构，通过两条通路提取两种不同尺度特征图。第一条通路是空间特征 spatial_features $256\times180\times180$ 经连续 6 个 3×3 二维卷积得到 $128\times180\times180$ 维度特征，记为 out1。第二条通路是 out1 继续经过连续 6 个 3×3 二维卷积(其中第一个步长为 2)得到 $256\times90\times90$ 维度特征，记为 out2。out1 和

out2 为主干网络输出结果。主干网络关键入口函数为 self. pts_backbone(x)。

```
out1:256x180x180  ->128x180x180
Sequential(
    (0): Conv2d(256, 128, kernel_size = (3, 3), stride = (1, 1), padding = (1, 1), bias = False)
    (1): BatchNorm2d(128, eps = 0.001, momentum = 0.01, affine = True, track_running_stats = True)
    (2): ReLU(inplace = True)
    (3): Conv2d(128, 128, kernel_size = (3, 3), stride = (1, 1), padding = (1, 1), bias = False)
    (4): BatchNorm2d(128, eps = 0.001, momentum = 0.01, affine = True, track_running_stats = True)
    (5): ReLU(inplace = True)
    (6): Conv2d(128, 128, kernel_size = (3, 3), stride = (1, 1), padding = (1, 1), bias = False)
    (7): BatchNorm2d(128, eps = 0.001, momentum = 0.01, affine = True, track_running_stats = True)
    (8): ReLU(inplace = True)
    (9): Conv2d(128, 128, kernel_size = (3, 3), stride = (1, 1), padding = (1, 1), bias = False)
    (10): BatchNorm2d(128, eps = 0.001, momentum = 0.01, affine = True, track_running_stats = True)
    (11): ReLU(inplace = True)
    (12): Conv2d(128, 128, kernel_size = (3, 3), stride = (1, 1), padding = (1, 1), bias = False)
    (13): BatchNorm2d(128, eps = 0.001, momentum = 0.01, affine = True, track_running_stats = True)
    (14): ReLU(inplace = True)
    (15): Conv2d(128, 128, kernel_size = (3, 3), stride = (1, 1), padding = (1, 1), bias = False)
    (16): BatchNorm2d(128, eps = 0.001, momentum = 0.01, affine = True, track_running_stats = True)
    (17): ReLU(inplace = True)
)
Out2:128x180x180  ->256x90x90
Sequential(
    (0): Conv2d(128, 256, kernel_size = (3, 3), stride = (2, 2), padding = (1, 1), bias = False)
    (1): BatchNorm2d(256, eps = 0.001, momentum = 0.01, affine = True, track_running_stats = True)
    (2): ReLU(inplace = True)
    (3): Conv2d(256, 256, kernel_size = (3, 3), stride = (1, 1), padding = (1, 1), bias =
```

```
False)
        (4): BatchNorm2d(256, eps = 0.001, momentum = 0.01, affine = True, track_running_stats
 = True)
        (5): ReLU(inplace = True)
        (6): Conv2d(256, 256, kernel_size = (3, 3), stride = (1, 1), padding = (1, 1), bias =
False)
        (7): BatchNorm2d(256, eps = 0.001, momentum = 0.01, affine = True, track_running_stats
 = True)
        (8): ReLU(inplace = True)
        (9): Conv2d(256, 256, kernel_size = (3, 3), stride = (1, 1), padding = (1, 1), bias =
False)
        (10): BatchNorm2d(256, eps = 0.001, momentum = 0.01, affine = True, track_running_stats
 = True)
        (11): ReLU(inplace = True)
        (12): Conv2d(256, 256, kernel_size = (3, 3), stride = (1, 1), padding = (1, 1), bias =
False)
        (13): BatchNorm2d(256, eps = 0.001, momentum = 0.01, affine = True, track_running_stats
 = True)
        (14): ReLU(inplace = True)
        (15): Conv2d(256, 256, kernel_size = (3, 3), stride = (1, 1), padding = (1, 1), bias =
False)
        (16): BatchNorm2d(256, eps = 0.001, momentum = 0.01, affine = True, track_running_stats
 = True)
        (17): ReLU(inplace = True)
    )
    Out = [out1, out2][128x180x180, 256x90x90]
```

Neck 网络分别对 out1、out2 通过二维逆卷积操作进行上采样，out1 的维度从 128×180×180 转换为 256×180×180，out2 的维度也从 256×90×90 转换为 256×180×180，两者维度完全相同。out1 和 out2 拼接后得到 Neck 网络的输出结果，即 pts_feats，维度为 512×180×180。拼接的主要目的是进行特征融合，实现深层特征和浅层特征融合。深层特征通常特征图尺度较小，总体卷积视野更广。浅层特征通常尺度较大，更能反映局部特征。这种特征融合将局部特征与其周围的语义特征进行了融合。函数入口为 self.pts_neck(x)，返回的特征为 extract_pts_feat 函数最终结果，即 pts_feats。

4. CenterHead 与损失函数

参考程序选择了 10 个类别的数据，并将其重新归为 6 个大类。算法预测对每个大类建立一个预测分支，即 task。每个 task 负责预测一个大类目标，包括目标的 xy 位置偏移、高度、尺寸、角度、速度和热力图等 6 种属性结果。CenterPoint 为每个大类设置了一个 Head，主要原因在于同一个热力图特征只能预测一个类别，多个类别需要不同的热力图特征。由于输入数据被分为了 6 个大类，且每个热力图仅预测一类目标，因而模型预测 Head 也被分为 6 个子任务。每个子任务的 Head 分别预测相应类别目标的位置偏移(reg,2×180×180)、高度(height,1×180×180)、尺寸(dim,3×180×180)、偏航角(rot,2×180×180)、速度(vel,2×180×180)、热力图(heatmap,K×180×180)。其中,热力图维度中的 K 表示每个大类下的子类别个数,进一步确定一个热力图只能预测一个类别。CenterPoint Head 的函数入口为 self.pts_bbox_head(pts_feats)。

Neck 结构提取后的特征 pts_neck(512×180×180)会再次通过一次卷积 Conv2d(512, 64)操作,特征维度降为 64×180×180。新的特征则分别经过卷积操作得到各个 Head 的预测结果,分别如下所示。

```
位置偏移 reg:Conv2d(64,64)、Conv2d(64,2)   ->2x180x180
高度 height:Conv2d(64,64)、Conv2d(64,1)   ->1x180x180
尺寸 dim:Conv2d(64,64)、Conv2d(64,3)   ->3x180x180
偏航角正余弦 rot:Conv2d(64,64)、Conv2d(64,2)   ->2x180x180
速度 vel:Conv2d(64,64)、Conv2d(64,2)   ->2x180x180
热力图 heatmap:Conv2d(64,64)、Conv2d(64,K)   ->Kx180x180
```

6 个任务的 Head 中除热力图的第二个卷积通道维度会随着对应大类中小类数目的变化有所差异,其他卷积维度和运算过程完全一致。

CenterPoint 模型损失包括热力图损失和回归损失两大部分,并且分别针对 6 个 task 进行计算与合并。热力图用于预测目标中心,而自身与类别相关。因而,热力图决定目标的有无和分类。热力图的损失函数为 GaussianFocalLoss。位置偏移、高度、尺寸、角度和速度等其他预测值的损失函数为 L_1Loss,并且速度损失权重为 0.2,其他权重均为 1.0。损失计算的函数入口为 self.pts_bbox_head.loss(* loss_inputs)。

在计算回归损失时,CenterPoint 仅计算正样本对应的特征图位置的预测特征,并且将正样本的最大数量限制为 500,即每个点云最多包含 500 个目标。

10.6.3 顶层结构

CenterPoint 模型顶层结构主要包含以下两部分:

(1) 特征提取:self.extract_feat,包括体素化、体素特征提取、中间特征提取、主干特征提取以及 Neck 上采样特征拼接,得到 512×180×180 特征 pts_feats。

(2) 损失计算:包括 Head 和损失计算,得到 6 个任务分支的全部损失。

```
#img_feats 为图像特征,仅使用点云时则不作考虑
def forward_train(self, points = None, img_metas = None, gt_bboxes_3d = None, gt_labels_3d
= None, gt_labels = None, gt_bboxes = None, img = None, proposals = None, gt_bboxes_ignore =
None):
        img_feats, pts_feats = self.extract_feat(points, img = img, img_metas = img_metas)
        losses = dict()
        if pts_feats:
            losses_pts = self.forward_pts_train(pts_feats, gt_bboxes_3d, gt_labels_3d,
```

```
img_metas, gt_bboxes_ignore)
            losses.update(losses_pts)
        return losses
```

10.6.4 模型训练

本节 CenterPoint 模型参考程序基于 mmdetection3d 框架，训练命令为“Python tools/train. py configs/centerpoint/centerpoint_0075voxel_second_secfpn_4×8_cyclic_20e_nus. py”，采用 nuScenes 作为输入数据集。运行训练命令后可得到如图 10－26 所示的训练结果。

```
Per-class results:
Object Class    AP      ATE     ASE     AOE     AVE     AAE
car     0.634   0.286   0.201   0.825   0.318   0.157
truck   0.031   0.341   0.224   0.666   0.130   0.152
bus     0.006   0.702   0.261   0.179   3.006   0.224
trailer 0.000   1.000   1.000   1.000   1.000   1.000
construction_vehicle    0.000   1.000   1.000   1.000   1.000   1.000
pedestrian      0.687   0.265   0.315   1.139   0.849   0.160
motorcycle      0.054   0.247   0.345   1.335   0.192   0.246
bicycle 0.000   0.654   0.407   2.714   0.416   0.250
traffic_cone    0.000   0.206   0.440   nan     nan     nan
barrier 0.000   1.000   1.000   1.000   nan     nan
2023-03-08 07:21:52,962 - mmdet - INFO - Exp name: centerpoint_0075voxel_second_secfpn_4x8_cyclic_20e_nus.py
2023-03-08 07:21:52,962 - mmdet - INFO - Epoch(val) [20][81]    pts_bbox_NuScenes/car_AP_dist_0.5: 0.4538, pts_bbox_NuSc
enes/car_AP_dist_1.0: 0.6154, pts_bbox_NuScenes/car_AP_dist_2.0: 0.7165, pts_bbox_NuScenes/car_AP_dist_4.0: 0.7486, pts_
bbox_NuScenes/car_trans_err: 0.2858, pts_bbox_NuScenes/car_scale_err: 0.2013, pts_bbox_NuScenes/car_orient_err: 0.8253,
pts_bbox_NuScenes/car_vel_err: 0.3176, pts_bbox_NuScenes/car_attr_err: 0.1569, pts_bbox_NuScenes/mATE: 0.5701, pts_bbox_
NuScenes/mASE: 0.5193, pts_bbox_NuScenes/mAOE: 1.0955, pts_bbox_NuScenes/mAVE: 0.8638, pts_bbox_NuScenes/mAAE: 0.3986, p
ts_bbox_NuScenes/truck_AP_dist_0.5: 0.0200, pts_bbox_NuScenes/truck_AP_dist_1.0: 0.0268, pts_bbox_NuScenes/truck_AP_dist
_2.0: 0.0348, pts_bbox_NuScenes/truck_AP_dist_4.0: 0.0430, pts_bbox_NuScenes/truck_trans_err: 0.3411, pts_bbox_NuScenes/
truck_scale_err: 0.2243, pts_bbox_NuScenes/truck_orient_err: 0.6658, pts_bbox_NuScenes/truck_vel_err: 0.1297, pts_bbox_N
uScenes/truck_attr_err: 0.1518, pts_bbox_NuScenes/construction_vehicle_AP_dist_0.5: 0.0000, pts_bbox_NuScenes/constructi
on_vehicle_AP_dist_1.0: 0.0000, pts_bbox_NuScenes/construction_vehicle_AP_dist_2.0: 0.0000, pts_bbox_NuScenes/constructi
on_vehicle_AP_dist_4.0: 0.0000, pts_bbox_NuScenes/construction_vehicle_trans_err: 1.0000, pts_bbox_NuScenes/construction
_vehicle_scale_err: 1.0000, pts_bbox_NuScenes/construction_vehicle_orient_err: 1.0000, pts_bbox_NuScenes/construction_ve
hicle_vel_err: 1.0000, pts_bbox_NuScenes/construction_vehicle_attr_err: 1.0000, pts_bbox_NuScenes/bus_AP_dist_0.5: 0.000
0, pts_bbox_NuScenes/bus_AP_dist_1.0: 0.0000, pts_bbox_NuScenes/bus_AP_dist_2.0: 0.0000, pts_bbox_NuScenes/bus_AP_dist_4
.0: 0.0221, pts_bbox_NuScenes/bus_trans_err: 0.7023, pts_bbox_NuScenes/bus_scale_err: 0.2607, pts_bbox_NuScenes/bus_orie
```

图 10－26 CenterPoint 训练结果示意图

10.7 VoteNet（ICCV 2019）

10.7.1 模型总体结构

VoteNet 模型发表在 ICCV 2019*Deep Hough Voting for 3D Object Detection in Point Clouds*，论文地址为 https://arxiv.org/abs/1904.09664”。VoteNet 核心思想在于通过霍夫投票的方法实现端到端 3D 对象检测网络，属于 anchor free 的目标检测方式。传统基于 anchor 的三维目标检测方法会将三维点云投影到 bev 视图后采用二维目标检测类似方式来生成目标候选框。VoteNet 分别在 SUN RGB－D 和 ScanNet 数据集上进行了实验，并且取得不错的结果。VoteNet 在 SUN RGB－D 数据集上的目标检测性能如图 10－27 所示。数据和图片来源于 paperwithcode 官网，地址为 https://paperswithcode.com/sota/3d-object-detection-on-sun-rgbd-val”。

VoteNet 核心思想在于通过霍夫投票的方法实现端到端 3D 对象检测网络，属于

10	**GroupFree3D** (Geo only)	63.0	45.2	×	Group-Free 3D Object Detection via Transformers	2021
11	**HGNet** (Geo only)	61.6		×	A Hierarchical Graph Network for 3D Object Detection on Point Clouds	2020
12	**BRNet** (Geo only)	61.1	43.7	×	Back-tracing Representative Points for Voting-based 3D Object Detection in Point Clouds	2021
13	**VoteNet** (PC-FractalDB)	60.2	35.2	✓	Point Cloud Pre-Training With Natural 3D Structures	2022
14	**H3DNet**	60.1	39.0	×	H3DNet: 3D Object Detection Using Hybrid Geometric Primitives	2020

图 10－27 VoteNet 性能排名

anchor free 的目标检测方式。霍夫投票法的典型示例是二维图像中霍夫直线检测。过二维平面的定点可得到无数条直线。如果以定点为参数作一条直线，即将这些直线变换到参数空间，那么这个定点对应参数空间的一条直线。如果参数空间中有两条直线相交于同一个点，那么说明对应的两个定点在坐标空间同一条直线上。根据交点处坐标即可得到直线方程。交点处直线越多，则原始空间中处于同一条直线的点的数量越多。

在参数空间中，坐标实际上与直线的斜率和截距一一对应，因此，参数空间的每一个位置点都对应了原坐标空间中的一条直线。定点相当于在参数空间的直线上进行投票，每个位置各一票。位置得票越多，说明投给这个位置的定点越多，并且这些定点处于同一条直线上。直线检测结果通过票数阈值最终确认，即一条直线上需要具有足够数量的点。

VoteNet 模型结构如图 10－28 所示。该模型大量用到 PointNet＋＋结构。在主干网络中，VoteNet 利用 PointNet 采样分组和特征上采样得到用于投票的种子点(seed)及其特征。种子点类比上文求解直线时的定点，也就是具备投票权的点。种子点投票结果为 Vote，包含投票目标中心点和特征。VoteNet 接着利用 PointNet＋＋采样分组模块对投票点进行聚合，使用聚合后的点分别预测目标有无、类别和位置。聚合的作用可类比上文直线交点，即聚合空间的点投票给同一个目标。

VoteNet 模型总体计算过程如图 10－29 所示。模型输入数据为 SUN RGB－D，共预测 10 个类别目标，且输入点云维度为 $N\times 4, N=20\ 000$。

VoteNet 主要计算过程如下：

(1) 从点云中选择 1 024 个点作为种子点，这些种子点具有投票资格。我们可以类比为选民。

(2) 这些种子点会投票产生目标的 1 024 个投票点，即每个种子点都会进行投票。理想情况下(标签)这些种子点应把票投给任一目标内的点，称为有效投票。投票损失计算时仅计算有效投票点与目标中心点的误差。这相当于选民投票的过程，且选民只能把票投给各个选区中候选名单上的对象，其他投票作废。

(3) 1 024 个投票点进一步聚合成 256 个候选点。这一步相当于票数统计，共产生

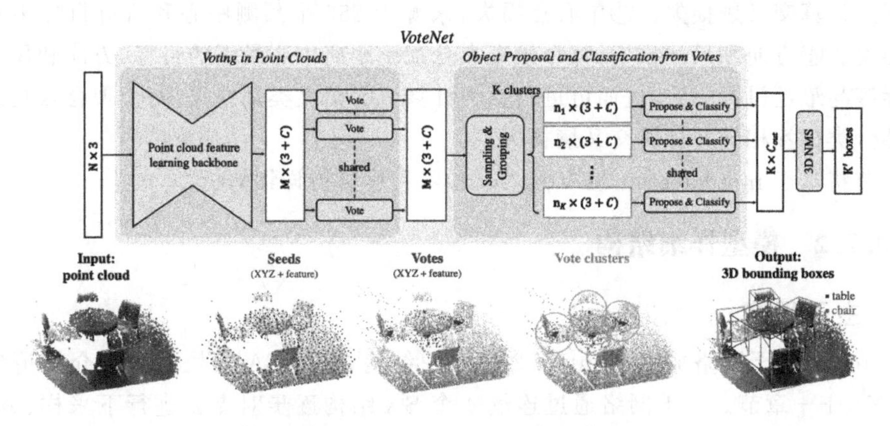

图 10－28 VoteNet 模型结构[10]

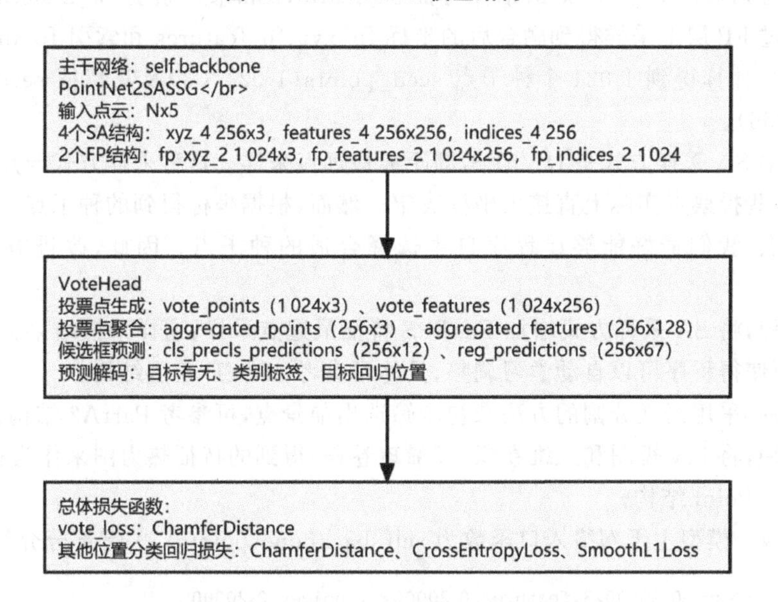

图 10－29 VoteNet 模型总体计算过程

256 个候选人。这些候选点距离最近目标中心如果小于阈值范围，则认为投票成功，即可求得当选对象的票数来源。

（4）根据这 256 个候选点特征进一步预测出 256 个候选框，包括最终投票成功的概率、中心点、尺寸和方向、语义类别等信息。投票成功是指这些候选点距最近目标中心点的距离必须在阈值范围内，即候选点必须与其中至少一个目标中心充分接近。如果候选点距所有目标中心均大于阈值则认为投票失败。这相当于进一步预测出候选人是否最终当选及其职务、工作范围和工作内容等。

（5）计算损失函数。①投票损失：种子点投票标签是距其最近的目标中心，计算有效投票点和种子点对应的目标中心的倒角距离作为损失函数。②投票目标损失：256 个候选点如果与其中一个目标中心充分接近则认为投票成功，从而获得成功与否的真实标签并计算交叉熵损失。③中心点损失：来源于 256 个预测中心和所有目标中心的倒角距离。④方向和尺寸损失：每个候选点分配到距离中心最近的目标，方向和尺寸的真实标签与最近目标一致，进而可进行损失计算。⑤语义类别损失：每个聚合点与最近目标的分类标签相同并计算交叉熵损失。

本节将基于 mmdetection3d VoteNet 参考程序进行详细解析。

10.7.2 模型详细结构

1. 主干网络

VoteNet 主干网络采用 PointNet2SASSG 结构，其中 SA 模块的详细介绍请参考 PoinetNet＋＋章节。主干网络通过连续 4 个 SA 结构逐步对点云进行下采样、分组、特征提取得到采样坐标 sa_xyz、采样特征 sa_features 和采样索引 sa_indices。提取的特征再经过 FP 层上采样得到融合后的坐标 fp_xyz、fp_features 和索引 fp_indices。主干网络最终计算得到 1 024 个种子点 seed_points(1 024×3)及其特征 seed_features (1 024×256)。

程序中 SA 采样方式是 D－FPS，即距离最远点采样。这种采样方式与点云坐标相关，那么这些投票点实际上直接由坐标决定。然而，根据坐标得到的种子点不一定是理想的投票点，我们最好能够让程序自主选择合适的种子点。因此，改进方法有如下三种。

第一种，将 SA 采样方式增加 F－FPS 特征最远点采样，这样采样结果会受到特征影响，从而使得程序可以自动学习调整，具体可参考 3DSSD 模型结构。

第二种，采用语义分割的方法来初步筛选出前景点，可参考 PartA2 结构。

第三种，将 bev 视图和三维卷积(或稀疏卷积)得到的特征热力图来作为种子点，可参考 CenterPoint 结构。

VoteNet 模型主干网络入口函数为 self. backbone(points)，关键部分介绍如下。

```
points ->xyz_0 20000x3,features_0 20000x1,indices_0 20000
SA1:num = 2048,radius:0～0.2,g_sample_num = 64,Conv2d(4, 64)、Conv2d(64, 64)、Conv2d(64, 128) ->xyz_1 2048x3,features_1 2048x128,indices_1 2048
SA2:num = 1024,radius:0～0.4,g_sample_num = 32,Conv2d(131, 128)、Conv2d(128, 128)、Conv2d(128, 256) ->xyz_2 1024x3,features_2 1024x256,indices_2 1024
SA3:num = 512,radius:0～0.8,g_sample_num = 16,Conv2d(259, 128)、Conv2d(128, 128)、Conv2d(128, 256) ->xyz_3 512x3,features_3 512×256,indices_3 512
SA4:num = 256,radius:0～1.2,g_sample_num = 16,Conv2d(259, 128)、Conv2d(128, 128)、Conv2d(128, 256) ->xyz_4 256x3,features_4 256×256,indices_4 256
FP1:fp_xyz_1 512x3,fp_features_1 512×256,fp_indices_1 512
FP2:fp_xyz_2 1024x3,fp_features_2 1024x256,fp_indices_2 1024
```

VoteNet 没有用到 Neck 结构，Neck 结构提取的特征通常用于 RPN 网络。因此，extract_feat 模块输出与主干网络输出一致。输出包括以下 6 个组成部分：

(1) sa_xyz:[xyz_0, xyz_1, xyz_2, xyz_3, xyz_4],[20 000×3, 2048×3, 1 024×3, 512×3, 256x3]

(2) sa_features:[features_0, features_1, features_2, features_3, features_4],[20 000×1, 2 048×128, 1 024×256, 512×256, 256×256]

(3) sa_indices:[indices_0, indices_1, indices_2, indices_3, indices_4],[20000, 2048, 1024, 512, 256]

(4) fp_xyz:[xyz_4, fp_xyz_1, fp_xyz_2],[256×3, 512×3, 1 024×3]

(5) fp_features:[features_4, fp_features_1, fp_features_2],[256×256, 512×256, 1024x256]

(6) fp_indices:[indices_4, fp_indices_1, fp_indices_2],[256, 512, 1 024]

2. VoteHead

VoteHead 用于预测目标的有无、分类和位置,共包含投票点生成、投票点聚合、候选框预测和预测解码四个主要步骤。

(1) 投票点生成

VoteNet 主干网络得到具有投票资格的 1 024 个点 seed_points(1 024×3)及其特征 seed_features(1 024×256)。每个种子点通过卷积网络会产生一个投票点 vote_points(1 024×3)及其特征 vote_features(1 024×256),并且投票点特征与种子点特征会进行一次融合。关键程序部分如下。

```
results['seed_points'] = feat_dict['fp_xyz'][-1]
seed_features = feat_dict['fp_features'][-1]
results['seed_indices'] = feat_dict['fp_indices'][-1]
results['vote_points'], results['vote_features'], results['vote_offset'] = self.vote_
module(seed_points, seed_features)
seed_features 1024x256 Conv1d(256, 256)、Conv1d(256, 256)、Conv1d(256, 259)
votes 1024x259
offset = votes[:, :, :, 0:3]
vote_points = seed_points + offset
vote_feats_features = seed_features + votes[:, :, :, 3:] 1024x256
```

(2) 投票点聚合

投票点聚合的作用可类比上文中的直线交点,即聚合空间的点投票给同一个目标。在霍夫直线检测过程中,检测结果通过直线在某点相交的投票次数来决定,并且设置阈值来进行结果筛选。VoteNet 是采用一组聚合的点来预测一个目标结果。

投票点聚合的方式仍然采用 PointNet 的 SA 模块,将 1024 个投票点聚合成 256 个点 aggregated_points(256×3),其特征为 aggregated_features(256×128)。关键程序部分如下。

```
aggregated_points, aggregated_features, aggregated_indices = self.vote_aggregation
```

```
(vote_points, vote_features)
    SA:num = 256,radius:0～0.3,g_sample_num = 16,Conv2d(259, 128)、Conv2d(128, 128)、Conv2d
(128, 128 ->   aggregated_points 256x3,aggregated_features 256x128,aggregated_indices 256
```

(3) 候选框预测

每个聚合后的点会投票产生一个候选结果。根据聚合后特征，VoteNet 通过分类 head 和回归 head 产生预测的候选框结果。aggregated_features(256×128)通过卷积 Conv1d(128, 128)、Conv1d(128, 128)进行更深层特征提取，提取后的特征分别经过卷积 Conv1d(128, 12)和 Conv1d(128, 67) 得到分类预测结果 cls_predictions(256×12)和位置回归预测结果 reg_predictions(256×67)。关键程序部分如下所示。

```
cls_predictions, reg_predictions = self.conv_pred(aggregated_features)
aggregated_features 256x128 Conv1d(128, 128)、Conv1d(128, 128) 256x128 特征
分类 head:conv_cls Conv1d(128, 12) 256x12 cls_predictions
回归 head:conv_reg Conv1d(128, 67) 256x67 reg_predictions
BaseConvBboxHead(
  (shared_convs): Sequential(
    (layer0): ConvModule(
      (conv): Conv1d(128, 128, kernel_size = (1,), stride = (1,))
      (bn): BatchNorm1d(128, eps = 1e - 05, momentum = 0.1, affine = True, track_running_
stats = True)
      (activate): ReLU(inplace = True)
    )
    (layer1): ConvModule(
      (conv): Conv1d(128, 128, kernel_size = (1,), stride = (1,))
      (bn): BatchNorm1d(128, eps = 1e - 05, momentum = 0.1, affine = True, track_running_
stats = True)
      (activate): ReLU(inplace = True)
    )
  )
  (conv_cls): Conv1d(128, 12, kernel_size = (1,), stride = (1,))
  (conv_reg): Conv1d(128, 67, kernel_size = (1,), stride = (1,))
)
```

(4) 预测解码

上一步程序得到了模型预测结果，那么预测结果如何与真实标签关联需要逐个进行解码。真实标签主要包含目标有无、类别标签和目标回归位置。输入数据集共包含 10 个类别目标，且目标位置包括方向和尺寸。方向和尺寸回归各自都转换成分类和偏移回归两部分。这种方式的候选框称为 bin based box。VoteNet 预测结果解码的函数入口为 self.bbox_coder.split_pred(cls_predictions, reg_predictions, aggregated_points)。

目标几何中心预测结果：聚合点坐标 aggregated_points 加上预测偏移 reg_predictions[...，:3]，维度为256×3。

目标方向的角度从0～2Π范围划分为12个子区间，每个区间作为一个类别，对应reg_predictions...，3:15]，维度为256×12。方向偏移回归取值为角度相对子区间中心的偏移值，并除以子区间大小进行归一化，对应 reg_predictions[...，15:27]，维度为256×12。

目标预测尺寸类别与物体自身平均尺寸相关，共10个类别，对应 reg_predictions[...，27:37]，维度为256×10。由于同一个投票点可能同时投给不同目标，因此需要分别预测这10个尺寸的类别概率及其偏移。目标尺寸偏移对应 reg_predictions[...，37:67]，维度为256×30，即256×10×3。直接预测的尺寸偏移是归一化的，需要将其乘以各自类别的平均尺寸。

目标有无得分对应 cls_preds_trans[...，0:2]，维度为256×2。目标语义分类得分对应 cls_preds_trans[...，2:12]，维度为256×10。

解码结果的关键程序如下所示。

```
(1) 目标中心位置
results['center'] = aggregated_points + reg_predictions[..., :3] 256x3
(2) 目标方向类别
results['dir_class'] = reg_predictions..., 3:15] 256x12
(3) 目标方向偏移
results['dir_res_norm'] = reg_predictions[..., 15:27] 256x12
results['dir_res'] = results['dir_res_norm'] * (np.pi / 12)
(4) 目标尺寸类别
results['size_class'] = reg_predictions[..., 27:37] 256x10
(5) 目标尺寸偏移
results['size_res_norm'] = reg_predictions[..., 37:67] 256x10x3
results['size_res'] = size_res_norm * mean_sizes 256x10x3
(6) 目标有无得分
results['obj_scores'] = cls_preds_trans[..., 0:2] 256x2
(7) 目标语义得分
results['obj_scores'] = cls_preds_trans[..., 2:12] 256x10
```

3. 损失函数

(1) 标签计算

计算损失函数需要将上述预测结果与标签逐个对应。计算标签的函数入口为 self.get_targets(points，gt_bboxes_3d，gt_labels_3d，bbox_preds)。每个聚合点对应的真实标签为距离最近的目标标签。各个标签如下所示。

① 投票标签 vote_targets(20 000x9)，每个点投给相应目标几何中心的偏移，即投票对象几何中心相对于自身的偏移值。9个维度表示每个点最多可投票给3个目标，每个目标的偏移坐标包含 x、y、z 三个维度的偏移。20 000个点的 vote_targets 会结

合种子点索引得到种子点的投票标签，维度为1 024x9。一个点最多有3票，投给包括这个点的目标(points_in_boxes)。当一个点处于目标的个数超过3时，则仅保留前3个。vote_target_idx 表示每个点实际投票成功的次数。vote_target_mask 表示每个点是否参与了投票。1表示参与了投票，0表示未参与投票。

② 目标物体几何中心标签 center_targets，即重心。维度为 $K\times3$，K 表示 batch 中单个样本含目标最多的数量，不足时补零，并用 valid_gt_masks 标识出补齐部分。这主要是为了将维度进行对齐，便于统一进行矩阵计算。

③ 目标方向类别标签 dir_class_targets，目标角度从0～2Π范围划分为12个子区间，每个区间作为一个类别。每个投票聚合点 aggregated_points 分配到距离中心最近的目标，方向分类与其一致，因此 dir_class_targets 维度为256×12。目标方向偏移标签 dir_res_targets(256x1)为角度相对子区间中心的偏移值，并除以区间大小进行归一化。

④ 目标尺寸标签 size_class_targets(256×1)，尺寸类别与物体类别保持一致，默认不同物体有不同尺寸，即平均尺寸。size_res_targets(256x3)物体尺寸与平均尺寸的差值除以平均尺寸。

⑤ 分类标签 objectness_targets(256×1)，聚合后的点 aggregated_points 距离最近目标中心点如果小于0.3则为1，即正样本标签，否则为0。这里实际上可以参考 CenterPoint 做法转换为0～1。正样本标签除以正样本数量得到 box 损失权重 box_loss_weights，即仅对正样本进行 box 预测。

⑥ objectness_masks(256×1)聚合后的点 aggregated_points 距离最近目标中心点如果小于0.3或大于0.6则为1，否则为0。这表示将不考虑处于中间状态的目标，即困难样本。正负样本标签除以正负样本数量得到权重 objectness_weights。

```
#表明哪些点落在目标框内
vote_target_masks = points.new_zeros([num_points], dtype = torch.long)
box_indices_all = gt_bboxes_3d.points_in_boxes_all(points) 20000xM
votes 点云中的点相对于目标几何中心的偏移
vote_targets,每个点投给相应目标的中心偏移。
vote_target_idx 表示每个点实际投票的次数
vote_target_mask 表示每个点是否参与了投票。1 表示参与了投票,0 表示未参与投票。
valid_gt_weights:有效真实标签除以标签数量得到,真实标签权重
center_targets 物体几何中心,即重心。Kx3,K 为 batch 中单个样本含目标最多的数量,不足时
补 0,0,0,并用 valid_gt_masks 进行标识。
size_class_targets 尺寸类别与物体类别保持一致,默认不同物体有不同的尺寸,即平均尺寸
size_res_targets 物体尺寸与平均尺寸的差值除以平均尺寸。
dir_class_targets 目标角度从 0～2Π 范围划分为 12 个子区间,每个区间作为一个类别
dir_res_targets  角度相对子区间中心的偏移值,并除以区间大小进行归一化
objectness_targets 聚合后的点 aggregated_points 距离最近目标中心点如果小于 0.3 则为 1,
即正样本标签,否则为 0。正样本标签除以正样本数量得到 box 损失权重 box_loss_weights,即仅对
正样本进行 box 预测。
```

objectness_masks 聚合后的点 aggregated_points 距离最近目标中心点如果小于 0.3 或大于 0.6 则为 1,否则为 0。这表示将不考虑处于中间状态的目标,即困难样本。正负样本标签除以正负样本数量得到权重 objectness_weights。

mask_targets 每个聚合点距离最近目标的分类标签。

assigned_center_targets 每个聚合点距离最近目标的分类中心。

(2) 损失计算

VoteNet 总体损失包括投票损失 vote_loss、目标有无损失 objectness_loss、中心损失 center_loss、方向分类损失 dir_class_loss、方向回归损失 dir_res_loss、尺寸分类损失 size_class_loss、尺寸回归损失 size_res_loss、语义分类损失 semantic_loss,也可增加 iou 损失等。各个损失函数计算关键程序及类型如下所示。

(1) #投票损失 vote_loss:ChamferDistance,计算投票中心与目标中心标签的最小倒角距离。

vote_loss = self.vote_module.get_loss(bbox_preds['seed_points'], bbox_preds['vote_points'], bbox_preds['seed_indices'], vote_target_masks, vote_targets)

#根据 vote_target_mask(20000)和 bbox_preds['seed_indices'](1024)得到投票成功的种子点,seed_gt_votes_mask(1024)

#根据 vote_targets 和 bbox_preds['seed_indices']得到投票成功的种子点的目标中心偏移 seed_gt_votes(1024x9)加上 bbox_preds['seed_points']得到种子点对应投票的目标中心坐标标签。

seed_gt_votes_mask 除以投票成功的种子点总数得到权重 weights。

#计算 vote_points 和 seed_gt_votes 之间的倒角距离。

(2) 目标有无损失 objectness_loss:CrossEntropyLoss

objectness_loss = self.objectness_loss(bbox_preds['obj_scores'].transpose(2, 1), objectness_targets, weight = objectness_weights)

(3) 中心损失 center_loss:ChamferDistance

source2target_loss, target2source_loss = self.center_loss(bbox_preds['center'], center_targets, src_weight = box_loss_weights, dst_weight = valid_gt_weights)

center_loss = source2target_loss + target2source_loss

(4) 方向分类损失 dir_class_loss:CrossEntropyLoss

dir_class_loss = self.dir_class_loss(bbox_preds['dir_class'].transpose(2, 1), dir_class_targets, weight = box_loss_weights)

(5) 方向回归损失 dir_res_loss:SmoothL1Loss

dir_res_loss = self.dir_res_loss(dir_res_norm, dir_res_targets, weight = box_loss_weights)

(6) 尺寸分类损失 size_class_loss:CrossEntropyLoss

size_class_loss = self.size_class_loss(bbox_preds['size_class'].transpose(2, 1), size_class_targets, weight = box_loss_weights)

(7) 尺寸回归损失 size_res_loss:SmoothL1Loss

size_res_loss = self.size_res_loss(size_residual_norm, size_res_targets, weight = box_loss_weights_expand)

（8）语义分类损失 semantic_loss：CrossEntropyLoss

```
semantic_loss = self.semantic_loss(bbox_preds['sem_scores'], mask_targets, weight = box_loss_weights)
```

10.7.3 顶层结构

VoteNet 模型顶层结构主要包含以下三部分：

（1）特征提取：self. extract_feat，通过 PointNet2SASSG 主干网络进行特征提取。

（2）VoteHead：结果预测与解码。

（3）损失函数。

```
def forward_train(self, points, img_metas, gt_bboxes_3d, gt_labels_3d, pts_semantic_mask = None, pts_instance_mask = None, gt_bboxes_ignore = None):
        points_cat = torch.stack(points)
        x = self.extract_feat(points_cat)
        bbox_preds = self.bbox_head(x, self.train_cfg.sample_mod)
        loss_inputs = (points, gt_bboxes_3d, gt_labels_3d, pts_semantic_mask,
                       pts_instance_mask, img_metas)
        losses = self.bbox_head.loss(
            bbox_preds, * loss_inputs, gt_bboxes_ignore = gt_bboxes_ignore)
        return losses
```

10.7.4 模型训练

本节 VoteNet 模型参考程序基于 mmdetection3d 框架，训练命令为“Python tools/train. py configs/votenet/votenet _ 16x8 _ sunrgbd-3d-10class. py”，采用 SUN RGB - D 作为输入数据集。运行训练命令后可得到如图 10 - 30 所示的训练结果。

```
+-------------+---------+---------+---------+---------+
| classes     | AP_0.25 | AR_0.25 | AP_0.50 | AR_0.50 |
+-------------+---------+---------+---------+---------+
| bed         | 0.0000  | 0.0000  | 0.0000  | 0.0000  |
| table       | 0.0002  | 0.0426  | 0.0000  | 0.0000  |
| sofa        | 0.0000  | 0.0155  | 0.0000  | 0.0000  |
| chair       | 0.0032  | 0.0950  | 0.0000  | 0.0064  |
| toilet      | 0.0001  | 0.0588  | 0.0000  | 0.0000  |
| desk        | 0.0000  | 0.0000  | 0.0000  | 0.0000  |
| dresser     | 0.0000  | 0.0000  | 0.0000  | 0.0000  |
| night_stand | 0.0001  | 0.0462  | 0.0000  | 0.0000  |
| bookshelf   | 0.0000  | 0.0000  | 0.0000  | 0.0000  |
| bathtub     | 0.0000  | 0.0000  | 0.0000  | 0.0000  |
+-------------+---------+---------+---------+---------+
| Overall     | 0.0004  | 0.0258  | 0.0000  | 0.0006  |
+-------------+---------+---------+---------+---------+
2023-03-08 08:34:33,122 - mmdet - INFO - Exp name: votenet_16x8_sunrgbd-3d-10class.py
2023-03-08 08:34:33,122 - mmdet - INFO - Epoch(val) [36][505]   bed_AP_0.25: 0.0000, table_AP_0.25: 0.0002, sofa_AP_0.25: 0.0000, chair_AP_0.25: 0.0032, toilet_AP_0.25: 0.0001, desk_AP_0.25: 0.0000, dresser_AP_0.25: 0.0000, night_stand_AP_0.25: 0.0001, bookshelf_AP_0.25: 0.0000, bathtub_AP_0.25: 0.0000, mAP_0.25: 0.0004, bed_rec_0.25: 0.0000, table_rec_0.25: 0.0426, sofa_rec_0.25: 0.0155, chair_rec_0.25: 0.0950, toilet_rec_0.25: 0.0588, desk_rec_0.25: 0.0000, dresser_rec_0.25: 0.0000, night_stand_rec_0.25: 0.0462, bookshelf_rec_0.25: 0.0000, bathtub_rec_0.25: 0.0000, mAR_0.25: 0.0258, bed_AP_0.50: 0.0000, table_AP_0.50: 0.0000, sofa_AP_0.50: 0.0000, chair_AP_0.50: 0.0000, toilet_AP_0.50: 0.0000, desk_AP_0.50: 0.0000, dresser_AP_0.50: 0.0000, night_stand_AP_0.50: 0.0000, bookshelf_AP_0.50: 0.0000, bathtub_AP_0.50: 0.0000, mAP_0.50: 0.0000, bed_rec_0.50: 0.0000, table_rec_0.50: 0.0000, sofa_rec_0.50: 0.0000, chair_rec_0.50: 0.0064, toilet_rec_0.50: 0.0000, desk_rec_0.50: 0.0000, dresser_rec_0.50: 0.0000, night_stand_rec_0.50: 0.0000, bookshelf_rec_0.50: 0.0000, bathtub_rec_0.50: 0.0000, mAR_0.50: 0.0006
```

图 10 - 30 VoteNet 训练结果示意图

10.8 目标检测与图像融合可视化

目标检测与图像融合可视化是指将点云目标检测结果与RGB图像同时进行可视化展示，因而三维目标检测坐标结果需要投影到图像坐标。将三维目标的中心坐标增加第4个维度且设置为1，以便与外参矩阵和R_0矩阵相乘时进行平移操作。内参矩阵左乘R_0矩阵后左乘外参矩阵，最后左乘点云坐标得到点云在相机坐标系中的坐标。筛选出z大于0的点，即在相机前方的点，这样点云维度进一步下降至$4\times L$。点云坐标进一步除以z方向上坐标即可得到点云在像平面上的i_x、i_y坐标。相应的函数段为：

```
def project_velo2rgb(velo,calib):
    T = np.zeros([4,4],dtype = np.float32)
    T[:3,:] = calib['Tr_velo2cam']
    T[3,3] = 1
    R = np.zeros([4,4],dtype = np.float32)
    R[:3,:3] = calib['R0']
    R[3,3] = 1
    num = len(velo)
    projections  =  np.zeros((num,8,2),   dtype = np.int32)
    for i in range(len(velo)):
        box3d = np.ones([8,4],dtype = np.float32)
        box3d[:,:3] = velo[i]
        M = np.dot(calib['P2'],R)
        M = np.dot(M,T)
        box2d = np.dot(M,box3d.T)
        box2d = box2d[:2,:].T/box2d[2,:].reshape(8,1)
        projections[i]  =  box2d
    return projections
```

本节示例中目标检测结果取值来源于KITTI标注数据，其标注数据的目标中心坐标取值对应相机坐标系。KITTI标注三维目标的中心点定义为目标框底部所在平面中心。中心坐标根据Tr_velo2cam的逆矩阵从相机坐标系标注(x, y, z)变换到雷达坐标系(tx, ty, tz)。根据标注信息，物体的高度、宽度、长度分别为d、w、l。那么，8个顶点坐标分别为$(-l/2, w/2, 0)$、$(-l/2, -w/2, 0)$、$(l/2, -w/2, 0)$、$(l/2, w/2, 0)$、$(-l/2, w/2, h)$、$(-l/2, -w/2, h)$、$(l/2, -w/2, h)$、$(l/2, w/2, h)$。这8个顶点分别对应下面示意图的0～7。如图10-31所示，在雷达坐标系中，x表示汽车前进方向，对应方向的尺寸为目标长度l；y表示车身方向，对应方向的尺寸为目标宽度w；z表示高度方向，对应方向的尺寸为目标高度h。以坐标系为视点，2、3、6、7构成的平面为目标自身前部。

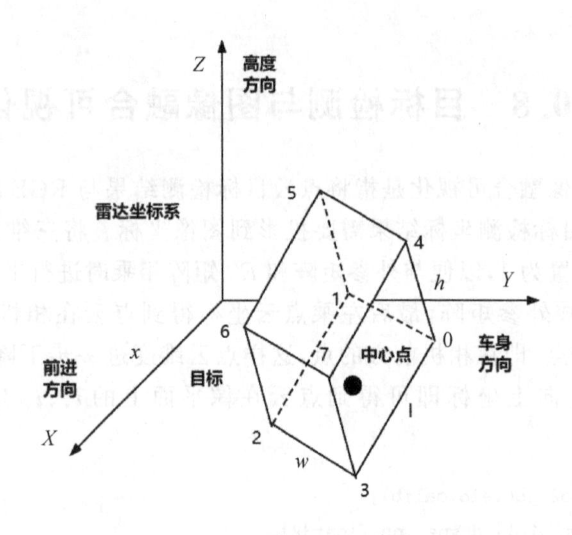

图 10－31　雷达坐标系下目标位置

三维目标与图像可视化关键函数段和示例效果如下，图 10－31 中浅灰色部分标注为目标前部。

```
def draw_rgb_projections(image, projections, color = (255,255,255), thickness = 2, darker = 1):
    img = image.copy() * darker
    num = len(projections)
    forward_color = (255,255,0)
    for n in range(num):
        qs = projections[n]
        for k in range(0,4):
            i,j = k,(k + 1) % 4
            cv2.line(img, (qs[i,0],qs[i,1]), (qs[j,0],qs[j,1]), color, thickness, cv2.LINE_AA)
            i,j = k + 4,(k + 1) % 4 + 4
            cv2.line(img, (qs[i,0],qs[i,1]), (qs[j,0],qs[j,1]), color, thickness, cv2.LINE_AA)
            i,j = k,k + 4
            cv2.line(img, (qs[i,0],qs[i,1]), (qs[j,0],qs[j,1]), color, thickness, cv2.LINE_AA)
        cv2.line(img, (qs[3,0],qs[3,1]), (qs[7,0],qs[7,1]), forward_color, thickness, cv2.LINE_AA)
        cv2.line(img, (qs[7,0],qs[7,1]), (qs[6,0],qs[6,1]), forward_color, thickness, cv2.LINE_AA)
        cv2.line(img, (qs[6,0],qs[6,1]), (qs[2,0],qs[2,1]), forward_color, thickness, cv2.LINE_AA)
        cv2.line(img, (qs[2,0],qs[2,1]), (qs[3,0],qs[3,1]), forward_color, thickness,
```

```
cv2.LINE_AA)
            cv2.line(img, (qs[3,0],qs[3,1]), (qs[6,0],qs[6,1]), forward_color, thickness,
cv2.LINE_AA)
            cv2.line(img, (qs[2,0],qs[2,1]), (qs[7,0],qs[7,1]), forward_color, thickness,
cv2.LINE_AA)
        return img
```

图 10－32　目标检测与图像融合显示

10.9　点云语义分割可视化

三维点云语义分割结果可视化的目的是更加直观地观察语义分割效果。本章之前详细介绍了 PointNet＋＋点云分割,本节仍然以前文所述 PointNet ＋＋程序为例介绍语义分割可视化。

测试程序使用 S3DIS 数据集,测试数据处理流程与训练数据处理流程基本一致。训练阶段程序随机选取点云中心,然后在 xoy 平面方圆 1m 范围点云内随机采样 4 096 个点作为训练样本。训练阶段输入样本数据涉及两个随机取样,而在测试阶段这两个阶段则变成固定的。首先,将样本全部点云空间在 xy 平面划分成边长为 1 的网格,然后在每个网格中进行采样,而不是随机选择样本中心。网格中点数量不满足 4 096 的整数倍时,对网格点进行重复补充,使得点的数量达到要求。这样做是为了确保测试时能够使所有点都能够被采样到,而不是随机的。训练阶段使用随机采样可增加输入样本数据的多样性以提高模型精度。

每个网格中的点会被完全分成一个个 4 096 的点云。在此之前,程序会对网格中点的顺序进行一次打乱,这样会导致每次取样的 4 096 个点会有所不同,但是总体仍然覆盖网格中的全部点云。测试程序将对每个网格中全部的 4 096 个样本数据进行语义分割,最后拼接到全体点云中,从而实现整个场景的语义分割。这种做法某种程度上来说仍然是一种局部语义分割或者是分块语义分割,分割结果可能丢失部分全局信息并带来预测误差。后续将陆续介绍其他改进的三维点云分割算法。

PointNet ＋＋测试程序为每个场景的语义分割结果生成相应 txt 文件,文件存储了每个点语义分割后的类别标签，如 Area_5_office_33. txt。点云坐标和真实标签存储在 npy 文件中，如 Area_5_office_33. npy。npy 文件的前三维为 xyz 坐标，中间三维为法向量，最后一维为真实类别标签。Open3d 语义分割结果进行可视化示例程序如下所示。

```
importOpen3d as o3d
import numpy as np
from copy import deepcopy
if __name__ == '__main__':
    preds = np.loadtxt('Area_5_office_33.txt')
    points = np.load('Area_5_office_33.npy')
    print(preds.shape, points.shape)
    print(set(preds))
    #随机生成 13 个类别的颜色
    colors_0 = np.random.randint(255, size=(13, 3))/255.
    pcd = o3d.geometry.PointCloud()
    pcd.points = o3d.utility.Vector3dVector(points[:, :3])
    #为各个真实标签指定颜色
    colors = colors_0[points[:, -1].astype(np.uint8)]
    pcd.colors = o3d.utility.Vector3dVector(colors[:, :3])
    #显示预测结果
    pcd1 = deepcopy(pcd)
    pcd1.translate((0, 5, 0)) #整体进行 y 轴方向平移 5
    #为各个预测标签指定颜色
    colors = colors_0[preds.astype(np.uint8)]
    pcd1.colors = o3d.utility.Vector3dVector(colors[:, :3])
    #显示预测结果和真实结果对比
    pcd2 = deepcopy(pcd)
    pcd2.translate((0, -5, 0)) #整体进行 y 轴方向平移 -5
    preds = preds.astype(np.uint8) == points[:, -1].astype(np.uint8)
    #为各个预测标签指定颜色
    colors = colors_0[preds.astype(np.uint8)]
    pcd2.colors = o3d.utility.Vector3dVector(colors[:, :3])
    # 点云显示
    o3d.visualization.draw_geometries([pcd, pcd1, pcd2], window_name="PointNet++语
义分割结果", point_show_normal=False, width=800, height=600)
```

PointNet ++点云语义分割效果图如图 10-33 所示，中间图片为点云真实分割效果，上方图片为点云预测效果。下方为真实值和预测值之间的差异，预测正确的部分为灰黄色，错误部分为绿色。

通过鼠标滚轮可拉近显示点云，并进入到房间内部，效果如图 10-34 所示。

图 10-33　点云分割效果图

图 10-34　场景内分割效果图

10.10　程序资料

相关程序下载地址为 https://pan.baidu.com/s/1pd5AgYnKhY9gtnYk6UE5UA?pwd=1234”,对应 ch10 文件夹下内容。

(1) 01_lidar_bev.py:10.4.1 节点云鸟瞰图 BEV 示例程序。

(2) 02_lidar_fv.py:10.4.2 节点云前视图 FV 示例程序。

(3) 03_viz_object_image.py:10.8 节三维目标检测与图像融合可视化示例程序。

(4) 04_viz_semantic.py:10.9 节点云语义分割可视化示例程序。

第 11 章　室外三维目标检测模型算法

本章将重点介绍室外三维目标检测模型，主要用于智能驾驶等室外应用场景，因而模型输入数据集主要为 KITTI 和 nuScenes。各个模型参考程序均来源于 mmdetection3d 框架。

11.1　PointPillars（CVPR 2019）

PointPillars 模型发表在 CVPR 2019*PointPillars：Fast Encoders for Object Detection from Point Clouds*。论文地址为 https://arxiv.org/abs/1812.05784"。它的主要思想是将三维点云转换成 2D 伪图像以便采用 2D 目标检测的方式进行 3D 目标检测。PointPillars 在配置为 Intel i7 CPU 和 1 080ti GPU 上的预测速度为 62 Hz，主要用于智能驾驶场景，是一个广泛应用的快速 3D 目标检测网络。

11.1.1　模型总体结构

PointPillars 本质上是一种基于体素的三维目标检测方法。pillar 英文意思是柱子、柱状物。在 PointPillars 模型中，体素由一系列柱状网格组成，在 Z 方向仅仅只有一个体素，整体相当于一个柱子。由于 Z 方向只有一个体素，这便于将三维数据直接转换为二维数据来处理。PointPillars 模型总体结构(图 11－1)和核心关键点如下：

(1) 输入点云数据维度为 N×4，这四个维度分别是坐标和反射强度，即 x、y、z、r。模型将输入点云划分成柱状体素，各个体素中点云坐标减去体素内点云平均坐标得到 cx、cy、cz；各个体素中点云的坐标减去体素坐标得到 vcx、vcy、vcz。因此，输入点云的特征是由 x、y、z、r、cx、cy、cz、vcx、vcy、vcz 组成的 10 维特征。

(2) 通过 PFN(Pillar Feature Net)层，点云特征直接投影到体素的 XOY 平面(BEV 视角)，从而将三维点云数据转换为二维数据进行处理。

(3) 模型主干网络采用 SECOND 结构完成特征提取。

PointPillars 模型总体计算过程如图 11－2～图 11－2 所示。

11.1.2　模型详细结构

1. 体素化与特征提取

PointPillars 模型体素化入口函数为 self.voxelize(points)，关键配置为 Voxelization(voxel_size=[0.16, 0.16, 4], point_cloud_range=[0, −39.68, −3, 69.12,

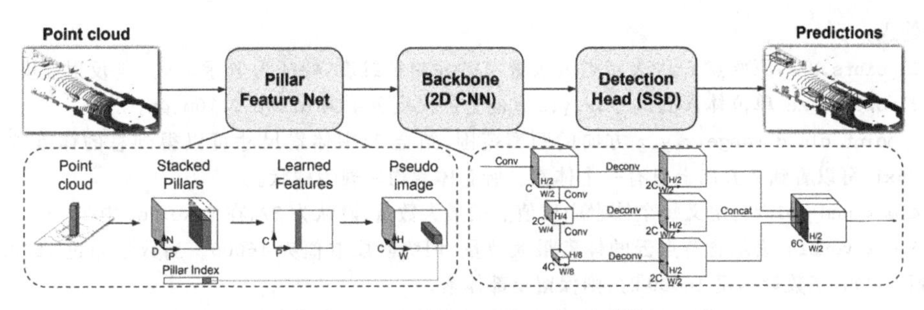

图 11－1　PointPillars 模型结构[11]

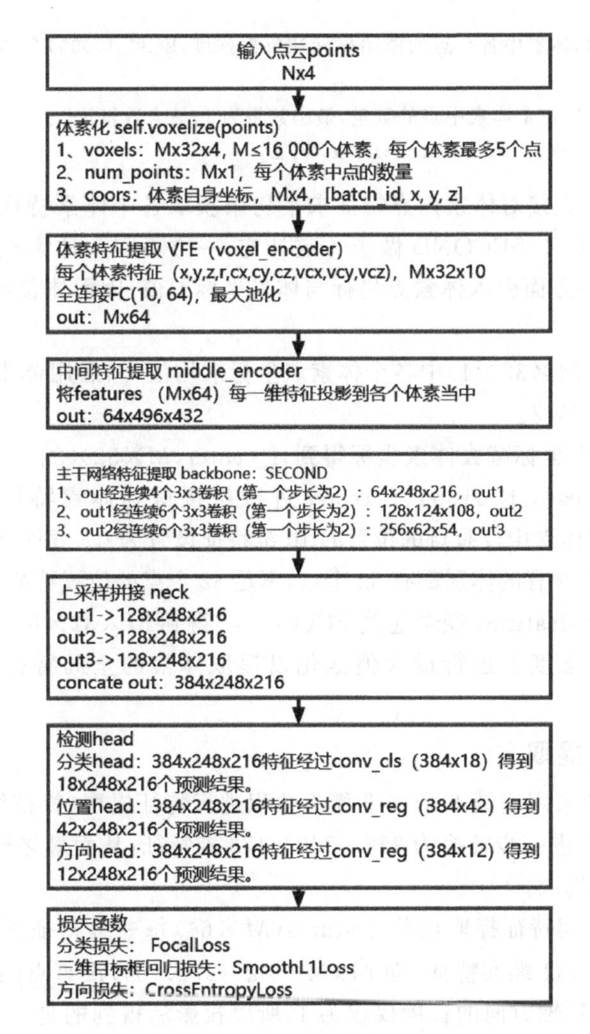

图 11－2　PointPillars 模型总体计算过程

39.68，1]，max_num_points＝32，max_voxels＝(16000，40000)，deterministic＝True)。函数主要输入参数和输出结果如下：

输入：

1)points,Nx4,原始点云,N 表示点云数量,4 表示特征维度,特征为坐标 x、y、z 与反射强度 r。

2)voxel_size:单位体素的尺寸,x、y、z 方向上的尺度分别为 0.16m、0.16m、4m。

3)point_cloud_range:x、y、z 方向的距离范围,结合 2)中体素尺寸可以得到总的体素数量为 432x496x1,可以看到 Z 方向上只有一个体素。所有体素均表现为柱状。

4)max_num_points:定义每个体素中取值点的最大数量,默认为 32,在 VoxelNet 中 T=35。

5)max_voxels:表示含有点云的体素最大数量,训练阶段取值为 16000。当数量超过 16000 时,仅保留 16000,当数量不足 16000 时,则保留全部体素。

6)deterministic:取值为 True 时,表示每次体素化的结果是确定的,而不是随机的。

输出：

1)voxels:Mx32x4,体素中各个点的原始坐标和反射强度,M(M≤16000)个体素,每个体素最多 5 个点。

2)num_points:Mx1,每个体素中点的数量,最小数量为 1,最大数量为 5。

3)coors:体素自身坐标,Mx4,[batch_id, x, y, z]

SECOND 模型直接对体素内点特征求平均来获取各个体素特征。PointPillars 体素特征提取方法相比于 SECOND 做了一定补充,一方面引入体素点坐标与体素内平均点坐标差值,另一方面引入体素点坐标与体素坐标差值,因而体素特征更加丰富。具体步骤如下：

(1) 对 voxels($M\times32\times4$)中各个体素点坐标求均值,然后用体素各点坐标减去均值,f_cluster,$M\times32\times3$。

(2) 将体素各点坐标减去体素坐标得到,f_center,M×32×3。

(3) 将上述 voxels、f_cluster、f_center 进行拼接得到体素特征 features,维度为 $M\times32\times10$,并且将体素中没有点的位置的 10 维特征设置为 0。每个体素中默认设置点的数量为 32,但不是所有的体素都有 32 个点,不足 32 个点的位置特征用 0 进行填充。

(4) PFNLayer:features 经全连接 FC(10, 64)得到 $M\times32\times64$ 维特征,并进一步在体素内点云数量维度上进行最大值池化以提取体素的全局特征 features,维度为 M×64。

2. 中间特征提取

SECOND 模型采用连续 6 个三维稀疏卷积进行特征提取,特征维度从 16 000×4 变为 7 561×128,并进一步转换为 256×200×176 维特征,从而最终转换成类似二维图像的方式进行特征提取。

PointPillars 中间特征提取层将 features($M\times64$)每一维特征投影到各个体素当中,得到 64×496×432 维度特征,即 Mx64—>214272×64,没有点的体素特征取值为 0。由于体素在 Z 轴方向的长度仅仅为 1,所以投影后得到的是一个平面,因而后续可直接使用二维卷积进行特征提取,而不需要采用三维卷积或三维稀疏卷积操作。中间特征层输出的二维特征图尺寸为 496×432,特征属性维度为 64。

3. 主干网络与 NECK 层

PointPillars 模型主干网络采用 SECOND 结构,如图 11－3 所示,包含三组连续二维卷积，输入为上述中间特征提取层结果(64×496×432)。第一组卷积包括经连续4个3×3二维卷积，其中第一个卷积步长为2，输出out1维度为64×248×216。第二组卷积的输入为第一组卷积的输出，由6个3×3二维卷积组成，其中第一个卷积步长为2，输出out2维度为128×124×108。第三组卷积的输入为第二组卷积的输出，仍由6个3×3二维卷积组成，其中第一个卷积步长为2，输出out3维度为256×62×54。

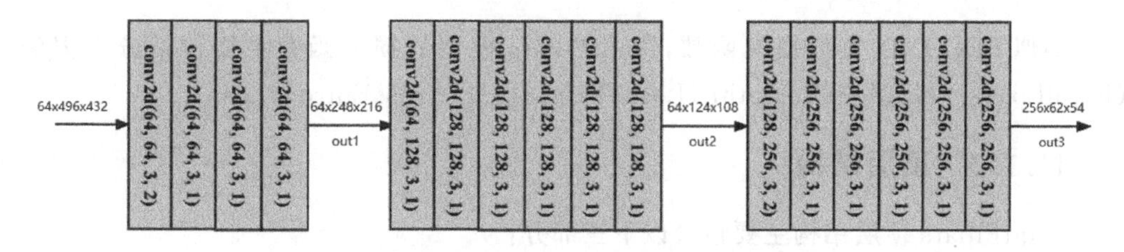

图 11-3 PointPillars SECOND 结构

PointPillars模型的NECK结构对主干网络特征进行融合，实现深层特征和浅层融合，即不同视野范围特征之间的融合。浅层特征反映输入数据的局部特征，深层特征信息则更具全局性。其关键步骤在于对深层次特征out2和out3进行上采样，以使其特征维度与out1达成一致，即128×248×216。上采样完成之后，NECK层对三个不同层次特征进行拼接融合，得到384×248×216维特征。该特征作为模型最终输出特征，也是self.extract_feat模块的输出结果。

```
out1:64x248x216  ->128x248x216
out2:128x124x108  ->128x248x216
out3:256x62x54  ->128x248x216
拼接 out:128x248x216、128x248x216、128x248x216  ->384x248x216 (self.extract_feat)
```

4. HEAD层与损失函数

PointPillars模型的HEAD层入口函数为self.bbox_head，根据提取特征预测最终结果，包括分类、位置和方向预测结果。我们可通过最终预测任务维度来决定相应卷积参数，如下所示：

(1) 分类head:384×248×216特征经过conv_cls(384, 18)得到18×248×216个预测结果，共3个类别和6种anchor。

(2) 位置head:384×248×216特征经过conv_reg(384, 42)得到42×248×216个预测结果。在SECOND中每个位置有3个anchor，每个anchor有7个参数。相比之下，PointPillars每个位置有6个不同anchor。

(3) 方向head:384×248×216特征经过conv_reg(384, 12)得到12×248×216个预测结果。

PointPillars检测头HEAD配置参数：

```
Anchor3DHead(
    (loss_cls): FocalLoss()
```

```
    (loss_bbox): SmoothL1Loss()
    (loss_dir): CrossEntropyLoss(avg_non_ignore=False)
    (conv_cls): Conv2d(384, 18, kernel_size=(1, 1), stride=(1, 1))
    (conv_reg): Conv2d(384, 42, kernel_size=(1, 1), stride=(1, 1))
    (conv_dir_cls): Conv2d(384, 12, kernel_size=(1, 1), stride=(1, 1))
)
```

类似 SECOND 模型损失函数，PointPillars 模型的损失函数主要包括分类损失（FocalLoss）、回归损失（SmoothL1Loss）和方向损失（CrossEntropyLoss）。

11.1.3 顶层结构

PointPillars 顶层结构主要包含以下三部分：

（1）特征提取：self.extract_feat，得到 384×248×216 特征，见 NECK 层输出。

（2）检测头：根据主干网络特征计算预测结果。

（3）损失函数：包括分类、位置和方向损失三大部分。

PointPillars 顶层结构入口函数如下所示：

```
def forward_train(self, points, img_metas, gt_bboxes_3d, gt_labels_3d, gt_bboxes_ignore=None):
        x = self.extract_feat(points, img_metas)
        outs = self.bbox_head(x)
        loss_inputs = outs + (gt_bboxes_3d, gt_labels_3d, img_metas)
        losses = self.bbox_head.loss(
         *loss_inputs, gt_bboxes_ignore=gt_bboxes_ignore)
        return losses
#extract_feat 模块
def extract_feat(self, points, img_metas=None):
        """Extract features from points."""
        voxels, num_points, coors = self.voxelize(points)
        voxel_features = self.voxel_encoder(voxels, num_points, coors)
        batch_size = coors[-1, 0].item() + 1
        x = self.middle_encoder(voxel_features, coors, batch_size)
        x = self.backbone(x)
        if self.with_neck:
            x = self.neck(x)
```

11.1.4 模型训练

PointPillars 参考程序基于 mmdetection3d 框架，训练命令为“Python tools/train.py configs/pointpillars/hv_pointpillars_secfpn_6x8_160e_kitti-3d-3class.py”，采用 KITTI 作为输入数据集。运行训练命令后可得到如图 11-4 所示的训练结果。

```
Overall AP40@easy, moderate, hard:
bbox AP40:0.8333, 5.6481, 5.6481
bev  AP40:0.0000, 5.2778, 5.2778
3d   AP40:0.0000, 3.4722, 3.4722
aos  AP40:0.41, 5.46, 5.46

2023-01-08 08:00:55,104 - mmdet - INFO - Exp name: hv_pointpillars_secfpn_6x8_160e_kitti-3d-3class.py
2023-01-08 08:00:55,104 - mmdet - INFO - Epoch(val) [80][4]     KITTI/Pedestrian_3D_AP11_easy_strict: 0.0000, KITTI/Pede
strian_BEV_AP11_easy_strict: 0.0000, KITTI/Pedestrian_2D_AP11_easy_strict: 0.0000, KITTI/Pedestrian_3D_AP11_moderate_str
ict: 0.0000, KITTI/Pedestrian_BEV_AP11_moderate_strict: 0.0000, KITTI/Pedestrian_2D_AP11_moderate_strict: 0.0000, KITTI/
Pedestrian_3D_AP11_hard_strict: 0.0000, KITTI/Pedestrian_BEV_AP11_hard_strict: 0.0000, KITTI/Pedestrian_2D_AP11_hard_str
ict: 0.0000, KITTI/Pedestrian_3D_AP11_easy_loose: 0.0000, KITTI/Pedestrian_BEV_AP11_easy_loose: 0.0000, KITTI/Pedestrian
_2D_AP11_easy_loose: 0.0000, KITTI/Pedestrian_3D_AP11_moderate_loose: 0.0000, KITTI/Pedestrian_BEV_AP11_moderate_loose:
0.0000, KITTI/Pedestrian_2D_AP11_moderate_loose: 0.0000, KITTI/Pedestrian_3D_AP11_hard_loose: 0.0000, KITTI/Pedestrian_B
EV_AP11_hard_loose: 0.0000, KITTI/Pedestrian_2D_AP11_hard_loose: 0.0000, KITTI/Cyclist_3D_AP11_easy_strict: 0.0000, KITT
I/Cyclist_BEV_AP11_easy_strict: 0.0000, KITTI/Cyclist_2D_AP11_easy_strict: 0.0000, KITTI/Cyclist_3D_AP11_moderate_strict
: 0.0000, KITTI/Cyclist_BEV_AP11_moderate_strict: 0.0000, KITTI/Cyclist_2D_AP11_moderate_strict: 0.0000, KITTI/Cyclist_3
D_AP11_hard_strict: 0.0000, KITTI/Cyclist_BEV_AP11_hard_strict: 0.0000, KITTI/Cyclist_2D_AP11_hard_strict: 0.0000, KITTI
/Cyclist_3D_AP11_easy_loose: 0.0000, KITTI/Cyclist_BEV_AP11_easy_loose: 0.0000, KITTI/Cyclist_2D_AP11_easy_loose: 0.0000
, KITTI/Cyclist_3D_AP11_moderate_loose: 0.0000, KITTI/Cyclist_BEV_AP11_moderate_loose: 0.0000, KITTI/Cyclist_2D_AP11_mod
erate_loose: 0.0000, KITTI/Cyclist_3D_AP11_hard_loose: 0.0000, KITTI/Cyclist_BEV_AP11_hard_loose: 0.0000, KITTI/Cyclist_
2D_AP11_hard_loose: 0.0000, KITTI/Car_3D_AP11_easy_strict: 4.5455, KITTI/Car_BEV_AP11_easy_strict: 4.5455, KITTI/Car_2D_
AP11_easy_strict: 9.0909, KITTI/Car_3D_AP11_moderate_strict: 16.6667, KITTI/Car_BEV_AP11_moderate_strict: 17.1717, KITTI
/Car_2D_AP11_moderate_strict: 18.1818, KITTI/Car_3D_AP11_hard_strict: 16.6667, KITTI/Car_BEV_AP11_hard_strict: 17.1717,
```

图 11-4　PointPillars 训练结果示意图

11.2　SSN (ECCV 2020)

11.2.1　模型总体结构

SSN 是用于点云三维目标检测的模型算法，发表在 ECCV 2020*SSN*：*Shape Signature Networks for Multi-class Object Detection from Point Clouds*，论文地址为 https://arxiv.org/abs/2004.02774"，其模型结构如图 11-5 所示。SSN 核心在于提出了 shape-aware heads grouping 和 shape signature 结构，前者针对不同类别目标设置不同 Head，并得到不同尺度的特征图。相比于其他网络采用单一尺度的特征图，这种方法可有效提升精度，但是相应的参数量也大大增加。从实现过程来看，这种结构实际上与增加 anchor 和 FPN 的作用相类似。另一方面，读者也可类比 yolov5 的 Head 结构，也采用了多种尺度特征图。shape signature 结构主要是对目标轮廓进行编码，强调目标轮廓形状的特点，从而进一步提升目标检测精度。

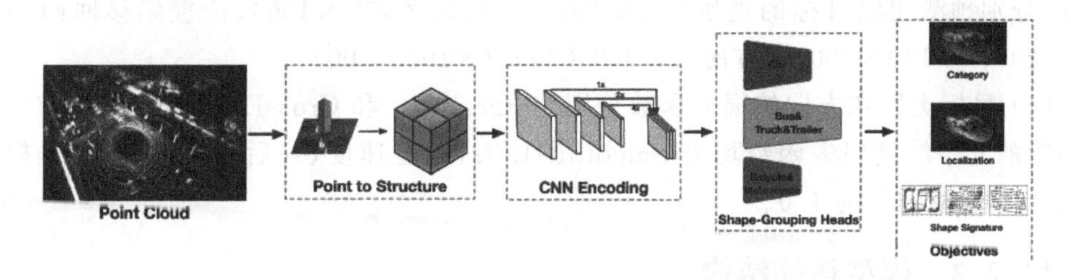

图 11-5　SSN 模型结构

shape signature 结构编码主要包含：

(1) 形状补全：将物体按照中心对称的方式进行补全。

(2) 投影：投影得到物体的鸟瞰图、侧视图和前视图，以便后续对三维轮廓形状进行估计。

(3) 凸包:考虑目标外侧点云的凸包结构,使编码对内部稀疏点云具有鲁棒性。

(4) 切比雪夫拟合:综合三种视图下的特征编码,用切比雪夫拟合方法计算出最终的形状编码。

shape signature 网络结构如图 11-6 所示。需要注意的是,在接下来即将详细介绍的 mmdetection3d SSN 程序中仅仅采用了 shape-aware heads grouping 结构,而没有采用 shape signature 结构。

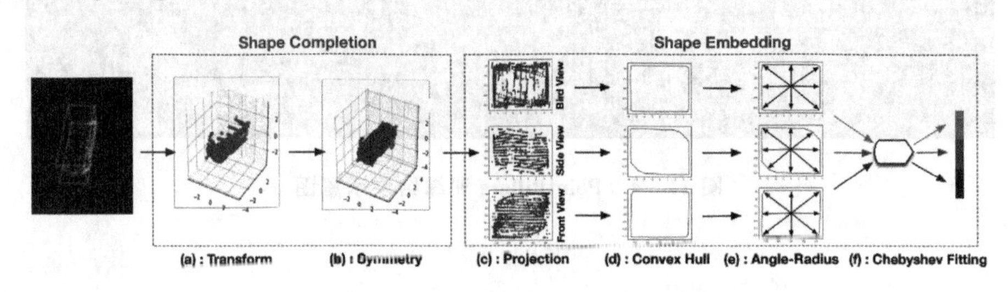

图 11-6　shape signature 网络结构

SSN 模型参考程序的输入数据来源于 nuScenes 顶部激光雷达点云数据。点云数据包含空间三维坐标 x、y、z、雷达反射强度,共 4 个维度。数据包括 10 个类别,分属 5 个大类。真实标签主要包括中心偏移(dx、dy、dz)、尺寸对数($\log(dw)$、$\log(dl)$、$\log(dz)$)、角度 rz、速度(vx、vy),共 9 个维度。

针对 5 个大类,每类采用一种 Head 参数,并且针对大目标时特征图尺度减少一半。特征图尺度包括 200×200 和 100×100 两种,并且每个网格分配两种 anchor 候选框。特征图尺度减小有利于增加特征视野,进而检测较大尺寸目标。

SSN 模型总体计算过程如图 11-7 所示。

(1) 输入点云通过柱状(PointPillars)体素化和中间特征提取层得到 64×400×400 特征图,尺度为 400×400,特征维度为 64。

(2) 特征图通过 SECOND 主干网络和 Neck 拼接得到 384×200×200 维特征。

(3) 由于输入数据被分为 5 个大类,因而模型预测任务也被分为 5 个 Head。每个 Head 分别预测相应目标的类别(10×200×200、10×100×100)、位置偏移回归(9×200×200、9×100×100)和方向(2×200×200、2×100×100)。

(4) 目标类别和方向的损失函数分别为 FocalLoss 和 CrossEntropyLoss。位置偏移回归的 9 个维度损失函数均为 SmoothL1Loss,并且速度(最后两个维度)损失权重为 0.2,其他权重均为 1.0。

11.2.2　模型详细结构

1. 体素化与特征提取

SSN 模型程序用于实现体素化的入口函数为 self.voxelize(points),具体实现参数为 Voxelization(voxel_size=[0.25, 0.25, 8], point_cloud_range=[-50, -50,

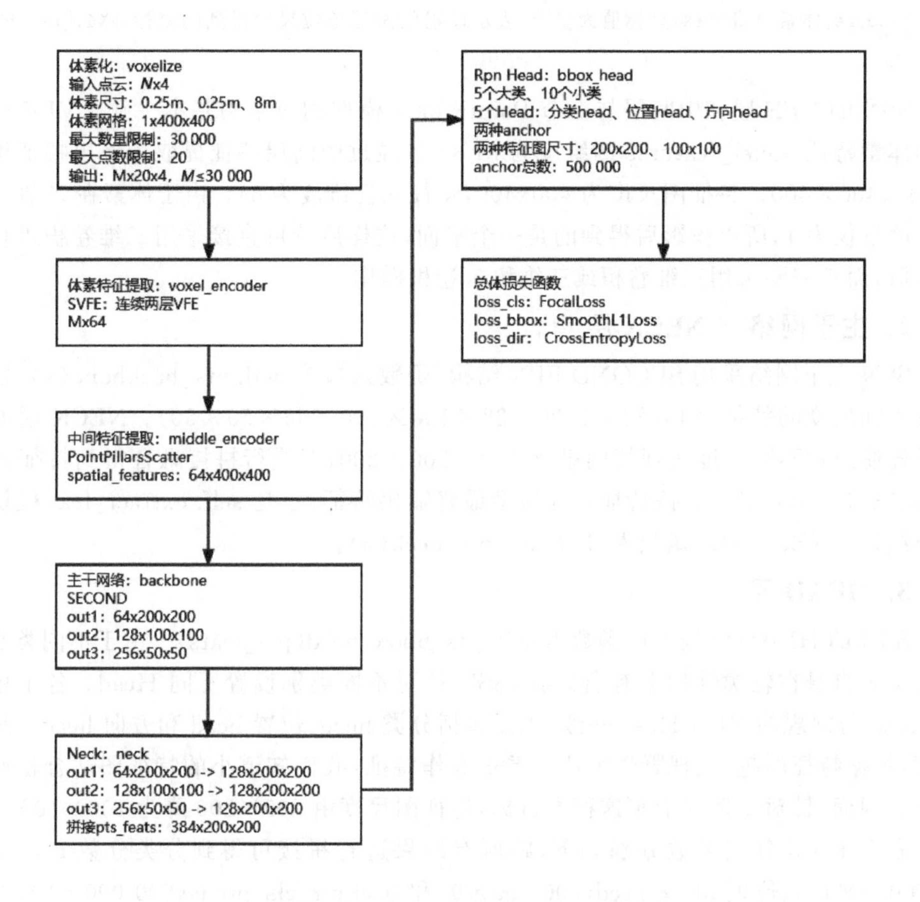

图 11－7 SSN 模型总体计算过程

－5，50，50，3]，max_num_points＝20，max_voxels＝(30 000，40 000)，deterministic＝True)。这里可看到高度方向仅有一个体素，因而其体素形状都是柱状的，这一点与 PointPillars 模型完全一致。函数主要输入参数和输出结果如下：

输入：

1)points,Nx4,原始点云,N 表示点云数量,4 表示特征维度,特征为坐标 x、y、z 与反射强度 r。

2)voxel_size:单位体素的尺寸,x、y、z 方向上的尺度分别为 0.25m、0.25m、8m。

3)point_cloud_range:x、y、z 方向的距离范围,结合 2)中体素尺寸可以得到总的体素数量为 400x400x1。

4)max_num_points:定义每个体素中取值点的最大数量,默认为 20,在 voxelnet 中 T＝35。

5)max_voxels:表示含有点云的体素最大数量,训练时为 30000,推理时为 40000。训练时当数量超过 30000 时,仅保留 30000,当数量不足 40000 时,则保留全部体素。

6)deterministic:取值为 True 时,表示每次体素化的结果是确定的,而不是随机的。

输出：

1)voxels:Mx20x4,体素中各个点的原始坐标和反射强度,M(M≤30000)个体素,每个体素最多 20 个点。

2)num_points:Mx1,每个体素中点的数量,最小数量为 1,最大数量为 20。

3)coors：体素自身坐标，坐标值为整数，表示体素的按照单位尺度得到的坐标，Mx4，[batch_id，x，y，z]

SSN 的 VFE 层和中间层与上节 PointPillars 模型相应结构基本一致。VFE 层提取的体素特征 voxel_features 的维度为 $M\times64$，经过中间层特征提取后输出特征维度为 $64\times400\times400$。特征图尺度为 400x400，特征属性维度为 64。由于体素在 Z 轴方向的长度仅仅为 1，所以投影后得到的是一个平面，这样后续可直接采用二维卷积进行特征提取，而不需要采用三维卷积或三维稀疏卷积操作。

2. 主干网络与 NECK 层

SSN 主干网络采用 SECOND FPN 结构，函数入口为 self. pts_backbone(x)，输出三种不同尺度的特征（$64\times200\times200$、$128\times100\times100$、$256\times50\times50$）。NECK 层通过上采样使三种不同尺度达到相同维度 $128\times200\times200$，并进行拼接融合得到特征 pts_feats($384\times200\times200$)。该特征作为模型最终输出特征，也是 self. extract_feat 模块的输出结果。NECK 网络函数入口为 self. pts_neck(x)。

3. HEAD 层

SSN 的 HEAD 结构入口函数为 self. pts_bbox_head(pts_feats)。由于不同类别目标的点云自身在轮廓结构上有所差异，SSN 针对不同类别设置不同 Head。各个单独的 Head 与常规的 RPN Head 一致，主要包括分类 head、位置 head 和方向 head。另一方面，根据特征图越小、视野越大这一卷积操作特征，我们知道小的特征图适合检测大目标。因而，针对车辆和卡车这种大目标，特征图尺度由 200×200 降为 100×100。

各个 Head 分支参数分别如下，将所有结果进行拼接可得到分类分数 cls_score ($500\ 000\times10$)、位置 bbox_pred($500\ 000\times9$)和方向 dir_cls_preds($500\ 000\times2$)，其中 500 000 是 anchor 总数。位置的 9 个维度分别为中心偏移(dx、dy、dz)、尺寸对数(log(dw)、log(dl)、log(dz))、角度 rz、速度(vx、vy)。

1)2 种 anchor、2 个类别(bicycle、motorcycle)、特征图 200x200 ->160000

pts_feats、Cls Conv2d(384, 64)、Conv2d(64, 64)、Conv2d(64, 40) ->cls_score 40x200x200 ->160000x10

pts_feats、Cls Conv2d(384, 64)、Conv2d(64, 64)、Conv2d(64, 36) ->bbox_pred 36x200x200 ->160000x9

pts_feats、Cls Conv2d(384, 64)、Conv2d(64, 64)、Conv2d(64, 8) ->bbox_pred 8x200x200 ->160000x2

2)2 种 anchor、1 个类别(pedestrian)、特征图 200x200 ->80000

pts_feats、Cls Conv2d(384, 64)、Conv2d(64, 64)、Conv2d(64, 20) ->cls_score 20x200x200 ->80000x10

pts_feats、Cls Conv2d(384, 64)、Conv2d(64, 64)、Conv2d(64, 18) ->bbox_pred 18x200x200 ->80000x9

pts_feats、Cls Conv2d(384, 64)、Conv2d(64, 64)、Conv2d(64, 4) ->bbox_pred 4x200x200 ->80000x2

```
3)2 种 anchor、2 个类别(traffic_cone、barrier)、特征图 200x200 ->160000
pts_feats、Cls Conv2d(384, 64)、Conv2d(64, 64)、Conv2d(64, 40) ->cls_score 40x200x200 ->160000x10
pts_feats、Cls Conv2d(384, 64)、Conv2d(64, 64)、Conv2d(64, 36) ->bbox_pred 36x200x200 ->160000x9
pts_feats、Cls Conv2d(384, 64)、Conv2d(64, 64)、Conv2d(64, 8) ->bbox_pred 8x200x200 ->160000x2
4)2 种 anchor、1 个类别(car)、特征图 100x100 ->20000
pts_feats、Cls Conv2d(384, 64, 2)、Conv2d(64, 64)、Conv2d(64, 20) ->cls_score 20x100x100 ->20000x10
pts_feats、Cls Conv2d(384, 64)、Conv2d(64, 64)、Conv2d(64, 18) ->bbox_pred 18x100x100 ->20000x9
pts_feats、Cls Conv2d(384, 64)、Conv2d(64, 64)、Conv2d(64, 4) ->bbox_pred 4x100x100 ->20000x2
5)2 种 anchor、4 个类别(truck、trailer、bus、construction_vehicle)、特征图 100x100 ->80000
pts_feats、Cls Conv2d(384, 64, 2)、Conv2d(64, 64)、Conv2d(64, 80) ->cls_score 80x100x100 ->80000x10
pts_feats、Cls Conv2d(384, 64)、Conv2d(64, 64)、Conv2d(64, 72) ->bbox_pred 72x100x100 ->80000x9
pts_feats、Cls Conv2d(384, 64)、Conv2d(64, 64)、Conv2d(64, 16) ->bbox_pred 16x100x100 ->80000x2
outs = self.pts_bbox_head(pts_feats)
cls_score: 500000x10
bbox_pred:500000x9
dir_cls_preds:500000x2
```

11.2.3 损失函数

1. 真实标签计算

根据 Iou 为每个 anchor 选择匹配的真实目标框

(1) 筛选 anchor 与真实目标框 Iou 最大的真实目标框和索引。

(2) Iou 小于指定阈值如 0.4 的 anchor 设置为负样本,对应 gt_inds 序号为 0。

(3) Iou 大于指定阈值如 0.6 的 anchor 设置为正样本,对应 gt_inds 需要设置为样本标签序号,从 1 开始。

(4) gt_inds 取值为-1 的点对应样本介于正负样本之间的情况。

目标位置采用偏差回归的方式,如下所示。其中,a 表示 anchor,g 表示真实标签,t 表示模型预测标签。

```
za = za + ha / 2
zg = zg + hg / 2
diagonal = torch.sqrt(la**2 + wa**2)
```

```
xt = (xg - xa) / diagonal
yt = (yg - ya) / diagonal
zt = (zg - za) / ha
lt = torch.log(lg / la)
wt = torch.log(wg / wa)
ht = torch.log(hg / ha)
rt = rg - ra
limited_val = val - torch.floor(val / period + offset) * period
```

2. 损失计算

SSN 总体损失包括目标类别损失、方向损失和位置偏移回归损失。目标类别和方向的损失函数分别为 FocalLoss 和 CrossEntropyLoss。位置偏移回归的 9 个维度损失函数均为 SmoothL1Loss,并且速度(最后两个维度)损失权重为 0.2,其他权重均为 1.0。在实验过程中,随机选择了两组样本,其负样本的点数量为 999 823,而正样本数量仅为 91。针对这种正负样本不均衡的情况,目标类别损失针对性地选择了 FocalLoss 损失函数。

```
#FocalLoss
loss_cls = self.loss_cls(cls_score, labels, label_weights, avg_factor = num_total_samples)
#SmoothL1Loss [1.0, 1.0, 1.0, 1.0, 1.0, 1.0, 1.0, 0.2, 0.2]
loss_bbox = self.loss_bbox(bbox_pred, bbox_targets, bbox_weights, avg_factor = num_total_samples)
#CrossEntropyLoss
loss_dir = self.loss_dir(dir_cls_preds, dir_targets, dir_weights, avg_factor = num_total_samples)
```

11.2.4 顶层结构

SSN 模型顶层结构主要包含以下三部分:

(1) 特征提取:self.extract_feat,通过 PointPillars 网络结构进行特征提取,输出 384×200×200 维度特征,见 NECK 输出。

(2) 检测头:根据主干网络特征计算预测结果。

(3) 损失函数:包括分类、位置和方向损失三大部分。

SSN 顶层结构入口函数如下所示:

```
def forward_train(self, points = None, img_metas = None, gt_bboxes_3d = None, gt_labels_3d = None, gt_labels = None, gt_bboxes = None, img = None, proposals = None, gt_bboxes_ignore = None):
    img_feats, pts_feats = self.extract_feat(points, img = img, img_metas = img_metas)
    losses_pts = self.forward_pts_train(pts_feats, gt_bboxes_3d, gt_labels_3d, img_metas, gt_bboxes_ignore)
```

```
losses.update(losses_pts)
return losses
```

11.2.5 模型训练

SSN 参考程序基于 mmdetection3d 框架，训练命令为“Python tools/train.py configs/ssn/hv_ssn_secfpn_sbn－all_2x16_2x_nus－3d.py”，采用 nuScenes 作为输入数据集。运行训练命令后可得到如图 11－8 所示的训练结果。

```
Per-class results:
Object Class    AP      ATE     ASE     AOE     AVE     AAE
car     0.489   0.355   0.196   1.126   0.354   0.234
truck   0.148   0.483   0.271   0.486   0.356   0.302
bus     0.286   0.893   0.244   0.620   2.914   0.588
trailer 0.000   1.000   1.000   1.000   1.000   1.000
construction_vehicle    0.000   1.000   1.000   1.000   1.000   1.000
pedestrian      0.380   0.393   0.308   1.472   1.137   0.114
motorcycle      0.012   0.616   0.353   2.210   1.516   0.968
bicycle 0.000   0.796   0.385   3.087   5.628   1.000
traffic_cone    0.000   0.697   0.415   nan     nan     nan
barrier 0.000   1.000   1.000   1.000   nan     nan
2023-04-03 18:17:57,396 - mmdet - INFO - Exp name: hv_ssn_regnet-400mf_secfpn_sbn-all_2x16_2x_nus-3d.py
2023-04-03 18:17:57,397 - mmdet - INFO - Epoch(val) [24][81]    pts_bbox_NuScenes/bicycle_AP_dist_0.5: 0.0000, pts_bbox_
NuScenes/bicycle_AP_dist_1.0: 0.0000, pts_bbox_NuScenes/bicycle_AP_dist_2.0: 0.0000, pts_bbox_NuScenes/bicycle_AP_dist_4
.0: 0.0000, pts_bbox_NuScenes/bicycle_trans_err: 0.7958, pts_bbox_NuScenes/bicycle_scale_err: 0.3854, pts_bbox_NuScenes/
bicycle_orient_err: 3.0866, pts_bbox_NuScenes/bicycle_vel_err: 5.6283, pts_bbox_NuScenes/bicycle_attr_err: 1.0000, pts_b
box_NuScenes/mATE: 0.7233, pts_bbox_NuScenes/mASE: 0.5173, pts_bbox_NuScenes/mAOE: 1.3335, pts_bbox_NuScenes/mAVE: 1.738
2, pts_bbox_NuScenes/mAAE: 0.6507, pts_bbox_NuScenes/motorcycle_AP_dist_0.5: 0.0000, pts_bbox_NuScenes/motorcycle_AP_dis
t_1.0: 0.0025, pts_bbox_NuScenes/motorcycle_AP_dist_2.0: 0.0101, pts_bbox_NuScenes/motorcycle_AP_dist_4.0: 0.0351, pts_b
box_NuScenes/motorcycle_trans_err: 0.6159, pts_bbox_NuScenes/motorcycle_scale_err: 0.3530, pts_bbox_NuScenes/motorcycle_
orient_err: 2.2097, pts_bbox_NuScenes/motorcycle_vel_err: 1.5157, pts_bbox_NuScenes/motorcycle_attr_err: 0.9678, pts_bbo
x_NuScenes/pedestrian_AP_dist_0.5: 0.2785, pts_bbox_NuScenes/pedestrian_AP_dist_1.0: 0.3758, pts_bbox_NuScenes/pedestria
n_AP_dist_2.0: 0.4058, pts_bbox_NuScenes/pedestrian_AP_dist_4.0: 0.4588, pts_bbox_NuScenes/pedestrian_trans_err: 0.3928,
 pts_bbox_NuScenes/pedestrian_scale_err: 0.3084, pts_bbox_NuScenes/pedestrian_orient_err: 1.4720, pts_bbox_NuScenes/pede
strian_vel_err: 1.1368, pts_bbox_NuScenes/pedestrian_attr_err: 0.1142, pts_bbox_NuScenes/traffic_cone_AP_dist_0.5: 0.000
0, pts_bbox_NuScenes/traffic_cone_AP_dist_1.0: 0.0000, pts_bbox_NuScenes/traffic_cone_AP_dist_2.0: 0.0000, pts_bbox_NuSc
enes/traffic_cone_AP_dist_4.0: 0.0000, pts_bbox_NuScenes/traffic_cone_trans_err: 0.6972, pts_bbox_NuScenes/traffic_cone_
scale_err: 0.4151, pts_bbox_NuScenes/traffic_cone_orient_err: nan, pts_bbox_NuScenes/traffic_cone_vel_err: nan, pts_bbox
```

图 11－8 SSN 训练结果示意图

11.3 3DSSD（CVPR 2020）

11.3.1 模型总体结构

3DSSD 三维目标检测模型发表在 CVPR 20203DSSD：*Point－based 3D Single Stage Object Detector*，论文地址为 https://arxiv.org/abs/2002.10187”。论文发表之时基于体素的 3D 单级检测器已经有很多种，而基于点的单级检测方法仍处于探索阶段。3DSSD 是一种轻量级且有效的基于点的 3D 单级目标检测器，在精度和效率之间取得了良好的平衡。3DSSD 在下采样过程中提出一种新的融合采样策略，以使对较少代表性点的检测变得可行。3DSSD 大大优于当时基于体素的单阶段方法，并且具有与两阶段基于点的方法相当的性能，推理速度超过 25 FPS，比类似目标检测方法要快 2 倍左右。

3DSSD 模型相关的深度神经网络模型主要包括 SSD（二维目标检测）、PointNet、PointNet＋＋和 VoteNet 等。在这几个模型的基础上，3DSSD 网络结构可以很好地被理解。3DSSD 网络模型总体结构如图 11－9 所示，主要包含 Backbone、Candidate Generation Layer 和 Prediction Head 等三个部分。

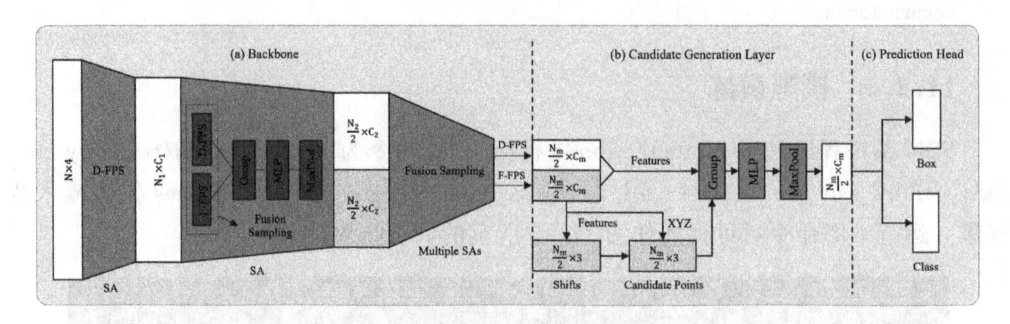

图 11-9　3DSSD 模型结构[13]

(1) Backbone:主干网络结构来源于 PointNet ++ MSG 的 SA 层,具体可参考 10.2 节相关内容。不同之处在于,PointNet ++采用距离最远点采样 D-FPS,而 3DSSD 的主干网络中增加了特征最远点采样 F-FPS,使得采样点信息更加丰富并且更具代表性。

(2) Candidate Generation Layer:这一部分是基于 VoteNet 得到投票中心点和特征。核心思想是,利用 Backbone 等网络提取关键点的特征,并采用其中部分特征来进行投票,投票结果进一步用 PointNet ++ MSG SA 层进行特征提取,最后利用该特征对检测框的种类和位置进行预测。

(3) Prediction Head:利用(2)中提取的特征对检测框的种类和位置进行预测。在接下来参考程序中,预测类别仅包含汽车 Car 一个类别。检测框位置包括 30 个维度,即 3 个中心点坐标偏移、3 个维度的尺寸大小、12 个方向类别(每个类别 2 个参数)。

3DSSD 模型各个模块主要输入和输出如图 11-10 所示。

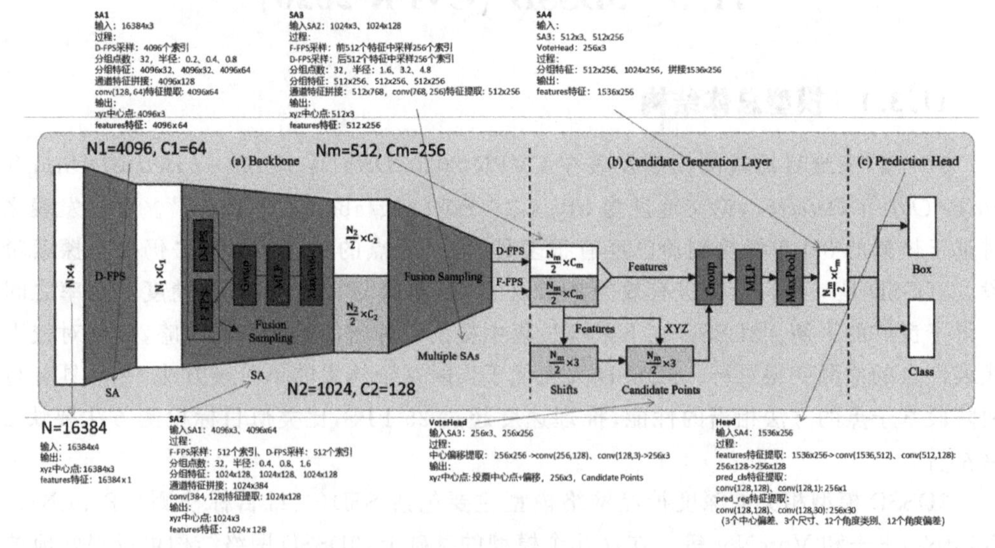

图 11-10　3DSSD 模型主要输入输出

11.3.2 最远点采样

点云最远点采样 FPS(Farthest Point Sampling)方法的优势是尽可能多地覆盖到全部点云以保留完整的点云轮廓。但是这种方法需要多次计算点之间的距离,因而属于复杂度较高、耗时较多的采样方法。在深度学习三维算法中,最远点采样是最常见的采样方式。

点云最远点采样的步骤为:

(1) 选择一个初始点:可以随机选择,也可以按照一定的规则来选取。如果随机选取,那么每次得到的结果都是不一样的,反之每次得到的结果就是一致的。非随机选取情形下,我们可将初始点选为最接近点云中心的点。

(2) 计算所有点与(1)中点的距离,选择距离最大的点作为新的初始点。

(3) 重复前两步过程,直到选择的点数量满足要求。

上述最远点采样通过计算点与点的之间坐标距离来进行取样,因而可称为距离最远点采样 D-FPS。特征最远点采样 F-FPS 则是计算点的特征之间的距离。假设每个点的坐标为 x、y、z_3 个维度,输入特征为 M 个维度。特征最远点采样计算距离时通常会将 xyz 坐标与特征进行拼接作为新的特征($3+M$),然后计算特征之间的距离并进行最远点采样。

11.3.3 模型详细结构

1. 主干网络特征提取

3DSSD 模型主干网络采用 PointNet MSG 结构,如图 11-11 所示,输入点云特征维度为 $N\times4$,$N=16\ 384$。

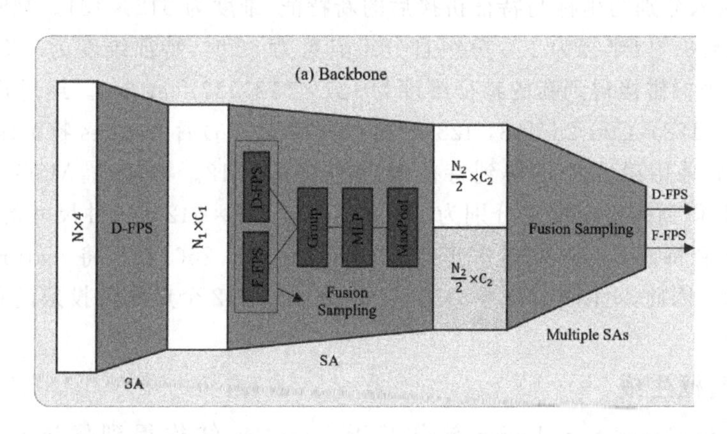

图 11-11 3DSSD 主干网络

主干网络主要过程如下:

(1) 将 16 384×4 维输入点云数据转换成 16 384×3 坐标 xyz 和 16 384×1 特征 features。

(2) SA1(第一层 SA):采样点数 4 096,采样方式 D-FPS(坐标距离最远点采样),MSG 半径分别为 0.2、0.4、0.8。以半径为 0.2 分组且分组点数为 32 时,得到特征维度为 1×4 096×32,进而与 *xyz* 坐标拼接得到新的特征 features 维度为 4×4 096×32。经过连续 MLP 层 Conv2d(4, 16)、Conv2d(16, 16)、Conv2d(16, 32)后 features 特征维度为 32×4 096×32,最后采用最大池化得到特征维度为 32×4 096。类似地,MSG 分组半径为 0.4 和 0.8 时得到的特征维度分别为 32×4 096 和 64×4 096。三种尺寸的特征拼接得到 128×4 096 新特征 features,进一步经过 Conv2d(128, 64)卷积将 features 维度转变为 64×4 096。因此,上图中 $N_1=4\ 096$、$C_1=64$。

(3) SA2(第二层 SA):采样点数 1 024,采样方式 FS,即 D-FPS(坐标距离最远点采样)和 F-FPS(特征距离最远点采样)分别采样 512 个点,其中 D-FPS 输入为坐标,维度为 4 096×3;F-FPS 的输入分别为坐标与特征拼接后的新特征,维度为 4 096×67。MSG 半径分别为 0.4、0.8、1.6。以半径为 0.4 分组且分组点数为 32 时,特征维度为 64×1 024×32,进而与 *xyz* 坐标拼接得到新的特征 features 维度为 67×4 096×32。经过连续 MLP 层 Conv2d(67, 64)、Conv2d(64, 64)、Conv2d(64,128)后 features 特征维度为 128×1 024×32,最后采用最大池化得到特征维度为 128×1 024。类似地,MSG 分组半径为 0.8 和 1.6 时得到的特征维度分别为 128×1 024 和 128×1 024。三种尺寸的特征拼接得到 384×1024 新特征 features,features 维度进一步经过 Conv2d(384, 128)卷积将转变为 128×1 024。因此,上图中 $N_2=1\ 024$、$C_2=128$。

(4) SA3(第三层 SA):采样点数 512,即 D-FPS(坐标距离最远点采样)和 F-FPS(特征距离最远点采样)分别采样 256 个点。如上所述,(3)中输出特征 1 024×128,一半来源于 D-FPS,一半来源于 F-FPS。因此,将 1 024×128 拆分为 512×128 和 512×128,然后分别对应进行 D-FPS 和 F-FPS。D-FPS 输入为坐标,维度为 512×3;F-FPS 的输入分别为坐标与特征拼接后的新特征,维度为 512×131。MSG 半径分别为 1.6、3.2、4.8。以半径为 1.6 分组且分组点数为 32 时,特征维度为 128×512×32,进而与 *xyz* 坐标拼接得到新的特征维度为 131×512×32 features。经过连续 MLP 层 Conv2d(131, 128)、Conv2d(128, 128)、Conv2d(128, 256)后 features 特征维度为 256×512×32,最后采用最大池化得到特征维度为 256×512。类似地,MSG 分组半径为 0.8 和 1.6 时得到的特征维度分别为 256×512 和 256×512。三种尺寸的特征拼接得到 768×512 新特征 features,进一步经过 Conv2d(768, 256)卷积将 features 维度转变为 256×512。因此,上图中 $N_m=512$、$C_m=256$。这 512 个点作为投票的种子点,其特征维度为 256。

2. 候选框生成

Candidate Generation Layer 部分基于 VoteNet 结构得到候选点和特征,如图 11-12 所示。其核心思想是,采用 Backbone 等网络所提取的种子点及其特征来进行投票,投票结果进一步用 PointNet ++ MSG SA 层进行特征提取,最后利用该特征对检测框的种类和位置进行预测。

(1) 生成投票点(generate vote_points from seed_points):主干网络 backbone 中

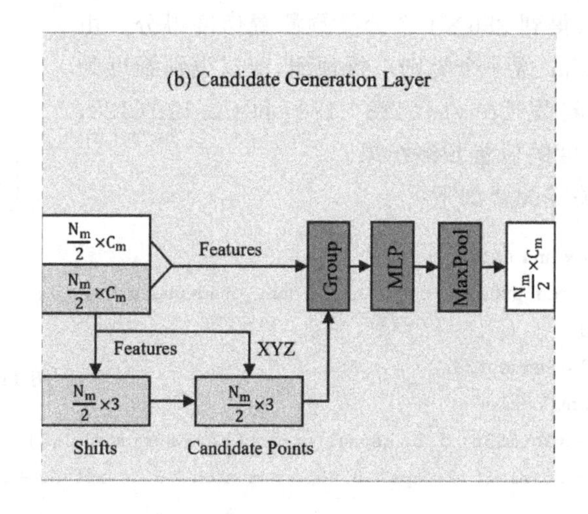

图 11-12 3DSSD 候选框生成

得到 512×3 个采样点坐标和 512×256 特征 features，选择其中前 256 个点的坐标和特征作为 seed，与 F-FPS 直接相关。Seed features 256×256 经过 Conv1d(256, 128)、Conv1d(128, 3)得到 256×3 维度偏移，即投票点相对于种子点的偏移，即图中的 Shifts。偏移量加上种子点坐标即为投票点坐标。关键函数如下：

```
# 1. generate vote_points from seed_points
vote_points, vote_features, vote_offset = self.vote_module(seed_points, seed_features)
results = dict(seed_points = seed_points, seed_indices = seed_indices, vote_points =
vote_points, vote_features = vote_features, vote_offset = vote_offset)
```

(2) 投票点特征聚合(aggregate vote_points)：这一步骤采用 PointNet2SAMSG 结构获取候选点的特征，即候选框特征。输入为 seed 512 个种子点，采样 256 个点，但这 256 个点不再是通过最远点采样得到，而直接采用上一步骤的投票点。分别用两种不同的分组半径进行特征提取，提取后的特征维度分别为 512×256 和 1024×256，然后拼接得到 1536×256 特征，对应上图中的 Group、MLP 和 MaxPool 操作。关键函数如下：

```
# 2. aggregate vote_points
vote_aggregation_ret = self.vote_aggregation(**aggregation_inputs)
aggregated_points, features, aggregated_indices = vote_aggregation_ret
results['aggregated_points'] = aggregated_points
results['aggregated_features'] = features
results['aggregated_indices'] = aggregated_indices
```

3. 预测 Head

3DSSD 针对上述 1 536×256 特征采用卷积 Conv1d(1 536, 512)、Conv1d(512, 128)继续进行特征提取，得到 128×256 维特征。Head 结构如图 11-13 所示，采用卷

积 Conv1d(128，1)，得到 256×1 个分类预测置信度得分。由于该程序仅对汽车 Car 这一个类别进行预测，所以类别维度为 1。Head 采用位置卷积 Conv1d(128，128)和 Conv1d(128，30)得到 256×30 维度的位置预测结果。

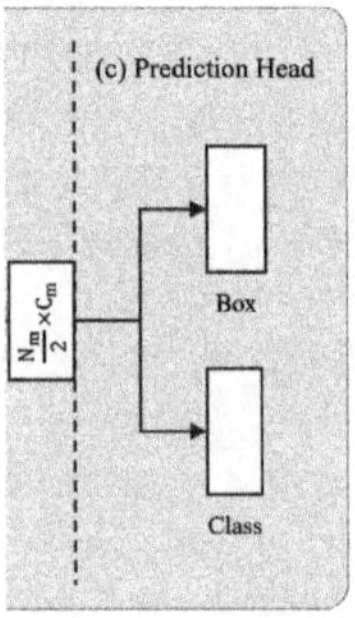

图 11－13　3DSSD Head

3DSSD Head 关键配置如下：

```
# 3. predict bbox and score
cls_predictions, reg_predictions = self.conv_pred(features)
BaseConvBboxHead(
  (shared_convs): Sequential(
    (layer0): ConvModule(
      (conv): Conv1d(1536, 512, kernel_size=(1,), stride=(1,))
      (bn): BatchNorm1d(512, eps=0.001, momentum=0.1, affine=True, track_running_stats=True)
      (activate): ReLU(inplace=True)
    )
  )
    (layer1): ConvModule(
      (conv): Conv1d(512, 128, kernel_size=(1,), stride=(1,))
      (bn): BatchNorm1d(128, eps=0.001, momentum=0.1, affine=True, track_running_stats=True)
      (activate): ReLU(inplace=True)
    )
  )
  (cls_convs): Sequential(
    (layer0): ConvModule(
      (conv): Conv1d(128, 128, kernel_size=(1,), stride=(1,))
      (bn): BatchNorm1d(128, eps=0.001, momentum=0.1, affine=True, track_running_stats=True)
      (activate): ReLU(inplace=True)
    )
  )
  (conv_cls): Conv1d(128, 1, kernel_size=(1,), stride=(1,))
  (reg_convs): Sequential(
    (layer0): ConvModule(
      (conv): Conv1d(128, 128, kernel_size=(1,), stride=(1,))
      (bn): BatchNorm1d(128, eps=0.001, momentum=0.1, affine=True, track_running_stats=True)
      (activate): ReLU(inplace=True)
    )
  )
  (conv_reg): Conv1d(128, 30, kernel_size=(1,), stride=(1,))
)
```

模型对上述置信度得分和位置进行解码(decoder),主要组成部分和关键程序如下所示:

(1) results['obj_scores']为类别置信度得分。

(2) results['center_offset']为位置预测30个维度中的前3个,即目标中心位置坐标偏移。results['center']为results['center_offset']坐标偏移加上Vote投票点坐标,即目标预测中心位置。

(3) results['size']为目标三个维度的尺寸大小,即位置预测30个维度中的4~6个。

(4) results['dir_class']为预测的12个目标方向分类,即位置预测30个维度中的7~18个。

(5) results['dir_res']为预测的12个目标方向偏差,即位置预测30个维度中的19~30个。

```
# 4. decode predictions
decode_res = self.bbox_coder.split_pred(cls_predictions, reg_predictions, aggregated_
points)
```

11.3.4 损失函数

3DSSD模型损失函数由目标分类、中心偏移、方向分类、方向偏差、目标尺寸、顶点以及投票损失函数组成,具体损失函数分别如下所示:

(1) 目标分类损失函数:CrossEntropyLoss。

(2) 目标中心偏移损失函数:SmoothL1Loss。

(3) 目标方向分类损失函数:CrossEntropyLoss。

(4) 目标方向偏差损失函数:SmoothL1Loss。

(5) 目标中心尺寸损失函数:SmoothL1Loss。

(6) 目标位置顶点损失函数:SmoothL1Loss。

(7) 投票损失函数:SmoothL1Loss。

11.3.5 顶层结构

3DSSD模型顶层结构主要包含以下三部分:

(1) 特征提取:self.extract_feat,通过PointNetSAMSG主干网络结构和候选框VoteNet结构进行候选框特征提取,输出1 536×256维度特征。

(2) 检测头:根据候选框网络特征计算预测结果,包括分类和位置两部分。

(3) 损失函数:共7种组成部分。

3DSSD顶层结构入口函数如下所示。

```
def forward_train(self, points, img_metas, gt_bboxes_3d, gt_labels_3d, pts_semantic_
mask = None, pts_instance_mask = None, gt_bboxes_ignore = None):
```

```
        points_cat = torch.stack(points)
        x = self.extract_feat(points_cat)
        bbox_preds = self.bbox_head(x, self.train_cfg.sample_mod)
        loss_inputs = (points, gt_bboxes_3d, gt_labels_3d, pts_semantic_mask, pts_instance
_mask, img_metas)
        losses = self.bbox_head.loss(bbox_preds, *loss_inputs, gt_bboxes_ignore = gt_
bboxes_ignore)
        return losses
    def extract_feat(self, points, img_metas = None):
        x = self.backbone(points)
        if self.with_neck:
            x = self.neck(x)
        return x
```

11.3.6 模型训练

本节 3DSSD 参考程序基于 mmdetection3d 框架，训练命令为“Python tools/train.py configs/3dssd/3dssd_4x4_kitti-3d-car.py”，采用 KITTI 作为输入数据集。运行训练命令后可得到如图 11－14 所示的训练结果。

图 11－14 3DSSD 训练结果示意图

11.4 SASSD（CVPR 2020）

11.4.1 模型总体结构

SASSD 发表在 CVPR 2020*Structure Aware Single－stage 3D Object Detection from Point Cloud*，论文地址为 https://www4.comp.polyu.edu.hk/～cslzhang/paper/SA-SSD.pdf”。SASSD与基于Anchor的目标检测模型结构基本保持一致，其核心特点在于采用一个语义分割网络来辅助候选框特征提取，使产生的候选框质量更高。辅助网络这一点与PointRCNN和VoteNet的部分思想很接近。不同之处在于SASSD提取体素中心点特征时融合了不同尺度下近邻体素的特征，从而使得网络可以有效获取到局部结构特征(Structure Aware)。另一方面，这个辅助网络仅在训练时用到，在推理时则完全拆解下来，从而使得模型在实际部署过程中不增加额外开销。因此，SASSD辅助网络的作用在于提高模型训练精度。

SASSD模型的整体结构如图11-15所示，辅助网络与模型主干网络是并行的，并且最终输出结果仅由主干网络输出来决定。

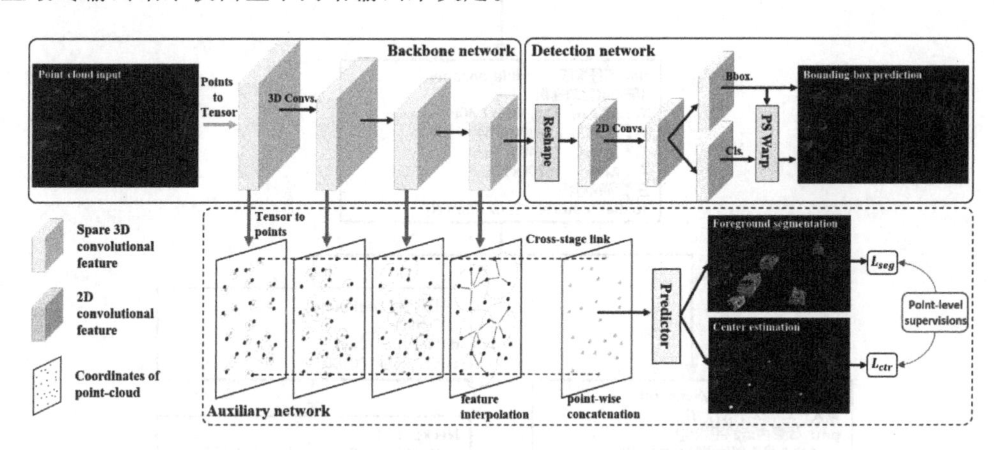

图11-15 SASSD模型结果

SASSD模型总体计算过程如图11-16所示。

11.4.2 模型详细结构

1. 体素化与特征提取

SASSD程序用于实现体素化的入口函数为self.voxelize(points)，参数配置为Voxelization(voxel_size=[0.05, 0.05, 0.1], point_cloud_range=[0, −40, −3, 70.4, 40, 1], max_num_points=5, max_voxels=16 000, deterministic=True)。函数输入分别为：

(1) points，N×4，原始点云，N表示点云数量，4表示特征维度，特征为坐标x、y、z与反射强度r。

(2) voxel_size：单位体素的尺寸，x、y、z方向上的尺度分别为0.05 m、0.05 m、0.1 m。

(3) point_cloud_range：x、y、z方向的距离范围，结合(2)中体素尺寸可以得到总的体素数量为1 408×1 600×41，即92 364 800(41×1 600×1 408)。

(4) max_num_points：定义每个体素中取值点的最大数量，默认为5，在voxelnet中T=35。

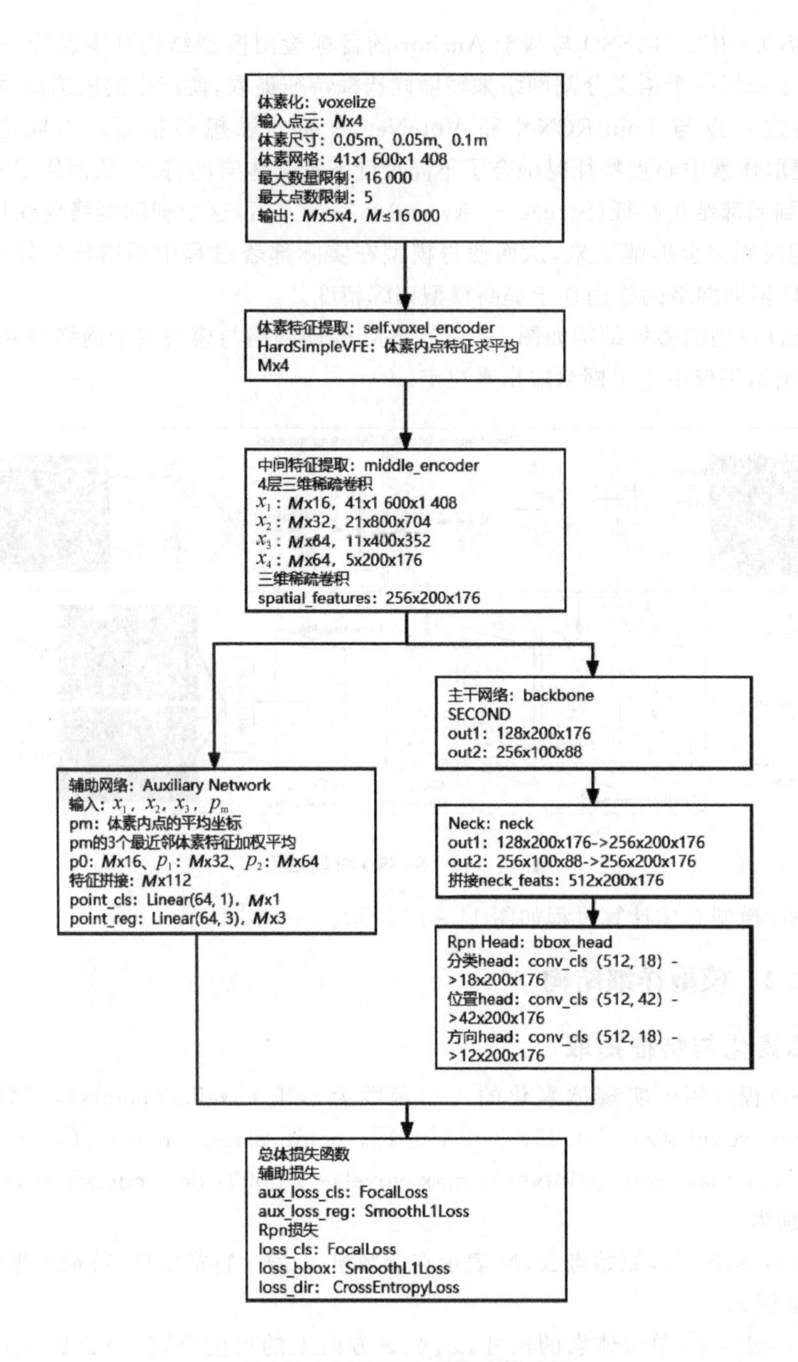

图 11-16　SASSD 总体计算过程

(5) max_voxels：表示含有点云的体素最大数量，默认为 16 000。当数量超过 16 000 时，仅保留 16 000，当数量不足 16 000 时，则保留全部体素。

(6) deterministic：取值为 True 时，表示每次体素化的结果是确定的，而不是随机的。

体素化输出结果如下：

(1) voxels：$M\times5\times4$，体素中各个点的原始坐标和反射强度，$M(M\leqslant16\ 000)$个体素，每个体素最多5个点。

(2) num_points：$M\times1$，每个体素中点的数量，最小数量为1，最大数量为5。

(3) coors：体素自身坐标，坐标值为整数，表示体素的按照单位尺度得到的坐标，M×4，[batch_id，x，y，z]

SASSD模型VFE层为简化的HardSimpleVFE(voxel_encoder)，即对每个体素中的点求平均值，用平均值作为体素特征，取平均时点的数量由num_points决定。$M\times5\times4$的voxels经过VFE后的维度为$M\times4$(voxel_features)，即在第二个维度点的数量上进行平均。体素特征提取相当于用新的4个维度特征来表示体素内一组点的共同特征。体素特征提取的入口函数为self.voxel_encoder(voxel_dict['voxels']，voxel_dict['num_points']，voxel_dict['coors'])。

2. 稀疏卷积特征提取

类比VoxelNet的CML(Convolutional Middle Layer)层，VoxelNet直接采用常规三维卷积进行特征提取，而SASSD则采用连续三维稀疏卷积进行特征提取，函数入口为self.pts_middle_encoder(voxel_features，coors，batch_size)。在SECOND模型介绍章节，我们简单说明了三维稀疏卷积只是普通三维卷积的一种快速计算方法。

以下三维稀疏卷积用SPConv(C_1，C_2，K)表示，C_1表示输入通道，C_2表示输出通道，K表示卷积步长。为了进行稀疏卷积操作，原始特征需要进行稀疏表征。稀疏表征包含两个关键部分，即稀疏点特征和特征网格。稀疏点特征维度为MxC，M表示点的数量，C表示特征维度，一般由输出通道数决定。特征网格维度为DxHxW，稀疏点最终需要对应到稀疏网格的具体位置，即通常为网格特征不为零的点。稀疏网格也就是体素经过三维卷积后产生的特征图，可类比二维图像像素进行理解。因而，输出特征维度为(CxD)xHxW，在DxHxW大小的特征图之中只有M个点是非零特征，其他地方的特征均为零。SASSD提取的空间特征spatial_features维度为256×200×176，具体稀疏卷积提取过程如下所示。

```
SparseEncoderSASSD
voxel_features(30920x4)->稀疏表示,Mx4,41x1600x1408, x
->3维稀疏卷积 SPConv(4, 16, 1),Mx16,41x1600x1408, x
->3维稀疏卷积 SPConv(16, 16, 1),Mx16,41x1600x1408, x1
->3维稀疏卷积 SPConv(16, 32, 2)、SPConv(32, 32, 1)、SPConv(32, 32, 1),M2x32,
21x800x704, x2
->3维稀疏卷积 SPConv(32, 64, 2)、SPConv(64, 64, 1, 1)、SPConv(64, 64, 1),M3x64,
11x400x352, x3
->3维稀疏卷积 SPConv(64, 64, 2)、SPConv(64, 64, 1)、SPConv(64, 64, 1),M4x64,5x200x176,
x4
->3维稀疏卷积 SPConv(64, 128, [2, 1, 1]) M5x128,2x200x176,即 128x2x200x176
```

```
->Resshape,256x200x176,spatial_features
```

3. 辅助网络

SASSD 中间特征层除提取到空间特征 spatial_features 之外，还提取到不同尺度的体素特征 x_1、x_2、x_3、x_4。体素特征提取时每个体素的特征坐标用内部点的平均坐标来表示，这样可以用一个点来近似表征相应体素。辅助网络将距离平均坐标点最近的 K 个体素坐标的特征加权求和作为新特征，类似 PointNet＋＋的特征上采样操作。这相当于为每个体素平均中心点赋予新的不同尺度特征。加权后特征经过全连接分类和回归得到 point_cls($M\times1$)和 point_reg($M\times3$)。

关键程序过程如下。

```
points_mean = torch.zeros_like(voxel_features)
points_mean[:, 0] = coors[:, 0] #batch_id
points_mean[:, 1:] = voxel_features[:, :3]#voxel 内点坐标平均值
#x1
M x 16
p0 = self.make_auxiliary_points(encode_features[0], points_mean, offset=(0, -40., -3.), voxel_size=(.1, .1, .2))
Mx32
p1 = self.make_auxiliary_points(encode_features[1], points_mean, offset=(0, -40., -3.), voxel_size=(.2, .2, .4))
Mx64
p2 = self.make_auxiliary_points(encode_features[2],points_mean,offset=(0, -40., -3.),voxel_size=(.4, .4, .8))
pointwise = torch.cat([p0, p1, p2], dim=-1) Mx112
Linear(112, 64) Mx64
pointwise = self.point_fc(pointwise)
Linear(64, 1) Mx1
point_cls = self.point_cls(pointwise)
Linear(64, 3) Mx3
point_reg = self.point_reg(pointwise)
point_misc = (points_mean, point_cls, point_reg)
```

SASSD 辅助网络损失计算函数入口为 self.middle_encoder.aux_loss(* point_misc, gt_bboxes_3d)。输入只有 gt_boxes_3d 而没有 label 说明只会做前景和背景的区分。真实标签根据点是否在目标内进行判别。中心回归偏移 center_offset 是体素中心相对于所在目标中心的偏移。程序会自动选择最近一次找到的目标作为参考目标，我们也可以尝试通过最近距离来进行约束。

```
aux_loss = self.middle_encoder.aux_loss( * point_misc, gt_bboxes_3d)
#输入只有 gt_boxes_3d 而没有 label 说明只会做前景和背景的区分。
pts_in_flag, center_offset = self.calculate_pts_offsets(new_xyz, boxes3d)
```

```
#点是否在目标内。共K个真实目标,独热码的形式进行表述
pts_in_flag = points_in_boxes_all(points[None, ...], boxes[None, ...])
pts_label Mx1 标签
center_offset 体素中心相对于所在目标中心的偏移。程序中选择最近的一次操作作为目标。
FocalLoss
aux_loss_cls = sigmoid_focal_loss(point_cls, rpn_cls_target, weight = cls_weights, avg_
factor = pos_normalizer)
前景点和背景点判别
aux_loss_reg = smooth_l1_loss(point_reg, center_targets, beta = 1 / 9.)
SmoothL1loss
```

4. 主干网络与 NECK 层

SASSD 主干网络采用 SECOND 结构,通过两条通路提取两种不同尺度的特征图。第一条通路是稀疏卷积所提取的空间特征 spatial_features 256x200x176 经连续 6 个 3×3 卷积得到 128x200x176 维度的特征,记为 out1。第二条通路是 out1 继续经过连续 6 个 3×3 卷积(其中第一个步长为 2)得到 256×100×88 维度的特征,记为 out2。out1 和 out2 为主干网络输出结果。主干网络关键入口函数为 self. backbone(feats_dict['spatial_features']) 。

```
输入:x = self.backbone(feats_dict['spatial_features'])
out1:256x200x176 ->128x200x176
Sequential(
  (0): Conv2d(256, 128, kernel_size = (3, 3), stride = (1, 1), padding = (1, 1), bias =
False)
  (1): BatchNorm2d(128, eps = 0.001, momentum = 0.01, affine = True, track_running_stats
= True)
  (2): ReLU(inplace = True)
  (3): Conv2d(128, 128, kernel_size = (3, 3), stride = (1, 1), padding = (1, 1), bias =
False)
  (4): BatchNorm2d(128, eps = 0.001, momentum = 0.01, affine = True, track_running_stats
= True)
  (5): ReLU(inplace = True)
  (6): Conv2d(128, 128, kernel_size = (3, 3), stride = (1, 1), padding = (1, 1), bias =
False)
  (7): BatchNorm2d(128, eps = 0.001, momentum = 0.01, affine = True, track_running_stats
= True)
  (8): ReLU(inplace = True)
  (9): Conv2d(128, 128, kernel_size = (3, 3), stride = (1, 1), padding = (1, 1), bias =
False)
  (10): BatchNorm2d(128, eps = 0.001, momentum = 0.01, affine = True, track_running_stats
= True)
  (11): ReLU(inplace = True)
```

```
        (12): Conv2d(128, 128, kernel_size = (3, 3), stride = (1, 1), padding = (1, 1), bias =
False)
        (13): BatchNorm2d(128, eps = 0.001, momentum = 0.01, affine = True, track_running_stats
= True)
        (14): ReLU(inplace = True)
        (15): Conv2d(128, 128, kernel_size = (3, 3), stride = (1, 1), padding = (1, 1), bias =
False)
        (16): BatchNorm2d(128, eps = 0.001, momentum = 0.01, affine = True, track_running_stats
= True)
        (17): ReLU(inplace = True)
    )
    Out2:128x200x176 - >256x100x88
    Sequential(
        (0): Conv2d(128, 256, kernel_size = (3, 3), stride = (2, 2), padding = (1, 1), bias =
False)
        (1): BatchNorm2d(256, eps = 0.001, momentum = 0.01, affine = True, track_running_stats
= True)
        (2): ReLU(inplace = True)
        (3): Conv2d(256, 256, kernel_size = (3, 3), stride = (1, 1), padding = (1, 1), bias =
False)
        (4): BatchNorm2d(256, eps = 0.001, momentum = 0.01, affine = True, track_running_stats
= True)
        (5): ReLU(inplace = True)
        (6): Conv2d(256, 256, kernel_size = (3, 3), stride = (1, 1), padding = (1, 1), bias =
False)
        (7): BatchNorm2d(256, eps = 0.001, momentum = 0.01, affine = True, track_running_stats
= True)
        (8): ReLU(inplace = True)
        (9): Conv2d(256, 256, kernel_size = (3, 3), stride = (1, 1), padding = (1, 1), bias =
False)
        (10): BatchNorm2d(256, eps = 0.001, momentum = 0.01, affine = True, track_running_stats
= True)
        (11): ReLU(inplace = True)
        (12): Conv2d(256, 256, kernel_size = (3, 3), stride = (1, 1), padding = (1, 1), bias =
False)
        (13): BatchNorm2d(256, eps = 0.001, momentum = 0.01, affine = True, track_running_stats
= True)
        (14): ReLU(inplace = True)
        (15): Conv2d(256, 256, kernel_size = (3, 3), stride = (1, 1), padding = (1, 1), bias =
False)
        (16): BatchNorm2d(256, eps = 0.001, momentum = 0.01, affine = True, track_running_stats
= True)
        (17): ReLU(inplace = True
```

```
)
Out = [out1, out2] [128x200x176, 256x100x88]
```

SASSD 的 NECK 层是对主干网络特征进行融合，其关键步骤在于对深层次特征进行上采样，以使其特征维度达成一致。Neck 网络分别对 out1、out2 进行上采样，out1 的维度从 128×200×176 转换为 256×200×176，out2 的维度也从 256×100×88 转换为 256×200×176，两者维度完全相同。out1 和 out2 拼接后得到 Neck 网络的输出结果，即 neck_feats，维度为 512×200×176。该特征作为模型最终输出特征，也是 self. extract_feat 模块的输出结果。

11.4.3 Head 与损失函数

200x176 维度特征图上每个位置对应三种尺寸、两种方向共 6 种候选框 anchor。

分类 head：512×200×176 特征经过 conv_cls(512, 18)得到 18×200×176 个预测结果，对应 6 个候选框和 3 种目标类别。

位置 head：512×200×176 特征经过 conv_reg(512,42)得到 42×200×176 个预测结果，对应 6 个候选框和 7 个位置参数(x, y, z, l, w, h, θ)。

方向 head：512×200×176 特征经过 conv_reg(512,12)得到 12×200×176 个预测结果，对应 6 个候选框和两个方向参数。

SASSD 检测头 Head 的参数配置如下所示。候选框 RPN 损失函数包括分类损失(FocalLoss)、回归损失(SmoothL1Loss)和方向损失(CrossEntropyLoss)。

```
Anchor3DHead(
  (loss_cls): FocalLoss()
  (loss_bbox): SmoothL1Loss()
  (loss_dir): CrossEntropyLoss(avg_non_ignore = False)
  (conv_cls): Conv2d(512, 18, kernel_size = (1, 1), stride = (1, 1))
  (conv_reg): Conv2d(512, 42, kernel_size = (1, 1), stride = (1, 1))
  (conv_dir_cls): Conv2d(512, 12, kernel_size = (1, 1), stride = (1, 1))
loss_inputs = outs + (gt_bboxes_3d, gt_labels_3d, img_metas)
losses = self.bbox_head.loss( * loss_inputs, gt_bboxes_ignore = gt_bboxes_ignore)
```

SASSD 总体损失函数包括辅助损失和 RPN 损失，如下所示。

```
aux_loss_cls:FocalLoss
aux_loss_reg:SmoothL1Loss
loss_cls:FocalLoss
loss_bbox:SmoothL1Loss
loss_dir: CrossEntropyLoss
```

11.4.4 顶层结构

SASSD 模型顶层结构主要包含以下三部分：

（1）特征提取：self.extract_feat，通过 SECOND 主干网络结构进行候选框特征提取，输出 512×200×176 维度特征。

（2）辅助网络与损失：采用一个语义分割网络来辅助候选框特征提取。

（3）检测头：根据候选框网络特征计算预测结果，包括分类、位置和方向三部分。

（4）损失函数：共 5 种组成部分，包括辅助损失和 RPN 损失。

SASSD 顶层结构入口函数如下所示。

```
def forward_train(self, points, img_metas, gt_bboxes_3d, gt_labels_3d, gt_bboxes_ignore = None):
    x, point_misc = self.extract_feat(points, img_metas, test_mode = False)
    aux_loss = self.middle_encoder.aux_loss( * point_misc, gt_bboxes_3d)
    outs = self.bbox_head(x)
    loss_inputs = outs + (gt_bboxes_3d, gt_labels_3d, img_metas)
    losses = self.bbox_head.loss( * loss_inputs, gt_bboxes_ignore = gt_bboxes_ignore)
    losses.update(aux_loss)
    return losses
```

11.4.5 模型训练

SASSD 参考程序基于 mmdetection3d 框架，训练命令为“Python tools/train.py configs/sassd/sassd_6x8_80e_kitti-3d-3class.py”，采用 KITTI 作为输入数据集。SASSD 采用了稀疏卷积，需要安装 spconv 2.0 库。安装方式如下，其中 102 表示 cuda 版本为 10.2，且最低支持 CUDA 10.2。

```
pip install cumm - cu102
pip install spconv - cu102
```

如果没有安装 spconv 2.0 则有可能报如下错误：

```
RuntimeError: /tmp/mmcv/mmcv/ops/csrc/pytorch/cuda/sparse_indice.cu 123。
RuntimeError: indices must be contiguous。
```

当程序运行采用 Mini KITTI 数据集时，模型将检测 Pedestrian、Car 和 Cyclist 三类目标，但是训练样本中几乎不含 Cyclist 这一目标，直接运行程序可能会报以下错误：

```
KeyError: 'KittiDataset: \'ObjectSample: "DataBaseSampler: \\\'Cyclist\\\'"\"
ValueError: need at least one array to stack
```

为了让样本中含有 Cyclist 这一目标，可在 data/kitti/label_2 文件夹下，将几个标注文件的部分行人或汽车标签改成 Cyclist。改完之后程序即可正常运行。当然，我们也可以在完整的 KITTI 数据中选择几个实际包含 Cyclist 的样本。

运行训练命令后可得到如图 11-17 所示的训练结果。

图 11-17　SASSD 训练结果示意图

11.5　PointRCNN（CVPR 2019）

11.5.1　模型总体结构

PointRCNN 三维目标检测模型发表在 CVPR 2019《PointRCNN：3D Object Proposal Generation and Detection From Point Cloud》。论文地址为 https://arxiv.org/abs/1812.04244”。PointRCNN 核心思想在于使用点云前景点生成候选框，充分利用目标点与候选框的关联性。相比之下，之前的目标检测网络候选框大多是基于二维特征图来批量生成的，前景点和背景点对候选框的贡献是一样的。因此，PointRCNN 的候选框质量更好，即召回率高。

PointRCNN 模型分为两个阶段，第一阶段使用语义分割的方法分割出前景点并初步生成候选框；第二阶段对候选框进一步筛选，并结合特征融合与坐标系变换等方法对筛选后的候选框进行特征提取、正负样本分类和特征回归。作者使用 PointRCNN 模型在 KITTI 数据集上进行了大量实验并在当时达到最佳效果。目前，Point RCNN 以 KITTI 三维目标检测平均精度 AP 为 75.42%排在第 20 位，排名来源于 paperwithcode 网站，网址为：https://paperswithcode.com/sota/3d-object-detection-on-kitti-cars-moderate，如图 11-18 所示。

16	Joint	78.96%	Joint 3D Instance Segmentation and Object Detection for Autonomous Driving			2020
17	STD	77.63%	STD: Sparse-to-Dense 3D Object Detector for Point Cloud			2019
18	UberATG-MMF	76.75%	Multi-Task Multi-Sensor Fusion for 3D Object Detection			2020
19	F-ConvNet	76.51%	Frustum ConvNet: Sliding Frustums to Aggregate Local Point-Wise Features for Amodal 3D Object Detection			2019
20	PointRGCN	75.73%	PointRGCN: Graph Convolution Networks for 3D Vehicles Detection Refinement			2019
21	PointRCNN	75.42%	PointRCNN: 3D Object Proposal Generation and Detection from Point Cloud			2018

图 11-18　PointRCNN 在 KITTI 数据集上精度排名

PointRCNN 属于一种两阶段目标检测网络，用于从无序的三维点云检测出 3D 目标。由于三维点云空间比二维图像具有更大的搜索空间，两阶段目标检测方法需要进行特殊设计。AVOD 模型在三维空间放置了 80～100K 个候选框，并在多个视图下进行特征提取，这使得模型运算量急剧增加。PointRCNN 提出一种自下而上的三维候选框生成方法，它基于全部场景点云分割生成第一阶段 3D proposals，将候选框与前景点直接关联，从而产生少量且高质量（高召回率）的候选框。第二阶段网络通过结合语义特征和局部空间特征来进一步筛选和细化坐标中的候选框，进而提取更加鲁棒的高维特征用于目标分类与回归。PointRCNN 模型的总体架构如图 11－19 所示。

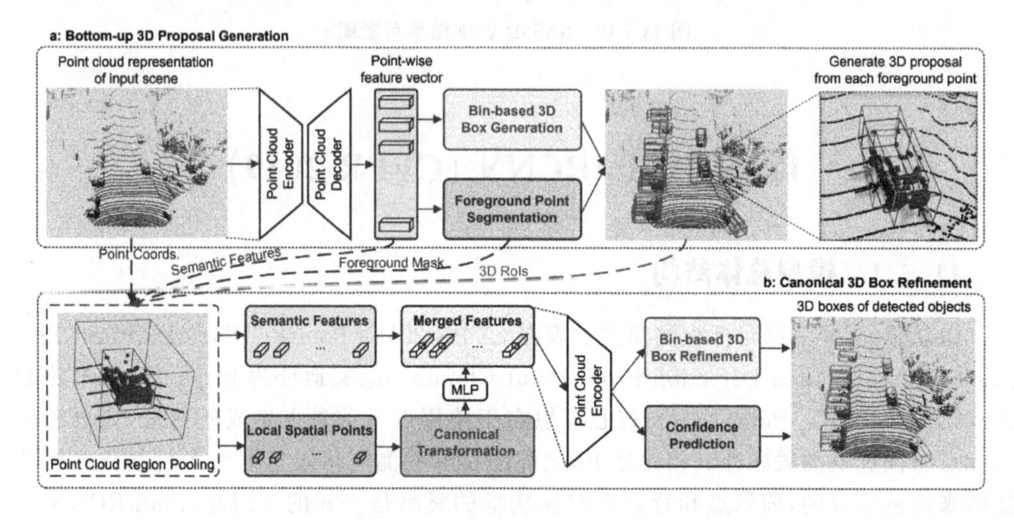

图 11－19　PointRCNN 模型结构[15]

PointRCNN 模型总体计算过程如图 11－20 所示，第一阶段包括特征提取、候选框生成、RPN 损失计算；第二阶段包括候选框再筛选、正负样本选择、特征提取和 ROI 损失。

11.5.2　模型详细结构

1. 点云特征提取

Point RCNN 点云特征提取层包括主干网络 backbone 和 neck 网络，其中 backbone 网络用于提取多尺度高维度特征，neck 网络将高维特征映射回待解决的问题空间，如分类或语义分割。以 KITTI 数据为例，Point RCNN 网络输入为 $N\times 4(N=16\ 384)$ 维度的点云，4 个维度分别是坐标 x、y、z 和反射强度 r。Point RCNN 主干网络采用多尺度 PointNet＋＋结构，即 PointNet2SAMSG。

PointNetSAMSG 采用四个级联的 SAMSG 结构依次进行特征提取。SA 采样点数分别是 4 096、1 024、256 和 64。因此，采样后点云坐标维度 sa_xyz 为[16 384×3，4 096×3，1 024×3，256×3，64×3]，特征维度 sa_feature 的维度为[1×16 384，96×4 096，256×1 024，512×256，1 024×64]，同时返回各个采样点在原始点云的索引 sa_indices，其维度为[16 384，4 096，1 024，256，64]。各个维度计算过程默认忽略了 Batch 的维度，即 $B\times N\times M$ 仅考虑 $N\times M$。B 为 batch size 大小，可根据需要自行设置。

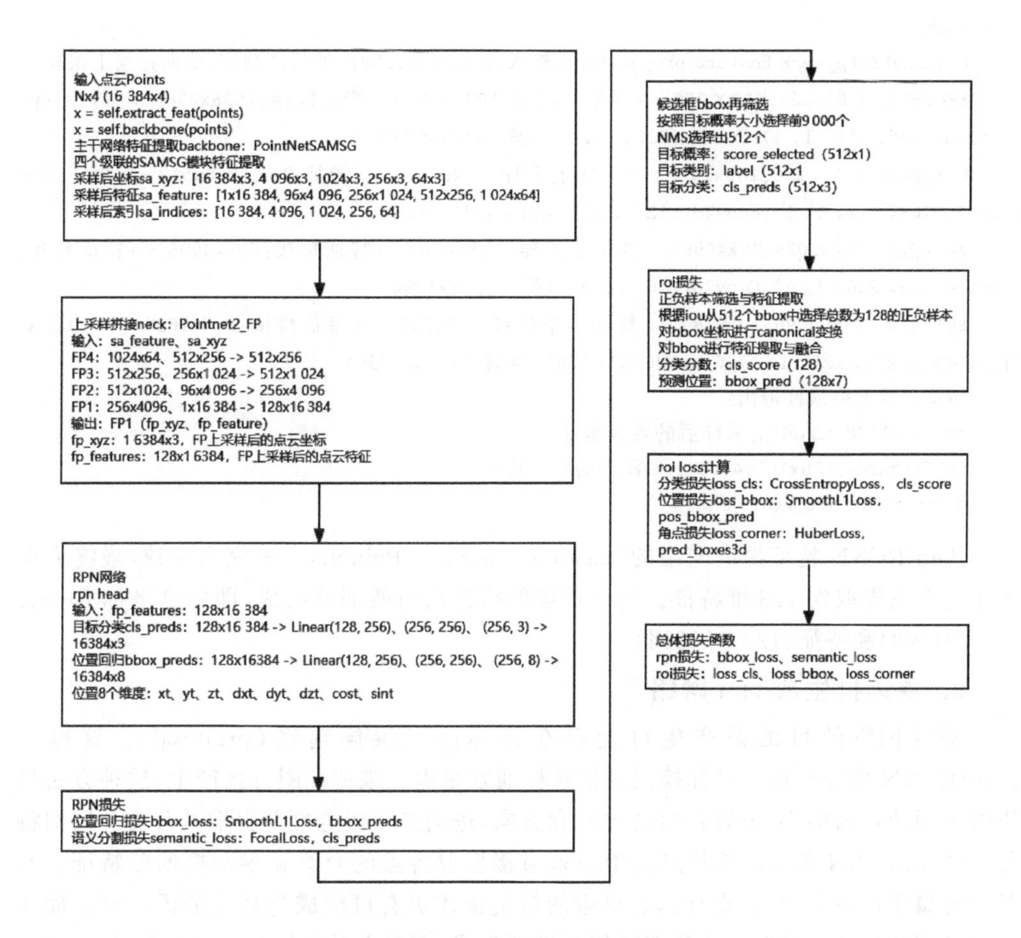

图 11－20 PointRCNN 总体计算过程

PointRCNN 主干网络的输出包括点云特征列表 sa_feature [1x16 384，96x4 096，256x1 024，512×256，1024x64]、采样后点云坐标列表 sa_xyz [16 384×3，4 096×3，1 024×3，256×3，64×3]和采样点索引列表 sa_indices [16 384，4 096，1 024，256，64]。关键函数调用及程序如下所示。

```
# points B x N x 4 16384x4，
x = self.extract_feat(points)
Backbone PointNet2SAMSG
x = self.backbone(points)
#backbone 返回值包括：sa_xyz、sa_feature、sa_indices
sa_xyz：[16384x3，4096x3，1024x3，256x3，64x3]，SAMSG 采样后的点云坐标
sa_feature：[1x16384，96x4096，256x1024，512×256，1024x64]，SAMSG 采样后的点云特征
sa_indices：[16384，4096，1024，256，64]，SAMSG 采样后的点云索引
```

PointRCNN 的 Neck 网络结构采用了 PointNet＋＋的 FP(Pointnet2_fp_neck feature propagation)特征上采样层。网络计算关键过程如下所示。

```
Neck
Pointnet2_fp_neck feature propagation,输入为 backbone 输出的特征列表,反向逐层上采样
FP4:输入:1 024x64、512×256 ->特征上采样:1024x256 ->特征拼接:1536x256 ->特征对齐:
(Conv2d(1536, 512, 1, 1)、Conv2d(512, 512) ->输出:512×256
FP3:输入:512×256、256x1024 ->特征上采样:512x1024 ->特征拼接:768x512 ->特征对齐
(Conv2d(768, 512, 1, 1)、Conv2d(512, 512) ->输出:512x1024
FP2:输入:512x1024、96x4096 ->特征上采样:512x4096 ->特征拼接:608x4096 ->特征对齐:
(Conv2d(608, 256, 1, 1)、Conv2d(256, 256) ->输出:256x4096
FP1:输入:256x4096、1x16384 ->特征上采样:256x16384 ->特征拼接:257x16384 ->特征对
齐:(Conv2d(257, 128, 1, 1)、Conv2d(128, 128) ->输出:128x16384
特征提取网络最终输出:
fp_xyz:16384x3,FP 上采样后的点云坐标
fp_features:128x16384,FP 上采样后的点云特征
# --- extract_feats end
```

PointRCNN 特征提取网络的 backbone、neck 与 PoinNet++完全一致,最终为点云中每个点提取到 128 维特征。特征提取网络输出由两部分组成,即各点坐标 fp_xyz (16 384×3)和特征(128×16384)。

2. 候选框生成 rpn 网络

RPN 网络的目的是产生可能存在目标的三维候选框(proposal)。这也是 PointRCNN 核心所在。目标检测的候选框通常是由二维特征图直接产生,这种方法是以特征图的点为中心,设置特定的尺寸和方向,进而产生候选框并提取其分类和回归特征。PointRCNN 则是以前景点为中心来直接提取各点的分类和候选框回归特征。当某个点属于前景点(目标点)时,它对应的候选框才更有可能成为真实的候选框。而基于特征图的候选框是对所有位置进行候选框生成,不考虑对应位置是否包含目标信息。相比之下,PointRCNN 生成候选框的方法更加高效,能够获得少量高质量(高召回率)的候选框。PointRCNN 的 RPN 网络包括 rpn head 和 rpn loss 两部分,即候选框生成与损失函数计算。

rpn_head 网络根据每个点的特征初步生成候选框的分类和位置信息。经过特征提取层,每个点具有 128 维特征,经过 Linear(128, 256)、Linear(256, 256)、Linear(256, C)等 3 层全连接层后维度为 C。这里 C 等于 3,即预测 3 个不同类别。类别数量可根据实际情况和需求自行调整。因此,类别 cls_preds 预测结果的维度为 16384×3,3 表示类别的数量。后续这 3 个维度预测结果通过 sigmoid 函数直接转为预测概率。

在 PointRCNN 原始论文中,候选框生成采用 bin 生成方法,即对原始空间尺寸按照 bin 的尺寸作为单位长度重新进行划分后生成候选框。候选框通过将 128 维特征降到 76 个维度后与候选框坐标、尺寸、角度等 8 个维度进行一一对应。我们发现采用该方法时模型训练过程能够更快收敛。

Mmdetection3d 的 PointRCNN 程序采用的方式比较常规,与大部分模型的候选框生成方式一样,而没有采用 bin 候选框生成方式。说明很多模型的大体思路和结构是

一致的，功能相近的部分可以进行替换，这也是模型优化的思路之一。128维特征经过Linear(128，256)、Linear(256，256)、Linear(256，8)等3层全连接层后维度为8，预测框bbox_preds预测结果的维度为16 384×8。其中，0～2前三个维度表示预测框相对于真实框的中心偏差；3～5中间三个维度表示预测框相对于真实框的尺寸偏差；6～7最后两个维度表示预测框的角度方向，即分别为角度的余弦和正弦。假设这8个维度变量分别为 *xt*、*yt*、*zt*、*dxt*、*dyt*、*dzt*、*co*st、sint，对应的真实框坐标为 *xa*、*ya*、*za*、*dxa*、*dya*、*dza*，对应的预测框坐标和角度为 *xg*、*yg*、*zg*、*dxg*、*dyg*、*dzg*、*rg*。*xa*、*ya*、*za* 为各个点自身的坐标。它们之间的关系定义如下：

```
d = sqrt(dxa2 + dya2)
xt = (xg - xa) / d
yt = (yg - ya) / d
zt = (zg - za) / dza
dxt = log(dxg / dxa)
dyt = log(dyg / dya)
dzt = log(dzg / dza)
tan(rg) = sint / cost
```

rpn head网络结构关键程序解析如下：

```
bbox_preds, cls_preds = self.rpn_head(x)
point_cls_preds = self.cls_layers(feat_cls).reshape(batch_size, - 1, self._get_cls_
out_channels())
self.cls_layer: Linear(128, 256) ->Linear(256, 256) ->Linear(256, 3)
16384x128 ->16384x3
point_box_preds = self.reg_layers(feat_reg).reshape(batch_size, - 1, self._get_reg_
out_channels())
self.reg_layer: Linear(128, 256) ->Linear(256, 256) ->Linear(256, 8)
16384x128 ->16384x8
```

rpn输出的损失包含bbox候选框损失bbox_loss和语义损失semantic_loss两部分。其中，bbox的真实值bbox_targets的维度与bbox_preds保持一致，16 384×8。实验测试可得到bbox_targets最后两维的平方和为1，基本映证了角度是用余弦和正弦来表征的。bbox_loss对应的损失函数为SmoothL1Loss，输入为bbox_preds、bbox_targets、box_loss_weights。bbox_loss_weights为每个点损失的权重，最终损失为各个点损失的加权求和。

语义损失semantic_loss的输入为cls_preds分类结果、真实类别semantic_points_label、权重semantic_loss_weight，采用FocalLoss损失函数，并将计算结果除以实际前景点数量来进行平均。

rpn损失关键程序解析如下所示。

```
rpn_loss = self.rpn_head.loss(bbox_preds = bbox_preds, cls_preds = cls_preds, points =
```

```
points, gt_bboxes_3d = gt_bboxes_3d, gt_labels_3d = gt_labels_3d, img_metas = img_metas)
    #获取真实标签
    targets = self.get_targets(points, gt_bboxes_3d, gt_labels_3d)
    (bbox_targets, mask_targets, positive_mask, negative_mask, box_loss_weights, point_targets) = targets
    # bbox loss SmoothL1Loss()
    bbox_loss = self.bbox_loss(bbox_preds, bbox_targets, box_loss_weights.unsqueeze(-1))
    # Semantic_loss FocalLoss()
    semantic_points = cls_preds.reshape(-1, self.num_classes)
    semantic_loss = self.cls_loss(semantic_points, semantic_points_label.reshape(-1), semantic_loss_weight.reshape(-1))
    semantic_loss /= positive_mask.float().sum()
    losses = dict(bbox_loss = bbox_loss, semantic_loss = semantic_loss)
    return losses
```

3. bbox 候选框再筛选

上面 PointRCNN 第一阶段网络结构初步计算了 rpn 过程所有预测框的位置损失,而我们更加关心比较可能回归到真实框的候选框。因此,PointRCNN 对候选框进一步筛选,主要步骤如下:

(1) 根据上述 rpn_head 网络部分公式将 bbox 偏差 xt、yt、zt、dxt、dyt、dzt、cost、sint,转换为对应的预测框 bbo×3d 坐标和角度 xg、yg、zg、dxg、dyg、dzg、rg。预测框维度由 8 维变为 7 维,正弦和余弦由角度直接表征。

(2) 分别统计各个候选框 bbo×$3d$ 中包含真实点的个数,筛选出含真实点的候选框。

(3) 按照目标预测概率,选择出概率较大的前 9 000 个候选框。

(4) 利用 NMS(非极大值抑制)从 9 000 个候选框最多选择出 512 个候选框。

(5) 返回 512 个候选框坐标位置和方向 bbox_selected(512×7),及其对应的目标概率 score_selected(512×1)、目标类别 label(512×1)和 目标分类 cls_preds(512×3)。

通过以上步骤,模型最终筛选出的 bbox_list 或 proposal_list 包含第(5)步的四个组成部分。关键程序解析如下所示。

```
bbox_list = self.rpn_head.get_bboxes(points_cat, bbox_preds, cls_preds, img_metas)
sem_scores = cls_preds.sigmoid()
#目标概率
obj_scores = sem_scores.max(-1)[0]
#目标类别
object_class = sem_scores.argmax(dim = -1)
pooled_point_feats = self.point_roi_extractor(features, points, batch_size, rois)
#将预测结果差值坐标转换为实际坐标,由 8 个维度变为 7 个维度,转换公式见 rpn_head 网络部分。
```

```
bbox3d = self.bbox_coder.decode(bbox_preds[b], points[b, ..., :3], object_class[b])
bbox_selected, score_selected, labels, cls_preds_selected = self.class_agnostic_nms
(obj_scores[b], sem_scores[b], bbox3d, points[b, ..., :3], input_metas[b])
# 每个点所在候选框的序号，-1 表示点不在任何预测框中，即被预测为背景点
box_idx = bbox.points_in_boxes(points)
box_indices = box_idx.new_zeros([num_bbox + 1])
# 背景点标签由 -1 变为 num_box,16384
box_idx[box_idx == -1] = num_bbox
# 每个位置表示第 N 个 bbox 之中包含的真实点个数
box_indices.scatter_add_(0, box_idx.long(), box_idx.new_ones(box_idx.shape))
box_indices = box_indices[:-1]
# 包含真实点的预测框的 mask，应修改成 box_indices > 0
nonempty_box_mask = box_indices >= 0
bbox = bbox[nonempty_box_mask]
# 按照目标概率，选出前 topk 个索引，topk = 9000
obj_scores_nms, indices = torch.topk(obj_scores, k = topk)
# 对选择的 9000 个候选框，经过 NMS 非极大值抑制后，并提取前 nms_cfg.nms_post = 512 个候
选框。
keep = nms_func(bbox_for_nms, obj_scores_nms, nms_cfg.iou_thr)
keep = keep[:nms_cfg.nms_post]
bbox_selected = bbox.tensor[indices][keep]
score_selected = obj_scores_nms[keep]
cls_preds = sem_scores_nms[keep]
labels = torch.argmax(cls_preds, -1)
# bbox_selected 512x7, score_selected 512x1, labels 512x1, cls_preds 512x3
return bbox_selected, score_selected, labels, cls_preds
```

4. roi 损失

roi 的意义是感兴趣区域，也就是上面筛选出的候选框。Roi 损失 roi_losses 需根据筛选的候选框特征来进行计算。由于目标在检测场景中占据的比例有限，大部分被背景占据，所以在目标检测过程中大部分候选框都是负样本，框住的是背景。与二维目标检测损失相似，计算 roi 损失需要选择一定数量的正负样本，并控制正负样本的比例。针对选中的正负样本，模型通常采用交叉熵损失来计算分类损失，且仅对正样本进行位置回归。

PointRCNN 在计算 roi 损失的过程中主要包含下面三个步骤：

(1) 选择正负样本。正负样本总数为 128。正样本最多占 50%，即正样本数量最多为 64。

(2) 特征提取。选择的 128 个候选框区域作为 roi 再次进行特征提取。RPN 阶段提取的分类分数、特征(128)、目标深度(归一化深度坐标)拼接成 16 384×130 维度新特征，然后根据 roi pool 从 roi 区域选择 512 个点，将点的坐标进一步拼接到特征。这样每个选择的 roi 样本对应 512 个点，每个点维度为 133，即总维度为 128×133×512。

针对新特征，通过 PointNet SA 结构和卷积，模型输出每个样本的分类分数(128)和预测位置(128×7)。

(3) 计算损失。Roi 损失包含分类损失和回归损失，其中回归损失用位置损失和角点损失，即 loss_cls、loss_bbox、loss_corner。

正负样本总体数量为 128，即从上文筛选的 512 个候选框进一步筛选出 128 个。正样本最多占 50％，即正样本数量最多为 64。如果正样本不超过 64 个，以实际数量为准；如果数量超过 64 个，则随机选出 64 个作为正样本。总样本数量 128 减去正样本数量即为负样本数量，显然负样本数量至少占 50％。预测框与真实框的 IOU 大于 0.55 时属于正样本，否则为负样本。

正负样本选择的详细程序解析如下。正负样本选择函数返回结果为 sample_results，主要包含采样后的 128 个 bboxes、正负样本索引、正负样本对应的 bbox。

```
# 选择一定比例的正样本和负样本
sample_results = self._assign_and_sample(proposal_list, gt_bboxes_3d, gt_labels_3d)
# 按照类别逐一选择正负样本
gt_per_cls = (cur_gt_labels == i)
pred_per_cls = (cur_labels_3d == i)
# 返回 AssignResult(num_gts, assigned_gt_inds, max_overlaps, labels = assigned_labels)
cur_assign_res = assigner.assign(cur_boxes.tensor[pred_per_cls], cur_gt_bboxes.tensor
[gt_per_cls], gt_labels = cur_gt_labels[gt_per_cls])
# 计算真实框和各个预测框的重叠比例 k x n
overlaps = self.iou_calculator(gt_bboxes, bboxes)
# gt_inds：每个 bbox 对应的真实框序号，负样本为 0，正样本为对应真实框序号(从 1 开始)，-
1 为非正非负样本，max_overlaps 为最大重叠 IOU
assign_result = self.assign_wrt_overlaps(overlaps, gt_labels)
# for each anchor, the max iou of all gts, n
max_overlaps, argmax_overlaps = overlaps.max(dim = 0)
# for each gt, the max iou of all proposals, k
gt_max_overlaps, gt_argmax_overlaps = overlaps.max(dim = 1)
# 与真实框重叠比例在 0～0.55 之间的属于负样本，标记为 0
assigned_gt_inds[(max_overlaps > = 0) & (max_overlaps < self.neg_iou_thr)] = 0
# 3. assign positive: above positive IoU threshold
pos_inds = max_overlaps > = self.pos_iou_thr 0.55
# 正样本为对应真实框序号(从 1 开始)
assigned_gt_inds[pos_inds] = argmax_overlaps[pos_inds] + 1
# 正样本对应的目标类别，类别默认为 -1，表示背景点
assigned_labels[pos_inds] = gt_labels[assigned_gt_inds[pos_inds] - 1]
# 返回真实框个数 k、正负样本判别结果 n、最大重叠比例 n、正样本标签
return AssignResult(num_gts, assigned_gt_inds, max_overlaps, labels = assigned_labels)
# gt inds (1 - based)，当前类别在所有真实框中的序号，从 1 开始，即第几个真实框属于当
前 label
```

```
gt_inds_arange_pad = gt_per_cls.nonzero(as_tuple = False).view( - 1) + 1
# convert to 0~gt_num + 2 for indices
gt_inds_arange_pad + = 1
# now 0 is bg, >1 is fg in batch_gt_indis,每个预测框匹配的真实框序号,从 1 开始,即第几个真实框匹配当前预测框 1,0 表示负样本, - 1 表示背景
batch_gt_indis[pred_per_cls] = gt_inds_arange_pad[cur_assign_res.gt_inds + 1] - 1
#预测框与真实框重叠的最大比例
batch_gt_labels[pred_per_cls] = cur_assign_res.labels
sampling_result = self.bbox_sampler.sample(assign_result, cur_boxes.tensor, cur_gt_bboxes.tensor, cur_gt_labels)
#正样本最多保留 128 * 0.5,即从上述的 gt_inds 选择出大于 0 的部分;如果数量不超过 64,则保留全部正样本;如果数量超过 64,则随机选择出 64 个正样本。
num_expected_pos = int(self.num * self.pos_fraction)
#总样本数保持为 128,减去正样本数量即为负样本数量
num_expected_neg = self.num - num_sampled_pos
#负样本从两部分选择,80 % 来源于 IOU 在 0.1~0.55 之间,剩余的从 IOU 在 0~0.1 中随机选择。
piece_neg_inds = torch.nonzero( (max_overlaps > = min_iou_thr)& (max_overlaps <max_iou_thr), as_tuple = False).view( - 1)
sampling_result = SamplingResult(pos_inds, neg_inds, bboxes, gt_bboxes, assign_result, gt_flags)
return sampling_result
```

特征提取为了对已选择的 roi 候选框提取更加精细的特征。RPN 阶段提取的分类分数、特征(128)、目标深度(归一化深度坐标)拼接成 16 384×130 维度新特征,然后根据 roi pool 从 roi 区域选择 512 个点,将点的坐标进一步拼接到特征。这样每个选择的 roi 样本对应 512 个点,每个点维度为 133,即总维度为 128×133×512。Roi pool 的目的可以看作是对每个候选框选择出固定数量的点,并且标记候选框是包含原始点云中的点。

利用坐标 Canonical 变换,roi 的中心点坐标作为原点,并且将其倾斜角度旋转到零。模型用 3 个 PointNet SA 模块 PointSAModule 对 roi 的 512 个点进行特征提取,得到 l_features = [128×128×512, 128×128×128, 128×256×32, 128×512×1], l_xyz = [128×512×3, 128×128×3, 128×32×3],对应的采样点数分别为 128、32、1。最后用一个点的特征来作为 512 个点的宏观全局特征,即最终特征维度为 128×512×1。对这 128×512×1 特征进行卷积操作,模型输出每个样本的分类分数 cls_score(128)和 bbox_pred 预测位置(128×7)。

特征提取关键过程程序解析如下所示。

```
# concat the depth, semantic features and backbone features
features = features.transpose(1, 2).contiguous()
point_depths = points.norm(dim = 2) / self.depth_normalizer - 0.5
features_list = [point_scores.unsqueeze(2), point_depths.unsqueeze(2), features]
```

```
#拼接后的特征维度为 1+1+128 = 130,即 16384 x 130
features = torch.cat(features_list, dim=2)
bbox_results = self._bbox_forward_train(features, points, sample_results)
#rois 为筛选的 128 个 bbox,128x7
box_results = self._bbox_forward(features, points, batch_size, rois)
pooled_point_feats = self.point_roi_extractor(features, points, batch_size, rois)
#将坐标与现有特征拼接,特征维度由 130 改为 133,然后从每个 rois 候选框选择 512 个点,同时返回 rois 候选框是否空,即不包含前景点。因此,pooled_roi_feat 维度为 128x512x133,pooled_empty_flag 维度为 128,其中 0 表示不为空,1 表示为空。
pooled_roi_feat, pooled_empty_flag = self.roi_layer(coordinate, feats, rois)
# canonical transformation 正交变换
roi_center = rois[:, :, 0:3]
#中心坐标作为原点
pooled_roi_feat[:, :, :, 0:3] -= roi_center.unsqueeze(dim=2)
#对坐标进行旋转,相当于让 bbox 预测框的倾角旋转到零。
pooled_roi_feat[:, :, 0:3] = rotation_3d_in_axis(pooled_roi_feat[:, :, 0:3], -(rois.view(-1, rois.shape[-1])[:, 6]), axis=2)
#将为空的预测框特征置为零。
pooled_roi_feat[pooled_empty_flag.view(-1) >0] = 0
#128x133x512
return pooled_roi_feat
特征提取
cls_score, bbox_pred = self.bbox_head(pooled_point_feats)
#将特征 133 个维度的前 5 个单独提取出来,再次提一遍特征。这 5 个维度的意义分别是 3 个坐标、目标概率和归一化深度,128x5x512
xyz_input = input_data[..., 0:self.in_channels].transpose( 1, 2).unsqueeze(dim = 3).contiguous().clone().detach()
#卷积 Conv2d(5, 128)、Conv2d(128, 128),128x128x512
xyz_features = self.xyz_up_layer(xyz_input)
#rpn 阶段提取的 128 维特征,128x128x512
rpn_features = input_data[..., self.in_channels:].transpose(1, 2).unsqueeze(dim=3)
#特征拼接融合,也可以改为加减乘除的融合方式,128x256x512
merged_features = torch.cat((xyz_features, rpn_features), dim=1)
#卷积 Conv2d(256, 128)降维,128x128x512
merged_features = self.merge_down_layer(merged_features)
#相当于有 512 点,坐标三个维度,特征为 128 个维度
l_xyz, l_features = [input_data[..., 0:3].contiguous()], [merged_features.squeeze(dim=3)]
#用 3 个 SA 模块 PointSAModule 对这 512 个点进行特征提取,l_features = [128x128x512, 128x128x128, 128x256x32, 128x512x1],l_xyz = [128x512x3, 128x128x3, 128x32x3]
li_xyz, li_features, cur_indices = self.SA_modules[i](l_xyz[i], l_features[i])
#最后用一个点的特征来作为 512 个点的宏观全局特征。
#128x512x1
```

```
shared_features = l_features[ - 1]
x_cls = shared_features
x_reg = shared_features
#Conv1d(512, 256)、Conv2d(256, 256),128x256x1
x_cls = self.cls_convs(x_cls)
#Conv1d(256, 1),128x1x1
rcnn_cls = self.conv_cls(x_cls)
#Conv1d(512, 256)、Conv2d(256, 256),128x256x1
x_reg = self.reg_convs(x_reg)
#Conv1d(256, 7),128x256x1
rcnn_reg = self.conv_reg(x_reg)
rcnn_cls = rcnn_cls.transpose(1, 2).contiguous().squeeze(dim = 1)
rcnn_reg = rcnn_reg.transpose(1, 2).contiguous().squeeze(dim = 1)
#bbox_results:cls_score, bbox_pred,128,128x7
return rcnn_cls, rcnn_reg
```

roi 损失包含分类损失和回归损失，其中回归损失为位置损失和角点损失，即 loss_cls、loss_bbox、loss_corner。在计算分类损失 loss 时，roi 的真实标签 label 根据 iou 重叠比例大小转换为 0～1 之间的数值，0 表示 iou 小于 0.25 的负样本，1 表示 iou 大于 0.7 的正样本。Roi 分类损失 loss_cls 的损失函数为 CrossEntropyLoss，bbox 位置损失 loss_bbox 损失函数为 SmoothL1Loss，角点损失 loss_corner 函数为 HuberLoss。

```
#分类正样本 iou>0.7
cls_pos_mask = ious >cfg.cls_pos_thr
#分类负样本 iou<0.25
cls_neg_mask = ious <cfg.cls_neg_thr
#iou 在 0.25～0.7 之间的样本 mask,困难样本,hard sample
interval_mask = (cls_pos_mask == 0) & (cls_neg_mask == 0)
# iou regression target,正样本 label 为 1,否则 label 为 0
label = (cls_pos_mask >0).float()
#对困难样本 label 归一化至 0～1,相当于中间标签,那么正样本为 1,负样本为 0,也可以理解
为分类概率。
label[interval_mask] = (ious[interval_mask] - cfg.cls_neg_thr) / (cfg.cls_pos_thr -
cfg.cls_neg_thr)
# label weights,每个标签赋予了相同的权重,128 个
label_weights = (label > = 0).float()
# box regression target,仅对 bbox 正样本进行回归
reg_mask = pos_bboxes.new_zeros(ious.size(0)).long()
reg_mask[0:pos_gt_bboxes.size(0)] = 1
#仅对 bbox 正样本进行回归
bbox_weights = (reg_mask >0).float()
#label 128 0～1,bbox_targets m,pos_gt_bboxes m,reg_mask 128, label_weights 128, bbox_
weights 128
```

```
    (label, bbox_targets, pos_gt_bboxes, reg_mask, label_weights, bbox_weights) = targets
    #loss_cls、loss_bbox、loss_corner
    loss_bbox = self.bbox_head.loss(bbox_results['cls_score'], bbox_results['bbox_pred'],
rois, *bbox_targets)
    # calculate class loss CrossEntropyLoss(avg_non_ignore=False)
    cls_flat = cls_score.view(-1)
    loss_cls = self.loss_cls(cls_flat, labels, label_weights)
    #SmoothL1Loss()
    loss_bbox = self.loss_bbox(pos_bbox_pred.unsqueeze(dim=0), bbox_targets.unsqueeze
(dim=0).detach(), bbox_weights_flat.unsqueeze(dim=0))
    # calculate corner loss huber loss
    loss_corner = self.get_corner_loss_lidar(pred_boxes3d, pos_gt_bboxes)
```

11.5.3 损失函数

PointRCNN 总体损失包括 rpn 损失和 roi 损失。rpn 位置损失函数 bbox_loss 对应的损失函数为 SmoothL1Loss。rpn 语义损失 semantic_loss 采用 FocalLoss 损失函数,并将计算结果除以实际前景点数量来进行平均。roi 分类损失 loss_cls 的损失函数为 CrossEntropyLoss,bbox 位置损失 loss_bbox 损失函数为 SmoothL1Loss,角点损失 loss_corner 函数为 HuberLoss。

总体损失类型如下所示。

```
bbox_loss:SmoothL1Loss
semantic_loss:FocalLoss
loss_cls:CrossEntropyLoss
loss_bbox:SmoothL1Loss
loss_corner:HuberLoss
```

11.5.4 顶层结构

PointRCNN 模型顶层结构主要包含以下三部分:

(1) 特征提取:通过 PointNetSAMSG 主干网络和 Neck 结构得到 128×16 384 特征。

(2) RPN Head 与损失函数:生成 512 个候选框,并且完成分类和回归损计算。

(3) ROI 损失:对候选框进行再次筛选和特征提取,并计算损失函数。

```
def forward_train(self, points, img_metas, gt_bboxes_3d, gt_labels_3d):
    losses = dict()
    points_cat = torch.stack(points)
    x = self.extract_feat(points_cat)
    # features for rcnn
    backbone_feats = x['fp_features'].clone()
    backbone_xyz = x['fp_xyz'].clone()
```

```
        rcnn_feats = {'features': backbone_feats, 'points': backbone_xyz}
        bbox_preds, cls_preds = self.rpn_head(x)
        rpn_loss = self.rpn_head.loss(bbox_preds = bbox_preds,cls_preds = cls_preds,points
 = points,gt_bboxes_3d = gt_bboxes_3d,gt_labels_3d = gt_labels_3d,img_metas = img_metas)
        losses.update(rpn_loss)
        bbox_list = self.rpn_head.get_bboxes(points_cat, bbox_preds, cls_preds,img_metas)
        proposal_list = [dict(boxes_3d = bboxes,scores_3d = scores,labels_3d = labels,cls_
preds = preds_cls)
            for bboxes, scores, labels, preds_cls in bbox_list]
        rcnn_feats.update({'points_cls_preds': cls_preds})
        roi_losses = self.roi_head.forward_train(rcnn_feats, img_metas,proposal_list, gt_
bboxes_3d,gt_labels_3d)
        losses.update(roi_losses)
        return losses
```

11.5.5 模型训练

本节 PointRCNN 参考程序基于 mmdetection3d 框架,训练命令为“Python tools/train.py configs/point_rcnn/point_rcnn_2x8_kitti-3d-3classes.py”,采用 KITTI 作为输入数据集。运行训练命令后可得到如图 11-21 所示的训练结果。

图 11-21 PointRCNN 训练结果示意图

11.6 Part-A2(TPAMI 2020)

11.6.1 模型总体结构

Part-A2 是商汤在 CVPR 2020 上发布的三维点云目标检测模型,出自于 PointRCNN 同一作者,论文名称 *From Points to Parts: 3D Object Detection from*

Point Cloud with Part - aware and Part - aggregation Network，论文地址为 https://arxiv.org/abs/1907.03670”。从名称可以看出，Part 表示目标局部信息，A2 表示 aware and aggregation，即目标内局部点云识别与聚合。该论文最突出的创新点在于三维目标框检测时利用到目标内的局部点云信息。在此之前的模型主要是将三维目标看作一个整体，可以理解为一个黑盒子，其目标内部的点云分布情况缺乏关注。

Part - A2 模型整体结构如图 11 - 22 所示，包括 Part - aware stage 和 Part - aggregation stage 两个阶段。Part - Aware stage 用于提取点云中各个点的特征，包括语义分割特征和目标内部点的特征，提取特征的方法是一个采用三维稀疏卷积的 UNET 结构。UNET 是二维图像语义分割中比较常见的一种主干网络结构，Part - A2 沿用了该结构，并且将二维卷积相应替换成三维稀疏卷积。Part - Aggregation stage 根据上一阶段特征和候选框 proposal 生成最终的目标分类、置信度和位置预测特征，其功能与 SECOND 等三维目标检测网络基本一致，但进行了语义特征和 Part 特征的融合。

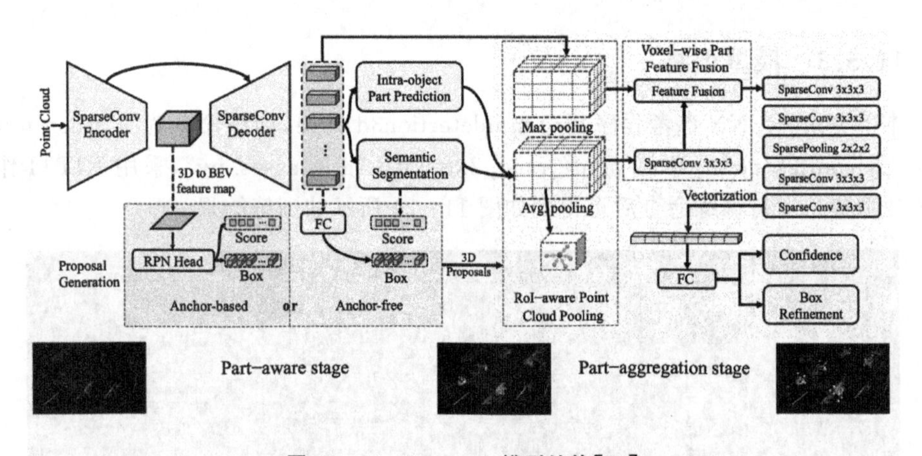

图 11 - 22　Part - A2 模型结构[16]

Part - A2 模型总体计算过程如图 11 - 23 所示。

11.6.2　模型详细结构

1. 体素特征提取

体素化将三维空间划分成等间隔网格。PartA2 通过体素化来完成点云采样，并且均匀间隔有利于后续进行三维卷积操作。该体素化过程将体素在 x、y、z 方向上的尺度分别设置为 0.05 m、0.05 m、0.1 m，每个体素最多保留 5 个点，并且体素数量最多为 16 000 个。按照单位体素尺度直接进行计算得到体素总数量为 92 364 800，而实际保留的 16 000 个仅占 2/10 000 左右，因此保留的体素相对整个空间而言是稀疏的。

程序用于实现体素化的入口函数为 self.voxelize(points)，具体实现函数为 Voxelization(voxel_size=[0.05, 0.05, 0.1], point_cloud_range=[0, −40, −3, 70.4, 40, 1], max_num_points=5, max_voxels=16000, deterministic=True)。函数输入分别为：

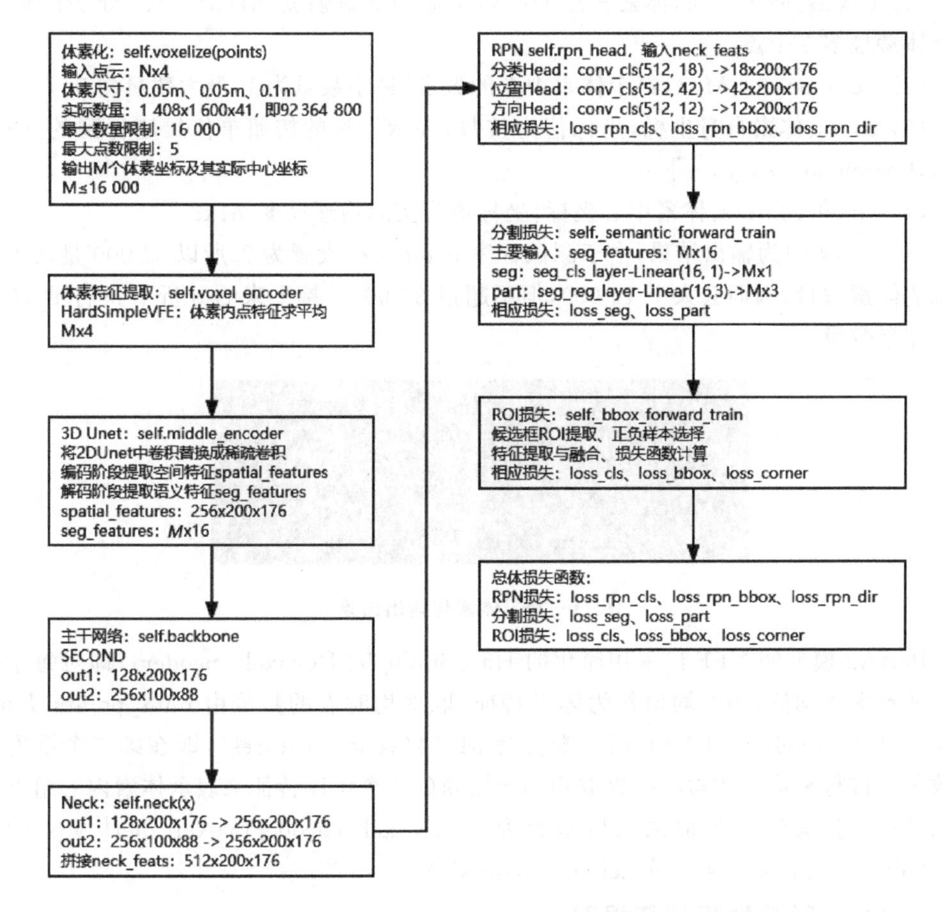

图 11-23　Part-A2 总体计算过程

（1）points，$N\times4$，原始点云，N 表示点云数量，4 表示特征维度，特征为坐标 x、y、z 与反射强度 r。

（2）voxel_size：单位体素的尺寸，x、y、z 方向上的尺度分别为 0.05 m、0.05 m、0.1 m。

（3）point_cloud_range：x、y、z 方向的距离范围，结合（2）中体素尺寸可以得到总的体素数量为 1 408×1 600×41，即 92 364 800（41×1 600×1 408）。

（4）max_num_points：定义每个体素中点的最大数量，默认为 5，在 voxelnet 中 $T=35$。

（5）max_voxels：表示含有点云的体素最大数量，默认为 16 000。当数量超过 16 000 时，仅保留 16 000，当数量不足 16 000 时，则保留全部体素。

（6）deterministic：取值为 True 时，表示每次体素化的结果是确定的，而不是随机的。

体素化结果输出字典类型结果 voxel_dict，主要包含以下内容：

(1) voxels:$M\times5\times4$,体素各点的原始坐标和反射强度,$M(M\leqslant16\ 000)$个体素,每个体素最多 5 个点。

(2) num_points:Mx1,每个体素中点的数量,最小数量为 1,最大数量为 5。

(3) coors:体素自身坐标,坐标值为整数,表示体素的按照单位尺度得到的坐标,Mx4,[batch_id, x, y, z]

(4) voxel_centers:体素中心坐标,坐标值为实际物理尺度,Mx3。

图 11-24 中为输出结果,由于测试程序 batch size 设置为 2,所以 32 000 是两个样本总的体素数量,因而会大于 16 000,但不超过 32 000。接下来的分析中我们用 M 来表示体素数量。

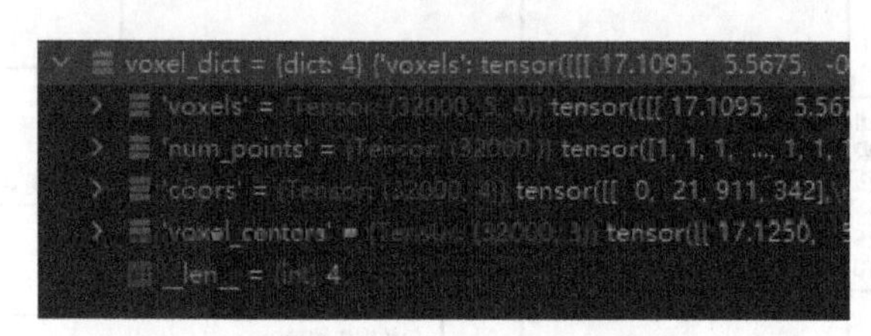

图 11-24　体素化输出结果

PartA2 模型的 VFE 层采用简化的 HardSimpleVFE(voxel_encoder),即对每个体素中的点求平均值,用平均值作为体素特征,取平均时点的数量由 num_points 决定。M×5×4 个 voxels 经过 VFE 后的维度为 M×4(voxel_features),即在第二个维度点的数量上进行平均。体素特征提取相当于用新的 4 个维度特征来表示体素内一组点的共同特征。体素特征提取的入口函数为 self. voxel_encoder(voxel_dict['voxels'], voxel_dict['num_points'], voxel_dict['coors'])

2. Unet 稀疏卷积特征提取

类比 VoxelNet 的 CML(Convolutional Middle Layer)层,VoxelNet 直接用三维卷积进行特征提取,而 PartA2 采用连续 Unet 稀疏卷积进行特征提取。PartA2 是一个两阶段目标检测网络。它在第一阶段通过特征图生成候选框,这一点仍然可以参考前面介绍的 VoxelNet。本书在进行网络设计的时候重点考虑物体内部各点分类的准确性,并通过语义分割网络来对各点类别进行分类判断。

Unet 是二维计算机视觉领域最经典的语义分割算法。PartA2 将这种网络迁移到三维点云上,可用于点云语义特征提取。二维网络结构转三维时最重要一步是卷积操作的替换。但三维卷积的计算量和数据量较大,如前所示实际体素空间有 92 364 800 个体素。为了能够利用三维卷积同时减少运算量,三维稀疏卷积被用来实现这一功能。

三维稀疏卷积只是普通三维卷积的一种快速计算方法。因而,其卷积过程可完全当作普通卷积操作去理解。根据卷积移动计算过程,卷积结果通常是使特征图尺寸按照步长设置保持不变或逐渐减小,另一方面通道数也会随着网络深度逐步增加。整体效果可看作使用更小的特征图、更多的维度(通道数量)来表征目标属性。

Unet 是 U 形网络结构,左侧称为编码层(Encoder Layer),右侧称为解码层(Decoder Layer)。编码层通过连续卷积操作来进行深层特征提取,即特征编码。根据卷积操作特性,我们知道特征图越小,对应到原始空间的视野越大,越能反映全局信息。反之,特征图越大,对应的视野越小,越能突出局部信息。

因此,在解码阶段,特征图重新逐步进行上采样,并与深层特征进行融合。最终针对每个数据点都提取到一组特征,这种特征既包含局部信息,同时融合多种更大范围的全局信息。这一点也比较好理解,我们进行一个点的分类时,结合周围和全局信息当然会得到更加准确的结果。这种结构也可类比计算机视觉网络模型的特征金字塔结构(FPN),各自的出发点实际上大部分都是一致的。

Unet 解码阶段会涉及上采样操作。二维网络模型的上采样方法一般有插值和二维逆卷积操作。类比可以得知,三维 Unet 的上采样也可用三维逆卷积来实现。

PartA2 三维 Unet 结构的编码层采用连续三维卷积进行特征提取,实现方式为三维稀疏卷积。解码层包含底层特征融合和三维稀疏逆卷积上采样过程,具体结构如图 11-25 所示。以下三维稀疏卷积用 SP(C_1,C_2,K,S)表示,三维稀疏逆卷积用 InvSP(C_1,C_2,K,S)表示,其中 C_1 表示输入通道,C_2 表示输出通道,K 表示卷积核尺寸,S 表示步长。输入包含一个来自浅层的编码特征(lateral input)和一个更深层的融合特征(bottom input),两者维度相等,设为 $M\times C_1$。浅层编码特征会经过三维稀疏卷积层 SP1 再次进行特征提取,提取后维度为 $M\times C_1$。新特征与深层特征进行拼接得到 $M\times 2C_1$ 特征。拼接特征通过 SP2($2*C_1$,C_1)得到卷积融合特征 $M\times C_1$;另一方面通过将 $2C_1$ 维度特征拆分为两个 C_1 维度特征并求和得到融合特征 $M\times C_1$。这两组融合特征相加得到最终融合特征 $M\times C_1$。特征融合实现了当前范围与底层更大视野特征的融合。融合后特征经过三维稀疏逆卷积 InvSP(C_1,C_2)后进行上采样输出,输出维度为 $M\times C_2$。

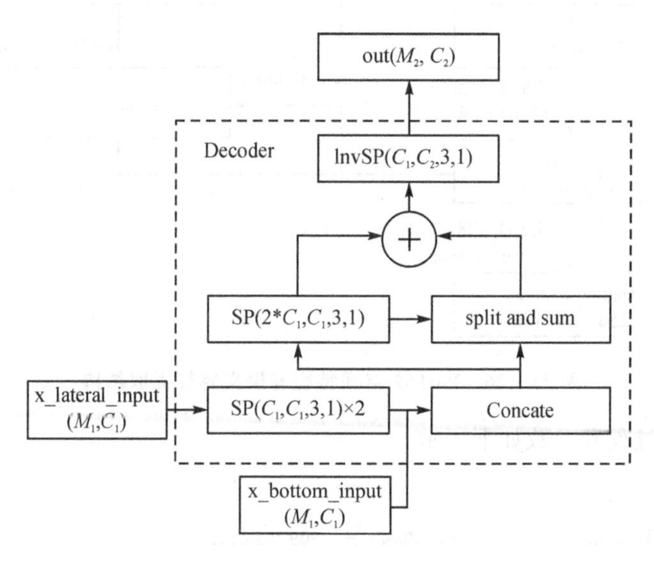

图 11-25 解码层结构

为了进行稀疏卷积操作,原始特征需要进行稀疏表征。稀疏表征包含两个关键部分,即稀疏点特征和特征网格。稀疏点特征维度为 MxC,M 表示点的数量,C 表示特征维度,一般由输出通道数决定。特征网格维度为 $D\times H\times W$,稀疏点最终需要对应到稀疏网格的具体位置。稀疏网格也就是体素经过三维卷积后产生的特征图,可类比二维图像像素进行理解。因此,输出特征可以用两种表示方法。第一种是空间特征 spatial_features,对应到稀疏网格,维度为$(C\times D)\times H\times W$。第二种是语义分割特征 seg_features,对应每一个点的分类,维度为 $M\times C$。

PartA2 的 Unet 语义分割的入口函数为 self. middle_encoder(voxel_features, voxel_dict['coors'], batch_size),输出空间特征 spatial_features (256×200×176)和语义分割特征 seg_features(M×16)。具体网络结构如图 11－26 所示。

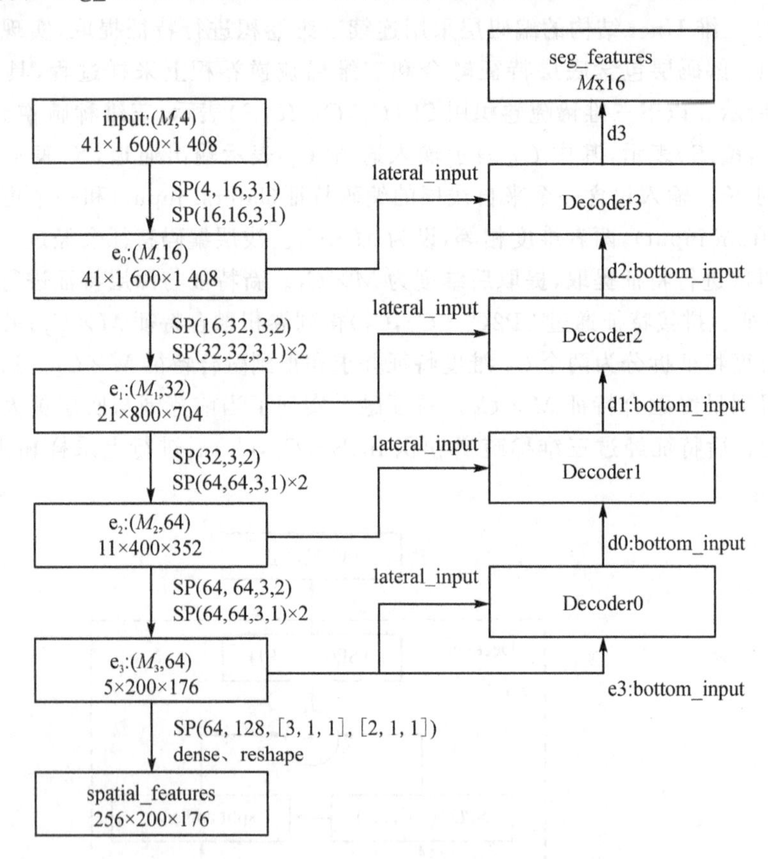

图 11－26 PartA2 空间特征与语义特征提取结构

Unet 关键过程和参数如下所示。

```
编码层:
三维稀疏卷积:voxel_features(30920x4) ->30920x16,x
1 个三维稀疏卷积:Mx16,x ->Mx16,e0
3 个三维稀疏卷积:M1x16,e0 ->M1x32,e1
```

```
3个三维稀疏卷积:M2x32,e1 ->M2x64,e2
3个三维稀疏卷积:M3x64,e2 ->M3x64,e3
encode_features = [e0, e1, e2, e3]
out = self.conv_out(encode_features[-1])
spatial_features = out.dense()
N, C, D, H, W = spatial_features.shape
# 256x200x176,编码层提取深层特征图
spatial_features = spatial_features.view(N, C * D, H, W)
解码层:
解码层1:e3(M3x64)、e3(M3x64)->M2x64,d0
解码层2:e2(M2x64)、d0(M2x64)->M1x32,d1
解码层3:e1(M1x32)、d1(M1x32)->Mx16,d2
解码层4:e0(Mx16)、d2(Mx16)->Mx16,d3,seg_features
```

3. 主干网络与NECK层

PartA2主干网络采用SECOND结构，采用两条通路提取两种尺度的特征图。第一条通路是空间特征spatial_features 256×200×176经连续6个3×3卷积得到128×200×176维度的特征，记为out1。第二条通路是out1继续经过连续6个3×3卷积(其中第一个步长为2)得到256×100×88维度的特征，记为out2。out1和out2为主干网络输出结果。主干网络关键入口函数为self.backbone(feats_dict['spatial_features'])。

```
out1:256x200x176 ->128x200x176
Sequential(
  (0): Conv2d(256, 128, kernel_size=(3, 3), stride=(1, 1), padding=(1, 1), bias=False)
  (1): BatchNorm2d(128, eps=0.001, momentum=0.01, affine=True, track_running_stats=True)
  (2): ReLU(inplace=True)
  (3): Conv2d(128, 128, kernel_size=(3, 3), stride=(1, 1), padding=(1, 1), bias=False)
  (4): BatchNorm2d(128, eps=0.001, momentum=0.01, affine=True, track_running_stats=True)
  (5): ReLU(inplace=True)
  (6): Conv2d(128, 128, kernel_size=(3, 3), stride=(1, 1), padding=(1, 1), bias=False)
  (7): BatchNorm2d(128, eps=0.001, momentum=0.01, affine=True, track_running_stats=True)
  (8): ReLU(inplace=True)
  (9): Conv2d(128, 128, kernel_size=(3, 3), stride=(1, 1), padding=(1, 1), bias=False)
  (10): BatchNorm2d(128, eps=0.001, momentum=0.01, affine=True, track_running_stats
```

```
= True)
        (11): ReLU(inplace = True)
        (12): Conv2d(128, 128, kernel_size = (3, 3), stride = (1, 1), padding = (1, 1), bias = False)
        (13): BatchNorm2d(128, eps = 0.001, momentum = 0.01, affine = True, track_running_stats = True)
        (14): ReLU(inplace = True)
        (15): Conv2d(128, 128, kernel_size = (3, 3), stride = (1, 1), padding = (1, 1), bias = False)
        (16): BatchNorm2d(128, eps = 0.001, momentum = 0.01, affine = True, track_running_stats = True)
        (17): ReLU(inplace = True)
    )
    Out2:128x200x176 ->256x100x88
    Sequential(
        (0): Conv2d(128, 256, kernel_size = (3, 3), stride = (2, 2), padding = (1, 1), bias = False)
        (1): BatchNorm2d(256, eps = 0.001, momentum = 0.01, affine = True, track_running_stats = True)
        (2): ReLU(inplace = True)
        (3): Conv2d(256, 256, kernel_size = (3, 3), stride = (1, 1), padding = (1, 1), bias = False)
        (4): BatchNorm2d(256, eps = 0.001, momentum = 0.01, affine = True, track_running_stats = True)
        (5): ReLU(inplace = True)
        (6): Conv2d(256, 256, kernel_size = (3, 3), stride = (1, 1), padding = (1, 1), bias = False)
        (7): BatchNorm2d(256, eps = 0.001, momentum = 0.01, affine = True, track_running_stats = True)
        (8): ReLU(inplace = True)
        (9): Conv2d(256, 256, kernel_size = (3, 3), stride = (1, 1), padding = (1, 1), bias = False)
        (10): BatchNorm2d(256, eps = 0.001, momentum = 0.01, affine = True, track_running_stats = True)
        (11): ReLU(inplace = True)
        (12): Conv2d(256, 256, kernel_size = (3, 3), stride = (1, 1), padding = (1, 1), bias = False)
        (13): BatchNorm2d(256, eps = 0.001, momentum = 0.01, affine = True, track_running_stats = True)
        (14): ReLU(inplace = True)
        (15): Conv2d(256, 256, kernel_size = (3, 3), stride = (1, 1), padding = (1, 1), bias = False)
        (16): BatchNorm2d(256, eps = 0.001, momentum = 0.01, affine = True, track_running_stats
```

```
= True)
    (17): ReLU(inplace = True
)
Out = [out1, out2] [128x200x176, 256x100x88]
```

Neck 网络分别对 out1 和 out2 进行上采样，out1 的维度从 128×200×176 转换为 256×200×176，out2 的维度也从 256×2100×88 转换为 256×200×176，两者维度完全相同。out1 和 out2 拼接后得到 Neck 网络的输出结果，即 neck_feats，维度为 512×200×176。

4. RPN Head 与损失

RPN Head 用于生成候选框，其输入为 neck_feats，维度为 512×200×176。PartA2 的 RPN Head 包含候选框分类、位置和方向预测，分别对应分类 head、位置 head 和方向 head。

分类 head：512×200×176 特征经过 conv_cls(512,18)得到 18×200×176 个预测结果 cls_score，每个位置 6 个 anchor，共 3 个类别。

位置 head：512×200×176 特征经过 conv_reg(512,42)得到 42×200×176 个预测结果 bbo×_pred。这里每个位置有 6 个不同的 anchor，每个 anchor 有 7 个参数。

方向 head：512×200×176 特征经过 conv_reg(512,12)得到 12×200×176 个预测结果 dir_cls_preds，针对 6 个不同 anchor，每个 anchor 两种方向。

关键程序如下所示。

```
输入:neck_feats 512x200x176
rpn_outs = self.rpn_head(feats_dict['neck_feats'])
PartA2RPNHead(
  (loss_cls): FocalLoss()
  (loss_bbox): SmoothL1Loss()
  (loss_dir): CrossEntropyLoss()
  (conv_cls): Conv2d(512, 18, kernel_size = (1, 1), stride = (1, 1))
  (conv_reg): Conv2d(512, 42, kernel_size = (1, 1), stride = (1, 1))
  (conv_dir_cls): Conv2d(512, 12, kernel_size = (1, 1), stride = (1, 1))
)
```

PartA2 模型的损失函数由三部分组成。第一部分是 RPN loss，包含目标分类损失、三维目标框回归损失和方向损失，对应的损失函数分别为 FocalLoss、SmoothL1Loss 和 CrossEntropyLoss。

5. 分割损失

PartA2 模型损失的第二部分是分割损失，包括语义分割损失和 Part 分割损失。计算步骤如下：

(1) 确定标签的前景点和背景点，前景点用 0～2 表示，背景点用 3 表示，处于真实框外边界相邻的点定义为临界点，不参与损失计算。

(2) 三维 Unet 的语义分割特征 seg_features($M\times16$)，经过 seg_cls_layer—Linear(16，1)和 seg_reg_layer—Linear(16,3)分别得到最终语义分割结果和 Part 位置结果。

(3) Part 位置的真实标签为真实框内体素点相对于真实框中心的偏移比例。程序中将真实框的底部中心作为参考，并将体素中心坐标减去中心点坐标后按照真实框的偏航角进行旋转，最后除以真实框尺寸进行归一化。最终 Part 位置范围被限定在 0～1 之间。Part 位置计算如下所示。

$$[x^{\mathrm{t}},y^{\mathrm{t}}]=[x^{\mathrm{p}}-x^{\mathrm{c}},y^{\mathrm{p}}-y^{\mathrm{c}}]\begin{bmatrix}\cos\theta & \sin\theta\\ -\sin\theta & \cos\theta\end{bmatrix} \tag{11-1}$$

$$x^{\mathrm{part}}=\frac{x^{\mathrm{t}}}{w}+0.5,y^{\mathrm{part}}=\frac{y^{\mathrm{t}}}{l}+0.5 \tag{11-2}$$

$$z^{\mathrm{part}}=\frac{z^{\mathrm{p}}-z^{\mathrm{c}}}{h}+0.5 \tag{11-3}$$

其中，(x^{p}，y^{p}，z^{p})为目标点坐标，(x^{c}，y^{c}，z^{c})为目标框中心坐标，θ 为 bcv 视图下角度，(x^{part}，y^{part}，z^{part})为 Part 位置取值，且中心位置取值为(0.5，0.5，0.5)。

(4) 计算损失。仅对(1)中的前景点进行损失计算，其中语义分割损失采用 FocalLoss。Part 因其取值范围处于 0～1 之间，作者采用了交叉熵损失，即 CrossEntropyLoss。

分割损失的关键函数如下所示。

```
semantic_results = self.semantic_head(x)
PointwiseSemanticHead(
  (seg_cls_layer): Linear(in_features = 16, out_features = 1, bias = True)
  (seg_reg_layer): Linear(in_features = 16, out_features = 3, bias = True)
  (loss_seg): FocalLoss()
  (loss_part): CrossEntropyLoss()
)
```

6. ROI 损失

PartA2 第三部分损失是 ROI 损失。由于 PartA2 是一个典型的两阶段三维目标检测模型，因此模型损失基本包括 RPN 和 ROI 损失，并且增加了一个分割损失。

PartA2 根据 200×176 维度特征图的每一个网格生成 3 个 anchor，每个 anchor 两个方向，7 个参数表示位置。因此，生成的 anchor 维度为 200×176×3×2×7，即 211 200×7。根据 rpn 分类分数 cls_score，利用 NMS(非极大值抑制)筛选出分类分数最高的前 9 000 个 anchor。模型根据 anchor 和预测位置偏差可得到 bbox 预测的具体坐标，针对 bbox 的 bev 视图再次进行 NMS，NMS 阈值为 0.8，筛选后的数量降为 K。K 个候选框进一步筛选出分数最高的前 512 个。最终得到候选框位置坐标 bboxes_3d(512×7)、目标分数 scores_3d(512×1)、目标预测类别标签 labels_3d(512×1)、目标分类分数 cls_preds(512×3)。

ROI 损失接下来的步骤包括再采样、正负样本选取、特征提取和损失计算等步骤，具体过程可参考 PointRCNN 的 ROI 损失计算部分。最终 ROI 损失包含分类损失和回归损失，其中回归损失包括位置损失和角点损失，即 loss_cls、loss_bbox、loss_corner。在计算分类损失 loss 时，ROI 的真实标签 label 根据 iou 重叠比例大小转换为 0～1 之间的数值。ROI 分类损失 loss_cls 的损失函数为 CrossEntropyLoss，bbox 位置损失 loss_bbox 损失函数为 SmoothL1Loss，角点损失 loss_corner 函数为 HuberLoss。

11.6.3 总体损失与顶层结构

总体损失包括 rpn 损失、分割损失、roi 损失。rpn 分类损失 loss_rpn_cls 的损失函数为 FocalLoss。rpn 位置损失 loss_rpn_bbox 的损失函数为 SmoothL1Loss。rpn 方向损失 loss_rpn_dir 的损失函数为 CrossEntropyLoss。语义分割损失 loss_seg 的损失函数为 FocalLoss。Part 位置损失 loss_part 的损失函数为 CrossEntropyLoss。roi 分类损失 loss_cls 的损失函数为 CrossEntropyLoss，bbox 位置损失 loss_bbox 损失函数为 SmoothL1Loss，角点损失 loss_corner 函数为 HuberLoss。

总体损失类型如下所示。

```
loss_rpn_cls: FocalLoss
loss_rpn_bbox: SmoothL1Loss
loss_rpn_dir: CrossEntropyLoss
loss_seg: FocalLoss
loss_part: CrossEntropyLoss
loss_cls: CrossEntropyLoss
loss_bbox: SmoothL1Loss
loss_corner: HuberLoss
```

PartA2 模型顶层结构主要包含以下三部分：

(1) 特征提取：self.extract_feat，包含体素化、体素特征提取、Unet 编解码、主干网络和 Neck 网络，输出空间特征 spatial_features、语义分割特征 seg_features 和 neck 特征。

(2) ROI 特征提取：包括筛选候选框、提取分割特征和 ROI 特征等。

(3) 损失函数：包括 RPN 损失、语义分割损失和 ROI 损失。

```
def forward_train(self, points, img_metas, gt_bboxes_3d, gt_labels_3d, gt_bboxes_ignore
= None, proposals = None):
    feats_dict, voxels_dict = self.extract_feat(points, img_metas)
    losses = dict()
    if self.with_rpn:
        rpn_outs = self.rpn_head(feats_dict['neck_feats'])
        rpn_loss_inputs = rpn_outs + (gt_bboxes_3d, gt_labels_3d, img_metas)
        rpn_losses = self.rpn_head.loss( * rpn_loss_inputs, gt_bboxes_ignore = gt_bbox-
es_ignore)
        losses.update(rpn_losses)
```

```
            proposal_cfg = self.train_cfg.get('rpn_proposal', self.test_cfg.rpn)
            proposal_inputs = rpn_outs + (img_metas, proposal_cfg)
            proposal_list = self.rpn_head.get_bboxes( * proposal_inputs)
        else:
            proposal_list = proposals
        roi_losses = self.roi_head.forward_train(feats_dict, voxels_dict, img_metas, pro-
posal_list, gt_bboxes_3d, gt_labels_3d)
        losses.update(roi_losses)
        return losses
```

11.6.4 模型训练

本节 PartA2 模型参考程序基于 mmdetection3d 框架，训练命令为“Python tools/train. py configs/parta2/hv_PartA2_secfpn_2x8_cyclic_80e_kitti-3d-3class. py”，采用 KITTI 作为输入数据集。运行训练命令后可得到如图 11－27 所示的训练结果。

图 11－27 PartA2 训练结果示意图

PartA2 运行与 mmdetection3d 的版本有关，早期版本运行时会有几个 bug，不过后续都已修复。为了避免 bug，大家可以安装最新版本，也可按照下面步骤进行修改。

PartA2 采用稀疏卷积，需要安装 spconv 2.0 库。安装方式如下，其中 102 表示 cuda 版本为 10.2，且最低支持 CUDA 10.2。

```
pip install cumm - cu102
pip install spconv - cu102
```

如果没有安装 spconv 2.0 则有可能报如下错误：

(1) RuntimeError：/tmp/mmcv/mmcv/ops/csrc/pytorch/cuda/sparse_indice. cu 123。

(2) RuntimeError：indices must be contiguous。

spconv 2.0 不再支持对稀疏变量的特征直接赋值，需要采用 replace_feature 来完成。例如，a. feature＝xxx 需要改成 a＝replace_feature(a, xxx)。使用 relace_feature 之前先要导入该函数，即“from mmdet3d. ops. sparse_block import replace_feature”。

如果 spconv 版本不正确，那么运行程序时会报错提示“ValueError：you can't set

feature directly, use 'x = x. replace_feature(your_new_feature)' to generate new SparseConvTensor instead."。解决方法为将报错处程序都逐一替换成 replace_feature 操作即可。

如果运行程序时报错提示"File "/root/project/mmdetect2d/mmdetection3d-master/mmdet3d/models/roi_heads/bbox_heads/parta2_bbox_head. py", line 262, in forward x_part = self. part_conv(part_features)",并且触发 AssertionError 错误,那么可考虑在最新版本 mmdection3d 项目下载 parta2_bbox_head. py 文件并且替换当前文件。

如果运行程序时报错提示"AttributeError: 'PartA2' object has no attribute 'train_cfg'"或"AttributeError: 'PartA2' object has no attribute 'test_cfg'",那么需要对 mmdetection3d-master\mmdet3d\models\detectors\two_stage. py 的 TwoStage3DDetector 类进行修改。这个是早期版本的 bug,没有加载 train_cfg 或 test_cfg。那么在该类增加"self. train_cfg = train_cfg"和"self. test_cfg = test_cfg"即可,如下所示。

```
if pretrained:
    warnings.warn('DeprecationWarning: pretrained is deprecated, '
                  'please use "init_cfg" instead')
    backbone.pretrained = pretrained
self.backbone = build_backbone(backbone)
self.train_cfg = train_cfg
self.test_cfg = test_cfg
if neck is not None:
    self.neck = build_neck(neck)
if rpn_head is not None:
```

第12章　室内三维目标检测模型算法

随着目标检测、定位和导航等室内环境需求不断增长,室内三维目标检测算法也成为研究热点。与室外场景相比,室内环境场景丰富性下降,一定程度上降低了检测难度;但也存在更多局限性,如光照、空间限制等,这都给室内三维目标检测带来了挑战。另一方面,室内深度信息通常采用 RGBD 相机或高精度激光雷达采集,点云数据更加致密,可获得分辨率更高的三维目标点云。

相比传统室内目标检测算法,室内三维目标检测算法能够利用深度信息来提高检测的准确性和稳定性。此外,室内三维目标检测算法还可应用于机器人导航、室内安防等领域,具有广泛的应用前景。

为了实现高效准确的室内三维目标检测,研究者们提出了诸多深度学习算法,这也是本章的主要内容。这些算法不断得到优化和改进,已经在室内环境的实际应用中取得了良好效果。未来,随着技术不断发展,室内三维目标检测算法将进一步提高其准确性和效率,从而提供更加便捷和智能的生活方式。

12.1　H3DNet (ECCV 2019)

12.1.1　模型总体结构

H3DNet 是一种 Anchor - free 的室内三维目标检测算法,发表在 ECCV 2020《H3DNet: 3D Object Detection Using Hybrid Geometric Primitives》,论文地址为 https://arxiv.org/abs/2006.05682"。H3DNet 的核心特点在于采用目标表面和棱中心的预测来对目标几何中心和尺寸的直接预测结果进行约束和改进,是建立在 VoteNet 基础之上的算法模型。VoteNet 采用一种投票中心(几何中心)来预测目标,而 H3DNet 采用 1 个几何中心、6 个面中心和 12 个棱中心来预测目标。其一方面能够获取更加丰富的特征,另一方面对目标形状提供更加完整的约束。另一个优势是模型对图元预测噪点的容忍度更高,结果更具鲁棒性。图 12 - 1 所示排名数据来源于 paperwithcode 官网,目前 H3DNet 在 ScanNet v2 数据集上三维目标检测任务的排名仍然比较靠前,地址为 https://paperswithcode.com/sota/3d-object-detection-on-scannetv2"。

H3DNet 模型结构如图 12 - 2 所示,主要增加对多种图元进行预测的模型结构和计算过程。其主要模型基础是 VoteNet,可充分了解 VoteNet 的模型结构后再深入理解该模型。

Rank	Model	mAP@0.25↑	mAP@0.5	Paper	Code	Result	Year
1	**CAGroup3D**	75.1	61.3	CAGroup3D: Class-Aware Grouping for 3D Object Detection on Point Clouds			2022
2	**SoftGroup**	71.6	59.4	SoftGroup for 3D Instance Segmentation on Point Clouds			2022
3	**FCAF3D**	71.5	57.3	FCAF3D: Fully Convolutional Anchor-Free 3D Object Detection			2021
4	**RepSurf-U**	71.2	54.8	Surface Representation for Point Clouds			2022
5	**TokenFusion**	70.8	54.2	Multimodal Token Fusion for Vision Transformers			2022
6	**RBGNet**	70.6	55.2	RBGNet: Ray-based Grouping for 3D Object Detection			2022
7	**GroupFree3D**	69.1	52.8	Group-Free 3D Object Detection via Transformers			2021
8	**H3DNet**	67.2	48.1	H3DNet: 3D Object Detection Using Hybrid Geometric Primitives			2020
9	**BRNet**	66.1	50.9	Back-tracing Representative Points for Voting-based 3D Object Detection in Point Clouds			2021
10	**3DETR-m**	65.0	47.0	An End-to-End Transformer Model for 3D Object Detection			2021
11	**3D-MPA**	64.2	49.2	3D-MPA: Multi Proposal Aggregation for 3D Semantic Instance Segmentation			2020
12	**GSDN**	62.8	34.8	Generative Sparse Detection Networks for 3D Single-shot Object Detection			2020

图 12-1　H3DNet 效果排名

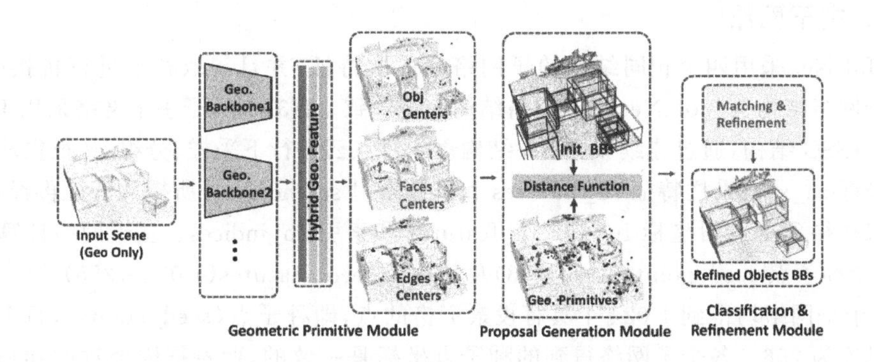

图 12-2　H3DNet 模型结构

H3DNet 模型总体计算过程如图 12-3 所示，主要过程包括：

(1) 采用 4 个 PointNet2SASSG 分支作为主干网络，获得种子点及其特征。

(2) 利用主干网络的种子点及其特征完成对几何中心、面中心和棱中心图元的投票预测，并产生初始候选框(Init. BBs)和改进后的候选框(Refined BBs)。初始候选框由几何中心产生，改进后的候选框则由三种图元共同预测产生。

(3) 将两种候选框进行匹配，通过损失函数重点优化两种方案共同预测正确的图元和候选框，最终提高候选框分类和位置预测的准确性。

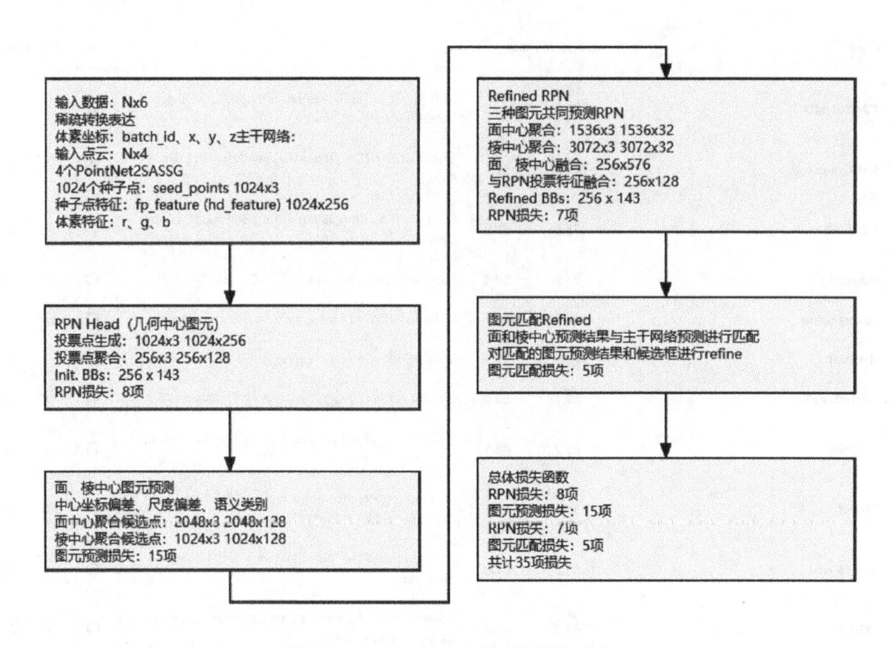

图 12-3 H3DNet 模型总体过程

12.1.2 模型详细结构

1. 主干网络

H3DNet 采用四个相同结构的子网络来提取特征，并且提取特征进行拼接融合。每个子网络结构与 VoteNet 主干网络结构完全一致。H3DNet 子主干网络采用 PointNet2SASSG 结构，通过连续 4 个 SA 结构逐步对点云进行下采样、分组、特征提取得到采样坐标 sa_xyz、采样特征 sa_features 和采样索引 sa_indices。所提取特征再经过 FP 层上采样得到融合后坐标 fp_xyz、fp_features 和索引 fp_indices。主干网络计算得到 1 024 个种子点 seed_points(1 024×3)及其特征 seed_features(1 024×256)。

4 个子网络均得到 1 024 个具有投票资格的点，即种子点(seed_points)，每个点的特征维度为 256。各个子网络得到的种子点坐标是一致的，而特征因经过的卷积等操作差异而有所不同。因此，子网络特征拼接后的维度为 1 024×1 024(256×4)，经过卷积 Conv1d(1 024, 512)和 Conv1d(512, 256)后维度恢复为 1 024×256(hd_feature)，同时实现了子网络间的特征融合。

主干网络入口函数为 self. backbone(points)，关键部分介绍如下。

```
Net0 PointNet2SASSG
points ->xyz_0 40000x3,features_0 40000x1,indices_0 40000
SA1:num = 2048,radius:0～0.2,g_sample_num = 64,Conv2d(4, 64)、Conv2d(64, 64)、Conv2d(64, 128) ->xyz_1 2048x3,features_1 2048x128,indices_1 2048
SA2:num = 1024,radius:0～0.4,g_sample_num = 32,Conv2d(131, 128)、Conv2d(128, 128)、Conv2d(128, 256) ->xyz_2 1024x3,features_2 1024x256,indices_2 1024
```

```
SA3:num = 512,radius:0~0.8,g_sample_num = 16,Conv2d(259, 128)、Conv2d(128, 128)、Conv2d(128, 256) ->xyz_3 512x3,features_3 512×256,indices_3 512
SA4:num = 256,radius:0~1.2,g_sample_num = 16,Conv2d(259, 128)、Conv2d(128, 128)、Conv2d(128, 256) ->xyz_4 256x3,features_4 256×256,indices_4 256
FP1:fp_xyz_1 512x3,fp_features_1 512×256,fp_indices_1 512
FP2:fp_xyz_2 1024x3,fp_features_2 1024x256,fp_indices_2 1024
输出:
(1) sa_xyz:[xyz_0, xyz_1, xyz_2, xyz_3, xyz_4],[40000x3, 2048x3, 1024x3, 512x3, 256x3]
(2) sa_features:[features_0, features_1, features_2, features_3, features_4],[40000x1, 2048x128, 1024x256, 512×256, 256×256]
(3) sa_indices:[indices_0, indices_1, indices_2, indices_3, indices_4],[40000, 2048, 1024, 512, 256]
(4) fp_xyz:[xyz_4, fp_xyz_1, fp_xyz_2],[256x3, 512x3, 1024x3]
(5) fp_features:[features_4, fp_features_1, fp_features_2],[256×256, 512×256, 1024x256]

(6) fp_indices:[indices_4, fp_indices_1, fp_indices_2],[256, 512, 1024]
4个 PointNet2SASSG
fp_features[-1]x4 ->1024x1024 hd_feature
hd_feature = self.aggregation_layers(hd_feature)
Conv1d(1024, 512)、Conv1d(512, 256) 1024x256 hd_feature
feats_dict['fp_xyz'] = [feats_dict['fp_xyz_net0'][-1]] 1024x3
feats_dict['fp_features'] = [feats_dict['hd_feature']] 1024x256
feats_dict['fp_indices'] = [feats_dict['fp_indices_net0'][-1]] 1024
```

2. RPN Head

H3DNet 的 RPN Head 与 VoteNet 一致,主要包括投票点生成、聚合、候选框预测和解码 4 个步骤。

(1) 投票点生成

H3DNet 主干网络获得具有投票资格的 1 024 个种子点 seed_points(1024×3)及其特征 seed_features(1 024×256)。每个种子点通过卷积网络会产生一个投票点 vote_points(1 024×3)及其特征 vote_features(1 024×256),并且投票点特征与种子点特征进行一次融合。投票点可认为是种子点对应目标中心的预测结果。这里目标中心用几何中心来表示,而后续图元投票过程分别采用面和棱中心。关键程序部分如下。

```
results['vote_points'], results['vote_features'], results['vote_offset'] = self.vote_module(seed_points, seed_features)
seed_features 1024x256 Conv1d(256, 256)、Conv1d(256, 256)、Conv1d(256, 259)
votes 1024x259
offset = votes[:, :, :, 0:3]#投票点相对于种子点的偏移
vote_points = seed_points + offset
vote_feats_features = seed_features + votes[:, :, :, 3:] 1024x256
```

(2) 投票点聚合

投票点聚合的作用可类比霍夫直线的交点，即聚合空间的点投票给同一个目标。在霍夫直线检测过程中，检测结果通过直线在某点相交的投票次数来决定，并且设置阈值来进行结果筛选。H3DNet 是采用一组聚合的点来预测一个目标结果，即一组投票点预测同一个目标。

投标点聚合方式仍然采用 PointNetSA 模块，将 1 024 个投票点聚合成 256 个点。这说明 1 024 个种子点一共预测 256 个目标，这些目标的中心坐标为 aggregated_points(256×3)，其特征为 aggregated_features(256×128)。关键程序部分如下。

```
aggregated_points, aggregated_features, aggregated_indices = self.vote_aggregation
(vote_points, vote_features)
SA:num = 256,radius:0～0.3,g_sample_num = 16,Conv2d(259, 128)、Conv2d(128, 128)、Conv2d
(128, 128 -> aggregated_points 256x3,aggregated_features 256x128,aggregated_indices 256
```

(3) 候选框预测

每个聚合后的点会投票产生一个候选结果，进一步得到候选框(proposal)信息。根据聚合后特征，H3DNet 通过分类 head 和回归 head 产生预测的候选框结果。aggregated_features(256×128)通过 shared_convs 卷积 Conv1d(128, 128)和 Conv1d(128, 128)进行更深层特征提取，提取后特征分别经过卷积 Conv1d(128, 20)和 Conv1d(128, 123)得到分类预测结果 cls_precls_predictions(256×20)和位置回归预测结果 reg_predictions(256×123)。分类预测 20 个维度中前两个维度数据表述候选点是否成功预测目标，用候选点到目标中心的距离来进行衡量。后 18 个维度用于判断目标所属类别(类别总数为 18)。位置回归的 123 个维度数据包含 3 个维度中心坐标、24 个维度方向分类、24 个维度方向偏差、18 个维度尺寸分类和 54 个维度尺寸偏差(18×3)。

关键程序部分如下。

```
cls_predictions, reg_predictions = self.conv_pred(aggregated_features)
aggregated_features 256x128 Conv1d(128, 128)、Conv1d(128, 128) 256x128 特征
分类 head:conv_cls Conv1d(128, 20) 256x20 cls_prediction
回归 head:conv_reg Conv1d(128, 123) 256x123 reg_predictions
BaseConvBboxHead(
  (shared_convs): Sequential(
    (layer0): ConvModule(
      (conv): Conv1d(128, 128, kernel_size = (1,), stride = (1,))
      (bn): BatchNorm1d(128, eps = 1e - 05, momentum = 0.1, affine = True, track_running_
stats = True)
      (activate): ReLU(inplace = True)
    )
    (layer1): ConvModule(
      (conv): Conv1d(128, 128, kernel_size = (1,), stride = (1,))
      (bn): BatchNorm1d(128, eps = 1e - 05, momentum = 0.1, affine = True, track_running_
```

```
stats = True)
          (activate): ReLU(inplace = True)
        )
      )
      (conv_cls): Conv1d(128, 20, kernel_size = (1,), stride = (1,))
      (conv_reg): Conv1d(128, 123, kernel_size = (1,), stride = (1,))
    )
```

(4) 预测解码

上一步得到了模型预测结果，那么预测结果如何与真实标签关联需要逐一进行解码。真实标签包含目标有无、类别标签和目标回归位置。输入数据集共包含18个类别目标。目标位置包括方向和尺寸。方向和尺寸回归各自都转换成分类和偏移回归两部分。这种方式的候选框称为 bin based box。函数入口为 self. bbox_coder. split_pred (cls_predictions, reg_predictions, aggregated_points)。

目标几何中心预测结果：聚合点坐标 aggregated_points 加上预测偏移 reg_predictions[..., :3]，维度为 256×3。

目标方向的角度从 0～2Π 范围划分为 24 个子区间，每个区间作为一个类别，对应 reg_predictions..., 3:27]，维度为 256×24。方向偏移回归取值为角度相对子区间中心的偏移值，并除以子区间大小进行归一化，对应 reg_predictions[..., 27:51]，维度为 256×24。

目标预测尺寸类别与物体自身平均尺寸相关，共 18 个类别，对应 reg_predictions[..., 51:69]，维度为 256×18。由于同一投票点可能同时投给不同目标，因此需要分别预测这 18 个尺寸的类别概率及其偏移。目标尺寸偏移对应 reg_predictions[..., 69:123]，维度为 256×54，即 256×18×3。直接预测的尺寸偏移是归一化的，需要将其乘以各自类别的平均尺寸。

目标有无得分对应 cls_preds_trans[..., 0:2]，维度为 256×2。目标语义分类得分对应 cls_preds_trans[..., 2:20]，维度为 256x18。

解码结果的关键程序如下。

```
(1) 目标中心位置
results['center'] = aggregated_points + reg_predictions[..., :3] 256x3
(2) 目标方向类别
results['dir_class'] = reg_predictions..., 3:27] 256x24
(3) 目标方向偏移
results['dir_res_norm'] = reg_predictions[..., 27:51] 256x24
results['dir_res'] = results['dir_res_norm'] * (np.pi / 12)
(4) 目标尺寸类别
results['size_class'] = reg_predictions[..., 51:69] 256x18
(5) 目标尺寸偏移
results['size_res_norm'] = reg_predictions[..., 69:123] 256x18x3
results['size_res'] = size_res_norm * mean_sizes 256x18x3
```

(6) 目标有无得分,候选点时否成功预测了目标

```
results['obj_scores'] = cls_preds_trans[..., 0:2] 256x2
```

(7) 目标语义得分(预测的目标所属类别)

```
results['obj_scores'] = cls_preds_trans[..., 2:20] 256x18
```

3. RPN 损失函数

(1) 标签计算

计算损失函数需要将上述预测结果与标签一一对应。计算标签的函数入口为 self.get_targets(points, gt_bboxes_3d, gt_labels_3d, bbox_preds, pts_semantic_mask, pts_instance_mask)。每个聚合点对应的真实标签为距离最近的目标标签。

pts_instance_mask 为实例 mask,属于同一目标的点用相同标签 i_d 表示,属于一种更加精细的目标标注方法,其中 0 表示背景,其他数值表示第 i_d 个目标。pts_semantic_mask 为语义分割 mask,标注每个点所属的类别,类别 i_d 范围为 0～num_classes－1,类别总数 num_classes 则用来表示背景点。这两者构成实例分割标注,用于计算点属于哪个类别的实例目标。在构建标签时,256 个聚合候选点 aggregated_points 对应真实目标为目标中心倒角距离最近的目标,即每个目标中心被分配到距离最近的候选点。各个标签分别如下所示。

投票标签 vote_targets(40 000×9),每个点投给相应目标几何中心的偏移,即投票对象几何中心相对于自身的偏移值。投票对象的几何中心用实例分割标注中心进行表示。由于采用实例分割的方式进行标注,所以每个点仅属于同一类别。而在目标三维框标注情形下,同一点可能属于多个目标框,因而 VoteNet 允许一个点最多可同时属于 3 个目标。9 个维度表示每个点最多可以投票给 3 个目标,每个目标的偏移坐标包含 x、y、z 三个维度的偏移。种子点索引结合这 40 000 个点的 vote_targets 会得到其投票标签,维度为 1 024x9。一个点最多有 3 票,并且都投给包括这个点的目标(points_in_boxes)。因此,vote_targets 中这 3 票是完全一样的。vote_target_masks 表示每个点是否参与投票。1 表示参与投票,0 表示未参与投票。关键程序如下:

```
vote_targets = points.new_zeros([num_points, 3])
vote_target_masks = points.new_zeros([num_points], dtype=torch.long)
for i in torch.unique(pts_instance_mask):
    indices = torch.nonzero(pts_instance_mask == i, as_tuple=False).squeeze(-1)
    if pts_semantic_mask[indices[0]] <self.num_classes:
        selected_points = points[indices, :3]
        center = 0.5 * (selected_points.min(0)[0] + selected_points.max(0)[0])
        vote_targets[indices, :] = center - selected_points
        vote_target_masks[indices] = 1
vote_targets = vote_targets.repeat((1, self.gt_per_seed))
```

目标物体几何中心标签 center_targets,即重心。维度为 $K\times3$,K 表示 batch 中单

个样本含目标最多的数量，不足时补0,0,0，并用 valid_gt_masks 标识出补齐部分。这是为了将维度进行对齐，便于统一进行矩阵计算。

目标方向类别标签 dir_class_targets，目标角度从0～2Π范围划分为12个子区间，每个区间作为一个类别。每个投票聚合点 aggregated_points 分配到距离中心最近的目标，方向分类与其一致，因此 dir_class_targets 维度为256×12。目标方向偏移标签 dir_res_targets(256×1)，角度相对子区间中心的偏移值，并除以区间大小进行归一化。程序中默认不对方向进行预测，因而将方向类别和偏移取值都设置为0。

目标尺寸标签 size_class_targets(256×1)，尺寸类别与物体类别保持一致，默认不同物体有不同尺寸，即平均尺寸。size_res_targets(256×3)，物体尺寸与平均尺寸的差值除以平均尺寸。

分类标签 objectness_targets(256×1)，聚合后的点 aggregated_points 距离最近目标中心点 center_targets 如果小于0.3则为1，即正样本标签，否则为0。这里实际上可参考 CenterPoint 做法转换为0～1。正样本标签除以正样本数量得到 box 损失权重 box_loss_weights，即仅对正样本进行 box 预测。

objectness_masks(256×1)，聚合后的点 aggregated_points 距离最近目标中心点如果小于0.3或大于0.6则为1，否则为0。这表示将不考虑处于中间状态的目标。正负样本标签除以正负样本数量得到权重 objectness_weights。

```
#表明哪些点落在目标框内
vote_target_masks = points.new_zeros([num_points], dtype = torch.long)
box_indices_all = gt_bboxes_3d.points_in_boxes_all(points) 20000xM
votes 点云中的点相对于目标几何中心的偏移
vote_targets,每个点投给相应目标的中心偏移。
vote_target_mask 表示每个点是否参与了投票。1表示参与了投票,0表示未参与投票。
valid_gt_weights:有效真实标签除以标签数量得到,真实标签权重
center_targets 物体几何中心,即重心。Kx3,K为 batch 中单个样本含目标最多的数量,不足时补0,0,0,并用 valid_gt_masks 进行标识。
size_class_targets 尺寸类别与物体类别保持一致,默认不同物体有不同的尺寸,即平均尺寸
size_res_targets 物体尺寸与平均尺寸的差值除以平均尺寸。
dir_class_targets 目标角度从0～2Π范围划分为12个子区间,每个区间作为一个类别
dir_res_targets  角度相对子区间中心的偏移值,并除以区间大小进行归一化
objectness_targets 聚合后的点 aggregated_points 距离最近目标中心点如果小于0.3则为1,即正样本标签,否则为0。正样本标签除以正样本数量得到 box 损失权重 box_loss_weights,即仅对正样本进行 box 预测。
objectness masks 聚合后的点 aggregated_points 距离最近目标中心点如果小于0.3或大于0.6则为1,否则为0。这表示将不考虑处于中间状态的目标,即困难样本。正负样本标签除以正负样本数量得到权重 objectness_weights。
mask_targets 每个聚合点距离最近目标的分类标签。
assigned_center_targets 每个聚合点距离最近目标的分类中心。
```

(2) 损失计算

H3DNet RPN 损失包括投票损失 vote_loss、目标有无损失 objectness_loss、中心

损失 center_loss、方向分类损失 dir_class_loss、方向回归损失 dir_res_loss、尺寸分类损失 size_class_loss、尺寸回归损失 size_res_loss、语义分类损失 semantic_loss，也可增加 iou 损失等。各个损失函数计算关键程序及类型如下所示。

① 投票损失 vote_loss:ChamferDistance，计算投票中心与目标中心标签的最小倒角距离。

```
vote_loss = self.vote_module.get_loss(bbox_preds['seed_points'], bbox_preds['vote_points'], bbox_preds['seed_indices'], vote_target_masks, vote_targets)
```

根据 vote_target_mask(40000)和 bbox_preds['seed_indices'](1024)得到投票成功的种子点，seed_gt_votes_mask(1024)

根据 vote_targets 和 bbox_preds['seed_indices']得到投票成功的种子点的目标中心偏移 seed_gt_votes(1024x9)加上 bbox_preds['seed_points']得到种子点对应投票的目标中心坐标标签。

seed_gt_votes_mask 除以投票成功的种子点总数得到权重 weights。

计算 vote_points 和 seed_gt_votes 之间的倒角距离。

② 目标有无损失 objectness_loss:CrossEntropyLoss

```
objectness_loss = self.objectness_loss(bbox_preds['obj_scores'].transpose(2, 1), objectness_targets, weight = objectness_weights)
```

③ 中心损失 center_loss:ChamferDistance

```
source2target_loss, target2source_loss = self.center_loss(bbox_preds['center'], center_targets, src_weight = box_loss_weights, dst_weight = valid_gt_weights)
center_loss = source2target_loss + target2source_loss
```

④ 方向分类损失 dir_class_loss:CrossEntropyLoss

```
dir_class_loss = self.dir_class_loss(bbox_preds['dir_class'].transpose(2, 1), dir_class_targets, weight = box_loss_weights)
```

⑤ 方向回归损失 dir_res_loss:SmoothL1Loss

```
dir_res_loss = self.dir_res_loss(dir_res_norm, dir_res_targets, weight = box_loss_weights)
```

⑥ 尺寸分类损失 size_class_loss:CrossEntropyLoss

```
size_class_loss = self.size_class_loss(bbox_preds['size_class'].transpose(2, 1), size_class_targets, weight = box_loss_weights)
```

⑦ 尺寸回归损失 size_res_loss:SmoothL1Loss

```
size_res_loss = self.size_res_loss(size_residual_norm, size_res_targets, weight = box_loss_weights_expand)
```

⑧ 语义分类损失 semantic_loss:CrossEntropyLoss

```
semantic_loss = self.semantic_loss(bbox_preds['sem_scores'], mask_targets, weight = box_loss_weights)
```

4. 图元预测损失

H3DNet 模型除预测目标几何中心之外，还预测目标的上下表面、侧面、棱等图元中心。这些图元中心的预测均是一个 VoteNet RPN 过程。输入种子点和特征仍与主干网络一致。每种图元分别进行预测，各自主要损失包括目标损失、中心损失、投票损失、尺寸损失和语义分类损失等 5 类，总损失共计 15 项。

(1) 图元预测

模型采用VoteNet方法根据主干网络的种子点及其特征分别产生三种图元的投票点及特征、候选点及特征、投票目标概率(投票点是否在图元范围内)、中心坐标、尺寸偏差和语义分类结果。该过程与主干网络RPN产生的过程基本一致。这三种图元分别是2个上下表面、4个侧面和12条棱。其中,上下表面图元需预测长和宽尺寸偏差,侧面图元预测高度偏差。因长、宽、高均已预测,棱图元不再预测尺寸偏差。各个面元投票点和候选点数量均为1 024。投票成功预测概率不大于0.5的预测中心会加上一个较大偏移值,使其结果远离真实值,相当于把样本设置成负样本,从而在后续计算倒角距离时,不会对计算结果产生影响。

以上下表面图元为例,模型采用VoteNet方法根据种子点投票预测上下底面中心。其中预测特征维度为1 024×23,包括3个维度中心坐标偏差、2个维度尺寸偏差和18个维度语义类别。侧面和棱图元则在尺寸偏差这个维度上稍微有所变化。过程主要变量如下所示。

1)primitive_flag_z(1024x2):上下底面中心预测成功概率。

2)vote_z(1024x3)、vote_features_z(1024x256):投票点及特征

3)aggregated_points_z(1024x3)、aggregated_features_z(1024x128):候选点及特征

4)center_z(1024x3):候选点坐标加上预测偏差,预测中心。

5)size_residuals_z(1024x2):上下表面的长宽(l、w)。

6)sem_cls_scores_z(1024x18):语义分类预测。

7)pred_z_ind(1024):选择softmax得分大于0.5的预测中心pred_ind。

8)pred_z_center(1024x3):得分不大于0.5的预测中心(center_z)加上一个较大偏移值,使其结果远离真实值。

关键程序如下,基本与VoteNet一致。

```
Conv1d(256, 128) 1024x128
primitive_flag = self.flag_conv(seed_features)
Conv1d(128, 2) 1024x2
primitive_flag = self.flag_pred(primitive_flag)
# 1. generate vote_points from seed_points
vote_points, vote_features, _ = self.vote_module(seed_points, seed_features)
results['vote_' + self.primitive_mode] = vote_points 1024x3
results['vote_features_' + self.primitive_mode] = vote_features 1024x256
# 2. aggregate vote_points
aggregated_points, features 1024x3 1024x128
# 3. predict primitive offsets and semantic information
Conv1d(128, 128)、Conv1d(128, 128)、Conv1d(128, 23)
predictions = self.conv_pred(features) 1024x23
# 4. decode predictions
decode_ret = self.primitive_decode_scores(predictions, aggregated_points)
center[:, 0:3] 1024x3
```

```
size_residuals[:, 3:5] 1024x2
sem_cls_scores[:, 5:23] 1024x18
#选择 softmax 得分大于 0.5 的面中心 pred_ind 1024
#得分不大于 0.5 的中心加上一个较大偏移值,让其结果远离真实值 center 1024x3
center, pred_ind = self.get_primitive_center(primitive_flag, decode_ret['center_' +
self.primitive_mode])
```

(2) 图元标签

将距目标图元 0.2 范围内的点定义为真实投票点,目标图元分别包括 2 个上下表面、4 分侧面和 12 条棱。例如,上下底面附近厚度为 0.2 的点属于真实投票点。分别计算出各个图元下的 point_mask、point_sem 和 point_offset。

point_mask:真实投票点 mask,l 表示属于厚度为 0.2 点云范围内。

point_sem:真实投票点中心坐标(x、y、z)、尺寸(w、l)和类别标签 cls_id

point_offset:中心坐标相对于真实投票点的偏差。

(3) 损失计算

损失计算过程与 VoteNet 的 RPN 损失一致。本质上,这部分相当于采用 VoteNet 分别预测目标的类别、面中心、棱中心和尺寸。损失主要包括投票目标损失 pred_flag (CrossEntropyLoss)、投票损失 vote_loss(ChamferDistance)、中心损失 center_loss (ChamferDistance)、尺寸损失 size_loss(ChamferDistance)和语义分类损失(CrossEntropyLoss)。3 种图元分别计算这 5 种损失,共计 15 项损失。

```
point_mask point_sem point_offset
4000 4000x3 4000x6 x、y、z、w、l、cls_id
种子点坐标加上目标中心点偏移等于投票目标点标签 seed_gt_votes1024x3
seed_gt_votes = torch.gather(point_offset, 1, seed_inds_expand)
seed_gt_votes + = bbox_preds['seed_points']
gt_primitive_center = seed_gt_votes.view(batch_size * num_proposal, 1, 3) 图元中心
point_mask 中心点 mask
point_offset 中心点相对各点偏差
gt_primitive_center 种子点对应的图元中心点
gt_primitive_semantic 图元尺寸偏差,上下底面的尺寸为 w、l
gt_sem_cls_label 语义分割类别标签,即种子点类别标签
gt_votes_mask 种子点中属于图元部分的 mask,上下平面内的点 primitive_z
目标有无损失,即种子点是否属于目标
Primitive_flag point_mask CrossEntropyLoss
flag_loss = self.objectness_loss(pred_flag, gt_primitive_mask.long())
投票损失 vote_loss:ChamferDistance,计算投票中心与目标中心标签的最小倒角距离。
vote_loss = self.vote_module.get_loss(bbox_preds['seed_points'], bbox_preds['vote_' +
self.primitive_mode], bbox_preds['seed_indices'], point_mask, point_offset)
中心损失 center_loss:ChamferDistance
尺寸损失 size_loss:ChamferDistance
语义分类损失 semantic_loss:CrossEntropyLoss
```

```
center_loss, size_loss, sem_cls_loss = self.compute_primitive_loss(primitive_center,
primitive_semantic, semancitc_scores, num_proposal, gt_primitive_center, gt_primitive_seman-
tic, gt_sem_cls_label, gt_primitive_mask)
```

5. 改进的 RPN 损失

采用图元中心特征对主干网络提取的候选点特征进行改善。面和棱图元经过再次聚合后共预测 4 608 个候选点，每个点特征维度为 32。聚合后的候选点对应 256 个候选框，每个候选框特征由 18 个图元特征组成，维度为 256×576。将候选框 576 维特征通过卷积转换成 128 维后与主干网络的候选点特征进行加法融合得到 256×128 维度的融合特征。

融合后特征作为主干网络候选点的 refine 特征，根据这个特征重新对投票成功概率、类别、中心、方向和尺寸重新进行预测，共 143 个维度。预测结果分别为 obj_scores_optimized(2)、sem_scores_optimized(18)、center_optimized(3)、dir_class_optimized(24)、dir_res_optimized(24)、size_class_optimized(18)、size_res_optimized(18×3)。

改进后 RPN 特征提取主要步骤如下：

(1) surface_center_pred 上下表面图元和侧面图元预测中心合并，2048×3。surface_sem_pred 上下表面图元和侧面图元预测分类合并，2048×18。

(2) surface_center_object 获取主干网络预测候选框的面中心，256×6×3(1 536×3)。line_center_object 获取主干网络预测候选框的棱中心 256×12×3(3072×3)。

(3) 合并上下表面图元和侧面图元候选点特征(2 048×128)，再次聚合得到新的候选点坐标 surface_xyz(1 536)及特征 surface_features(1 536×32)。再次聚合棱图元得到新的候选点坐标 line_xyz(3 072)及特征 line_features(3 072×32)

(4) 将新的面候选点和棱候选点特征拼接得到融合特征 combine_features(4 608×32)。

(5) 根据融合特征可得到匹配分数(概率)matching_score(4 608×2)。

(6) 根据融合特征可得到匹配点投票成功的概率 semantic_matching_score(4608×2)。

(7) 分别对 surface_features(1 536x32)和 line_features(3 072×32)再次进行特征提取和融合并匹配主干网络候选框目标个数，且每个目标的特征为图元候选点特征拼接，特征维度为 6×32+12×32=576。因此，新的融合特征维度为 combine_features(256×576)。

改进后 RPN Loss 的计算过程与主干网络 RPN 损失计算完全一致，仅仅是将预测结果替换成改进后的候选框。损失包括 objectness_loss_optimized、semantic_loss_optimized、center_loss_optimized_optimized、dir_class_loss_optimized、dir_res_loss_optimized、size_class_loss_optimized、size_res_loss_optimized，共计 7 项损失。

6. 匹配图元改进损失

图元预测会对主干网络中匹配的候选框进行微调，相当于对主干网络预测正确的点进行改善。这也要求图元预测也是正确的。整体目标是让两种方法匹配的预测结果达成一致。

(1) 目标标签

同样地,每个候选点的类别、预测面中心、预测棱中心与最近邻的目标一致。obj_surface_center 为面中心预测标签,维度为 1536×3。obj_line_center 为棱中心预测标签,维度为 3 072×3。从 2048 个预测面中心中选择与 1 536 个距离面中心标签最近的点作为有效预测点。从 1 024 个预测棱中心中选择与 3 072 个距离棱中心标签最近的点作为有效预测点,同一个点可重复选择。这样做的目的是将预测中心与标签中心进行对应。

匹配的图元需要满足以下条件:

① 图元预测中心坐标与真实标签接近;

② 图元预测中心类别预测正确;

③ 图元预测中心与原始候选框图元中心接近;

④ 考虑正样本候选框,即对正确预测的样本进行匹配改进。

主要变量意义如下:

proposal_objectness_label 候选点距目标中心距离小于 0.3 的为正样本点,256,正样本标签

proposal_objectness_mask 候选点距目标中心距离小于 0.3 或大于 0.6 的为正负样本,256

euclidean_dist_obj_surface 256 个候选框的面中心与面预测的面中心欧氏距离 1536

euclidean_dist_obj_line 候选点预测的棱中心与面预测的棱中心欧氏距离,3072

objectness_label_surface 图元预测中心距离真实标签小于 0.3,且图元预测和候选框中心距离小于 0.3,即候选框和图元预测是相近的(匹配)。位置匹配的正样本标签,1536

objectness_label_surface_sem 位置匹配的正样本且类别预测正确的 mask,1536

objectness_label_line 图元预测中心距离真实标签小于 0.3,且图元预测和候选框中心距离小于 0.3,即候选框和图元预测是相近的(匹配)。位置匹配的正样本标签,3072

objectness_label_line_sem 位置匹配的正样本且类别预测正确的 mask,3072

objectness_label_surface、objectness_label_line 位置匹配的正样本且对应候选框为正样本,1536、3072,即图元预测和候选框预测均正确并且二者之间偏差较小(匹配)。

输出标签如下:

① cues_objectness_label:位置匹配的正样本图元,预测的图元中心与目标中心和 proposal 中心距离均在阈值 0.3 之内,含面和棱(4608),objectness_label_surface 和 objectness_label_line 的叠加。

② cues_sem_label:位置匹配且目标类别预测正确的正样本图元 mask,4608。

③ proposal_objectness_label:候选点(聚合点)距目标中心距离小于 0.3 的为正样本点,256,正样本标签。

④ cues_mask:候选点正样本对应的图元 mask,4608。

⑤ cues_match_mask:位置匹配的 cues_objectness_label 分配到 256 个 proposal,proposal 中只要存在一个位置匹配的图元预测结果,则标签为 1。

⑥ cues_matching_label,# 正样本图元且与候选点正样本标签一一对应的 mask,即候选点和图元同时预测正确,并且二者偏差较小,这样样本之间是匹配的,4608。

⑦ obj_surface_line_center:候选点对应目标的真实面中心和棱中心,4608x3。

(2) 损失计算

图元预测的主要作用是对主干网络预测的候选框进行改进微调，特别是对正样本原始候选框的优化。匹配图元的损失主要包括图元目标损失(CrossEntropyLoss)、图元语义损失(CrossEntropyLoss)、图元匹配损失(CrossEntropyLoss)、图元语义匹配损失(CrossEntropyLoss)和图元中心损失(MSELoss)，共计5项。各个损失的意义分别为：

① 图元目标损失(CrossEntropyLoss)，用于判别候选点正样本是否存在匹配的图元目标。

② 图元语义损失(CrossEntropyLoss)，匹配图元预测的类别标签需正确。

③ 图元匹配损失(CrossEntropyLoss)，是改进候选框的目标损失，重点关注含有匹配图元的候选框。

④ 图元语义匹配损失(CrossEntropyLoss)，对正负样本原始候选框采用改进后特征预测结果进行调整。

⑤ 图元中心损失(MSELoss)，即匹配的图元预测中心与真实标签之间的直接偏差。

⑥ 图元目标损失，用于判别候选点正样本是否存在匹配的图元目标

```
#由于weight为候选点正样本mask，计算的是候选点正样本对应的位置匹配损失，相当于候选点预测和图元预测同时正确。
primitive_objectness_loss = self.cues_objectness_loss(objectness_scores.transpose(2, 1), cues_objectness_label, weight = cues_mask, avg_factor = cues_mask.sum() + 1e - 6)
#图元语义损失，匹配图元预测的类别标签需正确。
primitive_sem_loss = self.cues_semantic_loss(objectness_scores_sem.transpose(2, 1), cues_sem_label, weight = cues_mask, avg_factor = cues_mask.sum() + 1e - 6)
#图元匹配损失，是改进后选框的目标损失，重点关注含有匹配图元的候选框。
objectness_scores = bbox_preds['obj_scores_optimized']
objectness_loss_refine = self.proposal_objectness_loss(objectness_scores.transpose(2, 1), proposal_objectness_label) #CrossEntropyLoss
primitive_matching_loss = (objectness_loss_refine * cues_match_mask).sum() / (cues_match_mask.sum() + 1e - 6) * 0.5
#图元语义匹配损失，对正负样本原始候选框采用改进后特征预测结果进行调整。
primitive_sem_matching_loss = (objectness_loss_refine * proposal_objectness_mask).sum() / (proposal_objectness_mask.sum() + 1e - 6) * 0.5
#图元中心损失(MSELoss)，即匹配的图元预测中心与真实标签之间的直接偏差。
square_dist = self.primitive_center_loss(pred_surface_line_center, obj_surface_line_center)
match_dist = torch.sqrt(square_dist.sum(dim = - 1) + 1e - 6)
primitive_centroid_reg_loss = torch.sum(match_dist * cues_matching_label) / (cues_matching_label.sum() + 1e - 6)
```

12.1.3 总体损失与顶层结构

H3DNet 总体损失包含主干网络的 RPN 损失、图元 RPN 损失、改进的 RPN 损失和匹配图元改进损失，损失数量分别为 8、15、7、5，共计 30 项。

H3DNet 模型的顶层结构主要包含以下四部分：

(1) 主干网络特征提取：self.extract_feat，通过 4 个 PointNet2SASSG 主干网络进行特征提取。

(2) RPN Head：主干网络结果预测与解码。

(3) Roi Head：包括图元预测、候选框改进和图元匹配部分。

(4) 损失函数：共 30 项损失函数。

```
def forward_train(self, points, img_metas, gt_bboxes_3d, gt_labels_3d, pts_semantic_mask = None, pts_instance_mask = None, gt_bboxes_ignore = None):
        points_cat = torch.stack(points)
        feats_dict = self.extract_feat(points_cat)
        feats_dict['fp_xyz'] = [feats_dict['fp_xyz_net0'][-1]]
        feats_dict['fp_features'] = [feats_dict['hd_feature']]
        feats_dict['fp_indices'] = [feats_dict['fp_indices_net0'][-1]]
        losses = dict()
        if self.with_rpn:
            rpn_outs = self.rpn_head(feats_dict, self.train_cfg.rpn.sample_mod)
            feats_dict.update(rpn_outs)
            rpn_loss_inputs = (points, gt_bboxes_3d, gt_labels_3d, pts_semantic_mask, pts_instance_mask, img_metas)
            rpn_losses = self.rpn_head.loss(rpn_outs, *rpn_loss_inputs, gt_bboxes_ignore = gt_bboxes_ignore, ret_target = True)
            feats_dict['targets'] = rpn_losses.pop('targets')
            losses.update(rpn_losses)
            # Generate rpn proposals
            proposal_cfg = self.train_cfg.get('rpn_proposal', self.test_cfg.rpn)
            proposal_inputs = (points, rpn_outs, img_metas)
            proposal_list = self.rpn_head.get_bboxes(*proposal_inputs, use_nms = proposal_cfg.use_nms)# 候选框
            feats_dict['proposal_list'] = proposal_list
        else:
            raise NotImplementedError
        roi_losses = self.roi_head.forward_train(feats_dict, img_metas, points, gt_bboxes_3d, gt_labels_3d, pts_semantic_mask, pts_instance_mask, gt_bboxes_ignore)
    losses.update(roi_losses)
    return losses
```

12.1.4 模型训练

H3DNet 官方参考程序地址为 https://github.com/zaiweizhang/H3DNet”，而本节所使用的参考程序基于 mmdetection3d 框架，训练命令为“Python tools/train.py configs/h3dnet/h3dnet_3x8_scannet-3d-18class.py”。H3DNet 官方源码支持 ScanNet v2 和 SUN RGB－D 两种数据集，而 Mmdetection3d HDNet 当前主要支持 ScanNet v2 数据集。运行训练命令后可得到如图 12－4 所示的训练结果。

```
+----------------+---------+---------+---------+---------+
| classes        | AP_0.25 | AR_0.25 | AP_0.50 | AR_0.50 |
+----------------+---------+---------+---------+---------+
| cabinet        | 0.7839  | 0.9375  | 0.6637  | 0.8125  |
| bed            | 1.0000  | 1.0000  | 1.0000  | 1.0000  |
| chair          | 0.8507  | 0.9655  | 0.5867  | 0.7586  |
| sofa           | 0.6667  | 1.0000  | 0.2000  | 1.0000  |
| table          | 0.6298  | 1.0000  | 0.4664  | 0.6250  |
| door           | 0.5340  | 0.8148  | 0.1729  | 0.4074  |
| window         | 0.5381  | 1.0000  | 0.0238  | 0.3333  |
| bookshelf      | nan     | nan     | nan     | nan     |
| picture        | 0.1679  | 0.3333  | 0.0093  | 0.0833  |
| counter        | 1.0000  | 1.0000  | 0.3333  | 1.0000  |
| desk           | 0.7500  | 1.0000  | 0.5000  | 0.5000  |
| curtain        | 0.9551  | 1.0000  | 0.4136  | 0.5556  |
| refrigerator   | 0.6056  | 1.0000  | 0.3667  | 0.6667  |
| showercurtrain | nan     | nan     | nan     | nan     |
| toilet         | nan     | nan     | nan     | nan     |
| sink           | 0.8000  | 0.8000  | 0.6778  | 0.7333  |
| bathtub        | nan     | nan     | nan     | nan     |
| garbagebin     | 0.5956  | 0.7778  | 0.5467  | 0.7222  |
+----------------+---------+---------+---------+---------+
| Overall        | nan     | nan     | nan     | nan     |
+----------------+---------+---------+---------+---------+
2023-03-09 00:46:34,013 - mmdet - INFO - Exp name: h3dnet_3x8_scannet-3d-18class.py
2023-03-09 00:46:34,013 - mmdet - INFO - Epoch(val) [36][14]    cabinet_AP_0.25: 0.7839, bed_AP_0.25: 1.0000, chair_AP_0
.25: 0.8507, sofa_AP_0.25: 0.6667, table_AP_0.25: 0.6298, door_AP_0.25: 0.5340, window_AP_0.25: 0.5381, bookshelf_AP_0.2
5: nan, picture_AP_0.25: 0.1679, counter_AP_0.25: 1.0000, desk_AP_0.25: 0.7500, curtain_AP_0.25: 0.9551, refrigerator_AP
_0.25: 0.6056, showercurtrain_AP_0.25: nan, toilet_AP_0.25: nan, sink_AP_0.25: 0.8000, bathtub_AP_0.25: nan, garbagebin_
AP_0.25: 0.5956, mAP_0.25: nan, cabinet_rec_0.25: 0.9375, bed_rec_0.25: 1.0000, chair_rec_0.25: 0.9655, sofa_rec_0.25:
```

图 12－4 H3DNet 训练结果示意图

12.2 Group－Free－3D（ICCV 2021）

12.2.1 模型总体结构

Group－Free－3D 是由微软亚洲研究院于 2021 年提出的室内三维目标检测模型，发表在 ICCV 2021*Group－Free 3D Object Detection via Transformers*，论文地址为 https://arxiv.org/abs/2104.00678”。Group－Free－3D 核心之处在于采用 transformer 结构实现自适应分组，将候选点与种子点进行长程关联，并采用级联 transformer 方法实现特征深度融合，最终促使模型检测精度得以提升。论文发表时主要针对三维室内数据集 ScanNetv2 和 SUN RGB－D 数据集进行了测试，并在当时取得最佳效果。

Group－Free－3D 模型总体结构如图 12－5 所示，其模型基础仍然是 VoteNet，区别在于使用 transformer 注意力机制将种子点和候选目标进行关联并进行特征提取和结果预测。另一方面，模型通过 transformer 方法融合不同阶段的物体特征，并产生更准确的物体检测结果。

之前介绍的候选点（proposal）生成方法大多采用类似 PointNet ＋＋采样分组的方

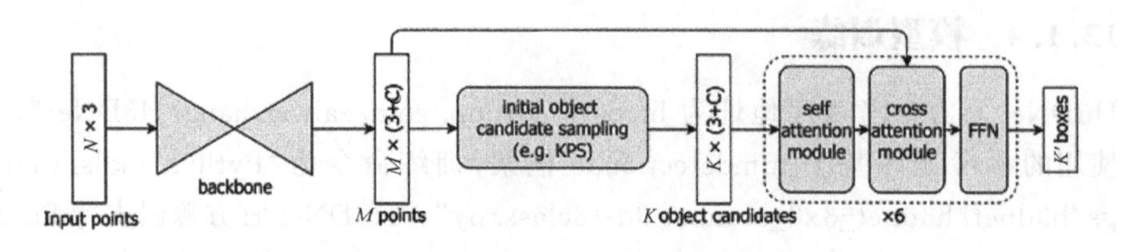

图 12-5　Group-Free-3D 模型结构

法来实现，属于人工设置候选点生成规则。人工设置方法有可能导致真实场景中的目标被分配给错误的候选点，从而降低三维目标的检测性能。如图 12-6 所示，以 VoteNet 为例，橙色区域内的大部分点属于被错误分配的点。

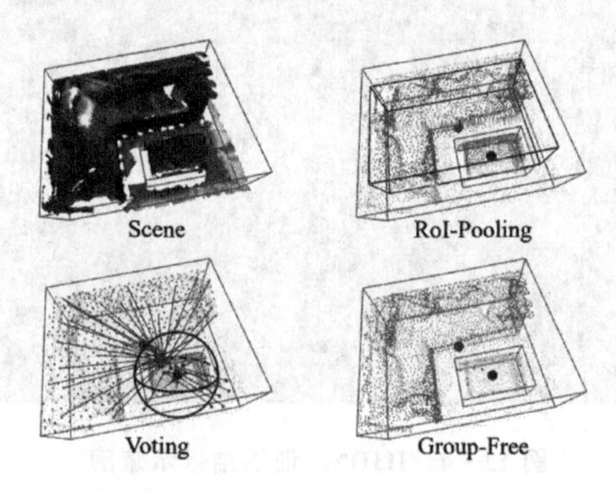

图 12-6　点分配效果对比

12.2.2　模型详细结构

1. 主干网络

Group-Free-3D 主干网络采用 PointNet ++的 PointNet2SASSG 网络结构，用于提取点云高维特征。主干网络关键输出为经过特征上采样后得到的点云及其特征。输出点云数量为 1 024，特征维度为 $M\times(3+C)$维特征。输出的点称为种子点，数量 M 为 1 024。种子点 PointNet 特征维度 C 为 256，与坐标拼接后得到 1 024×288 维特征。

Group-Free-3D 主干网络主要输出结果如下，入口程序为 x = self.extract_feat (points_cat)。

```
#PointNet2SASSG完整输出
sa_xyz:[xyz_0, xyz_1, xyz_2, xyz_3, xyz_4],[50000x3, 2048x3, 1024x3, 512x3, 256x3]
sa_features:[features_0, features_1, features_2, features_3, features_4],[None, 2048x128, 1024x256, 512×256, 256×256]
sa_indices:[indices_0, indices_1, indices_2, indices_3, indices_4],[50000, 2048, 1024, 512, 256]
fp_xyz:[xyz_4, fp_xyz_1, fp_xyz_2],[256x3, 512x3, 1024x3]
```

```
fp_features:[features_4, fp_features_1, fp_features_2],[256×256, 512×256, 1024x288]
fp_indices:[indices_4, fp_indices_1, fp_indices_2],[256, 512, 1024]
#产生 M=1024 个种子点
seed_xyz, seed_features, seed_indices = self._extract_input(feat_dict)
seed_points = feat_dict['fp_xyz'][-1] 1024x3
seed_features = feat_dict['fp_features'][-1] 1024x288
seed_indices = feat_dict['fp_indices'][-1] 1024
```

2. 候选框特征生成

Group-Free-3D 属于 Anchor-free 三维目标检测方法,直接从点云生成初始候选对象(proposal)。文章介绍三种候选点采样生成方式 Farthest Point Sampling (FPS)、K-Closest Points Sampling (KPS)和 KPS with non-maximal suppression (KPS-NMS)。FPS 为最远点采样,采样结果依赖于点云分布,未充分考虑点云中的目标位置。KPS 在目标内部选择 K 个距离目标最近的点作为候选点,候选点质量更高。程序中 K 的取值为 4。KPS-NMS 是在 KPS 基础之上采用非极大值抑制避免候选点过近或重复采样。程序默认采用 KPS 实现方式,其步骤如下:

(1) 根据种子点及其特征,采用卷积和 sigmoid 操作预测种子点成为候选点的概率。

(2) 选择概率最大的 256 个点作为初始候选点。

(3) 通过 KPS($K=4$)方法对 1 024 个种子点进行标签赋值,满足要求的赋值为 1,否则为 0。

(4) 通过损失函数和训练迭代来使初始候选点结果逐步与 KPS 标签逼近。

Group-Free-3D 生成目标候选点维度为 $K\times(3+C)$,其中 K、C 均为 256,即维度为 256×288。该特征即为候选框特征。关键程序如下:

```
#初始化目标候选点,可类比 VoteNet 中聚合点,KPS
points_obj_cls_logits = self.points_obj_cls(seed_features) #Conv1d(288, 288)、Conv1d
(288, 1)
#种子点属于目标的概率得分
points_obj_cls_scores = points_obj_cls_logits.sigmoid().squeeze(1)  1024
#选出概率最高的前 256 个种子点
sample_inds = torch.topk(points_obj_cls_scores, self.num_proposal)[1].int() 256
results['seeds_obj_cls_logits'] = points_obj_cls_logits #1024 个种子点类别特征
#采样,选出分类概率较高点的点作为候选点 256x3,特征 256x288
candidate_xyz, candidate_features, sample_inds = self.gsample_module(seed_xyz, seed_
features, sample_inds)
```

3. Bbox Head

bbox head 根据候选框特征生成目标类别和位置预测结果。输入数据集共有 18 个类别,因此模型通过卷积通道设置并根据候选框特征生成 19 个维度预测结果,其中第 1 个维度(obj_scores)用于预测候选框是否处于目标之中,后 18 个维度(sem_ scores)表示目标所属类别概率。目标位置预测结果采用 bin－based 方式,方向和类别均采用分类与回归结合的方式进行预测。目标位置预测包括 3 个维度目标中心偏差(center)、1 个维度方向类别(dir_class)、1 个维度方向偏差(dir_res)、18 个维度尺寸类别(size_class)和 54 个维度尺寸偏差(18×3,size_res),共 77 个维度。因此,模型通过卷积通道设置并根据候选框特征生成 77 个维度预测结果。

Group - Free - 3D 的 bbox head 入口程序为 bbox_preds = self. bbox_head(x, self. train_cfg. sample_mod),其 bbox head 包含 7 个组成部分。第 1 个组成部分是根据候选框初步特征直接预测结果,后 6 个部分则分别采用 transformer 进行结果预测。这 7 个部分均分别预测 19 个分类结果和 77 个位置结果。

(1) 直接预测结果

根据 256 个候选点及其特征(256×288)并通过卷积和解码操作得到上述 19 个分类预测结果和 77 个位置预测结果。关键程序如下:

```
#输入 256x288
#Conv1d(288, 288)、Conv1d(288, 288)
#Conv1d(288, 19、Conv1d(288, 77))
cls_predictions, reg_predictions = self.conv_pred(candidate_features) 256x19,256x77
#预测解码 decode_res
reg_preds_trans[..., 0:3]:目标中心相对于候选点的偏差 3
reg_preds_trans[..., 3:4]:方向类别 1
reg_preds_trans[..., 4:5]:方向偏差 1
reg_preds_trans[..., 5:23]:尺寸类别 18
reg_preds_trans[..., 23:77]:尺寸偏差 18x3
```

(2) transformer 预测结果

Group - Free - 3D 模型采用 6 个级联的 transformer 结构来进行更深层次的特征提取与融合。Transformer 模块的直接输出一方面作为新的候选框特征,分别再次预测 19 个分类输出和 77 个位置输出;另一方面作为下一个 transformer 的 query 输入。

Group - Free - 3D 模型的 transformer 结构如图 12 - 7 所示。Transformer 结构关键中间输入变量包括 query(Q)、key(K)、V(value)。K 和 V 可分别理解为特征变量的索引和取值,Q 则为待提取特征的目标索引。通过计算 Q 和 K 之间的相似性来决定特征取值 V 对 Q 的贡献程度,即权重大小。由于 Q、K、V 来源于同一原始数据,因而 Q 和(K、V)相当于同一数据在不同参数空间的表征结果。*Transformer* 编码层重点考虑 Q 和(K、V)之间的关联性,特别是(K,V)对 Q 的贡献程度,即注意力权重。

Group - Free - 3D 模型的 transformer 结构则是提取种子点对候选框的贡献程度。Q 为候选框特征,K 和 V 均为种子点特征。候选框自动选择关联性较大的种子点而不需要人工设置。每个 transformer 输出特征作为新的候选框特征,并且下一层的 Q 将更新为新的候选框特征。通过这种级联操作,一方面模型可以获取更深维度特征,另一方面起到逐步改进预测结果的作用,最终使得目标检测精度得以提升。

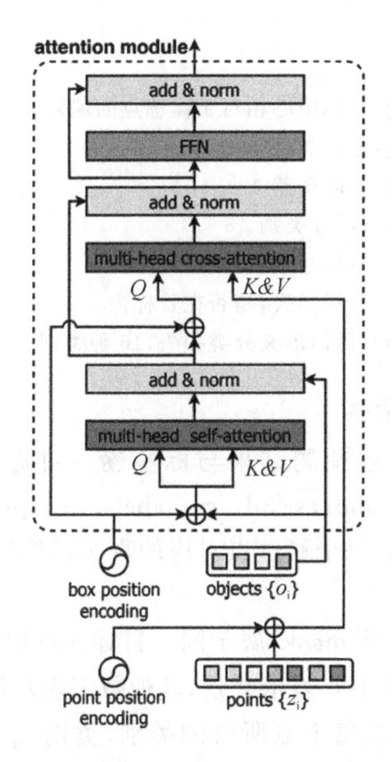

图 12-7 Group-Free-3D 的 transformer 结构

在 transformer 中，我们通常还会考虑输入目标的位置编码。候选框的位置(x、y、z、w、l、h)可通过 77 维预测结果得到，并通过卷积编码成 256×288 的维度。种子点位置(x、y、z)则通过卷积编码成 1 024×288 的维度。关键程序如下，需要注意，在诸如 transformer 和 lstm 等模型中，输入为数据的维度为 $N \times B \times C$，N 表示特征数量，B 表示 batch size，C 表示通道数量。B 在第 2 个维度，而通常情况下 B 在第一个维度，即 $B \times C \times N$。

```
Q:候选特征 256x288
K:种子点特征 seed_features 1024x288
V:种子点特征 seed_features 1024x288
Q_pos:上一层候选点的预测目标框信息(x、y、z、w、l、h)卷积编码 256 x 288
K_pos:种子点(x、y、z)卷积编码 1024 x 288
query = self.decoder_query_proj(candidate_features).permute(2, 0, 1
key = self.decoder_key_proj(seed_features).permute(2, 0, 1)
value = key
query_pos = self.decoder_self_posembeds[i](base_bbox3d).permute(2, 0, 1) 256x288
key_pos = self.decoder_cross_posembeds[i](seed_xyz).permute(2, 0, 1) 1024x288
query = self.decoder_layers[i](query, key, value, query_pos = query_pos, key_pos = key_
pos).permute(1, 2, 0)
results[f'{prefix}query'] = query 288x256
cls_predictions, reg_predictions = self.prediction_heads[i](query) 19x256, 77x256
decode_res = self.bbox_coder.split_pred(cls_predictions, reg_predictions, candidate_
```

```
xyz, prefix)
        #预测解码
        reg_preds_trans[..., 0:3]:目标中心相对于候选点的偏差 3
        reg_preds_trans[..., 3:4]:方向类别 1
        reg_preds_trans[..., 4:5]:方向偏差 1
        reg_preds_trans[..., 5:23]:尺寸类别 18
        reg_preds_trans[..., 23:77]:尺寸偏差 18x3
        cls_preds_trans[..., 0:1]:目标损失,是否在目标内
        cls_preds_trans[..., 1:19]:目标语义分类损失,18 种类别
```

4. 损失函数与顶层结构

计算损失函数需要将上述预测结果与标签逐一对应。计算标签的函数入口为 self. get_targets(points, gt_bboxes_3d, gt_labels_3d, pts_semantic_mask, pts_instance_mask, bbox_preds)。每个候选点对应的真实标签与所隶属的目标一致。

(1) 标签计算

pts_instance_mask 为实例 mask,属于同一目标的点用相同标签 i_d 表示,属于一种更加精细的目标标注方法,其中 0 表示背景,其他数值表示第 i_d 个目标。pts_semantic_mask 为语义分割 mask,标注每个点所属的类别,类别 i_d 范围为 0～num_classes-1,类别总数 num_classes 则用来表示背景点。这两者构成实例分割标注,用于计算点属于哪个类别的实例目标。

各个标签如下所示。

sampling_targets(1 024),每个真实候选框最多选择与其中心最近的 4 个种子点,种子点被采样选中则取值为 1,维度为 1 024。这一步对应 KPS 采样操作。

目标物体几何中心标签 center_targets,即重心。维度为 $K\times3$,K 表示 batch 中单个样本含目标最多的数量,不足时补 0,0,0,并用 valid_gt_masks 标识出补齐部分。这是为了将维度进行对齐,便于统一进行矩阵计算。

目标方向类别标签 dir_class_targets,目标角度从 0～2Π 范围划分为 12 个子区间,每个区间作为一个类别。每个投票聚合点 aggregated_points 分配到距离中心最近的目标,方向分类与其一致,因此 dir_class_targets 维度为 256×12。目标方向偏移标签 dir_res_targets(256×1),角度相对子区间中心的偏移值,并除以区间大小进行归一化。程序中默认不对方向进行预测,因而将方向类别和偏移取值都设置为 0。

目标尺寸标签 size_class_targets(256×1)尺寸类别与物体类别保持一致,默认不同物体有不同尺寸,即平均尺寸。size_res_targets(256×3),物体尺寸与平均尺寸的差值除以平均尺寸。

目标分类标签 objectness_targets(256×1),候选点属于某个目标则取值为 1,否则为 0。

语义分类 mask_targets (256×1)每个候选点所属目标的分类标签,0 表示背景。

```
center_targets 物体几何中心,即重心。Kx3,K 为 batch 中单个样本含目标最多的数量,不足时
```

补 0,0,0,并用 valid_gt_masks 进行标识。

size_target:真实目标几何尺寸。

size_class_targets 尺寸类别与物体类别保持一致,默认不同物体有不同尺寸,即平均尺寸。

size_res_targets 物体尺寸与平均尺寸的差值除以平均尺寸。

dir_class_targets 目标角度从 0～2Π 范围划分为 12 个子区间,每个区间作为一个类别。

dir_res_targets 角度相对子区间中心的偏移值,并除以区间大小进行归一化。

objectness_targets 候选点是否包含在目标之中。

mask_targets 每个候选点所属目标的分类标签,0 表示背景。

assigned_center_targets 每个候选点所属目标的几何中心。

(2) 损失计算

Group - Free - 3D 模型损失主要包含 KPS 采样损失、分类预测损失和位置预测损失。KPS 采样损失(sampling_objectness_loss)函数为 FocalLoss,标签为 sampling_targets。候选框分类损失包括目标损失(objectness_loss,FocalLoss)和语义分类损失(semantic_ loss,CrossEntropyLoss)。位置预测损失包括中心损失(center_ loss,SmoothL1Loss)、方向分类损失(dir_ class_ loss,CrossEntropyLoss)、方向回归损失(dir_res_loss,SmoothL1Loss)、尺寸分类损失(size_class_loss,CrossEntropyLoss)和尺寸回归损失(size_res_loss,SmoothL1Loss)。

分类预测损失和位置预测损失共计 7 部分损失,而 bbox head 中分别计算得到了 7 个阶段的预测结果。Group - Free - 3D 模型总体损失函数包括 50 个组成部分。

(3) 顶层结构

Group - Free - 3D 模型的顶层结构主要包含以下四部分:

① 主干网络特征提取:self. extract_feat,通过 PointNet2SASSG 主干网络进行特征提取,输出 1 024x288 维度特征。

② Bbox 预测:分别采用直接方法和 transformer 方法生成候选框,得到多阶段预测结果,并共同提高最终预测精度。

③ 损失函数:共 50 项损失函数。

```
def forward_train(self, points, img_metas, gt_bboxes_3d, gt_labels_3d, pts_semantic_
mask = None, pts_instance_mask = None, gt_bboxes_ignore = None):
        points_cat = torch.stack(points)
        x = self.extract_feat(points_cat)
        bbox_preds = self.bbox_head(x, self.train_cfg.sample_mod)
    loss_inputs = (points, gt_bboxes_3d, gt_labels_3d, pts_semantic_mask, pts_instance_
mask, img_metas)
     losses = self.bbox_head.loss( bbox_preds, * loss_inputs, gt_bboxes_ignore = gt_bbox-
es_ignore)
        return losses
```

12.2.3 模型训练

Group - Free - 3D 官方程序地址为 https://github.com/zeliu98/Group - Free -

3D”,而本节主要基于 mmdetection3d 框架中的实现程序进行介绍。输入数据集采用 Scannet v2,输入数据维度为 50 000x3,共 18 个类别。模型中 transformer 级联数量设置为 6。因而,Group - Free - 3D 的训练程序运行命令为“Python tools/train. py configs/groupfree3d/groupfree3d_8x4_scannet-3d-18class-L6-O256. py”。运行训练命令后可得到如图 12 - 8 所示的训练结果。

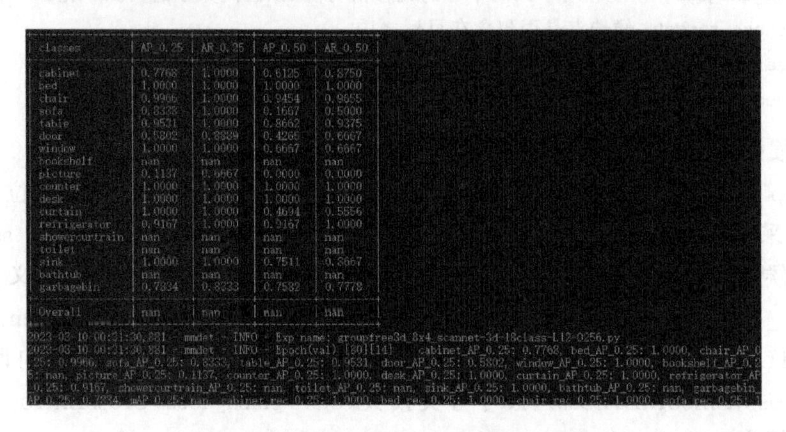

classes	AP_0.25	AR_0.25	AP_0.50	AR_0.50
cabinet	0.7768	1.0000	0.6125	0.8750
bed	1.0000	1.0000	1.0000	1.0000
chair	0.9966	1.0000	0.9454	0.9655
sofa	0.8333	1.0000	0.1667	0.5000
table	0.9531	1.0000	0.8662	0.9375
door	0.5802	0.8889	0.4265	0.6667
window	1.0000	1.0000	0.6667	0.6667
bookshelf	nan	nan	nan	nan
picture	0.1137	0.6667	0.0000	0.0000
counter	1.0000	1.0000	1.0000	1.0000
desk	1.0000	1.0000	1.0000	1.0000
curtain	1.0000	1.0000	0.4694	0.5556
refrigerator	0.9167	1.0000	0.9167	1.0000
showercurtrain	nan	nan	nan	nan
toilet	nan	nan	nan	nan
sink	1.0000	1.0000	0.7511	0.3667
bathtub	nan	nan	nan	nan
garbagebin	0.7834	0.8333	0.7582	0.7778
Overall	nan	nan	nan	nan

```
2023-03-10 00:31:30,881 - mmdet - INFO - Exp name: groupfree3d_8x4_scannet-3d-18class-L12-O256.py
2023-03-10 00:31:30,881 - mmdet - INFO - Epoch(val) [80][14]    cabinet_AP_0.25: 0.7768, bed_AP_0.25: 1.0000, chair_AP_0
.25: 0.9966, sofa_AP_0.25: 0.8333, table_AP_0.25: 0.9531, door_AP_0.25: 0.5802, window_AP_0.25: 1.0000, bookshelf_AP_0.2
5: nan, picture_AP_0.25: 0.1137, counter_AP_0.25: 1.0000, desk_AP_0.25: 1.0000, curtain_AP_0.25: 1.0000, refrigerator_AP
_0.25: 0.9167, showercurtrain_AP_0.25: nan, toilet_AP_0.25: nan, sink_AP_0.25: 1.0000, bathtub_AP_0.25: nan, garbagebin_
AP_0.25: 0.7834, mAP_0.25: nan, cabinet_rec_0.25: 1.0000, bed_rec_0.25: 1.0000, chair_rec_0.25: 1.0000, sofa_rec_0.25: 1
```

图 12 - 8　Group - Free - 3D 训练示意图

12.3　FCAF3D（ECCV 2022）

12.3.1　模型总体结构

FCAF3D 是一种 anchor - free 的全卷积室内三维目标检测算法,由三星公司发表在 ECCV 2022 *FCAF3D: Fully Convolutional Anchor -Free 3D Object Detection*,论文地址为 https://arxiv. org/abs/2112. 00322”。基于 anchor 的 3D 物体检测方法需要对物体几何形状进行先验假设,这限制了模型的泛化能力。FCAF3D 采用 Anchor-free 的方式避免这种提前假设,是一种纯粹数据驱动的方法。该方法发布时在 ScanNet V2（+4.5）、SUN RGB - D（+3.5）和 S3DIS（+20.5）数据集上均取得最好结果。当前 FCAF3D 仍然排名比较靠前,如图 12 - 9 所示,地址为 https://paperswithcode. com/sota/3d-object-detection-on-sun-rgbd-val”。

FCAF3D 模型的整体结构如图 12 - 10 所示。该模型属于 Anchor - free 目标检测算法。FCAF3D 主干网络采用典型的 ResNet34 FPN 结构。该结构采用三维稀疏卷积进行计算,计算过程中得到的非稀疏点作为 Head 预测的种子点。种子点选取方法不同于 VoteNet 等方法,其他方法的种子点通常是由体素坐标及其特征得到的。这里的种子点更加类似于二维特征图的生成与预测结构,直接由卷积产生。FPN 层实现四种不同特征尺度下的预测,各种尺度下的特征维度分别为 64、128、256 和 512。各种尺度特征采用相同形式的 Head 结构分别完成目标类别、中心度和目标框位置的预测。

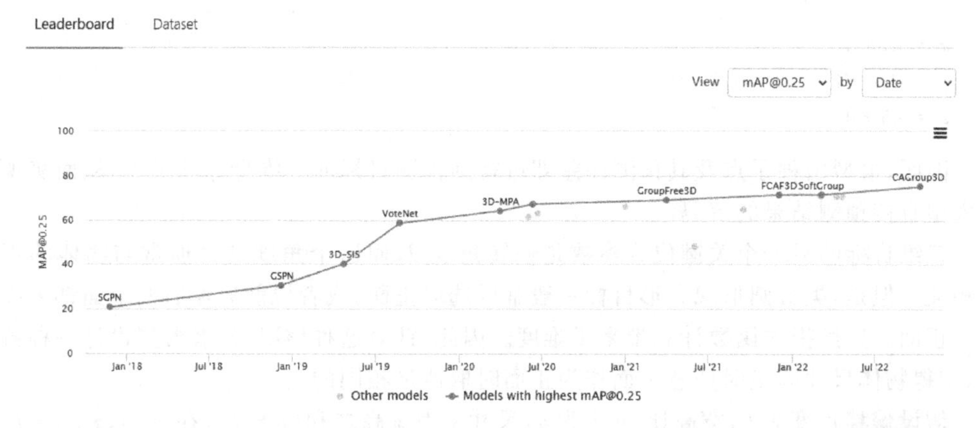

Filter: untagged　　Edit Leaderboard

Rank	Model	mAP@0.25	mAP@0.5	Paper	Code	Result	Year	Tags
1	CAGroup3D	75.1	61.3	CAGroup3D: Class-Aware Grouping for 3D Object Detection on Point Clouds			2022	
2	SoftGroup	71.6	59.4	SoftGroup for 3D Instance Segmentation on Point Clouds			2022	
3	FCAF3D	71.5	57.3	FCAF3D: Fully Convolutional Anchor-Free 3D Object Detection			2021	

图 12-9　FCAF3D 效果排名

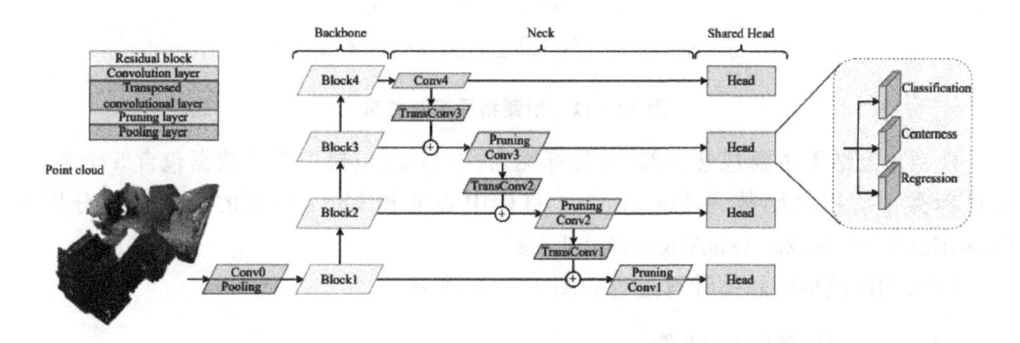

图 12-10　FCAF3D 模型结构

模型直接预测结果通常是目标和种子点之间的偏差。例如：

```
d1 = x + w/2 - px
d2 = px - x + w/2
d3 = y + l/2 - py
d4 = py - y + l/2
d5 = z + h/2 - pz
d6 = pz - z + h/2
```

其中，x、y、z、w、l、h 分别为目标中心点坐标和尺寸，px、py、pz 为种子点坐标，$d1 \sim d6$ 为预测偏差。那么，我们可以得到：

```
w = d1 + d2
h = d3 + d4
z = d5 + d6
```

因而，模型由种子点及其预测偏差即可得到预测目标的三维坐标和尺寸，从而实现对模型直接预测结果的解码。

三维目标的另一个关键位置参数是偏转角度 θ，而这个角度选择通常与物体的正面相关。但是，类似圆形或方形目标一般难以选取正面，或者说前后左右四个面都可以作为正面。这给损失函数计算带来了难度。因此，针对这种情况，作者希望设计一种偏移，使得物体尺寸固定时任意一面作为正面时取值是相同的。

假设偏移角度为 θ，宽高比 w/l 为 q，尺寸 s 为宽高之和($w+l$)，在 x、y、z、$w+l$、h 保持不变时，作者利用莫比乌斯带原理证明了四种朝向下 ln(q) sin(2θ)、ln(q) cos(2θ)、sin(4θ)和 lsin(4θ)是相同的，并使用前两个结果作为近似，进而得到角度偏差如下：

```
d7 = ln(w/l)sin(2θ)
d8 = ln(w/l)cons(2θ)
```

预测结果与目标尺寸、方向之间的位置关系如图 12－11 所示。

$$w=\frac{sq}{1+q},\ l=\frac{s}{1+q},\ \theta=\frac{1}{2}\arctan\frac{\delta_7}{\delta_8},$$

$$\text{where ratio } q=\sqrt{\delta_7^2+\delta_8^2} \text{ and size } s=\delta_1+\delta_2+\delta_3+\delta_4$$

图 12－11　预测结果相互关系

模型预测结果主要包含三部分：目标类别、中心度、位置。输入数据包含 5 个类别，且目标类别的损失函数为 FocalLoss。目标中心度和 bbox 位置的损失函数分别为 CrossEntropyLoss 和 AxisAlignedIoULoss。

FCAF3D 模型的总体计算过程如图 12－12 所示。

12.3.2　模型详细结构

1. 主干网络与 FPN

输入数据维度为 $N\times6$，这 6 个维度分别为坐标 x、y、z 和色彩 r、g、b，且 N＝100 000。输入数据经 MinkowskiEngine 引擎转为稀疏表达，体素尺寸为 0.01 m。经过稀疏表达之后，体素坐标 coordinates 构成维度为 batch_id、x、y、z，体素特征 features 构成维度为 r、g、b。由于涉及到体素化操作，点的数量会发生变化，假设由 N 转为 M。

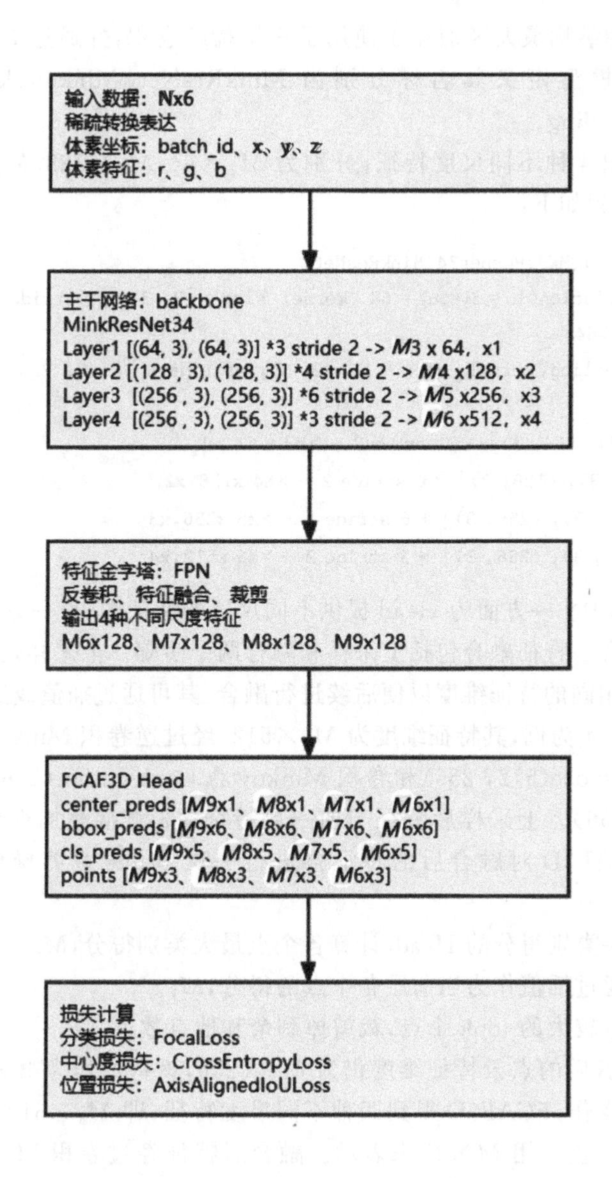

图 12-12 FCAF3D 模型总体计算过程

```
#points Nx6 N = 100000 xyzrgb
x = self.extract_feat(points)
coordinates, features = ME.utils.batch_sparse_collate([(p[:, :3] / self.voxel_size, p[:, 3:]) for p in points], device = points[0].device)
#coordinates 为体素坐标，体素大小为 0.01m ,Mx4,[batch_id x y z]
#features 为 rgb 取值
x = ME.SparseTensor(coordinates = coordinates, features = features) #稀疏表达
```

主干网络采用典型的残差网络 ResNet34，共 34 层卷积或池化操作。与普通二维

ResNet 相比，所用结构最大区别在于使用了三维稀疏卷积，并通过 MinkowskiEngine 引擎实现，因而模型定义其名称分别为 MinkResNet、MinkowskiConvolution 和 MinkowskiMaxPooling。

主干网络输出 4 种不同尺度特征，分别为 $M_3\times64$、$M_4\times128$、$M_5\times256$ 和 $M_6\times512$。模型主要过程如下：

```
self.backbone(x)、Mx3、Resnet34、MinkResNet
MinkowskiConvolution(in = 3, out = 64, kernel_size = [3, 3, 3], stride = [2, 2, 2], dilation = [1, 1, 1]) M1X64
MinkowskiMaxPooling(kernel_size = [2, 2, 2], stride = [2, 2, 2], dilation = [1, 1, 1]) M2X64
Layer1 [(64, 3), (64, 3)] * 3 stride 2 ->M3 x 64,x1
Layer2 [(128 , 3), (128, 3)] * 4 stride 2 ->M4 x128,x2
Layer3  [(256 , 3), (256, 3)] * 6 stride 2 ->M5 x256,x3
Layer4  [(256 , 3), (256, 3)] * 3 stride 2 ->M6 x512,x4
```

特征金字塔 FPN 一方面为 Head 提供不同尺度的特征图，另一方面实现浅层和深层之间的特征融合。特征融合包括上采样和融合两个步骤。上采样是为了使深层特征和浅层特征具备相同的特征维度以便后续进行融合，其可通过插值或逆卷积实现。

以深层特征×4 为例，其特征维度为 $M_6\times512$，经过逆卷积 MinkowskiGenerativeConvolutionTranspose(512, 256)和卷积 MinkowskiConvolution(256, 256)得到上采样后特征($M_7\times256$)。上采样后特征与前一层特征×3 直接叠加得到新的融合特征(M7×256)。FCAF3D 对融合后的特征再进行一次 prune 裁剪操作。裁剪操作步骤为：

(1) 根据深层类别得分的 Head，计算各个点最大类别得分，M_6。

(2) 将得分通过插值作为当前层各个点的得分，M_7。

(3) 选择得分较大的 topk 个点，裁剪掉剩余其他点数。

假设经过裁剪后的点云特征维度仍为 $M_7\times256$，该特征作为第 3 层的输出特征。通过特征金字塔操作，FCAF3D 得到四种不同尺度特征，即 $M_6\times512$、$M_7\times256$、$N_8\times128$、$M_9\times64$，这里统一用 $M\times F$ 来表示。融合后特征经过卷积 MinkowskiConvolution(F, 128)再次进行一次特征提取并得到 FPN 最终输出 $M_6\times128$、M_7x128、$M_8\times128$、$M_9\times128$。关键程序如下所示。

```
x4 MinkowskiConvolution(in = 512, out = 128, kernel_size = [3, 3, 3], stride = [1, 1, 1], dilation = [1, 1, 1]) x5 M6x128
scores = self.conv_cls(x) M6x5 分类分数,共 5 个类别
prune_scores = ME.SparseTensor(scores.features.max(dim = 1, keepdim = True).values)
MinkowskiGenerativeConvolutionTranspose(in = 512, out = 256, kernel_size = [2, 2, 2], stride = [2, 2, 2], dilation = [1, 1, 1]) 上采样
MinkowskiConvolution(in = 256, out = 256, kernel_size = [3, 3, 3], stride = [1, 1, 1], dilation = [1, 1, 1])
```

```
M7 x 256
x = inputs[i] + x# 特征融合
x = self._prune(x, prune_score) # 点云裁剪
MinkowskiGenerativeConvolutionTranspose(in = 256, out = 128, kernel_size = [2, 2, 2],
stride = [2, 2, 2], dilation = [1, 1, 1]) M7x128 特征提取
```

2. FCAF3D Head

FCAF3D Head 分别对 FPN 层输出的 4 种不同尺度特征经过卷积操作得到目标中心度、分类得分和位置预测。中心度是一个 0～1 之间的数值，需要将输出特征的维度由 $M\times128$ 转换为 $M\times1$，因而中心度 Head 的卷积为 MinkowskiConvolution(128, 1)。程序共预测 5 类目标，需要将输出特征的维度由 $M\times128$ 转换为 $M\times5$，因而分类 Head 的卷积为 MinkowskiConvolution(128, 5)。目标位置采用 6 个位置偏差进行表达，需要将输出特征的维度由 $M\times128$ 转换为 $M\times6$，因而位置 Head 的卷积为 MinkowskiConvolution(128, 6)。

Head 结果输出如下，每个都对应 4 种不同尺度，其中 points 是稀疏卷积操作后得到的非稀疏点坐标，也作为预测的种子点。

```
center_preds [M9x1、M8x1、M7x1、M6x1]
bbox_preds [M9x6、M8x6、M7x6、M6x6]
cls_preds [M9x5、M8x5、M7x5、M6x5]
points [M9x3、M8x3、M7x3、M6x3]
```

关键程序如下

中心度 Head：

```
center_pred = self.conv_center(x).features Mx1
MinkowskiConvolution(in = 128, out = 1, kernel_size = [1, 1, 1], stride = [1, 1, 1], dila-
tion = [1, 1, 1])
```

分类 Head：

```
scores = self.conv_cls(x)
MinkowskiConvolution(in = 128, out = 5, kernel_size = [1, 1, 1], stride = [1, 1, 1], dila-
tion = [1, 1, 1]) M6x5
```

位置 Head：

```
reg_final = self.conv_reg(x).features Mx6
MinkowskiConvolution(in = 128, out = 6, kernel_size = [1, 1, 1], stride = [1, 1, 1], dila-
tion = [1, 1, 1])
```

3. 损失函数与顶层结构

(1) 标签计算

标签计算需要为上述不同尺度的各个点 points 赋予真实标签。有效的预测点(种子点)需要存在真实标签与之对应，必须满足如下条件：

① 点所在特征尺度下，某一真实标注框在该尺度下必须有 pts_assign_threshold (27)个点在框内。

② 每个真实框可能存在多个尺度满足(1)中要求,采用特征尺度最大的作为 best_level。

③ 点需要在某一真实目标框内。

④ 计算满足上述条件中各个点的中心度,每个真实框最多选择 18 个中心度较大的种子点。

⑤ 针对中心度满足要求的种子点,如果种子点同时满足多个真实框要求,那么仅预测体积最小的真实框。

计算步骤如下:

① 计算点是否在目标框内。

② 计算在各个尺度下属于某一真实目标框中的点个数,选择点数满足阈值要求的点。

③ 保留最佳尺度 best_level 条件下的点。

④ 针对每个真实目标框最多选择 18 个中心度较大的种子点。

⑤ 针对上述满足要求的种子点,选择最小真实目标框体积的目标标签。

⑥ 根据(5)中的标签得到中心度标签 center_targets(不满足要求的点设置为-1),候选框标签 bbox_targets(6 个维度,不含方向),类别标签 cls_targets(不满足要求的点设置为-1)。

(2) 损失计算

模型预测结果包含三部分:目标类别、中心度、位置。输入数据包含 5 个类别,且目标类别的损失函数为 FocalLoss。目标中心度和 bbox 位置的损失函数分别为 CrossEntropyLoss 和 AxisAlignedIoULoss。

计算各个类别损失时需要先筛选出正样本点。由于 cls_targets 已经将负样本点标注为-1,因而大于等于零的点即为正样本点。计算位置损失时需要将预测坐标偏差按照之前介绍的转换公式转为 x、y、z、w、l、h 的形式,并进一步转为顶点表达方式。

关键程序如下所示。

```
正样本:类别标签 cls_targets≥0 的种子点,数量 n_pos
cls_loss = self.cls_loss(cls_preds, cls_targets, avg_factor = n_pos) FocalLoss()
仅对正样本进行中心度和位置回归损失计算
pos_center_preds = center_preds[pos_inds]
pos_bbox_preds = bbox_preds[pos_inds]
pos_center_targets = center_targets[pos_inds].unsqueeze(1)
pos_bbox_targets = bbox_targets[pos_inds]
center_denorm = max(reduce_mean(pos_center_targets.sum().detach()), 1e-6)
center_loss = self.center_loss(pos_center_preds, pos_center_targets, avg_factor = n_pos) CrossEntropyLoss
bbox_loss = self.bbox_loss(self._bbox_to_loss(self._bbox_pred_to_bbox(pos_points, pos_bbox_preds)), self._bbox_to_loss(pos_bbox_targets), weight = pos_center_targets.squeeze(1), avg_factor = center_denorm) AxisAlignedIoULoss()
```

(3) 顶层结构

FCAF3D 模型顶层结构主要包含以下三部分：

(1) 特征提取：采用 ResNet34 FPN 模型结构提取 4 种不同尺度的特征尺寸。

(2) FCAF3D Head：分别对 FPN 层输出的 4 种不同尺度特征经过卷积操作得到目标中心度、分类得分和位置预测。

(3) 损失函数：包括标签和损失计算。

```
def forward_train(self, points, gt_bboxes_3d, gt_labels_3d, img_metas):
x = self.extract_feat(points)
losses = self.head.forward_train(x, gt_bboxes_3d, gt_labels_3d, img_metas)
return losses
```

12.3.3 模型训练

FCAF3D 官方源码地址为 https://github.com/samsunglabs/fcaf3d"。本节所参考的 FCAF3D 程序基于 mmdetection3d 框架，训练命令为“Python tools/train.py configs/fcaf3d/fcaf3d_8x2_s3dis-3d-5class.py”。Mmdetection3d FCAF3D 模型支持 ScanNet V2、SUN RGB-D 和 S3DIS 三种室内数据集，这里以 S3DIS 数据集为例。运行训练命令后可得到如图 12-13 所示的训练结果。

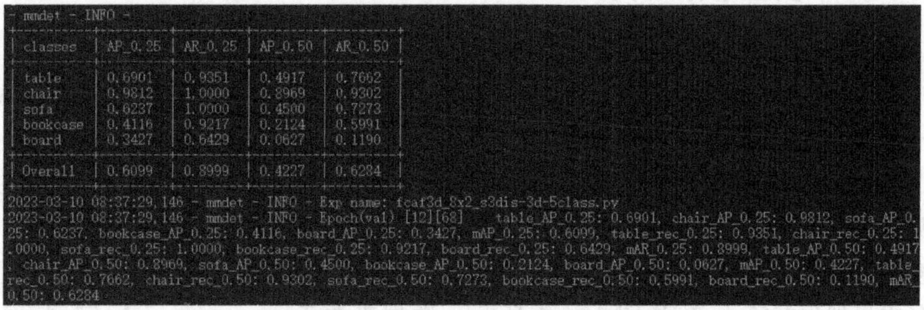

```
- mmdet - INFO -
+----------+---------+---------+---------+---------+
| classes  | AP_0.25 | AR_0.25 | AP_0.50 | AR_0.50 |
+----------+---------+---------+---------+---------+
| table    | 0.6901  | 0.9351  | 0.4917  | 0.7662  |
| chair    | 0.9812  | 1.0000  | 0.8969  | 0.9302  |
| sofa     | 0.6237  | 1.0000  | 0.4500  | 0.7273  |
| bookcase | 0.4116  | 0.9217  | 0.2124  | 0.5991  |
| board    | 0.3427  | 0.6429  | 0.0627  | 0.1190  |
+----------+---------+---------+---------+---------+
| Overall  | 0.6099  | 0.8999  | 0.4227  | 0.6284  |
+----------+---------+---------+---------+---------+
2023-03-10 08:37:29,146 - mmdet - INFO - Exp name: fcaf3d_8x2_s3dis-3d-5class.py
2023-03-10 08:37:29,146 - mmdet - INFO - Epoch(val) [12][68]    table_AP_0.25: 0.6901, chair_AP_0.25: 0.9812, sofa_AP_0.
25: 0.6237, bookcase_AP_0.25: 0.4116, board_AP_0.25: 0.3427, mAP_0.25: 0.6099, table_rec_0.25: 0.9351, chair_rec_0.25: 1
.0000, sofa_rec_0.25: 1.0000, bookcase_rec_0.25: 0.9217, board_rec_0.25: 0.6429, mAR_0.25: 0.8999, table_AP_0.50: 0.4917
, chair_AP_0.50: 0.8969, sofa_AP_0.50: 0.4500, bookcase_AP_0.50: 0.2124, board_AP_0.50: 0.0627, mAP_0.50: 0.4227, table_
rec_0.50: 0.7662, chair_rec_0.50: 0.9302, sofa_rec_0.50: 0.7273, bookcase_rec_0.50: 0.5991, board_rec_0.50: 0.1190, mAR_
0.50: 0.6284
```

图 12-13 FCAF3D 训练结果示意图

程序运行依赖于 MinkowskiEngine 库，如果未安装该库则会报错误提示“NameError: MinkSingleStage3DDetector: MinkResNet: name 'ME' is not defined”。MinkowskiEngine 是一个用于稀疏张量的自动微分库，支持所有标准神经网络层，例如卷积、池化等操作。FCAF3D 主要用其来进行三维稀疏卷积操作。直接使用“pip install MinkowskiEngine”进行安装时，安装程序可能会报错误提示“BLAS not found from numpy.distutils.system_info.get_info.”。其可通过下面步骤成功安装：

```
apt-get update
apt install build-essential  libopenblas-dev
git clone https://gitee.com/mirrors_NVIDIA/MinkowskiEngine.git
cd MinkowskiEngine
Python setup.py install --blas_include_dirs=${CONDA_PREFIX}/include --blas=openblas
```

第 13 章 单目三维目标检测模型算法

随着机器学习和计算机视觉技术的发展，目标检测已经成为计算机视觉领域的重要研究方向之一。目标检测是指从图像或视频中自动识别并定位感兴趣的目标物体。传统二维图像的目标检测算法通过检测目标物体在图像的位置和大小来实现。但二维图像信息是有限的，不能完全表达物体的三维信息。因此在一些应用场景中，算法需要对物体的三维信息进行检测和估计。单目三维目标检测技术便是为了解决这个问题而产生的。

13.1 ImVoxelNet（WACV 2022）

13.1.1 模型总体结构

ImVoxelNet 是一种基于 RGB 图像的三维目标检测模型，发表在 WACV 2022《ImVoxelNet：Image to Voxels Projection for Monocular and Multi-View General-Purpose 3D Object Detection》，论文地址为 https://arxiv.org/abs/2106.01178"。ImVoxelNet 是一种端到端的基于单目或多视图 RGB 图像的深度学习卷积神经网络 3D 目标检测方法。其中，多视图 RGB 图像来源于多个传感器或多帧数据，并且该模型结构能够兼容室内和室外场景。截至目前，ImVoxelNet 在 SUN RGB－D 数据集上同类预测任务排名中仍然保持第 1 名，如图 13－1 所示。数据来源于 paperwithcode 官网，网址为 https://paperswithcode.com/sota/monocular-3d-object-detection-on-sun-rgb-d"。

ImVoxelNet 论文与参考程序同时考虑了室内和室外场景，程序输入数据集分别为 KITTI 和 SUN RGB－D。室内和室外训练程序命令分别如下所示。

```
Python tools/train.py configs/imvoxelnet/imvoxelnet_4x8_kitti-3d-car.py
Python tools/train.py configs/imvoxelnet/imvoxelnet_4x2_sunrgbd-3d-10class
```

ImVoxelNet 模型结构如图 13－2 所示，主要包括图像特征提取、体素分割、3D CNN 和 Head 结构。图像特征采用 ResNet50 神经网络进行提取。模型对空间进行体素划分，并且通过其在图像范围内对应坐标与图像特征进行关联，将相应位置的图像特征作为体素特征。经过该步骤后，模型得到空间中各个体素的特征。基于三维点云的深度学习算法通常将空间划分为体素之后，采用 PointNet 等方式提取体素特征，即 VFE 层输出。因此，ImVoxelNet 将图像特征作为 VFE 层输出并与体素相对应。那么，模型实际上得到与基于点云模型一样的输出。因此，后续模型结构网络可按照相同方式进行设计。例如，3D CNN 层作用可看作是 Middle 中间层的一种实现方式。Head 则是对分类和回归结果的预测。该模型在室内情况下采用 FCOS 模型的 Head 结构；在室外情况下则直接使用 BEV 视图上的基于二维卷积的 Head 结构。

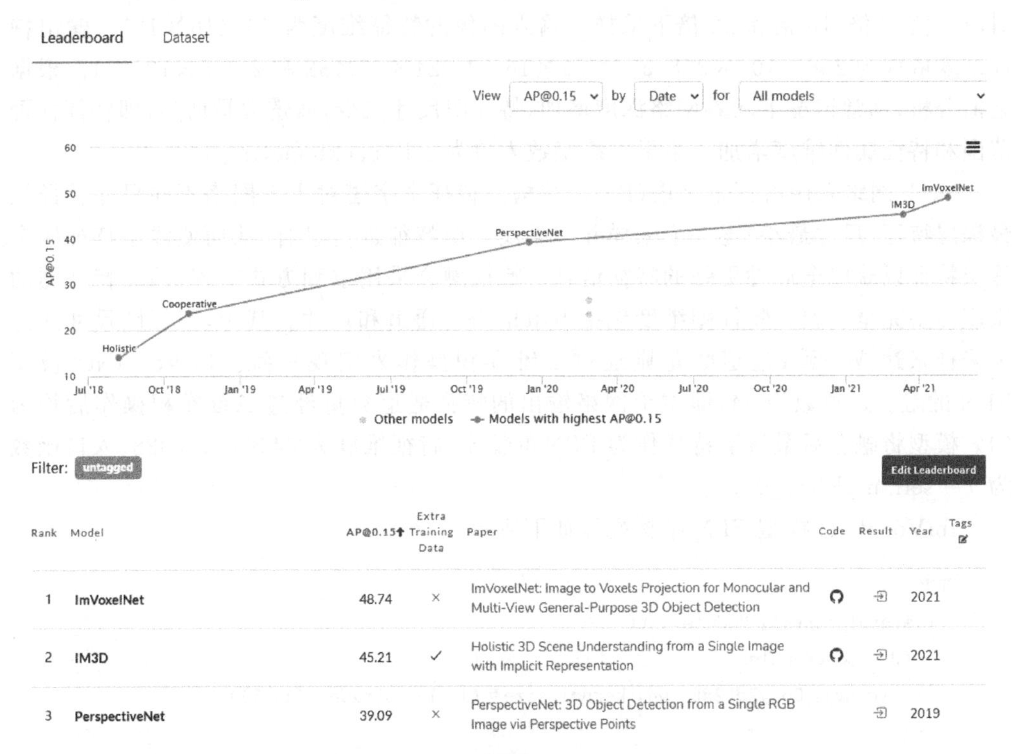

图 13-1 ImVoxelNet 排名情况

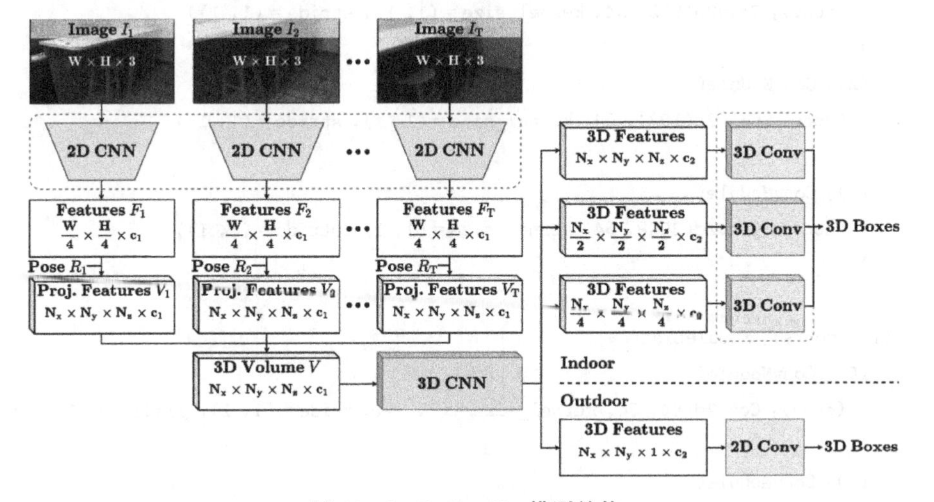

图 13-2 ImVoteNet 模型结构

下面首先以室内场景详细介绍ImVoxelNet模型过程，输入数据集为KITTI。

13.1.2 模型详细结构

1. 主干网络和Neck层

ImVoxelNet模型主干网络采用ResNet50结构，输出四种不同尺寸特征图，分别对应4倍、8倍、16倍和32倍下采样。输入图像的特征维度为3×416×1312，输出特征维度依次为256×104×328、512×52×164、1 024×26×82和2 048×13×41。根据之前分析，通常情况下随着网络深度增加，特征图尺寸减少，通道数量增加，即特征视野范围和特征属性维度增加。主干网络函数入口为self.backbone(img)。

Neck网络采用特征金字塔(FPN)结构。特征金字塔对主干网络不同尺寸特征从最深层特征(尺寸最小)逐一上采样并与更浅一层特征进行融合，从而使浅层特征融合深层特征以获取全局性更强的特征信息。特征融合采用求和方式实现，因而特征图的维度需要完全一致。特征图维度包括batch size、通道和尺寸。其中，特征图尺寸通过上采样来达成一致；通道数量则通过二维卷积操作来实现一致。ImVoxelNet模型FPN的融合通道数为64，即主干网络输出的特征通道数量经过二维卷积操作后均为64。模型将融合后最浅层特征作为FPN的输出，特征维度为64×104×328，入口函数为x=self.neck(x)[0]。

ImVoxelNet模型FPN结构配置如下所示。

```
FPN(
  (lateral_convs): ModuleList(
    (0): ConvModule(
      (conv): Conv2d(256, 64, kernel_size=(1, 1), stride=(1, 1))
    )
    (1): ConvModule(
      (conv): Conv2d(512, 64, kernel_size=(1, 1), stride=(1, 1))
    )
    (2): ConvModule(
      (conv): Conv2d(1024, 64, kernel_size=(1, 1), stride=(1, 1))
    )
    (3): ConvModule(
      (conv): Conv2d(2048, 64, kernel_size=(1, 1), stride=(1, 1))
    )
  )
  (fpn_convs): ModuleList(
    (0): ConvModule(
      (conv): Conv2d(64, 64, kernel_size=(3, 3), stride=(1, 1), padding=(1, 1))
    )
    (1): ConvModule(
      (conv): Conv2d(64, 64, kernel_size=(3, 3), stride=(1, 1), padding=(1, 1))
```

```
        )
        (2): ConvModule(
          (conv): Conv2d(64, 64, kernel_size=(3, 3), stride=(1, 1), padding=(1, 1))
        )
        (3): ConvModule(
          (conv): Conv2d(64, 64, kernel_size=(3, 3), stride=(1, 1), padding=(1, 1))
        )
      )
    )
    x = self.neck(x)[0]
    x1 conv2d(256, 64) 4x64x104x328 x1
    x2 conv2d(512, 64) 4x64x52x164  x2
    x3 conv2d(1024, 64) 4x64x26x82 x3
    x4 conv2d(2048, 64) 4x64x13x41 x4
    out = x1 4x64x104x328 neck
    self.n_voxels 216x248x12
```

2. 生成点特征

ImVoxelNet 模型将空间划分成 216×248×12 个体素网格,并将每个体素中心看作点云的一个点,从而得到完整的点云 Points。模型共计生成 642 816(216×248×12)个点。整个体素空间的 BEV 视图上各个网格设置两种 anchor,anchor 尺寸为 3.9、1.6、1.56,方向分别为 0 和 Π。每个 anchor 的 7 个参数组成分别为 x、y、z、l、w、h、θ。Anchor 的维度为 248×216×1×2×7。

全部体素中心点投影到图像坐标系,并转换到与 RGB 图像相同分辨率。模型通过对图像特征进行插值得到体素投影后图像的特征,从而 Points 投影后每个位置获取了来源于图像的特征,进而相当于为每个体素点都赋予了特征属性,即点云空间的特征属性。特征维度为 642 816×64(64×216×248×12),即点的数量和点的特征维度。由于该特征是由图像特征插值而来,因而特征属性数量保持不变,均为 64。模型用 valid_preds(1×216×248×12)来标记特征全为 0 的体素点,可理解为相应体素内不含有点云。

获取空间体素或点特征之后,ImVoxelNet 结构的后续网络与常规三维目标检测结构一致。

3. Neck3d 层

Neck3d 采用 4 组残差模块(ResModule,参考 ResNet18)和两个卷积模块,共计 10 个 3d 卷积模块来进行特征提取。提取后特征维度由 64×216×248×12 更新为 256×248×216,深度方向特征维度降为 1,特征图尺寸为 248×216,特征属性维度为 256。三维特征图转变为二维特征图,即 BEV 视图特征。这是由于在室外场景下,我们主要关注 BEV 视图上可能存在的目标。此外,转换为二维特征图有利于降低后续运算量并使用二维卷积提取更深层次特征。

```
OutdoorImVoxelNeck(
```

```
(model): Sequential(
(0): ResModule(
(conv0): ConvModule(
(conv): Conv3d(64, 64, kernel_size = (3, 3, 3), stride = (1, 1, 1), padding = (1, 1, 1), bias = False)
(bn): BatchNorm3d(64, eps = 1e - 05, momentum = 0.1, affine = True, track_running_stats = True)
(activate): ReLU(inplace = True))
(conv1): ConvModule(
(conv): Conv3d(64, 64, kernel_size = (3, 3, 3), stride = (1, 1, 1), padding = (1, 1, 1), bias = False)
(bn): BatchNorm3d(64, eps = 1e - 05, momentum = 0.1, affine = True, track_running_stats = True))
(activation): ReLU(inplace = True))
(1): ConvModule(
(conv): Conv3d(64, 128, kernel_size = (3, 3, 3), stride = (1, 1, 2), padding = (1, 1, 1), bias = False)
(bn): BatchNorm3d(128, eps = 1e - 05, momentum = 0.1, affine = True, track_running_stats = True)
(activate): ReLU(inplace = True))
(2): ResModule((conv0): ConvModule(
(conv): Conv3d(128, 128, kernel_size = (3, 3, 3), stride = (1, 1, 1), padding = (1, 1, 1), bias = False)
(bn): BatchNorm3d(128, eps = 1e - 05, momentum = 0.1, affine = True, track_running_stats = True)
(activate): ReLU(inplace = True))
(conv1): ConvModule(
(conv): Conv3d(128, 128, kernel_size = (3, 3, 3), stride = (1, 1, 1), padding = (1, 1, 1), bias = False)
(bn): BatchNorm3d(128, eps = 1e - 05, momentum = 0.1, affine = True, track_running_stats = True))
(activation): ReLU(inplace = True))
(3): ConvModule(
(conv): Conv3d(128, 256, kernel_size = (3, 3, 3), stride = (1, 1, 2), padding = (1, 1, 1), bias = False)
(bn): BatchNorm3d(256, eps = 1e - 05, momentum = 0.1, affine = True, track_running_stats = True)
(activate): ReLU(inplace = True))
(4): ResModule(
(conv0): ConvModule(
(conv): Conv3d(256, 256, kernel_size = (3, 3, 3), stride = (1, 1, 1), padding = (1, 1, 1), bias = False)
(bn): BatchNorm3d2(256, eps = 1e - 05, momentum = 0.1, affine = True, track_running_stats
```

```
= True)
    (activate): ReLU(inplace = True))
    (conv1): ConvModule(
    (conv): Conv3d(256, 256, kernel_size = (3, 3, 3), stride = (1, 1, 1), padding = (1, 1, 1),
bias = False)
    (bn): BatchNorm3d(256, eps = 1e - 05, momentum = 0.1, affine = True, track_running_stats =
True))
    (activation): ReLU(inplace = True))
    (5): ConvModule(
    (conv): Conv3d(256, 256, kernel_size = (3, 3, 3), stride = (1, 1, 1), padding = (1, 1, 0),
bias = False)
    (bn): BatchNorm3d(256, eps = 1e - 05, momentum = 0.1, affine = True, track_running_stats =
True)
    (activate): ReLU(inplace = True))))
```

13.1.3 损失函数与顶层结构

ImVoxelNet模型的Head结构包括目标分类、方向分类和位置回归三部分，三者损失函数分别为FocalLoss、CrossEntropyLoss和SmoothL1Loss，参配置如下所示：

```
Anchor3DHead(
    (loss_cls): FocalLoss()
    (loss_bbox): SmoothL1Loss()
    (loss_dir): CrossEntropyLoss(avg_non_ignore = False)
    (conv_cls): Conv2d(256, 2, kernel_size = (1, 1), stride = (1, 1))
    (conv_reg): Conv2d(256, 14, kernel_size = (1, 1), stride = (1, 1))
    (conv_dir_cls): Conv2d(256, 4, kernel_size = (1, 1), stride = (1, 1))
)
```

分类head：256×248×216特征经过conv_cls(256,2)得到2×248×216个预测结果。

位置head：256×248×216特征经过conv_reg(256,14)得到14×248×216个预测结果。

方向head：256×248×216特征经过conv_reg(256,4)得到4×248×216个预测结果。

ImVoxelNet模型的顶层结构入口函数如下所示，主要包含特征提取、Head和损失函数等部分。

```
def forward_train(self, img, img_metas, gt_bboxes_3d, gt_labels_3d,  * * kwargs):
    x, valid_preds = self.extract_feat(img, img_metas)
    # For indoor datasets ImVoxelNet uses ImVoxelHead that handles
    # mask of visible voxels.
    if self.coord_type == 'DEPTH':
```

```
        x + = (valid_preds, )
    losses = self.bbox_head.loss( * x, gt_bboxes_3d, gt_labels_3d, img_metas)
    return losses
```

13.1.4 室内情况

ImVoxelNet 模型在室内场景下采用 SUN RGB - D 数据集,模型总体结构保持一致。下面重点介绍与室外场景不一致之处。

输入图像维度为 3×512×672,经过 ResNet 结构主干网络后得到 4 种不同尺度特征,维度分别为 256×128×168、512×64×84、1 024×32×42、2 048×16×21,并在 FPN 操作之后得到 256×128×168 维特征。室内场景体素数量设置为 40×40×16,共计 25 000 个体素。类似地,根据图像特征加上采样操作,模型得到各个体素特征,维度为 256×40×40×16。

Neck3d 网络采用 ResNet FPN 网络结构计算得到 3 种不同尺度特征,128×40×40×16、128×20×20×8、128×10×10×4。这与室内情况存在两种差异。首先,特征尺度数量增加为 3,原因在于室外情形下仅检测一种目标,而室内情形则检测多个目标。多尺度特征意味着多特征图视野,从而可匹配不同尺寸的目标。其次,特征空间保持为三维空间,而室外情形则转为 BEV 视图空间。这是因为室内我们不仅关注水平面上的目标,也需要将高度方向上的目标进行充分区分。室外条件下,垂直方向上目标出现叠加的情况较少。相比之下,室内条件则较容易出现垂直方向上的目标重叠情况。

针对室内情况,ImVoxelNet 模型的 bbox_head 结构主要采用 FCOS HEAD 结构,并且增加中心度预测。其结构配置参数如下所示。

```
x = self.bbox_head(x)ImVoxelHead(
    (center_loss): CrossEntropyLoss(avg_non_ignore = False)
    (bbox_loss): RotatedIoU3DLoss()
    (cls_loss): FocalLoss()
    (conv_center): Conv3d(128, 1, kernel_size = (3, 3, 3), stride = (1, 1, 1), padding = (1, 1, 1), bias = False)
    (conv_reg): Conv3d(128, 7, kernel_size = (3, 3, 3), stride = (1, 1, 1), padding = (1, 1, 1), bias = False)
    (conv_cls): Conv3d(128, 10, kernel_size = (3, 3, 3), stride = (1, 1, 1), padding = (1, 1, 1))
    (scales): ModuleList(
      (0): Scale()
      (1): Scale()
  (2): Scale()
```

13.1.5　模型训练

ImVoxelNet 官方源码地址为 https://github.com/SamsungLabs/imvoxelnet"。本节所参考的 ImVoxelNet 程序基于 mmdetection3d 框架，室内和室外训练命令分别为"Python tools/train.py configs/imvoxelnet/imvoxelnet_4x8_kitti-3d-car.py"和"Python tools/train.py configs/imvoxelnet/imvoxelnet_4x2_sunrgbd-3d-10class"，输入数据集分别为 KITTI 和 SUN RGB-D。运行训练命令后可得到如图 13-3 和图 13-4 所示的训练结果。

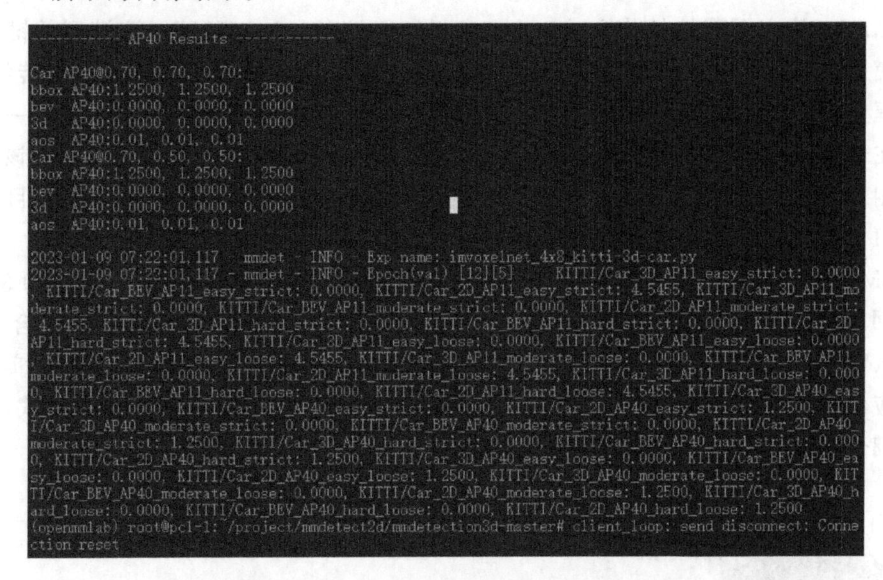

```
------------ AP40 Results ------------

Car AP40@0.70, 0.70, 0.70:
bbox AP40:1.2500, 1.2500, 1.2500
bev  AP40:0.0000, 0.0000, 0.0000
3d   AP40:0.0000, 0.0000, 0.0000
aos  AP40:0.01, 0.01, 0.01
Car AP40@0.70, 0.50, 0.50:
bbox AP40:1.2500, 1.2500, 1.2500
bev  AP40:0.0000, 0.0000, 0.0000
3d   AP40:0.0000, 0.0000, 0.0000
aos  AP40:0.01, 0.01, 0.01

2023-01-09 07:22:01,117 - mmdet - INFO - Exp name: imvoxelnet_4x8_kitti-3d-car.py
2023-01-09 07:22:01,117 - mmdet - INFO - Epoch(val) [12][5]    KITTI/Car_3D_AP11_easy_strict: 0.0000
, KITTI/Car_BEV_AP11_easy_strict: 0.0000, KITTI/Car_2D_AP11_easy_strict: 4.5455, KITTI/Car_3D_AP11_mo
derate_strict: 0.0000, KITTI/Car_BEV_AP11_moderate_strict: 0.0000, KITTI/Car_2D_AP11_moderate_strict:
 4.5455, KITTI/Car_3D_AP11_hard_strict: 0.0000, KITTI/Car_BEV_AP11_hard_strict: 0.0000, KITTI/Car_2D_
AP11_hard_strict: 4.5455, KITTI/Car_3D_AP11_easy_loose: 0.0000, KITTI/Car_BEV_AP11_easy_loose: 0.0000
, KITTI/Car_2D_AP11_easy_loose: 4.5455, KITTI/Car_3D_AP11_moderate_loose: 0.0000, KITTI/Car_BEV_AP11_
moderate_loose: 0.0000, KITTI/Car_2D_AP11_moderate_loose: 4.5455, KITTI/Car_3D_AP11_hard_loose: 0.000
0, KITTI/Car_BEV_AP11_hard_loose: 0.0000, KITTI/Car_2D_AP11_hard_loose: 4.5455, KITTI/Car_3D_AP40_eas
y_strict: 0.0000, KITTI/Car_BEV_AP40_easy_strict: 0.0000, KITTI/Car_2D_AP40_easy_strict: 1.2500, KITT
I/Car_3D_AP40_moderate_strict: 0.0000, KITTI/Car_BEV_AP40_moderate_strict: 0.0000, KITTI/Car_2D_AP40_
moderate_strict: 1.2500, KITTI/Car_3D_AP40_hard_strict: 0.0000, KITTI/Car_BEV_AP40_hard_strict: 0.000
0, KITTI/Car_2D_AP40_hard_strict: 1.2500, KITTI/Car_3D_AP40_easy_loose: 0.0000, KITTI/Car_BEV_AP40_ea
sy_loose: 0.0000, KITTI/Car_2D_AP40_easy_loose: 1.2500, KITTI/Car_3D_AP40_moderate_loose: 0.0000, KIT
TI/Car_BEV_AP40_moderate_loose: 0.0000, KITTI/Car_2D_AP40_moderate_loose: 1.2500, KITTI/Car_3D_AP40_h
ard_loose: 0.0000, KITTI/Car_BEV_AP40_hard_loose: 0.0000, KITTI/Car_2D_AP40_hard_loose: 1.2500
(openmmlab) root@pcl-1: /project/mmdetect2d/mmdetection3d-master# client_loop: send disconnect: Conne
ction reset
```

图 13-3　ImVoxelNet 室外场景训练结果示意图

classes	AP_0.25	AR_0.25	AP_0.50	AR_0.50
bed	0.0812	0.7536	0.0116	0.0435
table	0.0687	0.8140	0.0032	0.0891
sofa	0.0229	0.6822	0.0005	0.0698
chair	0.0571	0.6919	0.0024	0.1309
toilet	0.0064	0.7059	0.0001	0.1176
desk	0.0192	0.7206	0.0002	0.0735
night_stand	0.0013	0.3231	0.0000	0.0308
bookshelf	0.0000	0.1600	0.0000	0.0000
bathtub	0.0008	0.1111	0.0000	0.0000
dresser	0.0000	0.0385	0.0000	0.0000
Overall	0.0258	0.5001	0.0018	0.0555

```
2023-01-09 09:20:55,618 - mmdet - INFO - Exp name: imvoxelnet_4x2_sunrgbd-3d-10class.py
2023-01-09 09:20:55,618 - mmdet - INFO - Epoch(val) [12][505]   bed_AP_0.25: 0.0812, table_AP_0.25: 0
.0687, sofa_AP_0.25: 0.0229, chair_AP_0.25: 0.0571, toilet_AP_0.25: 0.0064, desk_AP_0.25: 0.0192, nig
ht_stand_AP_0.25: 0.0013, bookshelf_AP_0.25: 0.0000, bathtub_AP_0.25: 0.0008, dresser_AP_0.25: 0.0000
, mAP_0.25: 0.0258, bed_rec_0.25: 0.7536, table_rec_0.25: 0.8140, sofa_rec_0.25: 0.6822, chair_rec_0.
25: 0.6919, toilet_rec_0.25: 0.7059, desk_rec_0.25: 0.7206, night_stand_rec_0.25: 0.3231, bookshelf_r
ec_0.25: 0.1600, bathtub_rec_0.25: 0.1111, dresser_rec_0.25: 0.0385, mAR_0.25: 0.5001, bed_AP_0.50: 0
.0116, table_AP_0.50: 0.0032, sofa_AP_0.50: 0.0005, chair_AP_0.50: 0.0024, toilet_AP_0.50: 0.0001, de
sk_AP_0.50: 0.0002, night_stand_AP_0.50: 0.0000, bookshelf_AP_0.50: 0.0000, bathtub_AP_0.50: 0.0000,
dresser_AP_0.50: 0.0000, mAP_0.50: 0.0018, bed_rec_0.50: 0.0435, table_rec_0.50: 0.0891, sofa_rec_0.5
0: 0.0698, chair_rec_0.50: 0.1309, toilet_rec_0.50: 0.1176, desk_rec_0.50: 0.0735, night_stand_rec_0.
50: 0.0308, bookshelf_rec_0.50: 0.0000, bathtub_rec_0.50: 0.0000, dresser_rec_0.50: 0.0000, mAR_0.50:
 0.0555
```

图 13-4　ImVoxelNet 室内场景训练结果示意图

13.2 SMOKE (CVPRW 2020)

13.2.1 模型总体结构

SMOKE是一种基于关键点估计的单阶段单目三维目标检测模型，发表在 CVPRW 2020*SMOKE：Single-Stage Monocular 3D Object Detection via Keypoint Estimation*，论文下载地址为 https://arxiv.org/abs/2002.10111"。该模型关键之处在于使用关键点检测来进行三维目标检测，高效生成目标候选框。作者指出传统2D候选框生成是存在冗余的，并且会给3D检测带来不可忽略的噪声。模型另外一个创新点在于提出一种新的方法来构建3D预测框以提升训练收敛性和检测精度。该模型结构相对简洁，不需要复杂的数据预处理和后处理等步骤。模型发布时在单目检测KITTI数据集上取得了最好成绩。

SMOKE模型总体结构如图13-5所示，包括图像特征提取、关键点分类和3D预测框回归等步骤。图像特征采用DLA-34网络结构，通过多尺度特征融合输出 $H/4\times W/4\times 256$ 维度特征。模型根据图像特征得到关键点预测结果，并在真实关键点对应位置进行3D候选框预测。3D候选框预测过程中采用了新的编解码方式，下面将详细介绍。

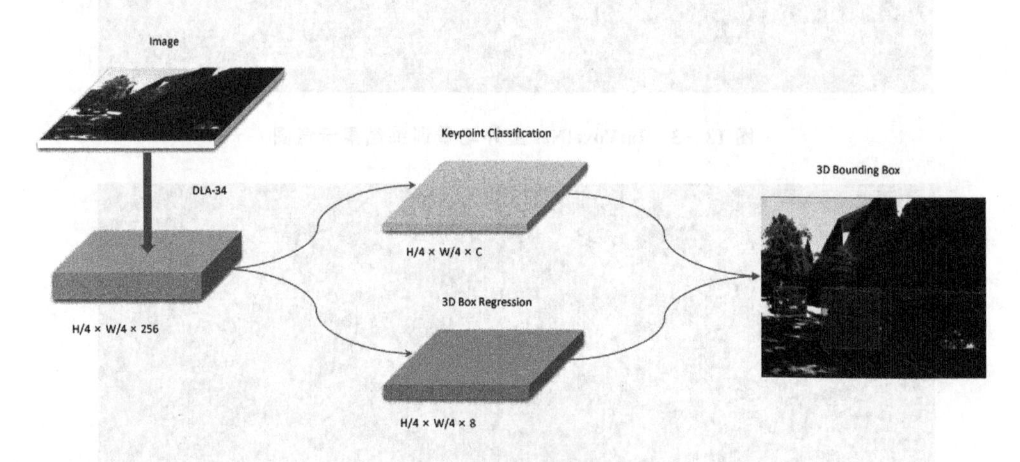

图13-5 SMOKE模型总体结构

SMOKE模型总体计算过程如图13-6所示：

13.2.2 模型详细结构

1. 图像特征提取

SMOKE模型主干网络采用DLA-34结构，该结构详细介绍请参考论文《Deep

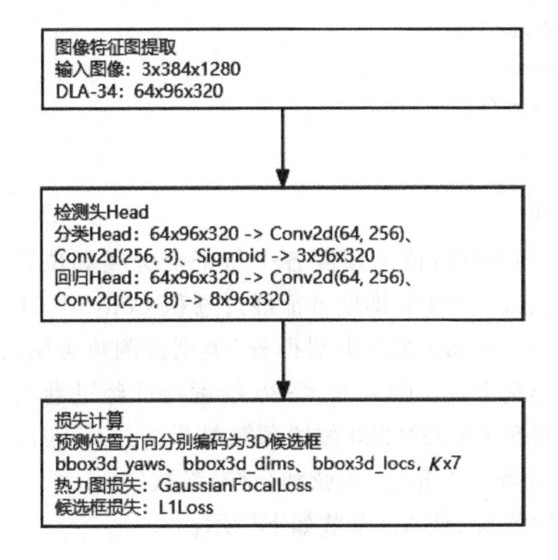

图 13-6 SMOKE 模型总体计算过程

Layer Aggregation》，论文地址为 https://arxiv.org/abs/1707.06484"。DLA 模型结构如图 13-7 所示，其关键特征在于将多种尺度特征进行融合。CenterNet 也采用了该结构。很多关键点检测模型（例如人体关键点检测）会用到 HRNet 网络结构。这两种主干网络结构具有一定相似性，均表现为通过交叉融合的方式来提取特征。

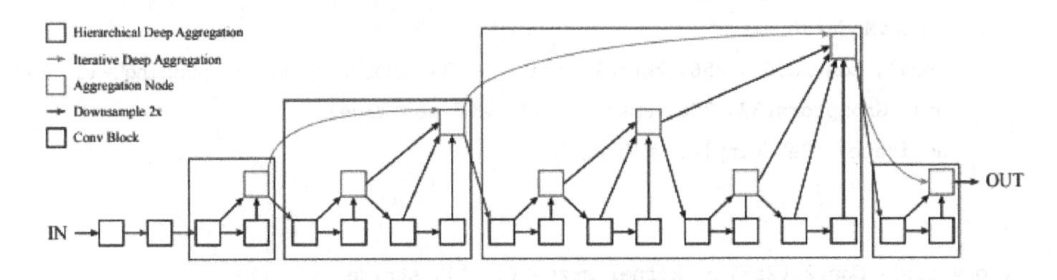

图 13-7 DLA 模型结构

SMOKE 模型对原始 DLA 结构进行了两处改善。首先，模型将普通卷积替换成可变形卷积（deformable convolution，DCN）。其次，模型改变了批归一化方法，用 GN（Group Normalization）替代 BN，这是因为 GN 被证明对 batch size 和训练噪声的敏感程度更低。

主干网络通过 DLA 得到 6 种尺度特征，分别为 16×384×1 280、32×192×640、64×96×320、128×48×160、256×24×80、512×12×40。Neck 层进一步融合成 64×96×320 维度特征，该特征作为 self.extract_feat 部分输出，即图像提取到的最终特征。原始输入图像尺寸为 384×1 280，特征图尺寸缩小为它的 1/4 大小。

图像特征提取入口函数 self.extract_feat 如下所示。

```
def extract_feat(self, img):
```

```
    """Directly extract features from the backbone + neck. """
    x = self.backbone(img)
    if self.with_neck:
        x = self.neck(x)
    return x
```

2. SMOKE Head

SMOKE Head 结构根据特征图预测各个特征点分类和位置回归偏差，包括分类 Head 和回归 Head。64×96×320 维度特征经过卷积 Conv2d(64，256)、Conv2d(256，3)和 Sigmoid 操作得到 3×96×320 类别得分(类别预测热力图，center2d_heatmap)，其中 3 表示预测目标类别个数。64×96×320 维度特征经过卷积 Conv2d(64，256)和 Conv2d(256，8)操作得到 8×96×320 位置预测结果(pred_reg)。其中，8 个维度分别表示 3 个坐标、3 个尺寸和 2 个角度(正弦和余弦)参数。

SMOKE 模型的检测头 HEAD 参数如下所示。

```
SMOKEMono3DHead(
  (loss_cls): GaussianFocalLoss()
  (loss_bbox): L1Loss()
  (loss_dir): CrossEntropyLoss(avg_non_ignore = False)
  (cls_convs): ModuleList()
  (reg_convs): ModuleList()
  (conv_cls_prev): ModuleList(
    (0): ConvModule(
      (conv): Conv2d(64, 256, kernel_size = (3, 3), stride = (1, 1), padding = (1, 1))
      (gn): GroupNorm(32, 256, eps = 1e - 05, affine = True)
      (activate): ReLU(inplace = True)
    )
  )
  (conv_cls): Conv2d(256, 3, kernel_size = (1, 1), stride = (1, 1))
  (conv_reg_prevs): ModuleList(
    (0): ModuleList(
      (0): ConvModule(
        (conv): Conv2d(64, 256, kernel_size = (3, 3), stride = (1, 1), padding = (1, 1))
        (gn): GroupNorm(32, 256, eps = 1e - 05, affine = True)
        (activate): ReLU(inplace = True)
      )
    )
  )
  (conv_regs): ModuleList(
    (0): Conv2d(256, 8, kernel_size = (1, 1), stride = (1, 1))
  )
)
```

3. 标签计算与预测结果

SMOKE模型基于关键点对目标进行预测，因而需要生成真实目标的热力图。模型为每个类别生成高斯热力图，参数为三维目标框中心在特征图上投影后的位置和目标宽高尺寸大小。

关键输入参数描述如下：

```
centers2d:三维目标在图像中的目标中心,Kx2,K为目标个数。
gt_bbox:图像中目标的二维标注框,采用左上右下标注方式,Kx4。
gt_bbox_3d:相机坐标系下目标标签,Kx7。
```

标签输出如下：

```
center_heatmap_target:目标高斯热力图标签,3x96x320。
gt_centers2d:三维目标在特征图中的目标中心,K x 2。
gt_labels3d:真实目标类别标签,K。
Indices:是否存在真实目标的标签,一批数据补齐到最大目标数量时的mask。
reg_indices:各个目标对应的原始图像是否进行了仿射变换增强,K。
gt_locs:相机坐标系下三维目标中心位置,K x 3。
gt_dims:相机坐标系下三维目标尺寸大小,K x 3。
gt_yaws:相机坐标系下三维目标方向角度,K x 1。
gt_cors:相机坐标系下三维目标顶点坐标,K x 8 x 3。
```

SMOKE Head的位置预测结果pred_reg维度为8×96×320，筛选出真实目标特征图中心点centers2d对应位置的预测结果pred_regression，从而得到$K\times 8$个预测位置结果。特征图目标中心pred_reg[:, 1:3]加上预测偏差得到预测的目标中心在特征图中的位置。该预测位置通过逆矩阵trans_mats_inv将特征图中心变换到图像中心，并进一步通过逆矩阵cam2imgs_inv将图像中心变换到相机坐标系下位置，从而得到预测的三维目标结果pred_locations($K\times 3$)。

根据尺寸pred_reg[:,3:6]和方向pred_reg[:,6:8]预测偏差，模型解析出预测结果pred_dimensions($K\times 3$)和pred_orientations($K\times 1$)。

针对预测结果，模型构建了三种预测的3D预测框。每种预测框输入参数为位置、尺寸和方向，并且其中两个由真实目标框决定，剩余1个由预测框决定。这一点与之前介绍的模型有明显区别。之前介绍的模型中3D预测框大多完全由预测框来决定。SMOKE构建的3D预测候选框分别为bbox3d_yaws、bbox3d_dims、bbox3d_locs，维度均为$K\times 7$。关键程序如下所示。

```
pred_regression = transpose_and_gather_feat(pred_reg, centers2d_inds)
bbox3d_yaws = self.bbox_coder.encode(gt_locations, gt_dimensions, orientations, img_
metas)
bbox3d_dims = self.bbox_coder.encode(gt_locations, dimensions, gt_orientations, img_
metas)
bbox3d_locs = self.bbox_coder.encode(locations, gt_dimensions, gt_orientations, img_
```

```
metas)
    pred_bboxes = dict(ori = bbox3d_yaws, dim = bbox3d_dims, loc = bbox3d_locs)
```

4. 损失函数与顶层结构

SMOKE 模型的损失函数包括热力图损失和回归损失。热力图损失输入为 center2d_heatmap 和 center2d_heatmap_target，相应损失函数为 GaussianFocalLoss。回归损失包括位置、尺寸和方向损失。模型将这三部分的预测结果均转变为 3D 预测框，其损失通过预测框和真实框之间 8 个顶点的差异来进行计算，相应损失函数 L1Loss。关键程序如下所示。

```
    loss_cls = self.loss_cls(center2d_heatmap, center2d_heatmap_target, avg_factor = avg_factor) # GaussianFocalLoss
    loss_bbox_oris = self.loss_bbox(pred_bboxes['ori'].corners[reg_inds, ...], target_labels['gt_cors'][reg_inds, ...]) # L1Loss
    loss_bbox_dims = self.loss_bbox(pred_bboxes['dim'].corners[reg_inds, ...], target_labels['gt_cors'][reg_inds, ...]) #  L1Loss
    loss_bbox_locs = self.loss_bbox(pred_bboxes['loc'].corners[reg_inds, ...], target_labels['gt_cors'][reg_inds, ...]) # L1Loss
    loss_bbox = loss_bbox_dims + loss_bbox_locs + loss_bbox_oris
    loss_dict = dict(loss_cls = loss_cls, loss_bbox = loss_bbox)
```

SMOKE 模型顶层结构包含如下两部分。

(1) 特征提取：self.extract_feat，通过 DLA-34 结构提取 8×96×320 维度特征。

(2) 损失计算：损失计算部分包括 Head、标签计算、预测结果解码和损失函数四部分。

SMOKE 顶层结构入口程序如下所示。

```
    def forward_train(self, img, img_metas, gt_bboxes, gt_labels, gt_bboxes_3d, gt_labels_3d, centers2d, depths, attr_labels = None, gt_bboxes_ignore = None):
        x = self.extract_feat(img)
    losses = self.bbox_head.forward_train(x, img_metas, gt_bboxes, gt_labels, gt_bboxes_3d, gt_labels_3d, centers2d, depths, attr_labels, gt_bboxes_ignore)
        return losses
```

13.2.3 模型训练

SMOKE 模型官方程序地址为 https://github.com/lzccccc/SMOKE”，而本节基于 mmdetection3d 框架中的实现程序进行介绍，其输入数据集为 KITTI，并且预测 Car、Pedestrian 和 Cyclist 这 3 类目标。模型训练命令为“Python tools/train.py configs/smoke/smoke_dla34_pytorch_dlaneck_gn-all_8x4_6x_kitti-mono3d.py”。运行训练命令可得到如图 13-8 所示训练结果。

```
bbox AP40:0.0000, 0.0000, 0.0000
bev  AP40:0.0000, 0.0000, 0.0000
3d   AP40:0.0000, 0.0000, 0.0000
aos  AP40:0.00, 0.00, 0.00
Cyclist AP40@0.50, 0.25, 0.25:
bbox AP40:0.0000, 0.0000, 0.0000
bev  AP40:0.0000, 0.0000, 0.0000
3d   AP40:0.0000, 0.0000, 0.0000
aos  AP40:0.00, 0.00, 0.00
Car AP40@0.70, 0.70, 0.70:
bbox AP40:1.6667, 1.6667, 1.6667
bev  AP40:0.0000, 0.0000, 0.0000
3d   AP40:0.0000, 0.0000, 0.0000
aos  AP40:1.66, 1.66, 1.66
Car AP40@0.70, 0.50, 0.50:
bbox AP40:1.6667, 1.6667, 1.6667
bev  AP40:2.5000, 2.5000, 2.5000
3d   AP40:0.0000, 0.0000, 0.0000
aos  AP40:1.66, 1.66, 1.66

Overall AP40@easy, moderate, hard:
bbox AP40:0.5556, 0.5556, 0.5556
bev  AP40:0.0000, 0.0000, 0.0000
3d   AP40:0.0000, 0.0000, 0.0000
aos  AP40:0.55, 0.55, 0.55

2023-01-29 00:59:49,073 - mmdet - INFO - Exp name: smoke_dla34_pytorch_dlaneck_gn-all_8x4_6x_kitti-mono3d.py
2023-01-29 00:59:49,073 - mmdet - INFO - Epoch(val) [72][5]     img_bbox/KITTI/Pedestrian_3D_AP11_easy_strict:
mg_bbox/KITTI/Pedestrian_BEV_AP11_easy_strict: 0.0000, img_bbox/KITTI/Pedestrian_2D_AP11_easy_strict: 0.0000, i
```

图 13-8 SMOKE 训练结果示意图

13.3 FCOS3D（ICCVW 2021）

13.3.1 模型总体结构

FCOS3D 是二维 FCOS 模型的延伸，由香港中文大学—商汤联合实验室发表在 ICCVW 2021 *FCOS3D: Fully Convolutional One-Stage Monocular 3D Object Detection*，论文下载地址为 https://arxiv.org/abs/2104.10956”。该模型也属于一种 Anchor-free 的单目三维目标检测方法，采用图像特征直接预测目标物体的三维属性。在图像特征提取阶段，FCOS3D 分别提取 5 种不同尺度特征，并且每种尺度特征都参与目标预测。在 NeurIPS 2020 大赛中，FCOS3D 在 nuScenes 数据集上仅在视觉检测三维目标的比赛任务方面取得了第一名成绩。

FCOS3D 模型总体结构如图 13-9 所示。从图 13-9 中基本可以看出，FCOS 模型的核心思想是采用多尺度特征进行目标预测。其中，多尺度特征由 BackBone 和 FPN neck 计算而得，并且通过 Share Head 预测目标三维属性。在模型训练阶段，我们需要理解各个真实目标如何分配给对应的特征图以进行损失计算和迭代训练，下面将会对此进行详细介绍。

FCOS3D 模型总体计算过程如图 13-10 所示。

13.3.2 模型详解

1. 图像特征提取

FCOS3D 图像特征提取由主干网络 BackBone 和特征金字塔 FPN Neck 来完成，

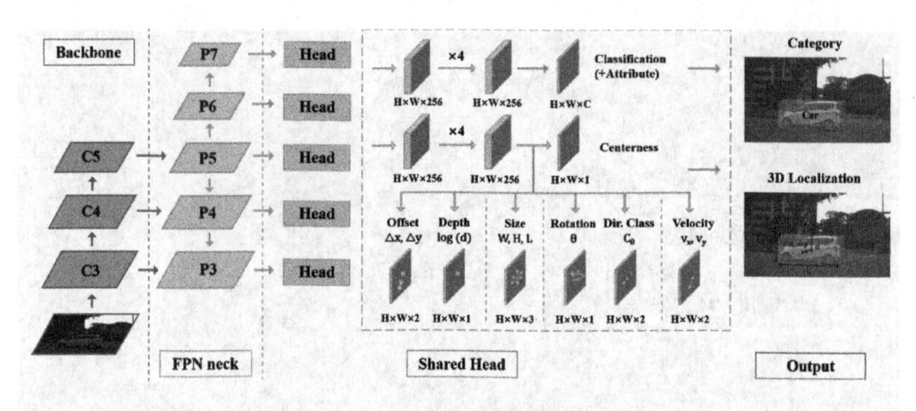

图 13-9　FCOS3D 模型总体结构[23]

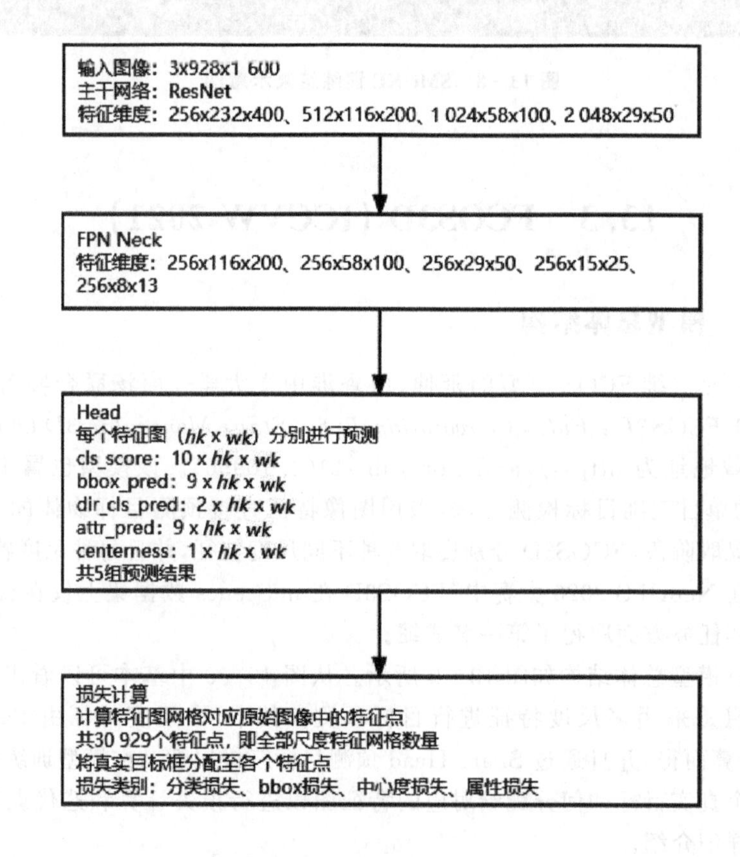

图 13-10　FCOS3D 模型总体计算过程

函数入口为 self. extract_feat(img)，结构如图 13-11 所示。主干网络采用残差网络 ResNet 结构，提取 4 种尺度特征，分别为 256×232×400、512×116×200、1024×58×100、2 048×29×50。特征金字塔将四种尺度特征再次进行特征融合和特征提取，并且增加两种更小尺度的特征图，以有利于进行大尺寸目标的检测。图像特征提取模块最终会输出 5 种尺度特征，分别为 256×116×200、256×58×100、256×29×50、256×15×25、256×8×13，下面用 $hk \times wk$ 来表示这五种特征尺度。

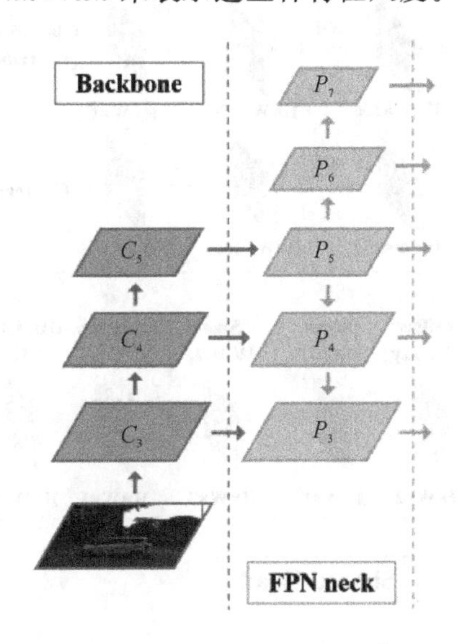

图 13-11　FCOS3D 图像特征提取

2. FCOS3D Head

FCOS3D 针对各个尺度特征图分别采用相同(Shared)Head 进行结果预测，因而每一种预测结果都包括 5 组数据。以分类预测结果为例，类别数量为 10(含背景)，模型通过卷积通道将特征通道数量由 256 转换为 10。5 组特征图($256 \times hk \times wk$)预测得到的分类预测结果 cls_score 为 10×116×200、10×58×100、10×29×50、10×8×13，共计 10×30 929。

同样地，bbox 位置预测结果 bbox_pred 维度为 9×116×200、9×58×100、9×29×50、9×8x13，共计 9×30 929。这 9 个维度分别对应特征点相对目标二维中心点偏移(Offset，两个维度)、深度(Depth，1 个维度)、尺寸(Size，3 个维度)、角度(Rotation，1 个维度)以及速度(Velocity，两个维度)。

方向分类预测结果 dir_cls_pred 维度为 2×116×200、2×58×100、2×29×50、2×8×13，共计 2×30 929。中心度预测结果 centerness 维度为 1×116×200、1×58×100、1×29×50、1×8×13，共计 1×30 929。

FCOS3D 模型另外一个不同之处在于对目标的属性进行了预测，而之前所介绍的模型均没有对属性值进行预测。其属性来源于 nuScenes 数据集，共 8 个类别，例如汽车是否处于行驶状态。详细属性介绍请参考前文 nuScenes 数据集介绍章节。属性值预测结果 attr_pred 维度为 9×116×200、9×58×100、9×29×50、9×8×13，共计 9×30 929。

FCOS3D 模型的 Head 结构如图 13-12 所示。

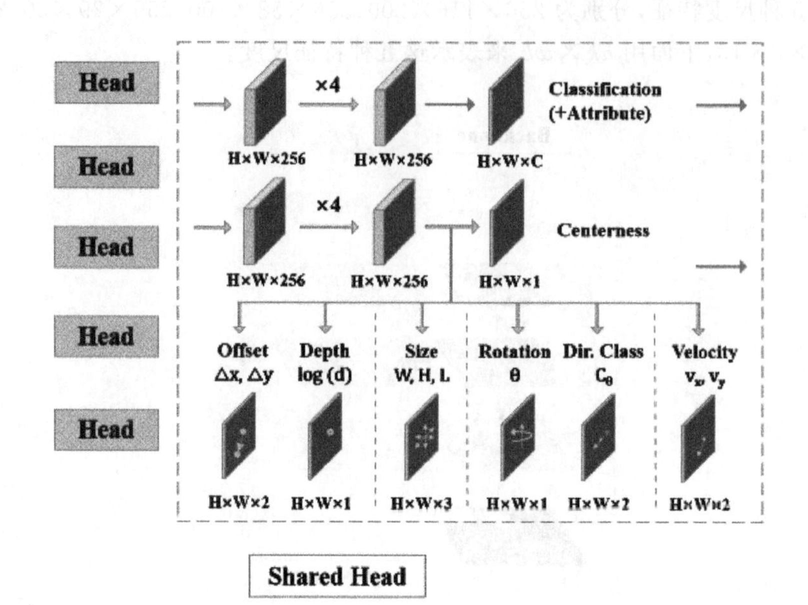

图 13-12 FCOS3D Head 结构[23]

3. 损失计算

(1) 标签计算

FCOS3D 属于一种 Anchor-free 三维目标检测方法，根据特征点来完成对目标的预测。5 个不同尺度特征图的网格根据缩放比例分别对应到原始图像尺寸上的一个特征点。该操作实际与 anchor 的思路一致。特征点的总体数量为 30 929，即全部特征网格数量之和。

特征点落在真实目标二维中心点一定半径视野范围内时，则该点可能作为一个正样本特征点。但是，不同尺度特征图对应的特征点可能落在同一目标视野范围内，那么模型会根据特征图缩放尺度和目标中心偏差将目标分配给其中一种尺度特征图。这样做的目的在于使用小尺度特征图预测大目标，而大尺度特征图预测小目标。

另一方面，同一特征点可能落入多个不同目标视野范围内，那么 FCOS3D 把该特征点仅分配至二维中心距离最近的目标。经过上述限定，FCOS3D 获取的真实标签主要包括类别标签 labels_3d(30 929)、候选框标签 bbox_targets_3d(30 929×9)、中心度标签 centerness_targets(30 929)和属性标签 attr_labels(30 929)

FCOS3D 真实标签获取的关键程序解析如下所示。

```
gt_bboxes_3d = gt_bboxes_3d.tensor.to(gt_bboxes.device) # 相机坐标系三维真实框，9 个维度，坐标 3、尺寸 3、方向 1、速度 2
gt_bboxes_3d[..., 6] = -torch.atan2(gt_bboxes_3d[..., 0], gt_bboxes_3d[..., 2]) + gt_bboxes_3d[..., 6] # 角度转换
bbox_targets_3d = torch.cat((delta_xs, delta_ys, depths, gt_bboxes_3d[..., 3:]), dim =
```

```
-1)# 每个特征点距各个真实目标的二维中心偏差、深度、尺寸、方向、速度
    bbox_targets = torch.stack((left, top, right, bottom), -1)# 特征点相对于真实目标二维边界框四个边界的偏差
    center_gts = torch.zeros_like(gt_bboxes)# 真实目标二维中心点在各个特征图下的视野范围(固定特征图半径),特征图越小,则对应的视野范围越大
    center_bbox = torch.stack((cb_dist_left, cb_dist_top, cb_dist_right, cb_dist_bottom), -1)# 特征点到目标视野范围的距离
    inside_gt_bbox_mask = center_bbox.min(-1)[0] >0# 特征点在真实目标视野范围内,即在中心区域内
    max_regress_distance = bbox_targets.max(-1)[0]
    inside_regress_range = ((max_regress_distance >= regress_ranges[..., 0])& (max_regress_distance <= regress_ranges[..., 1]))# 距目标框的回归范围需满足要求,不同尺寸特征图用于回归不同大小目标
    dists = torch.sqrt(torch.sum(bbox_targets_3d[..., :2] ** 2, dim= -1))# 将每个特征点分配给距离最近的目标
    in_dist, min_dist_inds = dists.min(dim=1)
    labels = gt_labels[min_dist_inds]
```

(2) 损失函数

FCOS3D 损失函数与上述 Head 预测结果和标签结果基本一一对应,主要包括分类损失、中心度损失、候选框损失和属性损失三大部分,且中心度损失、候选框损失和属性损失仅针对正样本进行计算。分类损失 loss_cls 采用 FocalLoss 损失函数,输入为 cls_scores 与 labels_3d。中心度损失 loss_centerness 和属性损失 loss_attr 均采用 CrossEntropyLoss 损失函数。

候选框由 9 个维度数据组成,需分别进行损失函数计算。各个维度损失函数权重由 code_weight 来决定,即[1.0, 1.0, 0.2, 1.0, 1.0, 1.0, 1.0, 0.05, 0.05]。其损失函数包括二维中心偏差损失 loss_offset、深度损失 loss_depth、尺寸损失 loss_size、角度损失 loss_rotsin 和速度损失 loss_velo,损失函数均为 SmoothL1Loss。此外,根据角度预测结果,FCOS3D 也计算方向分类损失 loss_dir,损失函数为 CrossEntropyLoss。

因此,FCOS3D 总体损失函数组成包括 loss_cls、loss_centerness、loss_attr、loss_offset、loss_depth、loss_size、loss_rotsin、loss_velo 和 loss_dir 等 9 个部分。

13.3.3 模型训练

本节所介绍的 FCOS3D 模型示例程序来源于 mmdetection3d 框架,其输入数据集为 nuScenes,共预测 9 个类别目标。模型除预测三维目标类别和候选框信息之外,还对 8 个属性值进行预测。模型训练命令为"Python tools/train.py configs/fcos3d/fcos3d_r101_caffe_fpn_gn-head_dcn_2x8_1x_nus-mono3d.py"。运行训练命令可得到如图 13-13 所示训练结果。

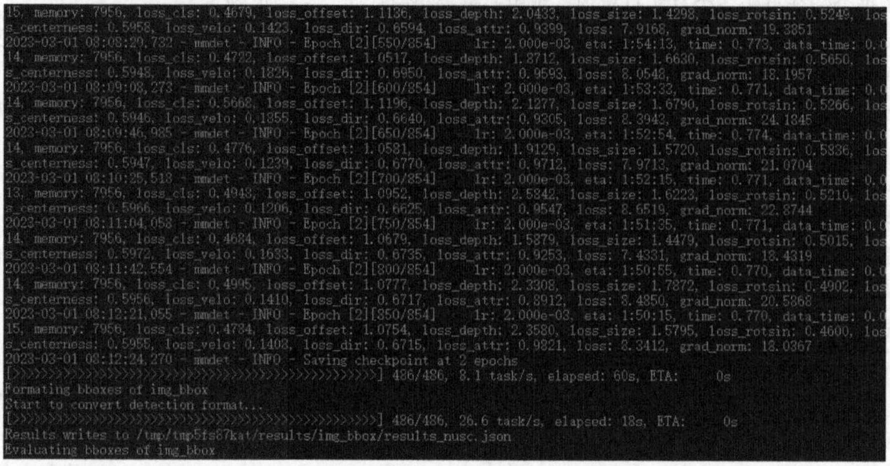

```
15, memory: 7956, loss_cls: 0.4679, loss_offset: 1.1136, loss_depth: 2.0433, loss_size: 1.4298, loss_rotsin: 0.5249, los
s_centerness: 0.5958, loss_velo: 0.1423, loss_dir: 0.6594, loss_attr: 0.9399, loss: 7.9168, grad_norm: 19.3851
2023-03-01 08:08:29,732 - mmdet - INFO - Epoch [2][550/854]     lr: 2.000e-03, eta: 1:54:13, time: 0.773, data_time: 0.0
14, memory: 7956, loss_cls: 0.4722, loss_offset: 1.0517, loss_depth: 1.8712, loss_size: 1.6630, loss_rotsin: 0.5650, los
s_centerness: 0.5948, loss_velo: 0.1826, loss_dir: 0.6950, loss_attr: 0.9593, loss: 8.0548, grad_norm: 18.1957
2023-03-01 08:09:08,273 - mmdet - INFO - Epoch [2][600/854]     lr: 2.000e-03, eta: 1:53:33, time: 0.771, data_time: 0.0
14, memory: 7956, loss_cls: 0.5668, loss_offset: 1.1196, loss_depth: 2.1277, loss_size: 1.6790, loss_rotsin: 0.5266, los
s_centerness: 0.5946, loss_velo: 0.1855, loss_dir: 0.6640, loss_attr: 0.9305, loss: 8.3943, grad_norm: 24.1845
2023-03-01 08:09:46,985 - mmdet - INFO - Epoch [2][650/854]     lr: 2.000e-03, eta: 1:52:54, time: 0.774, data_time: 0.0
14, memory: 7956, loss_cls: 0.4776, loss_offset: 1.0581, loss_depth: 1.9129, loss_size: 1.5720, loss_rotsin: 0.5836, los
s_centerness: 0.5947, loss_velo: 0.1239, loss_dir: 0.6770, loss_attr: 0.9712, loss: 7.9713, grad_norm: 21.0704
2023-03-01 08:10:25,518 - mmdet - INFO - Epoch [2][700/854]     lr: 2.000e-03, eta: 1:52:15, time: 0.771, data_time: 0.0
13, memory: 7956, loss_cls: 0.4948, loss_offset: 1.0952, loss_depth: 2.5842, loss_size: 1.6223, loss_rotsin: 0.5210, los
s_centerness: 0.5966, loss_velo: 0.1206, loss_dir: 0.6625, loss_attr: 0.9547, loss: 8.6519, grad_norm: 22.8744
2023-03-01 08:11:04,058 - mmdet - INFO - Epoch [2][750/854]     lr: 2.000e-03, eta: 1:51:35, time: 0.771, data_time: 0.0
14, memory: 7956, loss_cls: 0.4684, loss_offset: 1.0679, loss_depth: 1.5879, loss_size: 1.4479, loss_rotsin: 0.5015, los
s_centerness: 0.5972, loss_velo: 0.1633, loss_dir: 0.6735, loss_attr: 0.9253, loss: 7.4331, grad_norm: 18.4319
2023-03-01 08:11:42,554 - mmdet - INFO - Epoch [2][800/854]     lr: 2.000e-03, eta: 1:50:55, time: 0.770, data_time: 0.0
14, memory: 7956, loss_cls: 0.4995, loss_offset: 1.0777, loss_depth: 2.3308, loss_size: 1.7872, loss_rotsin: 0.4902, los
s_centerness: 0.5956, loss_velo: 0.1410, loss_dir: 0.6717, loss_attr: 0.8912, loss: 8.4850, grad_norm: 20.5868
2023-03-01 08:12:21,055 - mmdet - INFO - Epoch [2][850/854]     lr: 2.000e-03, eta: 1:50:15, time: 0.770, data_time: 0.0
15, memory: 7956, loss_cls: 0.4784, loss_offset: 1.0754, loss_depth: 2.3580, loss_size: 1.5795, loss_rotsin: 0.4600, los
s_centerness: 0.5955, loss_velo: 0.1403, loss_dir: 0.6715, loss_attr: 0.9821, loss: 8.3412, grad_norm: 18.0367
2023-03-01 08:12:24,270 - mmdet - INFO - Saving checkpoint at 2 epochs
[>>>>>>>>>>>>>>>>>>>>>>>>>>>>>>>>>>>>>>>>>>>>>>>>>>>>>>>>>>] 486/486, 8.1 task/s, elapsed: 60s, ETA:     0s
Formating bboxes of img_bbox
Start to convert detection format...
[>>>>>>>>>>>>>>>>>>>>>>>>>>>>>>>>>>>>>>>>>>>>>>>>>>>>>>>>>>] 486/486, 26.6 task/s, elapsed: 18s, ETA:     0s
Results writes to /tmp/tmp5fs87kat/results/img_bbox/results_nusc.json
Evaluating bboxes of img_bbox
```

图 13-13　FCOS3D 训练结果示意图

第14章　多模态三维目标检测模型算法

多模态三维目标检测是指利用多个传感器或多个感知模态（如图像、激光雷达、毫米波雷达、声音等）信息来检测三维场景中物体，其主要任务是从多个感知模态数据中提取并融合有效信息，从而实现对三维场景中物体进行准确的检测和定位。多模态三维目标检测技术被广泛应用于自动驾驶、智能交通、机器人导航、虚拟现实等领域。

传统单模态三维目标检测技术利用单个传感器或单个感知模态（如激光雷达或摄像头）信息来检测三维场景中物体。然而，由于不同感知模态在测量精度、适应性和数据稳定性等方面存在差异，单一感知模态可能会存在噪声和缺失的问题。因此，单模态三维目标检测技术在某些情况下可能会存在准确度不足和鲁棒性差的问题。

多模态三维目标检测技术可以通过融合多个感知模态信息来解决单模态检测存在的问题，提高检测的准确度和鲁棒性。同时，多模态三维目标检测技术还可以通过不同感知模态之间的互补性，提高对三维场景中物体的检测和定位的能力。本章重点介绍基于激光雷达点云和相机图像两种数据融合的三维目标检测方法。

14.1　多模态数据融合方法

在多模态三维目标检测中，数据融合是一个非常重要的步骤。根据数据融合的时机和方法，多模态三维目标检测可以分为早期融合、中期融合和后期融合三种方法。

1. 早期融合

早期融合是指在传感器数据输入到算法之前，将不同传感器的数据进行融合，生成一个综合的多模态数据。这个综合的多模态数据包含所有传感器数据的信息，作为后续检测和定位的输入。

早期融合的优点是数据维度较低，可降低计算复杂度。缺点是可能会导致信息的丢失和信息冗余，降低检测精度和鲁棒性。早期融合的典型代表是使用多相机系统进行三维目标检测，通过将多个相机的数据融合成一组数据，实现对三维场景中物体的检测和定位。

2. 中期融合

中期融合是指将不同传感器的数据在特征提取阶段进行融合。这个融合特征可以直接作为后续检测和定位算法的输入，也可用于传统特征提取方法的改进。

中期融合的优点是可以充分利用不同传感器数据的互补性，提高检测精度和鲁棒性。缺点是需要较高的计算复杂度和存储空间。中期融合的典型代表是使用深度神经网络进行三维目标检测,通过将不同传感器的数据作为网络的输入,并将其在中间层进行融合,实现对三维场景中物体的检测和定位。

3. 后期融合

后期融合是将不同传感器的数据在目标检测和定位阶段进行融合。这个融合的结果可以用于目标跟踪和预测,也可用于后续任务,如路径规划和控制。

后期融合的优点是可以适应不同的场景和任务需求,提高应用的灵活性和实用性。缺点是需要更高的计算复杂度和存储空间,且可能会受到前期处理和噪声的影响。后期融合的典型代表是使用卡尔曼滤波器和贝叶斯滤波器进行三维目标跟踪和预测,将不同传感器的数据进行融合,提高跟踪和预测的精度和鲁棒性。

总的来说,早期融合和后期融合的优缺点比较明显,中期融合则是一种折中方案,可以充分利用不同传感器数据的互补性,同时计算复杂度和存储空间也比较可控。不同的融合方法可以根据具体场景和任务需求进行选择和优化,以提高多模态三维目标检测的性能和应用价值。

14.2 MVXNet(ICRA 2019)

14.2.1 模型总体结构

MVXNet 是一种基于激光雷达和图像的多模态融合的三维目标检测模型,发表在 CVPR 2019*MVX -Net: Multimodal VoxelNet for 3D Object Detection*,论文地址为 https://arxiv.org/abs/1904.01649”。从论文题目上看,该模型的基础结构仍属于基于体素的目标检测算法,总体思想与 VoxelNet 保持一致。其核心是提取体素特征时融合图像特征,从而实现多模态数据融合。该模型属于一种中期融合的多模态目标检测方法,结构如图 14-1 所示。

从模型结构可以看出,MVXNet 首先训练了一个二维图像目标检测网络,并将其特征层融入到点云当中,融合后的运算过程与 VoxelNet 一致。二维图像特征提取网络可替换成计算机视觉等其他相关模型结构。融合步骤是通过将点云投影到图像平面,然后以特征插值的方式得到点的图像特征,最终拼接到点云特征完成融合。

MVXNet 模型总体过程如图 14-2 所示。

14.2.2 图像特征提取

MVXNet 模型特征提取 extract_feat 包含图像特征提取 extract_img 和点云特征提取 extract_pts_feat。如下程序所示,图像特征提取的入口函数为 self.extract_img_feat(img, img_metas)。图像输入维度为 3×416×1344。

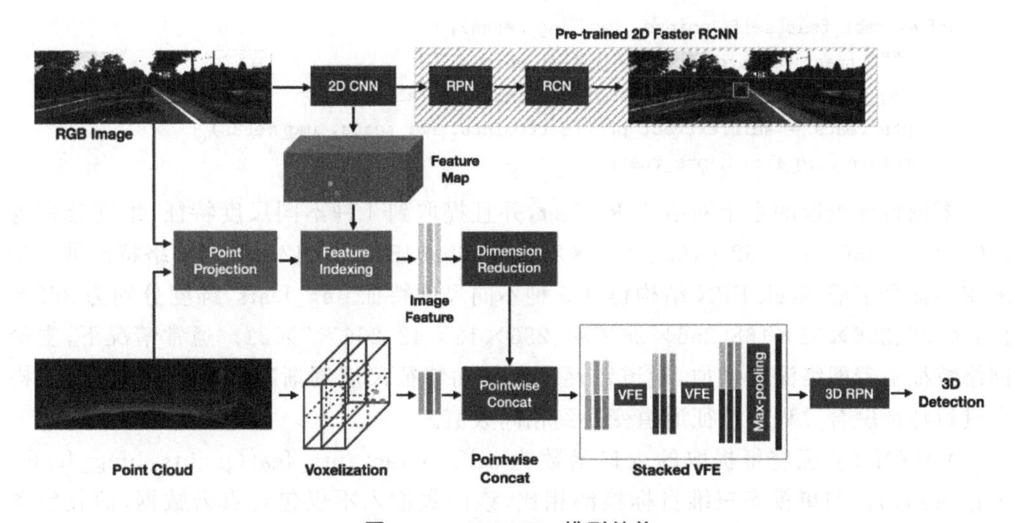

图 14－1　MVXNet 模型结构

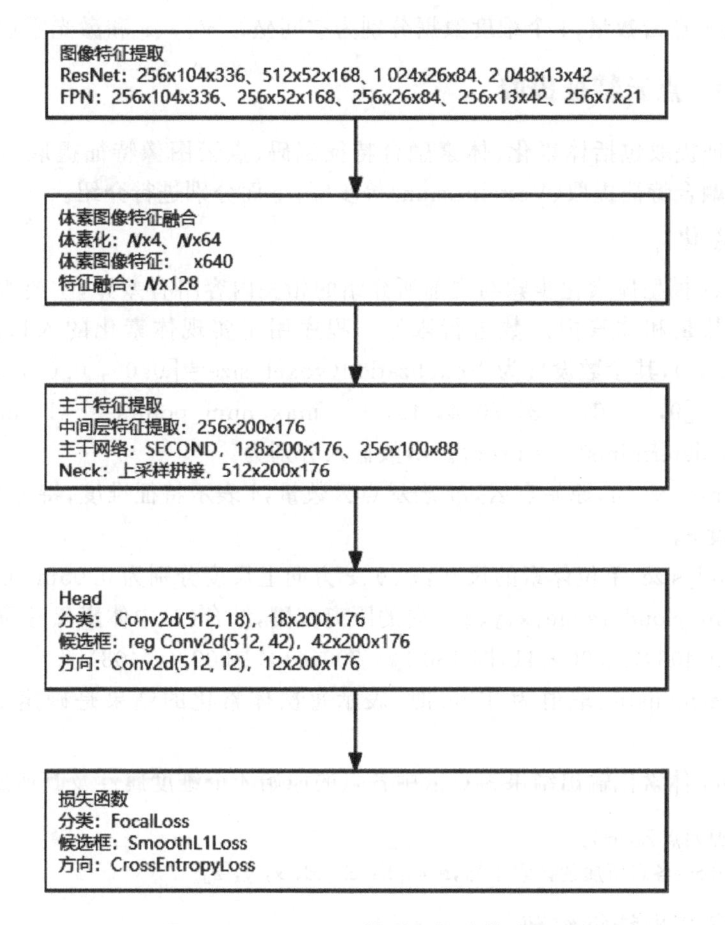

图 14－2　MVXNet 模型总体计算过程

```
def extract_feat(self, points, img, img_metas):
    """Extract features from images and points."""
    img_feats = self.extract_img_feat(img, img_metas)
    pts_feats = self.extract_pts_feat(points, img_feats, img_metas)
    return (img_feats, pts_feats)
```

图像特征提取的主干网络为 ResNet,并且提取到 4 种不同尺度特征,维度分别为 256×104×336、512×52×168、1024×26×84 和 2048×13×42。主干网络特征进一步采用特征金字塔 Neck FPN 结构得到 5 种不同尺度特征 img_feats,维度分别为 256×104×336、256×52×168、256×26×84、256×13×42、256×7×21。通常情况下,主干网络特征随着网络深度增加,通道数逐渐增加而特征尺度逐渐减少。FPN Neck 结构在进行特征融合过程将特征通道变换到相同数值。

MVXNet 点云特征提取的入口函数为 self. extract_pts_feat(points, img_feats, img_metas)。与单模态三维目标检测相比,该函数输入不仅包含点云数据,而且包含图像特征。因而,该模型多模态融合是在该阶段实现的。点云输入数据的维度为 $N\times 4$,其中 N 表示点云数量,4 个维度数据分别为空间坐标 x、y、z 和激光雷达反射强度 r。

14.2.3 点云特征提取

点云特征提取包括体素化、体素融合特征编码、点云图像特征提取(PointFusion)和点云图像融合特征提取(VoxelFusion)等步骤,下面分别进行介绍。

1. 体素化

MVXNet 模型体素化步骤与之前所介绍的相关内容略有差异,主要表现在未对非空体素最大数量和体素内点数进行限制。程序用于实现体素化的入口函数为 self. voxelize(points),其参数设置为 Voxelization(voxel_size=[0.05, 0.05, 0.1], point_cloud_range=[0, −40, −3, 70.4, 40, 1], max_num_points=−1, max_voxels=(−1, −1), deterministic=True)。函数输入分别为:

(1) points:$N\times 4$,原始点云,N 表示点云数量,4 表示特征维度,特征为坐标 x、y、z 与反射强度 r。

(2) voxel_size:单位体素的尺寸,x、y、z 方向上尺度分别为 0.05m、0.05m、0.1m。

(3) point_cloud_range:x、y、z 方向的距离范围,结合(2)中体素尺寸可以得到总的体素数量为 1 408×1 600×41,即 180 224 000(41×1 600×1 408)。

(4) deterministic:取值为 True 时,表示每次体素化的结果是确定的,而不是随机的。

MVXNet 体素化输出结果为点云中各点的原始 4 个维度属性及其所属体素坐标。

```
points:原始点云,Nx4。
coors_batch:各点所属的体素坐标,Nx4,[batch_id, x, y, z]
```

2. 体素初步特征编码

MVXNet 体素融合特征编码层(Voxel Encoder)的函数入口为 self. pts_voxel_encoder(voxels, coors, points, img_feats, img_metas),输入不仅包含点云信息 points,还包含图像特征 img_feats。其模型过程由三部分组成,分别是点云体素特征提取、点云图像特征提取和点云图像融合特征提取。

模型首先采用类似 PointNet++数据预处理方法中对点云输入特征进行预处理。将点云坐标减去对应体素内点云的中心坐标得到特征 f_cluster($N\times3$)。将点云坐标减去对应体素中心坐标得到特征 f_center($N\times3$)。原始 4 个维度特征与这两种特征相拼接得到 $N\times10$ 个维度特征,该特征作为点云的输入特征。关键程序如下所示。

```
features_ls = [features]#Nx4, x, y, z, r
voxel_mean, mean_coors = self.cluster_scatter(features, coors)#计算每个体素中点的平均值及平均坐标(体素中点的质心),以及独立的体素(原始的体素可能有重复,即多个点属于同一个体素)
points_mean = self.map_voxel_center_to_point(coors, voxel_mean, mean_coors)#计算每个点对应的体素均值
f_cluster = features[:, :3] - points_mean[:, :3]#点的空间坐标减去体素均值
features_ls.append(f_cluster)
f_center = features.new_zeros(size = (features.size(0), 3))
f_center[:, 0] = features[:, 0] - (coors[:, 3].type_as(features) * self.vx + self.x_offset)
f_center[:, 1] = features[:, 1] - (coors[:, 2].type_as(features) * self.vy + self.y_offset)
f_center[:, 2] = features[:, 2] - (coors[:, 1].type_as(features) * self.vz + self.z_offset)
features_ls.append(f_center)
features = torch.cat(features_ls, dim = -1)#拼接得到 10 维特征,Nx10
```

点云特征 features($N\times10$)经过 VFE 层的全连接 Linear(in_features=10, out_features=64, bias=False)得到 $N\times64$ 维新特征 point_feats。模型对体素内的点采用最大池化操作得到 $K\times64$ 维度体素特征 voxel_feats,其中 K 表示非空体素的数量。Voxel_feats 是单个体素特征,也是体素内所含点云的全局特征,而 point_feats 是每个点的特征,即点云的局部特征。点云全局特征与局部特征进行拼接融合得到新的特征 features,特征维度为 $N\times128$。关键程序如下所示。

```
point_feats = vfe(features)#Nx64
voxel_feats, voxel_coors = self.vfe_scatter(point_feats, coors)#对体素内的点采用最大池化得到体素特征
feat_per_point = self.map_voxel_center_to_point(coors, voxel_feats, voxel_coors)#将体素特征映射回点
features = torch.cat([point_feats, feat_per_point], dim = 1)#特征拼接,Nx128
```

特征 features($N\times128$)再次经过 VFE 层的全连接层 Linear(in_features=128, out_features=64, bias=False)得到 $N\times64$ 维新特征 point_feats。

3. 点云图像特征提取(PointFusion)

上述 5 种不同尺度图像特征分别经过 PointFusion 层卷积 Conv2d(256, 128, kernel_size=(3, 3), stride=(1, 1), padding=(1, 1)将通道数量转换为 128,维度分别为 128×104×336、128×52×168、128×26×84、128×13×42 和 128×7×21。原始点云坐标投影到图像坐标系后,用图像特征插值即可得到对应点的图像特征。每种特征图分别进行插值,那么点云图像特征具有 5 组,每一组维度均为 $N\times128$。该 5 组特征进行拼接融合得到 $N\times640$ 维度特征 img_pts。该特征即为点云的不同尺度图像特征,入口函数为 self.obtain_mlvl_feats(img_feats, pts, img_metas)。关键程序解析如下所示。

```
for level in range(len(self.img_levels)):
mlvl_img_feats.append(self.sample_single(img_ins[level][i:i + 1], pts[i][:, :3], img_metas[i]))#将点云投影到图像坐标系,并用图像特征插值得到对应点的图像特征,Nx128
mlvl_img_feats = torch.cat(mlvl_img_feats, dim = -1)
img_feats_per_point.append(mlvl_img_feats)
img_pts = torch.cat(img_feats_per_point, dim=0)
```

4. 点云图像融合特征提取(VoxelFusion)

当前 img_pts 是五组不同尺度特征堆叠而成的,经过全连接层 Linear(in_features=640, out_features=128, bias=True)之后可实现特征融合,融合后的特征 img_pre_fuse 的维度为 Nx128。另一方面,点云特征 pts_feats 经过全连接层 Linear(in_features=64, out_features=128, bias=True)后也转变为 N×128 维特征 pts_pre_fuse。两组相同维度的特征直接求和得到点云图像的融合特征 fuse_out。关键程序解析如下所示。

```
img_pre_fuse = self.img_transform(img_pts)#不同尺度特征进行融合,维度转变为 Nx128
pts_pre_fuse = self.pts_transform(pts_feats)#Nx64 ->Nx128
fuse_out = img_pre_fuse + pts_pre_fuse#相加融合,Nx128
fuse_out = F.relu(fuse_out)#Nx128
```

上述融合特征 fuse_out 作为新的点云特征 point_feats。这些点仍然分布在不同体素当中,并且通过最大池化得到融合后的体素特征 voxel_feats,维度维 $K\times128$。该特征即为整个体素编码层的最终输出,并且实现了图像和点云的信息融合,模型后续计算过程与单模态的激光雷达三维目标检测算法一致。

14.2.4 主干网络与 NECK 层

MVXNet 中间层特征提取的入口函数为 self.pts_middle_encoder(voxel_features, feature_coors, batch_size)。其采用三维稀疏卷积的方式将体素编码特征变换为 256×200×176 维度特征,具体计算过程可参考之前所介绍的相关单模态激光雷达三维检测算法。

MVXNet主干网络采用的是SECOND结构,通过两条通路提取两种不同尺度特征图。第一条通路是上一部分所提取的特征256×200×176经连续6个3×3卷积得到128×200×176维度的特征,记为out1。第二条通路是out1继续经过连续6个3×3卷积(其中第一个步长为2)得到256×100×88维度的特征,记为out2。out1和out2为主干网络输出结果。主干网络关键入口函数为self.pts_backbone(x)。

```
输入:x = self.backbone(feats_dict['spatial_features'])
out1:256x200x176 ->128x200x176
Sequential(
  (0): Conv2d(256, 128, kernel_size = (3, 3), stride = (1, 1), padding = (1, 1), bias = False)
  (1): BatchNorm2d(128, eps = 0.001, momentum = 0.01, affine = True, track_running_stats = True)
  (2): ReLU(inplace = True)
  (3): Conv2d(128, 128, kernel_size = (3, 3), stride = (1, 1), padding = (1, 1), bias = False)
  (4): BatchNorm2d(128, eps = 0.001, momentum = 0.01, affine = True, track_running_stats = True)
  (5): ReLU(inplace = True)
  (6): Conv2d(128, 128, kernel_size = (3, 3), stride = (1, 1), padding = (1, 1), bias = False)
  (7): BatchNorm2d(128, eps = 0.001, momentum = 0.01, affine = True, track_running_stats = True)
  (8): ReLU(inplace = True)
  (9): Conv2d(128, 128, kernel_size = (3, 3), stride = (1, 1), padding = (1, 1), bias = False)
  (10): BatchNorm2d(128, eps = 0.001, momentum = 0.01, affine = True, track_running_stats = True)
  (11): ReLU(inplace = True)
  (12): Conv2d(128, 128, kernel_size = (3, 3), stride = (1, 1), padding = (1, 1), bias = False)
  (13): BatchNorm2d(128, eps = 0.001, momentum = 0.01, affine = True, track_running_stats = True)
  (14): ReLU(inplace = True)
  (15): Conv2d(128, 128, kernel_size = (3, 3), stride = (1, 1), padding = (1, 1), bias = False)
  (16): BatchNorm2d(128, eps = 0.001, momentum = 0.01, affine = True, track_running_stats = True)
  (17): ReLU(inplace = True)
)
Out2:128x200x176 ->256x100x88
Sequential(
```

```
    (0): Conv2d(128, 256, kernel_size = (3, 3), stride = (2, 2), padding = (1, 1), bias = 
False)
    (1): BatchNorm2d(256, eps = 0.001, momentum = 0.01, affine = True, track_running_stats
 = True)
    (2): ReLU(inplace = True)
    (3): Conv2d(256, 256, kernel_size = (3, 3), stride = (1, 1), padding = (1, 1), bias = 
False)
    (4): BatchNorm2d(256, eps = 0.001, momentum = 0.01, affine = True, track_running_stats
 = True)
    (5): ReLU(inplace = True)
    (6): Conv2d(256, 256, kernel_size = (3, 3), stride = (1, 1), padding = (1, 1), bias = 
False)
    (7): BatchNorm2d(256, eps = 0.001, momentum = 0.01, affine = True, track_running_stats
 = True)
    (8): ReLU(inplace = True)
    (9): Conv2d(256, 256, kernel_size = (3, 3), stride = (1, 1), padding = (1, 1), bias = 
False)
    (10): BatchNorm2d(256, eps = 0.001, momentum = 0.01, affine = True, track_running_stats
 = True)
    (11): ReLU(inplace = True)
    (12): Conv2d(256, 256, kernel_size = (3, 3), stride = (1, 1), padding = (1, 1), bias = 
False)
    (13): BatchNorm2d(256, eps = 0.001, momentum = 0.01, affine = True, track_running_stats
 = True)
    (14): ReLU(inplace = True)
    (15): Conv2d(256, 256, kernel_size = (3, 3), stride = (1, 1), padding = (1, 1), bias = 
False)
    (16): BatchNorm2d(256, eps = 0.001, momentum = 0.01, affine = True, track_running_stats
 = True)
    (17): ReLU(inplace = True
    )
  Out = [out1, out2] [128x200x176, 256x100x88]
```

Neck 网络分别对 out1、out2 进行上采样，out1 的维度从 128×200×176 转换为 256×200×176，out2 的维度也从 256×100×88 转换为 256×200×176，两者维度完全相同。out1 和 out2 拼接后得到 Neck 网络的输出结果，即 neck_feats，维度为 512×200×176。

14.2.5 损失函数与顶层结构

上述 200×176 维度特征图上每个位置对应三种尺寸、两种方向共 6 种候选框 anchor。

分类 head：512×200×176 特征经过 conv_cls(512, 18)得到 18×200×176 个预测

结果，对应 6 个候选框和 3 种目标类别。

位置 head：512×200×176 特征经过 conv_reg(512,42)得到 42×200×176 个预测结果，对应 6 个候选框和 7 个位置参数(x , y ,z , l , w , h , θ)。

方向 head：512×200×176 特征经过 conv_reg(512,12)得到 12×200×176 个预测结果，对应 6 个候选框和两个方向参数。

MVXNet 损失由分类损失、位置损失和方向损失三部分组成，损失函数分别为 FocalLoss、SmoothL1Loss 和 CrossEntropyLoss。

模型 Head 和损失函数配置如下所示。

```
cls_score conv_cls Conv2d(512, 18, kernel_size = (1, 1), stride = (1, 1)) 18x200x176
bbox_pred conv_reg Conv2d(512, 42, kernel_size = (1, 1), stride = (1, 1)) 42x200x176
dir_cls_preds conv_dir_cls Conv2d(512, 12, kernel_size = (1, 1), stride = (1,
1)) 12x200x176
Anchor3DHead(
  (loss_cls): FocalLoss()
  (loss_bbox): SmoothL1Loss()
  (loss_dir): CrossEntropyLoss(avg_non_ignore = False)
  (conv_cls): Conv2d(512, 18, kernel_size = (1, 1), stride = (1, 1))
  (conv_reg): Conv2d(512, 42, kernel_size = (1, 1), stride = (1, 1))
  (conv_dir_cls): Conv2d(512, 12, kernel_size = (1, 1), stride = (1, 1))
)
```

MVXNet 模型的顶层结构主要由三部分组成。

(1) 图像特征提取：采用 ResNet 和特征金字塔网络结构提取 5 种不同尺度的图像特征。

(2) 点云图像融合特征提取：包括体素特征提取、图像特征插值、图像特征融合以及点云图像特征融合等。

(3) 目标预测与损失函数：包括中间层特征提取、主干网络、上采样拼接、Head、损失计算等。

```
def forward_train(self, points = None, img_metas = None, gt_bboxes_3d = None, gt_labels_3d
= None, gt_labels = None, gt_bboxes = None, img = None, proposals = None, gt_bboxes_ignore =
None):
    img_feats, pts_feats = self.extract_feat(points, img = img, img_metas = img_metas)
    losses = dict()
    if pts_feats:
losses_pts = self.forward_pts_train(pts_feats, gt_bboxes_3d, gt_labels_3d, img_metas,
gt_bboxes_ignore)
        losses.update(losses_pts)
    if img_feats:
losses_img = self.forward_img_train(img_feats, img_metas = img_metas, gt_bboxes = gt_
bboxes, gt_labels = gt_labels, gt_bboxes_ignore = gt_bboxes_ignore, proposals = proposals)
```

```
        losses.update(losses_img)
    return losses
```

14.2.6 模型训练

本节所介绍的 MVXNet 模型示例程序来源于 mmdetection3d 框架，模型训练命令为"Python tools/train.py configs/mvxnet/dv_mvx-fpn_second_secfpn_adamw_2x8_80e_kitti-3d-3class.py"，采用 KITTI 作为输入数据集。运行训练命令可得到如图 14-3 所示训练结果。

```
Car AP40@0.70, 0.50, 0.50:
bbox AP40:0.0000, 0.0000, 0.0000
bev  AP40:3.7500, 3.7500, 3.7500
3d   AP40:2.5000, 2.5000, 2.5000
aos  AP40:0.00, 0.00, 0.00

Overall AP40@easy, moderate, hard:
bbox AP40:0.0000, 0.0000, 0.0000
bev  AP40:0.0000, 0.0000, 0.0000
3d   AP40:0.0000, 0.0000, 0.0000
aos  AP40:0.00, 0.00, 0.00

2023-03-01 08:35:24,632 - mmdet - INFO - Exp name: dv_mvx-fpn_second_secfpn_adamw_2x8_80e_kitti-3d-3class.py
2023-03-01 08:35:24,633 - mmdet - INFO - Epoch(val) [40][5]    pts_bbox/KITTI/Pedestrian_3D_AP11_easy_strict: 0.0000, p
ts_bbox/KITTI/Pedestrian_BEV_AP11_easy_strict: 0.0000, pts_bbox/KITTI/Pedestrian_2D_AP11_easy_strict: 0.0000, pts_bbox/K
ITTI/Pedestrian_3D_AP11_moderate_strict: 0.0000, pts_bbox/KITTI/Pedestrian_BEV_AP11_moderate_strict: 0.0000, pts_bbox/KI
TTI/Pedestrian_2D_AP11_moderate_strict: 0.0000, pts_bbox/KITTI/Pedestrian_3D_AP11_hard_strict: 0.0000, pts_bbox/KITTI/Pe
destrian_BEV_AP11_hard_strict: 0.0000, pts_bbox/KITTI/Pedestrian_2D_AP11_hard_strict: 0.0000, pts_bbox/KITTI/Pedestrian_
3D_AP11_easy_loose: 0.0000, pts_bbox/KITTI/Pedestrian_BEV_AP11_easy_loose: 0.0000, pts_bbox/KITTI/Pedestrian_2D_AP11_eas
y_loose: 0.0000, pts_bbox/KITTI/Pedestrian_3D_AP11_moderate_loose: 0.0000, pts_bbox/KITTI/Pedestrian_BEV_AP11_moderate_l
oose: 0.0000, pts_bbox/KITTI/Pedestrian_2D_AP11_moderate_loose: 0.0000, pts_bbox/KITTI/Pedestrian_3D_AP11_hard_loose: 0.
0000, pts_bbox/KITTI/Pedestrian_BEV_AP11_hard_loose: 0.0000, pts_bbox/KITTI/Pedestrian_2D_AP11_hard_loose: 0.0000, pts_b
box/KITTI/Cyclist_3D_AP11_easy_strict: 0.0000, pts_bbox/KITTI/Cyclist_BEV_AP11_easy_strict: 0.0000, pts_bbox/KITTI/Cycli
st_2D_AP11_easy_strict: 0.0000, pts_bbox/KITTI/Cyclist_3D_AP11_moderate_strict: 0.0000, pts_bbox/KITTI/Cyclist_BEV_AP11
```

图 14-3 MVXNet 训练结果示意图

14.3 ImVoteNet (CVPR 2020)

14.3.1 模型总体结构

ImVoteNet 是一种基于 VoteNet 结构的多模态融合三维目标检测模型，发表在 CVPR 2020 *ImVoteNet: Boosting 3D Object Detection in Point Clouds with Image Votes*，论文地址为 https://arxiv.org/abs/2001.10692"。其模型核心在于将图像的几何结构、语义和 RGB 纹理信息融合到点云种子点投票特征当中，以此来提高三维目标检测精度。

ImVoteNet 模型结构如图 14-4 所示，输入数据包括 RGB 图像和点云。从模型名称上看，该模型以 VoteNet 为基础，并且多模态信息融合发生在投票特征提取阶段。RGB 图像在预测出目标的二维候选框之后，根据点云种子点的位置关系，计算出二维候选框的投票结果、语义分类和 RGB 纹理信息，维度为 $K \times F'$。模型在点云分支上同样预测了 $K \times F$ 投票特征。这里 K 表示种子点数量，F 和 F' 表示特征维度。

投票特征提取后，模型分别针对两种单模态特征和一种多模态特征进行 VoteNet 后续操作，包括候选框聚合、结果预测和损失计算等。这里单模态特征是指图像和激光

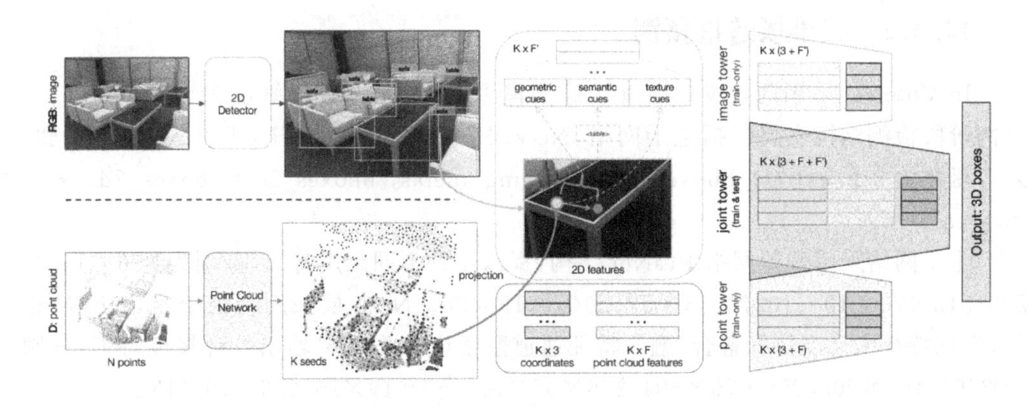

图 14-4 ImVoteNet 模型结构[25]

点云分别提取的投票特征，维度为 $K\times(3+F')$ 和 $K\times(3+F)$。多模态特征是指二者拼接融合后的特征，维度为 $K\times(3+F+F')$，其中，3 表示投票点空间坐标。模型总体损失函数包括这三种计算结果的各自损失，其中单模态损失权重各占 0.3，多模态损失权重占 0.4。实际上，很多模型改进点会集中在增加对损失函数的约束，例如增加面或棱的预测损失等。

ImVoteNet 总体计算过程如图 14-5 所示。

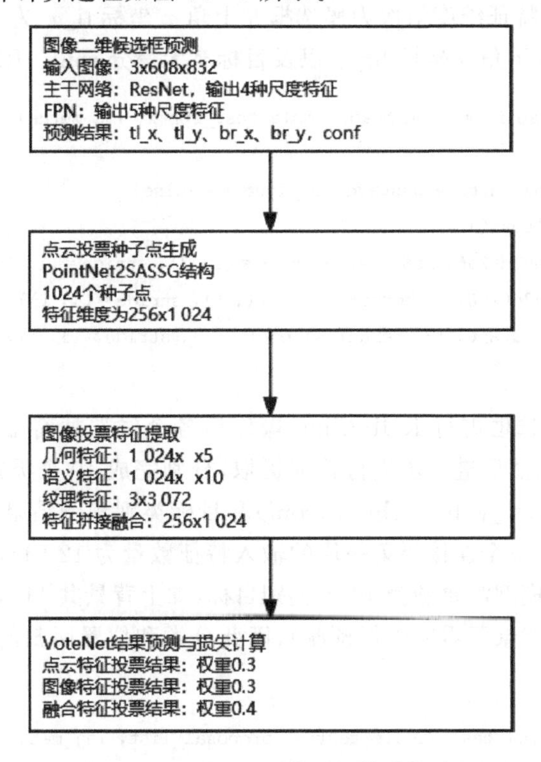

图 14-5 ImVoteNet 模型总体计算过程

14.3.2 二维候选框预测

ImVoteNet 采用两阶段二维目标检测模型，输入图像数据维度为 3×608×832。该两阶段检测结构主要包括主干网络、Neck、RPN Head、ROI Head 和 NMS 等步骤，入口函数为 self.extract_bboxes_2d(img, img_metas, bboxes_2d=bboxes_2d, **kwargs)。

主干网络采用残差网络 ResNet 结构，提取 4 种不同尺度特征，分别为 256×152×208、512×76×104、1024×38×52、2048×19×26。Neck 层采用特征金字塔 FPN 结构，实现特征多尺度特征融合，融合特征通道数量均为 256，并输出 5 种尺度特征，分别为 256×152×208、256×76×104、256×38×52、256×19×26、256×10×13。

每个特征图位置会产生三种不同尺寸 anchor，并通过 RPN Head 预测候选框有无目标以及目标位置，并且每种尺度特征图分别进行计算。因此，目标有无得分预测结果 rpn_cls_score 维度为 3×152×208、3×76×104、3×38×52、3×19×26 和 3×10×13。位置预测结果 rpn_bbox_pred 维度为 12×152×208、12×76×104、12×38×52、12×19×26 和 12×10×13。根据预测得分和 NMS 非极大值抑制，筛选并保留最多前 1 000 个得分最高的候选框。不同尺度特征图对应的候选框相互间不进行 NMS 操作，并且删除尺寸过小的候选框。RPN Head 返回的候选框维度为 1 000×5，其中 1 000 为候选框数量。5 个特征维度依次为候选框左上角 x 坐标 tl_x、左上角 y 坐标 tl_y、右下角 x 坐标 br_x、右下角 y 坐标 br_y 以及目标有无得分 conf。RPN 配置如下所示。

```
proposal_list = self.img_rpn_head.simple_test_rpn(x, img_metas)
RPNHead(
  (loss_cls): CrossEntropyLoss(avg_non_ignore = False)
  (loss_bbox): L1Loss()
  (rpn_conv): Conv2d(256, 256, kernel_size = (3, 3), stride = (1, 1), padding = (1, 1))
  (rpn_cls): Conv2d(256, 3, kernel_size = (1, 1), stride = (1, 1))
  (rpn_reg): Conv2d(256, 12, kernel_size = (1, 1), stride = (1, 1))
)
```

ROI Head 对候选框进行 ROI Align 操作后各个候选框特征图变换为相同尺度(1000×256×7×7)，然后进一步进行特征提取，分别完成 10 个类别目标进行预测，包括二维预测框(tl_x,、tl_y、br_x、br_y，conf)和目标类别预测结果 label。ROI 关键参数如下所示。其中共享全连接层第一层的输入特征数量为 12 544，即候选框特征维度(256×7×7)。由于模型需要预测 10 个类别目标(加上背景共 11 类)，且每个目标位置坐标包括 4 个维度(背景不需要进行预测)，因此分类和位置回归的全连接层输出特征数量分别为 11 和 40。

```
rets = self.img_roi_head.simple_test(x, proposal_list, img_metas, rescale = False) # 每个类别目标的预测结果,10xKx5,10 个类别,K 个目标,tl_x、tl_y、br_x、br_y,conf
rois = bbox2roi(proposals) # [batchid, tl_x, tl_y, br_x, br_y]
```

```
cls_score, bbox_pred = self.bbox_head(bbox_feats)#1000x11,1000x40
Shared2FCBBoxHead(
  (loss_cls): CrossEntropyLoss(avg_non_ignore = False)
  (loss_bbox): L1Loss()
  (fc_cls): Linear(in_features = 1024, out_features = 11, bias = True)
  (fc_reg): Linear(in_features = 1024, out_features = 40, bias = True)
  (shared_convs): ModuleList()
  (shared_fcs): ModuleList(
    (0): Linear(in_features = 12544, out_features = 1024, bias = True)
    (1): Linear(in_features = 1024, out_features = 1024, bias = True)
  )
  (cls_convs): ModuleList()
  (cls_fcs): ModuleList()
  (reg_convs): ModuleList()
  (reg_fcs): ModuleList()
  (relu): ReLU(inplace = True)
)
ret = torch.cat([ret, sem_class[:, None]], dim = -1)#Nx6,xyxyconfcls
inds = torch.argsort(ret[:, 4], descending = True)#按照置信度分数排序
ret = ret.index_select(0, inds)#按照置信度分数排序
```

ROI 结果再次根据目标预测置信度进行 NMS 操作后最多保留 100 个预测目标。预测结果即为 ImVoteNet 模型的二维预测框 bboxes_2d,维度为 $K\times 6$。其中,K 表示预测的二维目标数量,此处 6 个维度分别是 tl_x、tl_y、br_x、br_y、conf 和 label。

14.3.3 点云种子点生成

ImVoteNet 点云输入维度为 20 000x4,即 x、y、z、r。与 VoteNet 的种子点提取方式相同,该模型仍然通过 PointNet2SASSG 提取到 1 024 个种子点及其特征与索引,特征维度为 256×1 024。种子点提取的入口函数为 self.extract_pts_feat(points)。

```
seeds_3d, seed_3d_features, seed_indices = self.extract_pts_feat(points)#
PointNet2SASSG,提取种子点坐标及其特征与索引,1024x3、256x1024、1024。
```

14.3.4 图像投票特征提取

ImVoteNet 图像投票特征提取层为 VoteFusion,入口函数为 self.fusion_layer(img, bboxes_2d, seeds 3d, img_metas),主要包括几何、语义和纹理特征提取三部分。关键程序如下所示。

```
xyz_depth = apply_3d_transformation(seed_3d_depth, 'DEPTH', img_meta, reverse = True)#
将点云坐标变换到原始数据上去,数据增强反向变换
depth2img = xyz_depth.new_tensor(img_meta['depth2img'])#深度到相机变换矩阵
uvz_origin = points_cam2img(xyz_depth, depth2img, True)#深度到图像坐标
```

```
z_cam = uvz_origin[..., 2] # 相机坐标系下,Z 轴距离
uv_origin = (uvz_origin[..., :2] - 1).round() # 原始点云在图像中的坐标
bbox_expanded = bbox_2d_origin.view(1, bbox_num, -1).expand(seed_num, -1, -1) #
1024xKx6,每个种子点所对应的原始候选框
seed_2d_in_bbox = seed_2d_in_bbox_x * seed_2d_in_bbox_y # 在二维候选框内的种子
点,1024xKx1
sem_cue = sem_cue.scatter(-1, bbox_expanded_cls.long(), bbox_expanded_conf) # 语义,
1024xKx10,候选框对应类别的置信度
delta_u = bbox_expanded_midx - seed_2d_expanded_x # 二维候选框中心与 2D 种子点的距离,
cp,1024xKx1
delta_v = bbox_expanded_midy - seed_2d_expanded_y # 二维候选框中心与 2D 种子点的距离,
cp,1024xKx1
imvote = torch.cat([delta_u, delta_v, torch.zeros_like(delta_v)], dim = -1).view(-1, 3)
imvote = imvote * z_cam.reshape(-1, 1) # 将图像中偏差 cp 变换到相机坐标系偏差
imvote = imvote @ torch.inverse(depth2img.t()) # 将偏差反向变换到深度坐标系
imvote = apply_3d_transformation(imvote, 'DEPTH', img_meta, reverse = False) # 应用数据
增强,与模型输入数据保持一致
ray_angle = seed_3d_expanded + imvote # 种子点加上投票偏移,伪 3D 投票结果,投票的目标
中心 C'
ray_angle /= torch.sqrt(torch.sum(ray_angle ** 2, -1) + EPS).unsqueeze(-1) # 深度坐
标系中与坐标轴的余弦值
xz = ray_angle[:, [0, 2]] / (ray_angle[:, [1]] + EPS) * seed_3d_expanded[:, [1]] - seed_
3d_expanded[:, [0, 2]] # 伪三维投票偏差
geo_cue = torch.cat([xz, ray_angle], dim = -1).view(seed_num, -1, 5)
two_cues = two_cues * seed_2d_in_bbox.float() # 仅针对属于 bbox 内部的种子点进行特征提取
uv_flatten = uv_rescaled[:, 1].round() * img_shape[1] + uv_rescaled[:, 0].round() # 投
影坐标
uv_expanded = uv_flatten.unsqueeze(0).expand(3, -1).long()
txt_cue = torch.gather(img_flatten, dim = -1, index = uv_expanded) # 为每个点赋予归一
化 RGB 值,相当于点云和图像对齐
txt_cue = txt_cue.unsqueeze(1).expand(-1, self.max_imvote_per_pixel, -1).reshape(3, -1)
img_feature = torch.cat([two_cues, txt_cue], dim = 0)
```

1. 几何投票特征提取

种子点坐标 seeds_3*d* 根据相机内外参数变换矩阵投影到图像平面上,得到种子点的图像坐标 uv_origin。2*D* 种子点与各个二维候选框中心的偏差记为 delta_u 和 delta_v,对应图 14-6 中向量 pc。在二维图像平面上,二维种子点 p 的投票目标为候选框中心 c。在相机坐标系中,三维物体中心 C 与其在像平面的成像位置 c 的连线经过光心 O。在这条连线上的点 C' 的成像位置均为 c。那么,投票点在二维平面上预测的投票位置 c,在三维空间对应的是一条直线,直线上的点用 C' 表示。向量 cp 反变换到深度坐标系后为向量 PC'。PC' 加上种子点三维坐标即可得到 C' 的坐标,进而得到 OC' 所在直线的角度 ray angle。

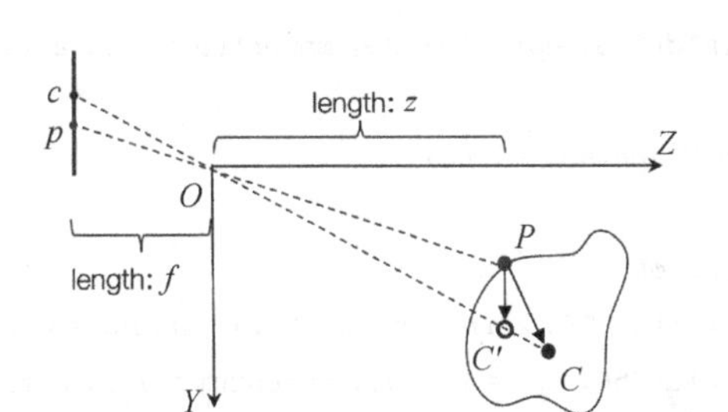

图 14-6 二维中心点预测与三维对应关系

在 SUN RGB-D 数据集的深度坐标系中，y 方向为深度方向，对应相机坐标系的 z 方向。当 C' 深度确定时，那么它的位置就可以根据角度 ray angle 等比例确定，进而得到 C 的坐标。这里，模型有一个前提假设，即目标中心与种子点相近。这是因为二维投票点必须落在二维目标框内才考虑提取其图像特征。在物体离相机有一定距离并且深度尺寸有限的情况下，近似认为物体中心与其内部种子点的深度相等，即 C 和 P 的深度近似相等。C 的投票位置与 P 坐标之差记为图像的伪三维投票偏差 xz(2 个维度)。其与角度 ray angle(3 个维度)共同组成图像的几何投票线索特征 geo_cue，维度为 1024×K×5。其中，K 为二维目标预测个数。

2. 语义投票特征提取

另一方面，每个二维种子点会被赋予语义特征，语义特征与其所在二维预测框的类别预测相关，取值为类别置信度。模型共预测 10 个类别，每个二维框的预测维度为 10，即取值不为 0 之处对应目标的类别置信度。因此，语义特征预测结果 sem_cue 维度为 1 024×K×10。

几何与语义线索特征进行拼接并用二维候选框范围进行约束可得到新的特征 two_cues，维度为 1 024×K×15。同一个种子点最多可预测 3 个目标，那么 K 限制为 3，two_cues 的特征维度为 1 024×3×15，即 15×3 072。

3. 纹理投票特征提取

二维种子点投票特征为图像坐标系对应的像素特征 txt_cue，即归一化 RGB 取值，维度为 3×3 072。

图像投票特征 img_feature 提取最终由上述三部分特征拼接而成，维度为 18×3 072。程序进一步为每个种子点仅分配一个预测特征，因此，img_features 维度恢复到 18×1 024，并通过如下 MLP 实现特征融合，维度为 256×1 024。该特征即为点云种子点对应的图像特征。

```
img_features = self.img_mlp(img_features) # 256x1024
MLP(
  (mlp): Sequential(
    (layer0): ConvModule(
      (conv): Conv1d(18, 256, kernel_size = (1,), stride = (1,))
```

```
            (bn): BatchNorm1d(256, eps = 1e - 05, momentum = 0.1, affine = True, track_running_
stats = True)
            (activate): ReLU(inplace = True)
          )
          (layer1): ConvModule(
            (conv): Conv1d(256, 256, kernel_size = (1,), stride = (1,))
            (bn): BatchNorm1d(256, eps = 1e - 05, momentum = 0.1, affine = True, track_running_
stats = True)
            (activate): ReLU(inplace = True)
          )
```

14.3.5 结果预测与损失计算

经过上述步骤后，ImVoteNet 的种子点特征有三种类型，即点云特征 seed_3d_features(256×1 024)、图像特征 img_features(256×1 024)以及两者拼接融合后的特征 fused_features(512×1 024)。模型针对这三种类型特征分别进行 VoteNet 预测和损失计算，具体过程可参考前文关于 VoteNet 的详细介绍。

ImVoteNet 损失函数共包含三大部分，分别对应上述三种类型特征，每个部分包括投票损失、目标损失、语义损失、中心损失、方向分类损失、方向回归损失、尺寸分类损失和尺寸回归损失等 8 种组成。点云特征、图像特征和融合特征对应的权重分别为 0.3、0.3、0.4，经过加权求和后得到总损失 combined_losses。

14.3.6 模型训练

本节所介绍的 ImVoteNet 模型示例程序来源于 mmdetection3d 框架，模型训练命令为"Python tools/train.py configs/imvotenet/imvotenet_stage2_16×8_sunrgbd-3d-10class.py"，采用 SUN RGB-D 作为输入数据集。运行训练命令可得到如图 14-7 所示训练结果。

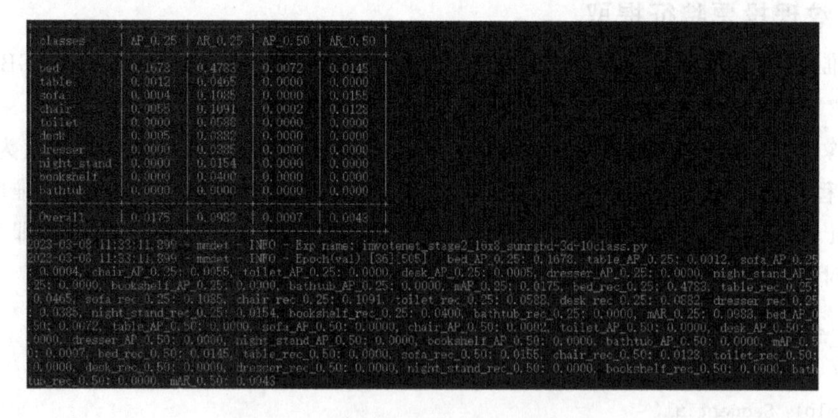

classes	AP_0.25	AR_0.25	AP_0.50	AR_0.50
bed	0.1673	0.4783	0.0072	0.0145
table	0.0012	0.0465	0.0000	0.0000
sofa	0.0004	0.1085	0.0000	0.0155
chair	0.0055	0.1091	0.0002	0.0128
toilet	0.0000	0.0588	0.0000	0.0000
desk	0.0005	0.0882	0.0000	0.0000
dresser	0.0000	0.0385	0.0000	0.0000
night_stand	0.0000	0.0154	0.0000	0.0000
bookshelf	0.0000	0.0400	0.0000	0.0000
bathtub	0.0000	0.0000	0.0000	0.0000
Overall	0.0175	0.0983	0.0007	0.0043

```
2023-03-08 11:33:11,899 - mmdet - INFO - Exp name: imvotenet_stage2_16x8_sunrgbd-3d-10class.py
2023-03-08 11:33:11,899 - mmdet - INFO - Epoch(val) [36][505]  bed_AP_0.25: 0.1678, table_AP_0.25: 0.0012, sofa_AP_0.25
: 0.0004, chair_AP_0.25: 0.0055, toilet_AP_0.25: 0.0000, desk_AP_0.25: 0.0005, dresser_AP_0.25: 0.0000, night_stand_AP_0
.25: 0.0000, bookshelf_AP_0.25: 0.0000, bathtub_AP_0.25: 0.0000, mAP_0.25: 0.0175, bed_rec_0.25: 0.4783, table_rec_0.25:
 0.0465, sofa_rec_0.25: 0.1085, chair_rec_0.25: 0.1091, toilet_rec_0.25: 0.0588, desk_rec_0.25: 0.0882, dresser_rec_0.25
: 0.0385, night_stand_rec_0.25: 0.0154, bookshelf_rec_0.25: 0.0400, bathtub_rec_0.25: 0.0000, mAR_0.25: 0.0983, bed_AP_0
.50: 0.0072, table_AP_0.50: 0.0000, sofa_AP_0.50: 0.0000, chair_AP_0.50: 0.0002, toilet_AP_0.50: 0.0000, desk_AP_0.50: 0
.0000, dresser_AP_0.50: 0.0000, night_stand_AP_0.50: 0.0000, bookshelf_AP_0.50: 0.0000, bathtub_AP_0.50: 0.0000, mAP_0.5
0: 0.0007, bed_rec_0.50: 0.0145, table_rec_0.50: 0.0000, sofa_rec_0.50: 0.0155, chair_rec_0.50: 0.0128, toilet_rec_0.50:
 0.0000, desk_rec_0.50: 0.0000, dresser_rec_0.50: 0.0000, night_stand_rec_0.50: 0.0000, bookshelf_rec_0.50: 0.0000, bath
tub_rec_0.50: 0.0000, mAR_0.50: 0.0043
```

图 14-7 ImVoteNet 训练结果示意图

第 15 章　三维语义分割模型算法

15.1　PAConv (CVPR 2021)

PAConv 是香港大学 CVMI Lab 和牛津大学合作提出的一种基于位置自适应卷积的三维点云处理算法，发表在 CVPR 2021*PAConv：Position Adaptive Convolution with Dynamic Kernel Assembling on Point Clouds*，论文地址为 https://arxiv.org/abs/2103.14635"。PAConv 的核心思想在于采用动态卷积核来提取点云特征，动态过程由点云的位置来决定。不同点云输入情况下，用于提取点云特征的卷积核是不同的，即动态可变的。该结构与 transformer 模型的思路相似，输入数据特征提取所使用的卷积层是可变的，而常规情况下，网络固定后提取特征的卷积核也就相应固定下来。

这种以数据驱动的卷积核构建方式赋予 PAConv 比普通 2D 卷积更多的灵活性，可以更好地处理不规则和无序点云数据。此外，通过组合权重矩阵而不是从点位置直接预测卷积核可降低模型学习过程的复杂性。其使用方式可通过将常规卷积替换成 PAConv 即可实现。本节示例程序的模型结构与 PointNet++语义分割结构基本一致，重点区别在于 SA 模块 MLP 层的常规卷积被 PAConv 卷积所取代。模型详细过程可参考前文关于 PointNet++介绍的章节。

15.1.1　PAConv 卷积结构

PAConv 卷积会根据点云位置坐标动态调整点云特征提取的 MLP 层卷积核参数。直接效果体现在卷积核参数随输入发生变化，而不是固定不变的，因而具有更强的特征提取能力。这一点在可变形卷积(DCN)之中也有类似体现，DCN 主要在于动态调整卷积视野范围。二者共同之处在于卷积是可变的。自然语言处理的 transformer 将这种位置相关的卷积思路应用得更加完善。因此，该模型的 PAConv 也可以替换成与 transformer 类似的结构。可以说，在性能改善的同时这些方法也会在一定程度上增加数据计算量。

假设一组点云输入特征维度为 Cin，前三维为点云坐标 xyz，且分组内点云总数为 K。在 PointNet++模型中，SA 模块分组点云特征提取采用 MLP 方式提取，MLP 为多个卷积全连接层。卷积的输入通道为 Cin，输出通道为 Cout，那么经过卷积操作后该组点云特征维度为 $K\times$Cout。在该模式下，一旦网络参数经训练确认，那么 MLP 卷积核参数不会随着输入点云的不同而出现变化，即所有点云提取特征的方式是固定的。

PAConv 卷积的公式推导过程请参考论文，本节重点介绍程序实现过程。

PAConv 实现的主要思路是根据点云位置生成调控卷积核参数的权重得分矩阵，然后通过加权操作得到输出结果，主要过程如图 15－1 所示。

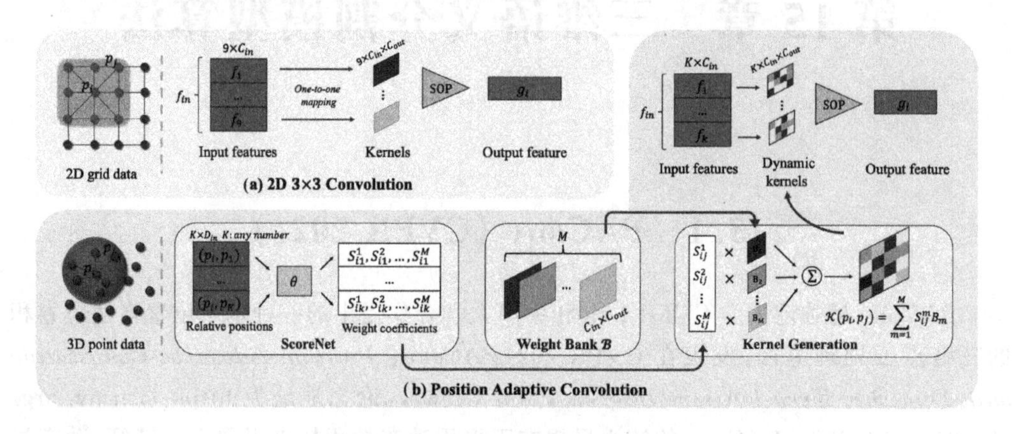

图 15－1 PAConv 卷积过程示意图

PAConv 首先根据点云坐标特征 xyz_features 采用 MLP 生成卷积核权重得分。MLP 的输入 xyz_features 由点云坐标 xyz、点云坐标中心偏差 xyz_diff 以及点云相对与中心的欧拉距离组成，共 7 个维度。这说明得分权重与点云自身坐标与中心相对坐标相关联，重点关注点云局部结构特征。MLP 配置参数如下所示，卷积核权重得分 scores 输出维度为 npoint×K×M。npoint 表示 SA 采样点数，K 表示分组采样点数，M 表示卷积核权重参数的数量。

```
Sequential(
  (layer0): ConvModule(
    (conv): Conv2d(7, 8, kernel_size = (1, 1), stride = (1, 1), bias = False)
    (bn): BatchNorm2d(8, eps = 1e - 05, momentum = 0.1, affine = True, track_running_stats
= True)
    (activate): ReLU(inplace = True)
  )
  (layer1): ConvModule(
    (conv): Conv2d(8, 16, kernel_size = (1, 1), stride = (1, 1), bias = False)
    (bn): BatchNorm2d(16, eps = 1e - 05, momentum = 0.1, affine = True, track_running_
stats = True)
    (activate): ReLU(inplace = True)
  )
  (layer2): ConvModule(
    (conv): Conv2d(16, 16, kernel_size = (1, 1), stride = (1, 1), bias = False)
    (bn): BatchNorm2d(16, eps = 1e - 05, momentum = 0.1, affine = True, track_running_
stats = True)
    (activate): ReLU(inplace = True)
```

```
    )
    (layer3): ConvModule(
      (conv): Conv2d(16, 16, kernel_size = (1, 1), stride = (1, 1))
    )
  )
  scores = self.mlps(xyz_features)  # (B, M, N, K),16x1024x32
  scores = F.softmax(scores / self.temp_factor, dim = 1) # 转换为概率权重,16x1024x32
  scores = scores.permute(0, 2, 3, 1)  # (B, N, K, M),1024x32x16
```

PAConv 卷积会从权重参数矩阵 weight_bank 加权选择出所需卷积核参数。在输入上，点云特征需要减去中心特征并与原特征进行拼接，那么点云输入特征通道数量由 Cin 转变为 2 * Cin。假设点云特征提取卷积核的通道数量为 Cout(通道特征作为点云输出特征维度)，且每个卷积核权重参数数量为 M，那么卷积核权重参数矩阵 weight_bank 维度为 2 * Cin×M×Cout。

点云输入特征与卷积核权重参数矩阵 weight_bank 相乘得到维度为 npoint x K x M x Cout 维度特征。得分矩阵 scores 与该矩阵相乘进一步得到加权结果，维度为 npoints x K x Cout。加权操作是在 M 维度上进行的，相当于在该维度上将所有参数通过加权合并为卷积核的一个参数。如果我们将 K 设置为 1，即权重矩阵 weight_bank 的维度设置为 2Cin×Cout，那么直接可得到分组点云特征，这也是 PointNet++ 中 MLP 的实现方式。得分矩阵与点云特征进行相乘加权求和，将卷积核参数与点云位置坐标相关联，在一定程度上使得点云中不同目标获得了不同的特征提取方式。

根据上述分析可知，SA 模块 MLP 的常规卷积被替换成 PAConv 卷积，用 PAConv (Cin, K, M , Cout)来表示，那么得分矩阵 scores 输出维度为 npoint×K×M，卷积核权重参数矩阵 weight_bank 维度为 2 * Cin×M×Cout。输出分组点云特征维度为 npoints×K×Cout，即 Cout×npoints×K，这里所起到的最终效果与 PointNet++的 MLP 卷积层基本一致。

15.1.2 主干网络

PAConv 模型的主干网络采用 PointNet2SASSG 结构，输入点云数据维度为 4 096×9。9 个属性维度介绍请参考 PointNet++章节。网络包括 4 个 SA 模块，每个 SA 模块均包含一个由三组 PAConv 卷积组成的 MLP 层。

1. SA1

SA1 采样方式为 D-FPS，采样点数 1 024，分组采样点数 32(KNN)。采样后点云输入坐标 point_xyz 的维度为 3×1 024×32，而点云输入特征 features 维度为 9×4 096。PAConv 通过 point_xyz 和 MLP 得到卷积核权重分数 scores，维度为 1024×32×16 ($K=32, M=16$)。

经过采样后点云特征维度为 9×1 024×32，减去采样中心点特征后得到新特征并与原特征进行拼接，从而得到 18×1 024×32 维特征，即以 1 024 个采样点为中心进行分组，每个组内点云输入特征 features 由 18 个维度组成，即 2Cin。

点云输入特征直接与权重矩阵 weight_bank 相乘即可得到新的点云特征。此时点云输入特征 features 维度为 1 024×32×18，权重矩阵 weight_bank 的维度为 18×512（16×32＝512），相乘后新点云特征 new_features 维度为 1 024×32×16×32（npoint，*K*，*M*，Cout）。

将权重得分 Scores 与新点云特征 new_features 相乘，PAConv 实现了各个卷积核的加权操作，并进一步得到维度为 32×1 024×32 维度的特征。加权操作是在 *M* 维度上进行的，相当于在该维度上将所有参数通过加权合并为卷积核的一个参数。如果我们在上一步将 K 设置为 1，即权重矩阵 weight_bank 的维度设置为 18×32，那么直接可得到分组点云特征，这也是 PointNet＋＋中 MLP 的实现方式。该 32×1 024×32 维度的新特征作为 SA 模块的分组点云特征。

32x1024x32 维度的分组点云特征经过最大池化后得到分组特征，维度为 32×1 024。以该特征再次进行 PAConv 操作，此时 Cin、*K*、*M*、Cout 分别为 32、32、16、32，输出点云特征维度为 32×1 024×32，经过最大池化后同样得到 32x1024。该特征进行第三次类似 PAConv 操作和池化操作，且 Cout 为 64，得到 SA1 的分组特征，维度为 64×1 024。

根据上述分析可知，SA 模块 MLP 的常规卷积被替换成 PAConv 卷积，并通过连续三次卷积操作完成更深层特征提取。这里用 PAConv(Cin，*K*，*M*，Cout)来表示，三个卷积参数依次为 PAConv(9，32，16 ，32)、PAConv(32，32，16 ，32)、PAConv(32，32，16 ，64)。分组点云特征维度为 64×1 024×32，经过最大池化得到 64×1 024 维度分组特征。

关键函数解析如下所示。

```
features, points_xyz = inputs＃9x1024x32,Cin = 9,npoint = 1024,K = 32
B, _, npoint, K = features.size()＃1024x32
center_features = features[..., :1].repeat(1, 1, 1, K)＃中心特征，即采样点特征
features_diff = features - center_features＃特征差值
features = torch.cat((features_diff, features), dim = 1)＃18x1024x32,2 x Cin x npoint x K
xyz_features = self._prepare_scorenet_input(points_xyz)＃center_xyz、xyz_diff、euclidi-
an_dist,7x1024x32,7 x npoint x K
scores = self.scorenet(xyz_features)  ＃ [B, npoint, K, M]＃1024x32x16
new_features = torch.matmul(features.permute(0, 2, 3, 1),＃1024x32x18 18x512
self.weight_bank).view(B, npoint, K, self.num_kernels,＃1024x32x512 1024x32x16x32
new_features = assign_score(scores, new_features)＃1024x32xCout
new_features = new_features.permute(0, 3, 1, 2).contiguous()＃
new_features = new_features.permute(0, 3, 1, 2).contiguous()＃32x1024x32,Cout x npoint x K
```

2. SA2

SA2 采样方式为 DFPS，采样点数 256，分组采样点数 32(KNN)。三个卷积参数依次为 PAConv(67，32，16 ，64)、PAConv(64，32，16 ，64)、PAConv(64，32，16 ，

128)。分组点云特征维度为128×256×32,经过最大池化得到128×256维度分组特征。

3. SA3

SA3采样方式为DFPS,采样点数16,分组采样点数32(KNN)。三个卷积参数依次为PAConv(131, 32, 16 , 128)、PAConv(128, 32, 16 , 128)、PAConv(128, 32, 16, 256)。分组点云特征维度为256×64×32,经过最大池化得到256×64维度分组特征。

4. SA4

SA4采样方式为DFPS,采样点数64,分组采样点数32(KNN)。三个卷积参数依次为PAConv(259, 32, 16 , 256)、PAConv(256, 32, 16 , 256)、PAConv(256, 32, 16, 512)。分组点云特征维度为5121x16x32,经过最大池化得到512×16维度分组特征。

5. SA模块完整输出

SA模块全部输出如下所示。

采样点坐标sa_xyz:[xyz_0, xyz_1, xyz_2, xyz_3, xyz_4],4 096×3, 1 024×3, 256×3, 64×3, 16×3]

分组特征sa_features:[features_0, features_1, features_2, features_3, features_4], 6×4 096, 64×1 024, 128×256, 256×64, 512×16]

采样点索引sa_indices:[indices_0, indices_1, indices_2, indices_3, indices_4], [4 096, 1 024, 256, 64, 16]

15.1.3 特征上采样与结果预测

特征上采样过程与PointNet++结构一致,输出特征fp_feature维度为128×4 096。这相当于为每个输入点提取到128维特征,并用该特征来预测语义类别。

fp_feature(128×4 096)经过卷积Conv1d(128, 128, kernel_size=(1,), stride=(1,), bias=False)和Conv1d(128, 13, kernel_size=(1,), stride=(1,))得到13×4 096维预测结果。每个点分别对13个类别进行预测。

参数配置如下所示。

```
PAConvHead(
  (loss_decode): CrossEntropyLoss(avg_non_ignore = False)
  (conv_seg): Conv1d(128, 13, kernel_size = (1,), stride = (1,))
  (dropout): Dropout(p = 0.5, inplace = False)
  (FP_modules): ModuleList(
    (0): PointFPModule(
      (mlps): Sequential(
        (layer0): ConvModule(
          (conv): Conv2d(768, 256, kernel_size = (1, 1), stride = (1, 1), bias = False)
      (bn): BatchNorm2d(256, eps = 1e - 05, momentum = 0.1, affine = True, track_running_
```

```
stats = True)
            (activate): ReLU(inplace = True)
          )
          (layer1): ConvModule(
            (conv): Conv2d(256, 256, kernel_size = (1, 1), stride = (1, 1), bias = False)
```

15.1.4 损失函数与顶层结构

PAConv 模型损失包含语义分割损失和 PAConv 参数正则化损失两部分。

语义预测损失函数为 CrossEntropyLoss,其输入为 13×4 096 维预测结果和 4 096 个语义标签 pts_semantic_mask。

由于权重矩阵是随机初始化的并且可能会收敛为彼此非常相似的结果,因此无法保证权重矩阵的多样性。为了避免这种情况,作者设计了一个权重正则化损失函数来惩罚不同权重矩阵之间的相关性,以使不同的权重矩阵更加分散和独立,进一步确保所生成卷积核的多样性。

4 个 SA 结构分别包含 3 个 PAConv 卷积,因而 PAConv 参数正则化损失由 12 部分求和得到,并且乘以 10 倍权重得到最终损失。PAConv 参数正则化损失的定义如下所示。

$$L_{corr} = \frac{\left| \sum B_i B_j \right|}{\| B_i \|_2 \| B_j \|_2} \tag{15-1}$$

PAConv 模型顶层结构主要包括以下三部分:

(1) 主干网络特征提取,采用 PointNet2SASSG 结构提取五组不同尺度特征。

(2) 语义分割结果预测,包括特征上采样、语义预测和语义分割损失函数计算。

(3) PAConv 参数正则化损失。

```
def forward_train(self, points, img_metas, pts_semantic_mask):
    points_cat = torch.stack(points) # 输入点云坐标及属性 4096x9
    pts_semantic_mask_cat = torch.stack(pts_semantic_mask) # 输入点云语义类别标签,即
每个点所属类别
        # extract features using backbone
        x = self.extract_feat(points_cat)
        losses = dict()
        loss_decode = self._decode_head_forward_train(x, img_metas, pts_semantic_mask_
cat)
        losses.update(loss_decode)
        if self.with_auxiliary_head:
            loss_aux = self._auxiliary_head_forward_train(
                x, img_metas, pts_semantic_mask_cat)
            losses.update(loss_aux)
        if self.with_regularization_loss:
            loss_regularize = self._loss_regularization_forward_train()
```

```
        losses.update(loss_regularize)
    return losses
```

15.1.5 模型训练

PAConv 模型官方程序地址为 https://github.com/CVMI－Lab/PAConv”，而本节基于 mmdetection3d 框架中的实现程序进行介绍，其输入数据集为 S3DIS。模型训练命令为“Python tools/train.py configs/paconv/paconv_cuda_ssg_8x8_cosine_200e_s3dis_seg-3d-13class.py”。运行训练命令可得到如图 15－2 所示训练结果。

```
time: 0.004, memory: 3712, decode.loss_sem_seg: 0.5002, regularize.loss_regularize: 0.0133, loss: 0.5135
2023-03-15 00:21:44,894 - mmseg - INFO - Epoch [16][5650/5952]  lr: 1.973e-01, eta: 5 days, 21:32:30, time: 0.464, data_
time: 0.004, memory: 3712, decode.loss_sem_seg: 0.5123, regularize.loss_regularize: 0.0185, loss: 0.5308
2023-03-15 00:22:08,025 - mmseg - INFO - Epoch [16][5700/5952]  lr: 1.973e-01, eta: 5 days, 21:32:05, time: 0.463, data_
time: 0.004, memory: 3712, decode.loss_sem_seg: 0.5513, regularize.loss_regularize: 0.0181, loss: 0.5693
2023-03-15 00:22:31,209 - mmseg - INFO - Epoch [16][5750/5952]  lr: 1.973e-01, eta: 5 days, 21:31:41, time: 0.464, data_
time: 0.004, memory: 3712, decode.loss_sem_seg: 0.4738, regularize.loss_regularize: 0.0140, loss: 0.4877
2023-03-15 00:22:54,337 - mmseg - INFO - Epoch [16][5800/5952]  lr: 1.973e-01, eta: 5 days, 21:31:16, time: 0.463, data_
time: 0.004, memory: 3712, decode.loss_sem_seg: 0.5403, regularize.loss_regularize: 0.0143, loss: 0.5546
2023-03-15 00:23:17,515 - mmseg - INFO - Epoch [16][5850/5952]  lr: 1.973e-01, eta: 5 days, 21:30:52, time: 0.464, data_
time: 0.004, memory: 3712, decode.loss_sem_seg: 0.5466, regularize.loss_regularize: 0.0221, loss: 0.5686
2023-03-15 00:23:40,709 - mmseg - INFO - Epoch [16][5900/5952]  lr: 1.973e-01, eta: 5 days, 21:30:28, time: 0.464, data_
time: 0.004, memory: 3712, decode.loss_sem_seg: 0.4767, regularize.loss_regularize: 0.0147, loss: 0.4913
2023-03-15 00:24:03,894 - mmseg - INFO - Epoch [16][5950/5952]  lr: 1.973e-01, eta: 5 days, 21:30:04, time: 0.464, data_
time: 0.004, memory: 3712, decode.loss_sem_seg: 0.5778, regularize.loss_regularize: 0.0194, loss: 0.5972
2023-03-15 00:24:04,897 - mmseg - INFO - Saving checkpoint at 16 epochs
[>>>>>>>>>>>>>>>>>>>>>>>>>>>>>>>>>>>>>>>>>>>>>>>>>>] 68/68, 0.1 task/s, elapsed: 807s, ETA:     0s2023-03-15 00:37:41,90
6 - mmseg - INFO -
+---------+---------+--------+---------+--------+--------+--------+--------+--------+--------+--------+----------+--------
+---------+---------+--------+---------+
| classes | ceiling | floor  | wall    | beam   | column | window | door   | table  | chair  | sofa   | bookcase | board
| clutter | miou    | acc    | acc_cls |
+---------+---------+--------+---------+--------+--------+--------+--------+--------+--------+--------+----------+--------
+---------+---------+--------+---------+
| results | 0.9220  | 0.9683 | 0.7252  | 0.0000 | 0.0766 | 0.5455 | 0.3062 | 0.6550 | 0.7510 | 0.1945 | 0.5758   | 0.5067
| 0.4516  | 0.5137  | 0.8311 | 0.5847  |
+---------+---------+--------+---------+--------+--------+--------+--------+--------+--------+--------+----------+--------
+---------+---------+--------+---------+
2023-03-15 00:37:41,932 - mmseg - INFO - Exp name: paconv_cuda_ssg_8x8_cosine_200e_s3dis_seg-3d-13class.py
```

图 15－2 PAConv 模型训练结果示意图

15.2 DGCNN（TOG 2019）

15.2.1 模型总体结构

DGCNN 发表于 TOG 2019*Dynamic Graph CNN for Learning on Point Clouds*，论文地址为 https://arxiv.org/abs/1801.07829”。从论文题目上来看，模型似乎采用了图神经网络(GCN)。而 DGCNN 中的图实际上是指运用点与点之间相对特征来进行点云特征提取，提取方式仍然采用的是卷积网络。因而，模型并没有采用图神经网络。

DGCNN 的创新点在于点云特征提取时不仅考虑点自身的特征，而且融合周围点云的相对特征。周围点云相对特征通过 EdgeConv 卷积来实现。相比于 PointNet＋＋模型而言，该模型进一步关注点云的局部特征，使点云特征提取更加丰富有效，从而提高算法准确度。DGCNN 发布时在点云分割、分类任务中取得了最优水平。

DGCNN 模型的总体结构如图 15－3 所示，其主要思路与 PointNet＋＋基本一致，包括最大池化和全局特征拼接等步骤。两者区别在于 DGCNN 在 MLP 提取点云特征时使用了周围点云的相对特征，即采用 EdgeConv 卷积替换 PointNet＋＋中的 MLP 卷积。

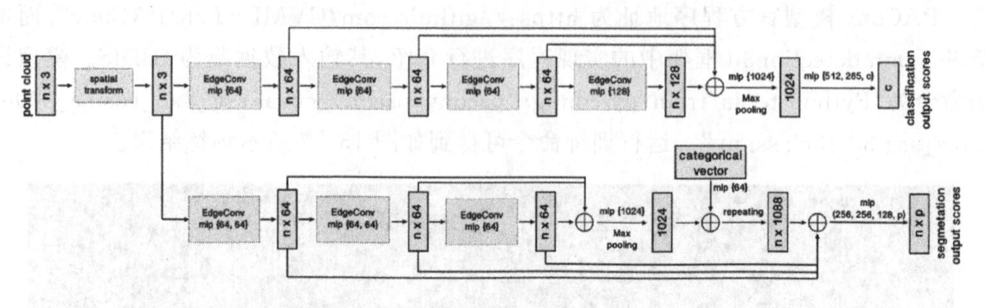

图 15－3　DGCNN 模型结构

15.2.2　EdgeConv 卷积

EdgeConv 卷积结构如图 15－4 所示，重点用于提取边(edge)特征。PointNet 分组点云特征通过对输入特征分别进行 MLP 操作得到。EdgeConv 输入增加对点云相对于中心点的特征，从而使得输入特征的局部信息更加丰富。

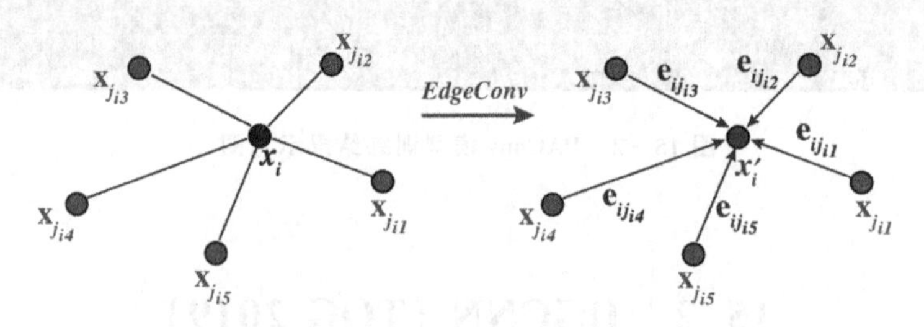

图 15－4　EdgeConv 卷积

EdgeConv 卷积过程如下：

(1) 点云分组：采用最近邻方法(KNN)搜索最近的 K 个点作为相邻点。如果输入点云特征中包含空间坐标信息，那么 KNN 采用坐标距离作为相邻点选择依据，否则以全部特征距离作为选择依据，类似于特征最远点采样。假设输入点云维度为 Cin×npoint，那么分组后点云特征维度为 Cin x npoint×K。

(2) 中心相对特征提取：将分组内点云特征减去分组中心点特征，得到点云相对中心特征，维度为 Cin x npoint×K。

(3) 特征拼接：点云原始输入特征与中心相对特征进行拼接，得到(2Cin)×npoint x K 维度特征。

(4) MLP 特征提取：MLP 层第一个卷积的输入通道数为 2Cin，最后一层卷积输出通道数量为 Cout，那么上述拼接特征经过 MLP 操作后得到 Cout x npoint×K 维度特征。

(5) 最大池化:Cout x npoint×K 维度特征经最大池化后输出 Cout x npoint 维度特征。最大池化将分组内特征融入进中心点,同时解决分组内点云无序性问题。

(6) 深层特征提取:连续 EdgeConv 串联起来实现深层特征提取,可类比连续传统卷积操作。

15.2.3 主干网络

DGCNN 模型主干网络结构采用 3 个连续的 EdgeConv 卷积模块提取不同深度特征,并采用特征拼接实现不同深度特征的融合。模型输入点云维度为 4 096×9,9 个属性维度介绍请参考 PointNet++章节。

1. EdgeConv1

第一个 EdgeConv 卷积模块的输入维度为 4 096×9,后三维特征为空间坐标,因而采用坐标距离 KNN 的方式来选择最近邻点。分组最近邻点数量为 20。分组后点云特征维度为 9×4 096×20,与中心点作差得到维度同样为 9×4 096×20 的中心相对特征。两者拼接后得到 18×4 096×20 维度特征,经过 MLP 卷积 Conv2d(18, 64, kernel_size=(1, 1), stride=(1, 1), bias=False)、Conv2d(64, 64, kernel_size=(1, 1), stride=(1, 1), bias=False)及最大池化后输出 64×4 096 维度特征。

关键程序解析如下所示:

```
idx = self.groupers[i](new_points[..., -3:].contiguous(), new_points[..., -3:].contiguous())[-1]#根据距离 KNN 筛选 K 个最近邻点,N x K,4096x20
grouped_results = grouping_operation(new_points_trans, idx)  # (B, C, N) ->(B, C, N, K)#分组,9x4096x20
grouped_results -= new_points_trans.unsqueeze(-1)#与中心点特征的差值,C x N x K,9x4096x20
new_points = new_points_trans.unsqueeze(-1).repeat(1, 1, 1, grouped_results.shape[-1])#中心点特征,9x4096x20
new_points = torch.cat([grouped_results, new_points], dim=1)#特征拼接,(2 x C)x N x K,18x4096x20
# (B, mlp[-1], N, K)
new_points = self.mlps[i](new_points)#64x4096x20
# (B, mlp[-1], N)
new_points = self._pool_features(new_points)#最大池化,64x4096
#MLP
DGCNNGFModule(
  (groupers): ModuleList(
    (0): QueryAndGroup()
  )
  (mlps): ModuleList(
```

```
        (0): Sequential(
          (layer0): ConvModule(
            (conv): Conv2d(18, 64, kernel_size = (1, 1), stride = (1, 1), bias = False)
            (bn): BatchNorm2d(64, eps = 1e-05, momentum = 0.1, affine = True, track_running_
stats = True)
            (activate): LeakyReLU(negative_slope = 0.2, inplace = True)
          )
          (layer1): ConvModule(
            (conv): Conv2d(64, 64, kernel_size = (1, 1), stride = (1, 1), bias = False)
            (bn): BatchNorm2d(64, eps = 1e-05, momentum = 0.1, affine = True, track_running_
stats = True)
            (activate): LeakyReLU(negative_slope = 0.2, inplace = True)
          )
        )
      )
    )
```

2. EdgeConv2

第二个 EdgeConv 卷积模块的输入是第一个 EdgeConv 的输出，维度为 4 096×64，特征不含点云坐标，因而采用全部特征 KNN 的方式来选择最近邻点。分组最近邻点数量为 20。分组后点云特征维度为 64×4 096×20，与中心点作差得到维度同样为 64×4 096×20 的中心相对特征。两者拼接后得到 128×4 096×20 维度特征，经过 MLP 卷积 Conv2d(128, 64, kernel_size=(1, 1), stride=(1, 1), bias=False)、Conv2d(64, 64, kernel_size=(1, 1), stride=(1, 1), bias=False)及最大池化后输出 64×4 096 维度特征。

3. EdgeConv3

第三个 EdgeConv 卷积模块的输入是第二个 EdgeConv 的输出，维度为 4 096×64，特征不含点云坐标，因而采用全部特征 KNN 的方式来选择最近邻点。分组最近邻点数量为 20。分组后点云特征维度为 64×4 096×20，与中心点作差得到维度同样为 64×4 096×20 的中心相对特征。两者拼接后得到 128×4 096×20 维度特征，经过 MLP 卷积 Conv2d(128, 64, kernel_size=(1, 1), stride=(1, 1), bias=False)及最大池化后输出 64×4 096 维度特征。

三个 EdgeConv 卷积模块均输出 64x4096 三个维度特征。DGCNN 主干网络最终输出特征 gf_points，包括原始点云特征和 EdgeConv 特征，特征维度分别为 4 096×9、4 096×64、4 096×64、4 096×64。

15.2.4 特征融合与结果预测

三个 EdgeConv 特征进行拼接得到 192×4 096 维度特征，经过卷积 Conv1d(192, 1 024, kernel_size=(1,), stride=(1,), bias=False)和最大池化后得到 1 024 维全局

特征。由于示例程序仅包含语义分割任务，因而全局特征不包含来自分类网络的全局特征，即少了模型结构中的 Categorical vector 部分。

全局特征与三个 EdgeConv 特征再次拼接得到 1216×4 096 维度特征。该特征作为点云语义特征，相当于为每个输入点提取到 1 216 维特征，并用该特征来预测语义类别。

点云语义特征(1 216×4 096)经过卷积 Conv1d(1 216, 512, kernel_size=(1,), stride=(1,), bias=False)、Conv1d(512, 256, kernel_size=(1,), stride=(1,), bias=False)和 Conv1d(256, 13, kernel_size=(1,), stride=(1,))得到 13×4 096 维预测结果。每个点分别对 13 个类别进行预测。

关键示例程序及参数配置如下所示。

```
    #特征融合,Point feature aggregation module
    fa_points = self.FA_module(gf_points)
    new_points = torch.cat(points[1:], dim = -1)#4096x64x3,4096x192,不同网络深度特征进
行拼接融合
    new_points = new_points.transpose(1, 2).contiguous()  # (B, C, N),192x4096
    new_points = self.mlps(new_points)#1024x4096
    new_fa_points = new_points.max(dim = -1, keepdim = True)[0]#最大池化,1024x1
    new_fa_points = new_fa_points.repeat(1, 1, new_points.shape[-1])#1024x4096,全局
特征
    new_points = torch.cat([new_fa_points, new_points_copy], dim = 1)#全局特征与局部特征
拼接,1216x4096
    fp_points = self.FP_module(fa_points)#4096x512
    fp_points = fp_points.transpose(1, 2).contiguous()#512x4096
    output = self.pre_seg_conv(fp_points)#256x4096
    output = self.cls_seg(output)#13x4096
    DGCNNHead(
      (loss_decode): CrossEntropyLoss(avg_non_ignore = False)
      (conv_seg): Conv1d(256, 13, kernel_size = (1,), stride = (1,))
      (dropout): Dropout(p = 0.5, inplace = False)
      (FP_module): DGCNNFPModule(
        (mlps): Sequential(
          (layer0): ConvModule(
            (conv): Conv1d(1216, 512, kernel_size = (1,), stride = (1,), bias = False)
            (bn): BatchNorm1d(512, eps = 1e-05, momentum = 0.1, affine = True, track_running_
stats = True)
            (activate): LeakyReLU(negative_slope = 0.2, inplace = True)
          )
```

15.2.5 损失函数与顶层结构

DGCNN 模型损失函数仅包含语义分割损失，损失函数类型为 CrossEntropyLoss。

其输入为 13×4 096 维预测结果和 4 096 个语义标签 pts_semantic_mask。

DGCNN 模型顶层结构主要包括以下两部分：

(1) 主干网络特征提取，采用三个 EdgeConv 卷积模块分别提取三组特征。

(2) 语义分割结果预测，包括特征融合、语义预测和语义分割损失函数计算。

```
def forward_train(self, points, img_metas, pts_semantic_mask):
    points_cat = torch.stack(points) # 输入点云坐标及属性 4096x9
    pts_semantic_mask_cat = torch.stack(pts_semantic_mask) # 输入点云语义类别标签，即
每个点所属类别
    # extract features using backbone
    x = self.extract_feat(points_cat)
    losses = dict()
    loss_decode = self._decode_head_forward_train(x, img_metas, pts_semantic_mask_
cat)
    losses.update(loss_decode)
    return losses
```

15.2.6 模型训练

DGCNN 模型官方程序地址为 https://github.com/zhangjian94cn/dgcnn”，而本节基于 mmdetection3d 框架中的实现程序进行介绍，其输入数据集为 S3DIS。模型训练命令为“Python tools/train.py configs/dgcnn/dgcnn_32x4_cosine_100e_s3dis_seg-3d-13class-area1.py”。运行训练命令可得到如图 15 - 5 所示训练结果。

```
ime: 0.390, memory: 13024, decode.loss_sem_seg: 0.2034, loss: 0.2034
2023-03-15 05:59:10,436 - mmseg - INFO - Epoch [6][1450/1751]  lr: 9.938e-02, eta: 1 day, 23:14:35, time: 0.828, data_t
ime: 0.368, memory: 13024, decode.loss_sem_seg: 0.2036, loss: 0.2036
2023-03-15 05:59:52,353 - mmseg - INFO - Epoch [6][1500/1751]  lr: 9.938e-02, eta: 1 day, 23:11:08, time: 0.838, data_t
ime: 0.385, memory: 13024, decode.loss_sem_seg: 0.1945, loss: 0.1945
2023-03-15 06:00:39,792 - mmseg - INFO - Epoch [6][1550/1751]  lr: 9.938e-02, eta: 1 day, 23:09:11, time: 0.949, data_t
ime: 0.487, memory: 13024, decode.loss_sem_seg: 0.1874, loss: 0.1874
2023-03-15 06:01:20,775 - mmseg - INFO - Epoch [6][1600/1751]  lr: 9.938e-02, eta: 1 day, 23:05:32, time: 0.820, data_t
ime: 0.353, memory: 13024, decode.loss_sem_seg: 0.1834, loss: 0.1834
2023-03-15 06:02:01,990 - mmseg - INFO - Epoch [6][1650/1751]  lr: 9.938e-02, eta: 1 day, 23:01:59, time: 0.824, data_t
ime: 0.369, memory: 13024, decode.loss_sem_seg: 0.1822, loss: 0.1822
2023-03-15 06:02:44,125 - mmseg - INFO - Epoch [6][1700/1751]  lr: 9.938e-02, eta: 1 day, 22:58:41, time: 0.843, data_t
ime: 0.373, memory: 13024, decode.loss_sem_seg: 0.1802, loss: 0.1802
2023-03-15 06:03:25,011 - mmseg - INFO - Epoch [6][1750/1751]  lr: 9.938e-02, eta: 1 day, 22:55:06, time: 0.818, data_t
ime: 0.351, memory: 13024, decode.loss_sem_seg: 0.1940, loss: 0.1940
2023-03-15 06:03:25,465 - mmseg - INFO - Saving checkpoint at 6 epochs
[>>>>>>>>>>>>>>>>>>>>>>>>>>>>>>>>>>>>>>>>>>>>>>>>>] 44/44, 0.2 task/s, elapsed: 269s, ETA:     0s2023-03-15 06:07:59,42
9 - mmseg - INFO -
+---------+---------+--------+---------+--------+--------+--------+--------+--------+--------+--------+----------+-------
+---------+---------+--------+---------+
| classes | ceiling | floor  | wall    | beam   | column | window | door   | table  | chair  | sofa   | bookcase | board
| clutter | miou    | acc    | acc_cls |
+---------+---------+--------+---------+--------+--------+--------+--------+--------+--------+--------+----------+-------
+---------+---------+--------+---------+
| results | 0.9093  | 0.9613 | 0.7499  | 0.5549 | 0.4513 | 0.6844 | 0.7418 | 0.6067 | 0.3607 | 0.3376 | 0.3387   | 0.0798
| 0.5034  | 0.5600  | 0.8193 | 0.6779  |
+---------+---------+--------+---------+--------+--------+--------+--------+--------+--------+--------+----------+-------
+---------+---------+--------+---------+
2023-03-15 06:07:59,445 - mmseg - INFO - Exp name: dgcnn_32x4_cosine_100e_s3dis_seg-3d-13class-area1.py
```

图 15 - 5 DGCNN 训练结果示意图

第 16 章　三维深度补全模型

深度信息是计算机视觉领域的重要信息，可用于场景理解、物体识别、物体跟踪、场景重建等任务。然而，由于深度传感器的精度、感知范围和环境光照等因素的限制，深度图像通常存在噪声、缺失、不连续等问题。这些问题会对深度信息的精度和鲁棒性产生重要的影响。因此，如何提高深度信息的精度和鲁棒性，是计算机视觉领域的一个重要研究方向。

深度补全(Depth Completion)技术可以利用部分场景深度信息，预测并估计完整场景的深度信息，从而提高深度感知的精度和鲁棒性。深度补全技术可用于对缺失深度信息的场景进行重建，从而提高场景理解和物体识别的准确性。该技术还可用于自动驾驶、智能监控、机器人导航等领域，提高系统的感知精度和鲁棒性，推动相关技术的发展。

深度补全技术的研究始于 2013 年，主要采用基于传统计算机视觉方法的深度补全算法。这些算法通常基于统计学和结构化方法，如稀疏编码、Markov 随机场、非局部均值滤波等。然而，这些算法通常需要人工选择特征和参数，同时在处理大规模数据时效率较低。

近年来，随着深度学习技术的快速发展，深度学习方法在深度补全领域得到广泛应用，并在提高深度感知的精度和鲁棒性方面取得了显著成果。目前，主要的深度补全方法包括卷积神经网络(CNN)、循环神经网络(RNN)和图神经网络(GNN)等。本章将重点以 PENet 模型为参考来详细介绍深度补全技术。

16.1　模型总体结构

PENet 是由浙江大学和上海华为于 ICRA 2021 发布的深度补全模型(Sparse－Depth－Completion)，即通过 RGB 图像和雷达稀疏点云来获取更加稠密的点云。论文题目和地址分别为 *PENet: Towards Precise and Efficient Image Guided Depth Completion* 和 https://arxiv.org/abs/2103.00783"。该模型采用 coarse-refine 结构，即粗补全和精补全(精度微调)相结合，并且模型在粗补全阶段对不同尺度图像、稀疏点云和几何特征进行充分融合以提高模型深度补全精度。另一方面，模型对 CSPN＋＋网络卷积操作进行优化以提高模型运行速度。PENet 提出时在 KITTI 深度补全数据集上取得了最好成绩，paperwithcode 排名情况地址为 https://paperswithcode.com/sota/depth-completion-on-kitti-depth-completion"，如图 16－1 所示。

Rank	Model	RMSE ↓	MAE	iRMSE	iMAE	Runtime [ms]	Paper	Code	Result	Year	Tags
1	**SemAttNet**	709.41					SemAttNet: Towards Attention-based Semantic Aware Guided Depth Completion			2022	
2	**RigNet**	713.44					RigNet: Repetitive Image Guided Network for Depth Completion			2021	
3	**PENet**	730.08	210.55	2.17	0.94	32	PENet: Towards Precise and Efficient Image Guided Depth Completion			2020	

图 16-1　PENet 排名情况

PENet 模型总体结构如图 16-2 所示，采用了 coarse-refine 结构。其深度粗补全网络称为 ENet，采用两条主干网络进行深度补全特征提取。两条主干网络均融合了雷达所采集的稀疏点云，区别在于第一条主干网络融合了 RGB 色彩信息，而第二条网络融合了第一条网络预测的深度结果。主干网络采用类似 UNet 结构的编码-解码结构，实现对不同尺度特征进行融合。因此，ENet 对特征类型和特征空间都进行了充分融合，以获取更加丰富的深度特征。

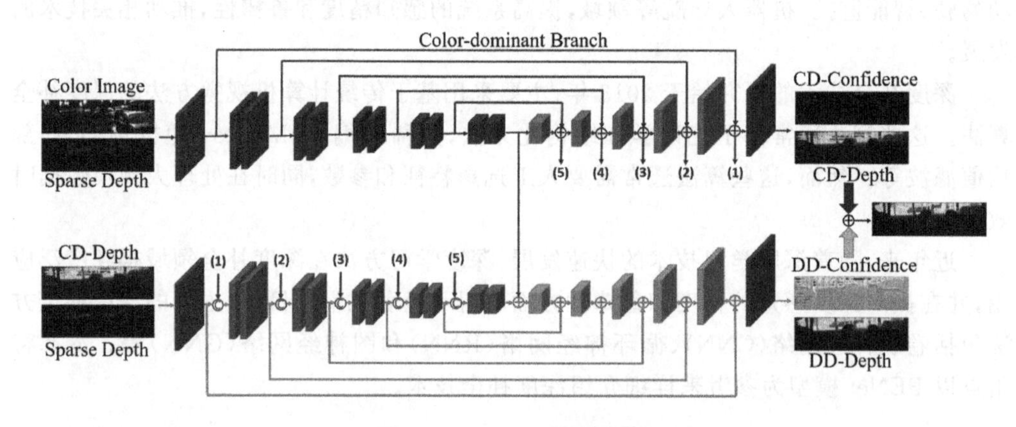

图 16-2　PENet 模型结构

PENet 深度粗补全结果是两条主干分支网络预测结果的融合，其中一条是颜色主导(color -dominant，CD)预测深度 CD-Depth，另一条是深度主导(depth-dominant，DD)预测深度 DD-Depth。由于点深度信息与其邻近点密切关联，作者采用 DA CSPN ++网络对粗补全结果进行微调，进一步提高模型预测精度。

16.2　输入数据

16.2.1　KITTI 数据集下载

PENet 模型官方程序地址为 https://github.com/JUGGHM/PENet_ICRA2021"，本

节将结合该程序进行详细介绍。程序中模型输入数据集为 KITTI 补全数据集，需要分别下载 KITTI 原始数据和补全数据。

KITTI 原始数据集如图 16－3 所示，包含 City、Residential、Road、Campus、Person 和 Calibration6 个类别，下载地址为 https://www.cvlibs.net/datasets/kitti/raw_data.php? type=city"。如需进行完整训练和测试验证，程序需要下载这 6 个类别下的全部数据，共包括 138 个可用数据。如果仅进行程序学习或验证测试，那么我们下载部分数据即可，例如 City 类别下的 2011_09_26_drive_0001、2011_09_26_drive_0002、2011_09_26_drive_0005 和 2011_09_26_drive_0009。下载数据解压得到以日期命名的文件夹，如 2011_09_26。

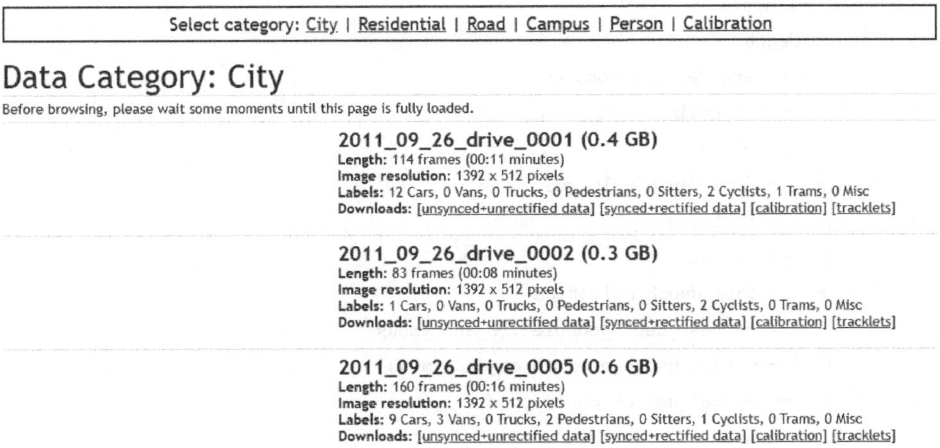

Select category: City | Residential | Road | Campus | Person | Calibration

Data Category: City

Before browsing, please wait some moments until this page is fully loaded.

2011_09_26_drive_0001 (0.4 GB)
Length: 114 frames (00:11 minutes)
Image resolution: 1392 x 512 pixels
Labels: 12 Cars, 0 Vans, 0 Trucks, 0 Pedestrians, 0 Sitters, 2 Cyclists, 1 Trams, 0 Misc
Downloads: [unsynced+unrectified data] [synced+rectified data] [calibration] [tracklets]

2011_09_26_drive_0002 (0.3 GB)
Length: 83 frames (00:08 minutes)
Image resolution: 1392 x 512 pixels
Labels: 1 Cars, 0 Vans, 0 Trucks, 0 Pedestrians, 0 Sitters, 2 Cyclists, 0 Trams, 0 Misc
Downloads: [unsynced+unrectified data] [synced+rectified data] [calibration] [tracklets]

2011_09_26_drive_0005 (0.6 GB)
Length: 160 frames (00:16 minutes)
Image resolution: 1392 x 512 pixels
Labels: 9 Cars, 3 Vans, 0 Trucks, 2 Pedestrians, 0 Sitters, 1 Cyclists, 0 Trams, 0 Misc
Downloads: [unsynced+unrectified data] [synced+rectified data] [calibration] [tracklets]

图 16－3 KITTI 原始数据集下载

KITTI 深度补全数据集主要包含稠密点云深度，以提供稀疏点云补全的真实标签，下载地址为 https://www.cvlibs.net/datasets/kitti/eval_depth.php? benchmark=depth_completion"。数据集下载内容包括图 16－4 所示部分，即 annotated depth maps data set (14 GB)、raw LiDaR scans data set (5 GB)、manually selected validation and test data sets (2 GB)、development kit (48 K)。解压后文件下包含训练和验证样本数据。

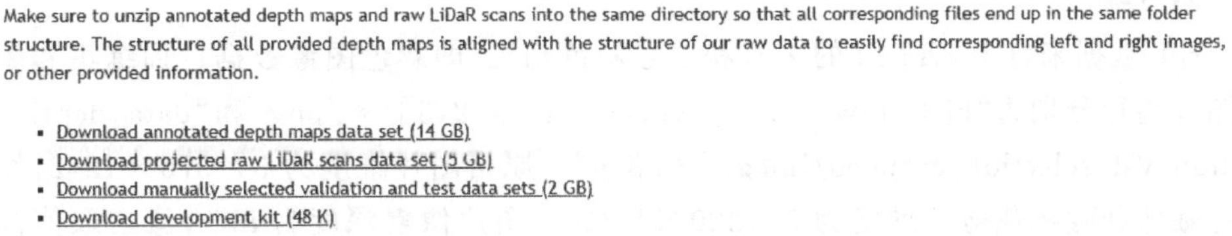

Make sure to unzip annotated depth maps and raw LiDaR scans into the same directory so that all corresponding files end up in the same folder structure. The structure of all provided depth maps is aligned with the structure of our raw data to easily find corresponding left and right images, or other provided information.

- Download annotated depth maps data set (14 GB)
- Download projected raw LiDaR scans data set (5 GB)
- Download manually selected validation and test data sets (2 GB)
- Download development kit (48 K)

图 16－4 KITII 深度补全数据集下载

16.2.2 数据集预处理

PENet 输入数据集目录如下所示，需将上述所下载文件整理成该目录结构形式。我们如果仅下载部分原始数据(2011_09_26_drive_0001、2011_09_26_drive_0002、2011_09_26_drive_0005 和 2011_09_26_drive_0009)，那么需要对深度补全数据集进行相应设置。data_depth_annotated 和 data_depth_velodyne 文件夹下训练 train 文件夹仅保留 2011_09_26_drive_0001_sync 和 2011_09_26_drive_0009_sync，删除其他文件夹。data_depth_annotated 和 data_depth_velodyne 文件夹下验证 val 文件夹仅保留 2011_09_26_drive_0002_sync 和 2011_09_26_drive_0005_sync，删除其他文件夹。

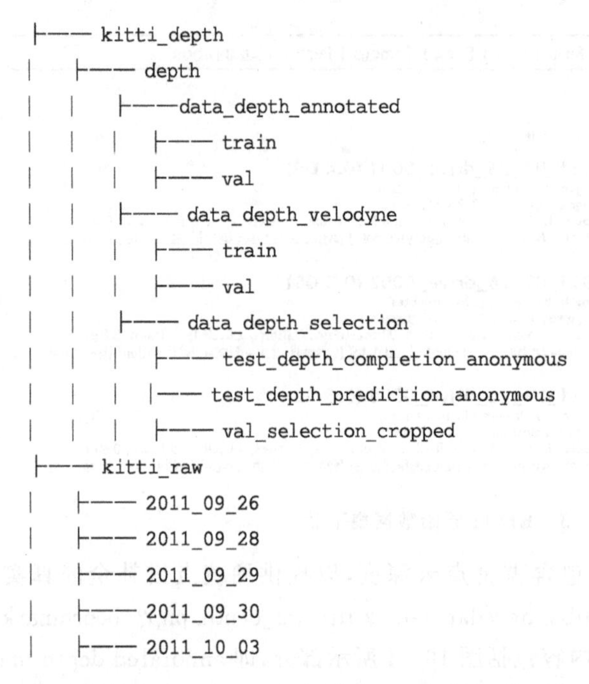

完整训练集包括 138 个文件夹，而这里仅使用如上两个文件夹数据进行模型解析。完整验证集包括 1000 个样本。模型输入数据由 *rgb*、*d*、*gt*、*g*、position 和 *K* 等 6 部分组成。

1. rgb

rgb 数据来自于 KITTI 的 2 号和 3 号彩色相机，即彩色图像数据。训练集和验证集图片路径分别为“kitti_raw/ * / * _sync/image_0[2,3]/ * . png”和“data_depth_selection/val_selection_cropped/image/ * . png”。原始图片维度为 3×375×1242，经过固定裁剪和随机裁剪后维度为 3×320×1 216。图片像素深度为 8bit，像素取值范围 0～255。

2. *d*

d 为激光雷达所采集的稀疏点云深度数据，以 16 位 png 图片存储，取值范围 0～

65 535。取值除以256可得到深度值，且取值为零的点表示无效点，即未采集到深度数据。训练集和验证集路径分别为“data_depth_velodyne/train/ * _sync/proj_depth/velodyne_raw/image_0[2,3]/ * . png”和“data_depth_selection/val_selection_cropped/velodyne_raw/ * . png”。深度图片维度为3×375×1 242，经过固定裁剪和随机裁剪后维度为3×320×1216。

3. *gt*

gt 为稠密点云深度的真实标签数据，以16位png图片存储，取值范围0～65 535。取值除以256可得到深度值，且取值为零的点表示无效点，即未采集到深度数据。训练集和验证集路径分别为“data_depth_annotated/train/ * _sync/proj_depth/groundtruth/image_0[2,3]/ * . png”和“data_depth_selection/val_selection_cropped/groundtruth_depth/ * . png”。深度图片维度为3×375×1 242，经过固定裁剪和随机裁剪后维度为3×320×1 216。

4. *g*

g 为 *rgb* 彩色图像数据转换后的灰度图像数据，维度为1×320×1216。

5. position

positon是图片像素坐标经过归一化后取值，归一化范围为－1～1。由于像素横纵坐标分别进行归一化处理，因而position维度为2×352×1216，经过随机裁剪后维度为2×320×1216。

```
xx_channel = xx_channel.astype('float32') / (self.y_dim - 1)#除以最大值,0～1
yy_channel = yy_channel.astype('float32') / (self.x_dim - 1)#除以最大值,0～1
xx_channel = xx_channel * 2 - 1#变换到 - 1～1
yy_channel = yy_channel * 2 - 1#变换到 - 1～1
ret = np.concatenate([xx_channel, yy_channel], axis = - 1)#拼接
```

6. *K*

K 为3×3维度相机内参矩阵，包含 x、y 方向上焦距和光心偏移信息，用于像素坐标和相机坐标系间坐标变换。除直接从calib_cam_to_cam.txt标定文件读取原始内参矩阵之外，此时 *K* 矩阵还需要根据图像裁剪情况对光心偏移进行调整。

```
def load_calib():
    """
    Temporarily hardcoding the calibration matrix using calib file from 2011_09_26
    """
    calib = open("dataloaders/calib_cam_to_cam.txt", "r")
    lines = calib.readlines()
    P_rect_line = lines[25]
    Proj_str = P_rect_line.split(":")[1].split(" ")[1:]
    Proj = np.reshape(np.array([float(p) for p in Proj_str]), (3, 4)).astype(np.
```

```
float32)
        K = Proj[:3, :3]  # camera matrix
        # note: we will take the center crop of the images during augmentation
        # that changes the optical centers, but not focal lengths
        # K[0, 2] = K[0, 2] - 13  # from width = 1242 to 1216, with a 13 - pixel cut on both
sides
        # K[1, 2] = K[1, 2] - 11.5  # from width = 375 to 352, with a 11.5 - pixel cut on
both sides
        K[0, 2] = K[0, 2] - 13;
        K[1, 2] = K[1, 2] - 11.5;
        return K
```

16.3 ENet 主干网络

ENet 主干网络包含两条分支，其中一条支路是图像 rgb 和稀疏深度 d 融合对稠密深度的预测，另一条支路是预测结果进一步与稀疏深度 d 融合并对稠密深度进行再次预测。两条支路预测结果融合得到 ENet 对稠密深度最终预测结果。

16.3.1 ENet 主干支路一

程序首先通过平均值池化对 position(2×320×1216)进行下采样，采样倍数分别为 2、4、8、16、32，从而得到 6 种不同尺度分辨率的像素坐标(vnorm_sx 和 unorm_sx)。同样地，激光雷达稀疏深度 d 也采用最大值池化得到相应分辨率下的深度图 d_sx。像素坐标与相机坐标系的对应关系可通过如下公式进行计算，那么根据像素坐标和深度坐标可计算得到目标在相机坐标系下的空间坐标(X,Y,Z)。

$$Z=D, X=\frac{(u-u_0)Z}{f_x}, Y=\frac{(v-v_0)Z}{f_y} \tag{16-1}$$

其中 D 为深度值，(u,v)表示像素坐标，$u0$、$v0$、fx、fy 为相机内参。

程序相应函数为 GeometryFeature，具体计算过程如下所示。由于 position 坐标已归一化到−1～1，因此需要结合图片尺寸恢复出像素坐标绝对值，然后使用内参和距离参数得到相机坐标，并称该坐标为几何特征。6 种分辨率下的像素坐标和稀疏深度分别进行计算，从而得到 6 种不同分辨率的几何特征 geo_sx。

```
x = z * (0.5 * h * (vnorm + 1) - ch)/fh
y = z * (0.5 * w * (unorm + 1) - cw)/fw
return torch.cat((x, y, z),1)
```

第一条主干支路输入的图像 rgb 和深度 d 拼接并经过卷积 Conv2d(4, 32, kernel_size=(5, 5), stride=(1, 1), padding=(2, 2), bias=False)运算后得到 32×320×1216 维特征 rgb_feature。程序将 rgb 特征和几何特征按照如图 16－5 所示过程逐步

进行特征融合与特征提取(特征编码),进而得到不同尺度融合特征 rgb_featurex。

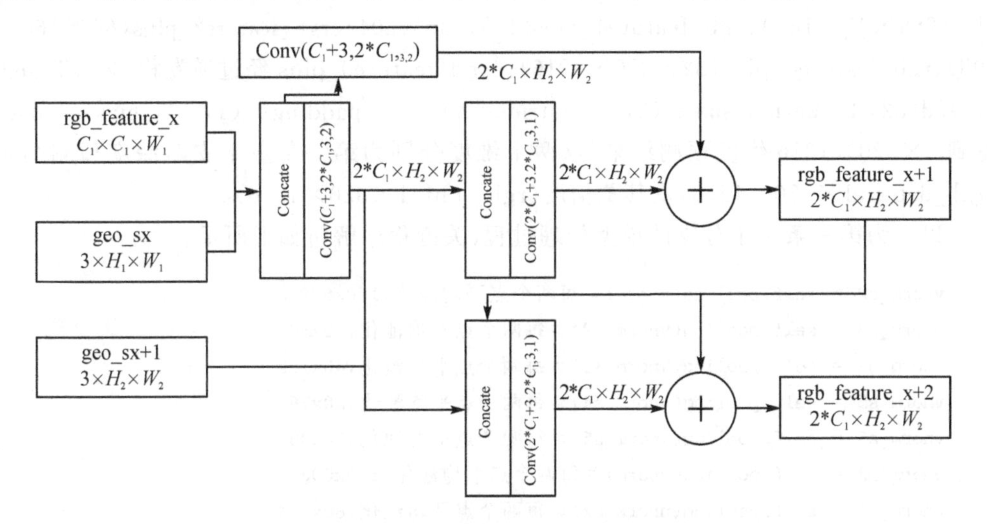

图 16-5 图像特征与几何特征融合

rgb 特征与几何特征融合过程如下:

(1) rgb 输入特征 rgb_feature_x 维度为 $C_1 \times H_1 \times W_1$,两种尺度几何特征 geo_sx 和 geo_sx+1 维度分别为 $3 \times H_1 \times W_1$ 和 $3 \times H_2 \times W_2$,且 $H_2 = H_{1/2}$、$W_2 = W_{1/2}$。

(2) rgb_feature_x 与 geo_sx 进行拼接后经过卷积 Conv(C_1+3, $2*C_1$, 3, 2)得到 $2*C_1 \times H_2 \times W_2$ 维度特征。

(3) (2)中特征进一步与 geo_sx+1 拼接并经过卷积 Conv($2*C_1+3$,$2*C_1$, 3,1)得到 $2*C_1 \times H_2 \times W_2$ 维度特征。

(4) rgb_feature_x 与 geo_sx 进行拼接后经过卷积 Conv(C1+3, $2*C_1$, 3, 2)下采样得到 $2*C_1 \times H_2 \times W_2$ 维度特征。

(5) (3)和(4)中特征进行求和得到融合后 rgb 特征 rgb_feature_x+1,维度为 $2*C_1 \times H_2 \times W_2$。

(6) rgb_feature_x+1 与 geo_sx+1 进行拼接后经过卷积 Conv($2*C_1+3$, $2*C_1$, 3, 1)得到 $2*C_1 \times H_2 \times W_2$ 维度特征。

(7) (6)中特征与 geo_sx+1 拼接并经过卷积 Conv($2*C_1+3$, $2*C_1$, 3, 1)得到 $2*C_1 \times H_2 \times W_2$ 维度特征。

(8) (7)中特征和 rgb_feature_x+1 进行求和得到新的融合后 rgb 特征 rgb_feature_x+2,维度为 $2*C_1 \times H_2 \times W_2$。

从上述步骤可以看到,rgb 特征与几何特征进行多次融合,以获取更加充分的几何特征信息。融合后 rgb 特征 rgb_feature10、rgb_feature8、rgb_feature6、rgb_feature4、rgb_feature2、rgb_feature 的维度分别为 1 024×10×38、512×20×76、256×40×152、128×80×304、64×160×608、32×320×1 216。

rgb 特征解码阶段从最小尺度 rgb 特征逐步通过逆卷积上采样与特征融合得到解

码后的不同尺度 rgb 特征，分别为 rgb_feature8_plus(512×20×76)、rgb_feature6_plus(256×40×152)、rgb_feature4_plus(128×80×304)、rgb_feature2_plus(64×160×608)、rgb_feature0_plus(32×320×1216)。rgb_feature0_plus 经过逆卷积 ConvTranspose2d(32, 2, kernel_size=(3, 3), stride=(1, 1), padding=(1, 1), bias=False)得到 2×320×1216 维度预测结果，这两个维度分别为第一条主干支路深度预测结果(rgb_depth,1×320×1216)及其置信度(rgb_conf,1×320×1216)。

以上为第一条主干分支的模型处理过程，关键程序解析如下所示。

```
vnorm_s2 = self.pooling(vnorm)＃每两个点平均池化,160x608
vnorm_s3 = self.pooling(vnorm_s2)＃每两个点平均池化,80x304
vnorm_s4 = self.pooling(vnorm_s3)＃每两个点平均池化,40x152
vnorm_s5 = self.pooling(vnorm_s4)＃每两个点平均池化,20x76
vnorm_s6 = self.pooling(vnorm_s5)＃每两个点平均池化,10x38
unorm_s2 = self.pooling(unorm)＃每两个点平均池化,160x608
unorm_s3 = self.pooling(unorm_s2)＃每两个点平均池化,80x304
unorm_s4 = self.pooling(unorm_s3)＃每两个点平均池化,40x152
unorm_s5 = self.pooling(unorm_s4)＃每两个点平均池化,20x76
unorm_s6 = self.pooling(unorm_s5)＃每两个点平均池化,10x38
＃不同尺度深度图
valid_mask = torch.where(d > 0, torch.full_like(d, 1.0), torch.full_like(d, 0.0))＃深度大于 0 的点为有效点
d_s2, vm_s2 = self.sparsepooling(d, valid_mask)＃深度最大值池化,160x608
d_s3, vm_s3 = self.sparsepooling(d_s2, vm_s2)＃深度最大值池化,80x304
d_s4, vm_s4 = self.sparsepooling(d_s3, vm_s3)＃深度最大值池化,40x152
d_s5, vm_s5 = self.sparsepooling(d_s4, vm_s4)＃深度最大值池化,20x76
d_s6, vm_s6 = self.sparsepooling(d_s5, vm_s5)＃深度最大值池化,10x38
geo_s1 = self.geofeature(d, vnorm, unorm, 352, 1216, c352, c1216, f352, f1216)＃像素坐标到相机坐标,x,y,z,3x320x1216
geo_s2 = self.geofeature(d_s2, vnorm_s2, unorm_s2, 352 / 2, 1216 / 2, c352, c1216, f352, f1216)＃像素坐标到相机坐标,x,y,z,3x160x608
geo_s3 = self.geofeature(d_s3, vnorm_s3, unorm_s3, 352 / 4, 1216 / 4, c352, c1216, f352, f1216)＃像素坐标到相机坐标,x,y,z,3x80x304
geo_s4 = self.geofeature(d_s4, vnorm_s4, unorm_s4, 352 / 8, 1216 / 8, c352, c1216, f352, f1216)＃像素坐标到相机坐标,x,y,z,3x40x152
geo_s5 = self.geofeature(d_s5, vnorm_s5, unorm_s5, 352 / 16, 1216 / 16, c352, c1216, f352, f1216)＃像素坐标到相机坐标,x,y,z,3x20x76
geo_s6 = self.geofeature(d_s6, vnorm_s6, unorm_s6, 352 / 32, 1216 / 32, c352, c1216, f352, f1216)＃像素坐标到相机坐标,x,y,z,3x10x38
rgb_feature = self.rgb_conv_init(torch.cat((rgb, d), dim = 1))＃rgbd 特征提取,4x320x1216 ->32x320x1216
rgb_feature1 = self.rgb_encoder_layer1(rgb_feature, geo_s1, geo_s2) ＃64x160x608,不同尺度 rgb 与坐标特征融合
```

rgb_feature2 = self.rgb_encoder_layer2(rgb_feature1, geo_s2, geo_s2) # 64x160x608,不同尺度 rgb 与坐标特征融合

rgb_feature3 = self.rgb_encoder_layer3(rgb_feature2, geo_s2, geo_s3) # 128x80x304,不同尺度 rgb 与坐标特征融合

rgb_feature4 = self.rgb_encoder_layer4(rgb_feature3, geo_s3, geo_s3) # 128x80x304,不同尺度 rgb 与坐标特征融合

rgb_feature5 = self.rgb_encoder_layer5(rgb_feature4, geo_s3, geo_s4) # 256x40x152,不同尺度 rgb 与坐标特征融合

rgb_feature6 = self.rgb_encoder_layer6(rgb_feature5, geo_s4, geo_s4) # 256x40x152,不同尺度 rgb 与坐标特征融合

rgb_feature7 = self.rgb_encoder_layer7(rgb_feature6, geo_s4, geo_s5) # 512x20x76,不同尺度 rgb 与坐标特征融合

rgb_feature8 = self.rgb_encoder_layer8(rgb_feature7, geo_s5, geo_s5) # 512x20x76,不同尺度 rgb 与坐标特征融合

rgb_feature9 = self.rgb_encoder_layer9(rgb_feature8, geo_s5, geo_s6) # 1024x10x38,不同尺度 rgb 与坐标特征融合

rgb_feature10 = self.rgb_encoder_layer10(rgb_feature9, geo_s6, geo_s6) # 1024x10x38,不同尺度 rgb 与坐标特征融合

rgb_feature_decoder8 = self.rgb_decoder_layer8(rgb_feature10) # 逆卷积上采样,512x20x76

rgb_feature8_plus = rgb_feature_decoder8 + rgb_feature8 # 特征融合,512x20x76

rgb_feature_decoder6 = self.rgb_decoder_layer6(rgb_feature8_plus) # 逆卷积上采样,256x40x152

rgb_feature6_plus = rgb_feature_decoder6 + rgb_feature6 # 特征融合,256x40x152

rgb_feature_decoder4 = self.rgb_decoder_layer4(rgb_feature6_plus) # 逆卷积上采样,128x80x304

rgb_feature4_plus = rgb_feature_decoder4 + rgb_feature4 # 特征融合,128x80x304

rgb_feature_decoder2 = self.rgb_decoder_layer2(rgb_feature4_plus) # 逆卷积上采样,64x160x608

rgb_feature2_plus = rgb_feature_decoder2 + rgb_feature2 # 特征融合,64x160x608

rgb_feature_decoder0 = self.rgb_decoder_layer0(rgb_feature2_plus) # 逆卷积上采样,32x320x1216

rgb_feature0_plus = rgb_feature_decoder0 + rgb_feature # 特征融合,32x320x1216

rgb_output = self.rgb_decoder_output(rgb_feature0_plus) # 深度和置信度预测,2x320x1216

rgb_depth = rgb_output[:, 0:1, :, :] # 1x320x1216

rgb_conf = rgb_output[:, 1:2, :, :] # 1x320x1216

16.3.2 ENet 主干支路二

ENet 第二条主干支路输入为稀疏深度 d 和支路一预测深度 rgb_depth,二者拼接并经过卷积 Conv2d(2, 32, kernel_size=(5, 5), stride=(1, 1), padding=(2, 2), bias=False)得到 32×320×1216 维度融合特征。模型将该特征定义为稀疏特征,即

sparsed_feature。该支路仍然采用特征编码—解码的结构进行特征提取。

与支路一操作类似,不同尺度下稀疏特征也与几何特征进行两次融合。除此之外,稀疏特征 sparsed_featurex 还与相同尺度的 rgb 特征 rgb_featurex_plus 进行拼接融合。稀疏特征、几何特征和 rgb 特征相互融合,完成特征编码,主要输出为 sparsed_feature10(1 024×10×38)、sparsed_feature8(512×20×76)、sparsed_feature6(256×40×152)、sparsed_feature4(128×80×304)、sparsed_feature2(64×160×608)。

稀疏特征解码阶段从最小尺度稀疏特征逐步通过逆卷积上采样与特征融合得到解码后的不同尺度稀疏特征,分别为 decoder_feature1(512×20×76)、decoder_feature2(256×40×152)、decoder_feature3(128×80×304)、decoder_feature4(64×160×608)、decoder_feature5(32×320×1216)。rgb_feature0_plus 经过逆卷积 ConvTranspose2d(32, 2, kernel_size=(3, 3), stride=(1, 1), padding=(1, 1), bias=False)得到 2×320×1216 维度预测结果,这两个维度分别为第二条主干支路深度预测结果(d_depth, 1×320×1216)及其置信度(d_conf, 1×320×1216)。

以上为第二条主干分支的模型处理过程,关键程序解析如下所示。

```
sparsed_feature = self.depth_conv_init(torch.cat((d, rgb_depth), dim = 1)) #雷达特征与 RGB 预测深度融合后提取特征,32x320x1216
sparsed_feature1 = self.depth_layer1(sparsed_feature, geo_s1, geo_s2) #类似深度信息与几何坐标信息融合,64x160x608
sparsed_feature2 = self.depth_layer2(sparsed_feature1, geo_s2, geo_s2) #64x160x608
sparsed_feature2_plus = torch.cat([rgb_feature2_plus, sparsed_feature2], 1) #128x160x608
sparsed_feature3 = self.depth_layer3(sparsed_feature2_plus, geo_s2, geo_s3) #128x80x304
sparsed_feature4 = self.depth_layer4(sparsed_feature3, geo_s3, geo_s3) #128x80x304
sparsed_feature4_plus = torch.cat([rgb_feature4_plus, sparsed_feature4], 1) #256x80x304
sparsed_feature5 = self.depth_layer5(sparsed_feature4_plus, geo_s3, geo_s4) #256x40x152
sparsed_feature6 = self.depth_layer6(sparsed_feature5, geo_s4, geo_s4) #256x40x152
sparsed_feature6_plus = torch.cat([rgb_feature6_plus, sparsed_feature6], 1) #512x40x152
sparsed_feature7 = self.depth_layer7(sparsed_feature6_plus, geo_s4, geo_s5) #512x20x76
sparsed_feature8 = self.depth_layer8(sparsed_feature7, geo_s5, geo_s5) #512x20x76
sparsed_feature8_plus = torch.cat([rgb_feature8_plus, sparsed_feature8], 1) #1024x20x76
sparsed_feature9 = self.depth_layer9(sparsed_feature8_plus, geo_s5, geo_s6) #1024x10x38
sparsed_feature10 = self.depth_layer10(sparsed_feature9, geo_s6, geo_s6) #1024x10x38
fusion1 = rgb_feature10 + sparsed_feature10 #1024x10x38
```

```
decoder_feature1 = self.decoder_layer1(fusion1)#逆卷积上采样,512x20x76
fusion2 = sparsed_feature8 + decoder_feature1#特征融合,512x20x76
decoder_feature2 = self.decoder_layer2(fusion2)#逆卷积上采样,256x40x152
fusion3 = sparsed_feature6 + decoder_feature2#特征融合,256x40x152
decoder_feature3 = self.decoder_layer3(fusion3)#逆卷积上采样,128x80x304
fusion4 = sparsed_feature4 + decoder_feature3#特征融合,128x80x304
decoder_feature4 = self.decoder_layer4(fusion4)#逆卷积上采样,64x160x608
fusion5 = sparsed_feature2 + decoder_feature4#特征融合,64x160x608
decoder_feature5 = self.decoder_layer5(fusion5)#逆卷积上采样,32x320x1216
depth_output = self.decoder_layer6(decoder_feature5)#卷积,2x320x1216
d_depth, d_conf = torch.chunk(depth_output, 2, dim = 1)#1x320x1216,1x320x1216
```

16.3.3 分支融合

ENet 两条支路均预测深度及其置信度，其中第一条支路预测结果为深度(rgb_depth,1×320×1216)及其置信度(rgb_conf,1×320×1216)；第二条支路预测结果为深度(d_depth,1×320×1216)及其置信度(d_conf,1×320×1216)。融合时最终预测深度来源于两条支路预测深度的加权求和，权重由置信度经过 softmax 得到，即置信度概率越大，权重占比越大。关键程序解析如下所示。

```
rgb_conf, d_conf = torch.chunk(self.softmax(torch.cat((rgb_conf, d_conf), dim = 1)), 2,
dim = 1)#将两条支路的置信度转换为权重
output = rgb_conf * rgb_depth + d_conf * d_depth#深度预测结果,1x320x1216
模型返回值为 rgb_depth、d_depth、output(融合预测深度)
```

16.3.4 ENet 损失函数

ENet 训练损失包含 rgb 深度损失、稀疏深度损失和融合深度损失，对应预测结果为 rgb_depth、d_depth、output。其损失函数均为 MaskedMSELoss，衡量预测深度与真实深度标签 gt 之间的偏差。

训练前两个迭代周期中，rgb 深度损失和稀疏深度损失的权重为 0.2，并在第 3～4 个周期内降为 0.05。从第 5 个训练周期开始，ENet 训练损失函数仅包括融合深度损失 depth_loss。

ENet 训练损失关键程序解析如下所示。

```
st1_pred, st2_pred, pred = model(batch_data)#rgb_depth、d_depth、output(融合预测深度)
round1, round2, round3 = 1, 3, None
if(actual_epoch <= round1):
    w_st1, w_st2 = 0.2, 0.2
elif(actual_epoch <= round2):
    w_st1, w_st2 = 0.05, 0.05
else:
```

```
    w_st1, w_st2 = 0, 0
depth_loss = depth_criterion(pred, gt) # MaskedMSELoss()
st1_loss = depth_criterion(st1_pred, gt) # MaskedMSELoss()
st2_loss = depth_criterion(st2_pred, gt) # MaskedMSELoss()
loss = (1 - w_st1 - w_st2) * depth_loss + w_st1 * st1_loss + w_st2 * st2_loss
```

16.4 DA CSPN++

DA (dilated and acceleratedm,膨胀加速)CSPN++网络是对 ENet 预测结果进行微调以获取更加准确的深度信息。其输入包括 ENet 所提取特征(feature_s1 64×320×1216,feature_s2 128×160×608)与深度预测结果(coarse_depth,1×320×1216),其中特征 feature_s1 和 feature_s2 是 rgb 深度特征和融合特征的融合。根据膨胀比例,模型设置相应尺度的输入特征。卷积膨胀的作用是为了使卷积核覆盖范围更大,从而增加卷积视野。从另外一个角度上来说,卷积膨胀相当于在下采样的特征图上进行普通卷积操作,该模型的后续操作便是采用这种方法。因此,假设膨胀系数为 2,那么所需特征图尺寸为 160×608。模型输入特征包含两部分,一部分为原始尺度特征 feature_s1,即 rgb_feature0_plus 和 decoder_feature5 拼接融合,维度为 64×320×1216;另一部分为用于膨胀操作的特征 feature_s2,即 rgb_feature2_plus 和 decoder_feature4 拼接融合,维度为 128×160×608。

```
    # ENet 输出
    torch.cat((rgb_feature0_plus, decoder_feature5), 1), torch.cat((rgb_feature2_plus, de-
coder_feature4),1), output
    feature_s1, feature_s2, coarse_depth = self.backbone(input) # 由 ENet 得到的特征与预测
深度,64x320x1216,128x160x608,1x320x1216
    depth = coarse_depth # 1x320x1216
```

CSPN++网络核心思想是采用模型来自主学习卷积核权重,而不是使用卷积直接对输入进行操作,这一点类似于 transformer 的 QK 操作。DA CSPN++用于学习卷积核权重的输入特征为 feature_s2(128×160×608)。CSPN++网络的另一个特点为采用多种尺度卷积核进行特征提取,参考程序分别使用尺寸为 3、5、7 的卷积核。每个卷积核所提取特征采用加权求和的方法进行融合,其中置信度权重网络的输入也为 feature_s2。

此外,作者对 CSPN++网络进行了加速设计,如图 16 - 6 所示,将卷积操作转换为矩阵乘法,从而实现并行计算。例如,3×3 卷积核在 $H\times W$ 维度特征图进行滑动操作可转换为 $9\times H\times W$ 维度卷积和 $9\times H\times W$ 特征图的矩阵乘法。

模型对原始输入特征和膨胀特征均会进行 CSPN++微调,主要包括卷积核参数及其权重学习、DA CSPN++结果微调、feature_s1 CSPN++结果微调、特征加权求

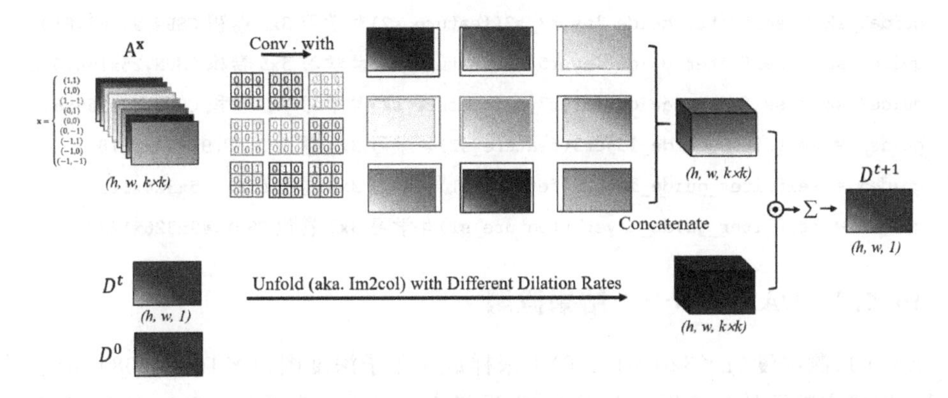

图 16-6 CSPN++加速

和融合等步骤。

16.4.1 卷积核参数及其权重学习

feature_s2(128×160×608)经过卷积 Conv2d(128, 3)和 softmax 后得到 3×160×608 维度卷积核权重，对应 kernel_conf3_s2(1x160x608)、kernel_conf5_s2(1x160x608)、kernel_conf7_s2(1x160x608)。另一方面，feature_s2 经过卷积 Conv2d 和 padding 操作得到卷积核参数，分别为 guide3_s2(9×162×610)、guide5_s2(25×164×612)、guide7_s2(49×166×614)。

feature_s1(64×320×1216)经过卷积 Conv2d(64, 3)和 softmax 后得到 3×320×1 216 维度卷积核权重，对应 kernel_conf3(1×320×1216)、kernel_conf5(1×320×1 216)、kernel_conf7(1×320×1 216)。另一方面，feature_s1 经过卷积 Conv2d 和 padding 操作得到卷积核参数，分别为 guide3(9×322×1 218)、guide5(25×324×1 220)、guide7(49×326×1 222)。

```
kernel_conf_s2 = self.kernel_conf_layer_s2(feature_s2)#128x320x1216 ->3x160x608
kernel_conf_s2 = self.softmax(kernel_conf_s2)#转换为权重,3x160x608,通道维度和为1,即不同卷积核特征的置信度权重
kernel_conf3_s2 = kernel_conf_s2[:, 0:1, :, :]#1x160x608,3x3卷积核特征权重
kernel_conf5_s2 = kernel_conf_s2[:, 1:2, :, :]#1x160x608,5x5卷积核特征权重

kernel_conf7_s2 = kernel_conf_s2[:, 2:3, :, :]#1x160x608,7x7卷积核特征权重
kernel_conf = self.kernel_conf_layer(feature_s1)#64x320x1216 ->3x320x1216
kernel_conf = self.softmax(kernel_conf)#转换为权重,3x320x1216,通道维度和为1,即不同卷积核特征的置信度权重
kernel_conf3 = kernel_conf[:, 0:1, :, :]#1x320x1216,3x3卷积核特征权重
kernel_conf5 = kernel_conf[:, 1:2, :, :]#1x320x1216,5x5卷积核特征权重
kernel_conf7 = kernel_conf[:, 2:3, :, :]#1x320x1216,7x7卷积核特征权重
```

```
guide3_s2 = self.iter_guide_layer3_s2(feature_s2)#学习 3x3 卷积 CSPN,9x162x610
guide5_s2 = self.iter_guide_layer5_s2(feature_s2)#学习 5x5 卷积 CSPN,25x164x612
guide7_s2 = self.iter_guide_layer7_s2(feature_s2)#学习 7x7 卷积 CSPN,49x166x614
guide3 = self.iter_guide_layer3(feature_s1)#学习 3x3 卷积 CSPN,9x322x1218
guide5 = self.iter_guide_layer5(feature_s1)#学习 3x3 卷积 CSPN,25x324x1220
guide7 = self.iter_guide_layer7(feature_s1)#学习 3x3 卷积 CSPN,49x326x1222
```

16.4.2 DA CSPN＋＋结果微调

ENet 预测深度(1×320×1 216)下采样成 4 张子深度图(1×160×608),由于子深度图可构成完整原始深度图,因而这种下采样不会带来信息丢失。DA CSPN＋＋对这 4 种特征图(depth_s2_00、depth_s2_01、depth_s2_10、depth_s2_11)分别进行深度微调结果预测。每个子深度图进行 6 次连续 CSPN＋＋操作以利用更深层次特征来预测新的微调深度,并且每次进行 CSPN＋＋操作时都会与 ENet 子深度图和激光雷达稀疏深度图 d_s2 进行融合。子深度图预测结果为 3 种卷积核提取特征的加权求和。DA CSPN＋＋预测深度(depth_s2_00、depth_s2_01、depth_s2_10、depth_s2_11)重新拼接成原始尺寸,即 depth_s2(1×320×1 216)。

```
d_s2, valid_mask_s2 = self.downsample(d, valid_mask)#原始雷达深度最大值池化,1x160x608
mask_s2 = self.mask_layer_s2(feature_s2)#128x320x1216 ->1x160x608
mask_s2 = torch.sigmoid(mask_s2)#转化为权重, 1x160x608,即 DA CSPN + +输出的权重
mask_s2 = mask_s2 * valid_mask_s2#深度 mask 与预测 mask 相乘,1x160x608
feature_12 = torch.cat((feature_s1, self.upsample(self.dimhalf_s2(feature_s2))), 1)#128x320x1216,两种输入特征融合
att_map_12 = self.softmax(self.att_12(feature_12))#2x320x1216,用于 ENet 预测深度和 DA CSPN + +微调深度融合
depth_s2 = depth#1x320x1216
depth_s2_00 = depth_s2[:, :, 0::2, 0::2]#深度图拆分,1x160x608
depth_s2_01 = depth_s2[:, :, 0::2, 1::2]#深度图拆分,1x160x608
depth_s2_10 = depth_s2[:, :, 1::2, 0::2]#深度图拆分,1x160x608
depth_s2_11 = depth_s2[:, :, 1::2, 1::2]#深度图拆分,1x160x608
depth3_s2_00 = self.CSPN3(guide3_s2, depth3_s2_00, depth_s2_00_h0)#1x160x608,CSPN 特征提取
depth3_s2_00 = mask_s2 * d_s2 + (1 - mask_s2) * depth3_s2_00#1x160x608,与原始输入稀疏特征加权求和融合
depth5_s2_00 = self.CSPN5(guide5_s2, depth5_s2_00, depth_s2_00_h0)#1x160x608,CSPN 特征提取
depth5_s2_00 = mask_s2 * d_s2 + (1 - mask_s2) * depth5_s2_00#1x160x608,与原始输入稀疏
```

```
特征加权求和融合
    depth7_s2_00 = self.CSPN7(guide7_s2, depth7_s2_00, depth_s2_00_h0)#1x160x608,CSPN特
征提取
    depth7_s2_00 = mask_s2 * d_s2 + (1 - mask_s2) * depth7_s2_00#1x160x608,与原始输入稀疏
特征加权求和融合
    depth_s2_00 = kernel_conf3_s2 * depth3_s2_00 + kernel_conf5_s2 * depth5_s2_00 + kernel_
conf7_s2 * depth7_s2_00#不同卷积核特征加权求和融合,1x160x608
    depth_s2[:, :, 0::2, 0::2] = depth_s2_00#将深度重新拼接成原始尺度,1x320x1216
    refined_depth_s2 = depth * att_map_12[:, 0:1, :, :] + depth_s2 * att_map_12[:, 1:2, :, :]
#与ENet深度加权求和融合,1x320x1216
```

16.4.3 feature_s1 CSPN++结果微调

模型再次使用feature_s1学习的三种卷积核参数对DA CSPN++的预测深度结果depth_s2进行结果微调。模型此时同样采用连续6次CSPN++操作,并且每次进行CSPN++操作时都会与depth_s2和激光雷达稀疏深度图d进行融合。三种尺寸卷积核对应的CSPN预测结果(depth3、depth5、depth7)加权求和即可得到模型最终微调后的预测深度refined_depth(1×320×1216)。

```
mask = self.mask_layer(feature_s1)#64x320x1216 ->1x320x1216
mask = torch.sigmoid(mask)#转化为权重,1x320x1216,非膨胀CSPN++卷积输出的权重
mask = mask * valid_mask#深度mask与预测mask相乘,1x320x1216
for i in range(6):
    depth3 = self.CSPN3(guide3, depth3, depth)#采用CSPN再次进行深度微调,1x320x1216
    depth3 = mask * d + (1 - mask) * depth3#与原始输入稀疏特征加权求和融合,1x320x1216
    depth5 = self.CSPN5(guide5, depth5, depth)#采用CSPN再次进行深度微调,1x320x1216
    depth5 = mask * d + (1 - mask) * depth5#与原始输入稀疏特征加权求和融合,1x320x1216
    depth7 = self.CSPN7(guide7, depth7, depth)#采用CSPN再次进行深度微调,1x320x1216
    depth7 = mask * d + (1 - mask) * depth7#与原始输入稀疏特征加权求和融合,1x320x1216
refined_depth = kernel_conf3 * depth3 + kernel_conf5 * depth5 + kernel_conf7 * depth7#深
度加权求和融合,1x320x1216
```

16.4.4 损失函数

DA CSPN++阶段训练损失函数仅由depth_loss组成,即CSPN++深度预测结果与真实标签之间偏差,损失函数类型为MaskedMSELoss。

16.5 模型训练

PENet模型训练包括三个步骤,分别是ENet训练、DA CSPN++训练和PENet

训练，分别对应图 16 - 7 中Ⅰ、Ⅱ、Ⅲ。

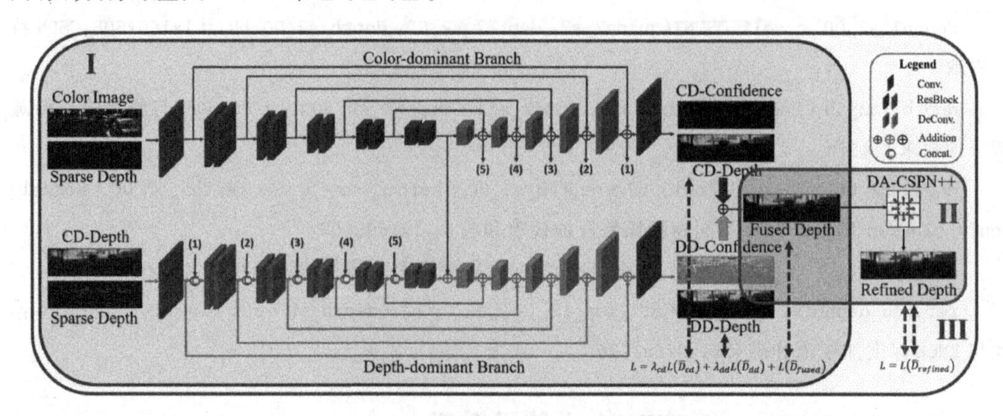

图 16 - 7　PENet 训练示意图[30]

ENet 训练命令为“CUDA_VISIBLE_DEVICES＝"0,1" Python main. py-b 6-n e”,CUDA_VISIBLE_DEVICES＝"0,1"部分可以根据实际情况设置 GPU 序号。作者提供的 ENet 预训练模型下载地址为 https://drive. google. com/file/d/1TRVmduAnrqDagEGKqbpYcKCT307HVQp1/view? usp＝sharing”。

DA-CSPN＋＋训练命令为“CUDA_VISIBLE_DEVICES＝"0,1" Python main. py-b 6-f-n pe-resume [enet-checkpoint-path]”。“－f”表示训练 DA-CSPN＋＋网络时 ENet 主干网络是固定的，即不通过梯度传播更新参数。

当 ENet 和 DA-CSPN＋＋分别训练完成后，模型再次进行整体训练，训练命令为“CUDA_VISIBLE_DEVICES＝"0,1" Python main. py-b 10-n pe-he 160-w 576--resume [penet-checkpoint-path]”。该训练程序与 DA CSPN＋＋训练的区别在于不再使用－f 参数，即 ENet 主干网络也需要进行训练更新。预训练模型可以使用 DA-CSPN＋＋训练得到的模型，也可直接使用作者提供的 PENet 预训练模型，下载地址为 https://drive. google. com/file/d/1RDdKlKJcas-G5OA49x8OoqcUDiYYZgeM/view? usp＝sharing”。

参考文献

[1] https://pointclouds.org.

[2] https://www.cvlibs.net/datasets/kitti/setup.php.

[3] https://www.nuscenes.org/nuscenes#data-collection.

[4] Qi C R , Su H , Mo K , et al. PointNet: Deep Learning on Point Sets for 3D Classification and Segmentation[J]. 2017 IEEE Conference on Computer Vision and Pattern Recognition (CVPR), 2017.

[5] Qi C R ,Li Y ,Hao S , et al. PointNet++: Deep Hierarchical Feature Learning on Point Sets in a Metric Space[J]. 2017.

[6] Zhou Y ,Tuzel O . VoxelNet: End-to-End Learning for Point Cloud Based 3D Object Detection[C]// 2018 IEEE/CVF Conference on Computer Vision and Pattern Recognition (CVPR). IEEE, 2018.

[7] https://edu.51cto.com/center/course/lesson/index? id=601842.

[8] Yan Y ,Mao Y ,Li B . SECOND: Sparsely Embedded Convolutional Detection [J]。Sensors, 2018, 18(10).

[9] Yin T ,Zhou X , P Krhenbühl. Center-based 3D Object Detection and Tracking [J]. 2020.

[10] Qi C R ,Litany O ,He K , et al. Deep Hough Voting for 3D Object Detection in Point Clouds[J]. 2019 IEEE/CVF International Conference on Computer Vision (ICCV), 2019.

[11] Lang A H ,Vora S ,Caesar H , et al. PointPillars: Fast Encoders for Object Detection from Point Clouds[J]. 2018.

[12] Zhu X ,Ma Y ,Wang T , et al. SSN: Shape Signature Networks for Multi-class Object Detection from Point Clouds[C]// 2020.

[13] Yang Z ,Sun Y ,Liu S , et al. 3DSSD: Point-Based 3D Single Stage Object Detector[C]// 2020 IEEE/CVF Conference on Computer Vision and Pattern Recognition (CVPR). 0.

[14] He C ,Zeng H ,Huang J , et al. Structure Aware Single-Stage 3D Object Detection From Point Cloud [C]// Computer Vision and Pattern Recognition. IEEE, 2020.

[15] Shi S ,Wang X ,Li H . PointRCNN: 3D Object Proposal Generation and Detection From Point Cloud[C]// 2019 IEEE/CVF Conference on Computer Vision

and Pattern Recognition (CVPR). IEEE, 2019.

[16] Shi S ,Wang Z ,Shi J , et al. From Points to Parts: 3D Object Detection from Point Cloud with Part-aware and Part-aggregation Network[J]. 2019.

[17] Zhang Z, Sun B, Yang H, et al. H3dnet: 3d object detection using hybrid geometric primitives[C]//Computer Vision - ECCV 2020: 16th European Conference, Glasgow, UK, August 23 - 28, 2020, Proceedings, Part XII 16. Springer International Publishing, 2020: 311-329.

[18] Liu Z ,Zhang Z ,Cao Y , et al. Group-Free 3D Object Detection via Transformers[J]. 2021.

[19] Rukhovich D ,Vorontsova A ,Konushin A . FCAF3D: Fully Convolutional Anchor-Free 3D Object Detection[J]. 2021.

[20] Rukhovich D ,Vorontsova A ,Konushin A . ImVoxelNet: Image to Voxels Projection for Monocular and Multi-View General-Purpose 3D Object Detection[J]. 2021.

[21] Liu Z ,Wu Z , R Tóth. SMOKE: Single-Stage Monocular 3D Object Detection via Keypoint Estimation[J]. IEEE, 2020.

[22] Yu F ,Wang D ,Shelhamer E , et al. Deep Layer Aggregation[J]. arXiv, 2017.

[23] Wang T ,Zhu X ,Pang J , et al. FCOS3D: Fully Convolutional One-Stage Monocular 3D Object Detection[J]. 2021.

[24] Sindagi V A ,Zhou Y ,Tuzel O . MVX-Net: Multimodal VoxelNet for 3D Object Detection[J]. IEEE, 2019.

[25] Qi C R ,Chen X ,Litany O , et al. ImVoteNet: Boosting 3D Object Detection in Point Clouds with Image Votes:, 10.1109/CVPR42600.2020.00446[P]. 2020.

[26] Xu M ,Ding R ,Zhao H , et al. PAConv: Position Adaptive Convolution with Dynamic Kernel Assembling on Point Clouds[J]. 2021.

[27] Wang Y ,Sun Y ,Liu Z , et al. Dynamic Graph CNN for Learning on Point Clouds[J]. ACM Transactions on Graphics, 2018, 38(5).

[28] Hu M , Wang S ,Li B , et al. PENet: Towards Precise and Efficient Image Guided Depth Completion[J]. 2021.

[29] Cheng X ,Wang P ,Guan C , et al. CSPN++: Learning Context and Resource Aware Convolutional Spatial Propagation Networks for Depth Completion [J]. 2019.

[30] https://github.com/JUGGHM/PENet_ICRA2021.